高等学校"十二五"规划教材

模拟电子技术基础

（第 2 版）

主　编　林玉江

副主编　曹永成　李彦林　丛　昕

哈尔滨工业大学出版社

内 容 提 要

　　本书是以作者教改教材为基础,按哈尔滨工业大学现行的教学大纲要求,参照国家教委颁发的电子技术基础课程教学基本要求编写的。内容主要包括半导体器件基础、基本放大电路、放大电路的频率特性、集成单元与运算放大器、反馈放大电路、正弦波振荡电路、运算放大器应用电路、直流稳压电源(含单片开关电源)、电流模技术基础、电路绘图及 PCB 设计。

　　本书特点是选材适当,结构紧凑,内容新颖,以集成应用为主线,重应用、重实践。适合教学改革、减少学时的需要。

　　本书可作为高等院校电子信息类、自控类和电气类等专业"模拟电子技术基础"课程教材或教学参考书,也可供有关工程技术人员参考。

图书在版编目(CIP)数据

　　模拟电子技术基础/林玉江主编.—2 版.—哈尔滨:哈尔滨
工业大学出版社,2011.7
　　ISBN 978—7—5603—1216—3

　　Ⅰ.①模… Ⅱ.①林… Ⅲ.①模拟电路—电子技术—
高等学校—教材 Ⅳ.TN710

　　中国版本图书馆 CIP 数据核字(2011)第 131803 号

策划编辑 杨 桦
责任编辑 范业婷
出版发行 哈尔滨工业大学出版社
社　　址 哈尔滨市南岗区复华四道街 10 号 邮编 150006
传　　真 0451—86414749
网　　址 http://hitpress.hit.edu.cn
印　　刷 哈尔滨市工大节能印刷厂
开　　本 850mm×1168mm 1/16 印张 20.75 字数 478 千字
版　　次 1997 年 5 月第 1 版 2011 年 8 月第 2 版
　　　　　2011 年 8 月第 3 次印刷
书　　号 ISBN 978—7—5603—1216—3
定　　价 56.00 元(含学习指导)

第二版前言

多年来,作者对"模拟电子技术基础"课的授课艺术进行了立项研究,在教学法研究方面取得了多项成果。同时编写了与教学法研究配套使用的系列改革教材,经过多轮教学实践,效果良好,学生反映易学易懂。本书是以上述系列改革教材为基础,按哈尔滨工业大学现行的本课"十二五"规划教学大纲要求,并参照国家教委颁发的电子技术基础课程教学基本要求编写的。

本书编写的指导思想是:缩减学时,满足教改需要,精选内容,便于教学;打好基础,快速入门;讲法改革,解难为易;以集成应用为主线,更新教学内容。

本书特点,一是博采众长,吸取精华,删除过时内容,既要拓宽新 IC、新技术,力求较多地反映现代先进的电子技术,又要突出作为教材的特点,有利于教师教学,便于学生读书自学。二是在教学法研究实践中提出了解决重点、难点问题的新讲法(用"电流法"分析反馈极性、用"电阻法"判断正弦波振荡的相位平衡条件),经同行专家鉴定委员会鉴定认为:"理论正确,方法新颖,独具特色,实用性强,属国内领先水平,值得推广应用"。

本书出版以来,收到许多教师和读者的反馈信息,反映以集成电路为主导教学思路的做法是正确的。书中精品课程教学立项取得的成果,如反馈难点分析、振荡判断分析、运放应用、电流模新技术等,得到了许多授课教师的认可。学生反映,入门容易,语言精练,自学易懂。

近年来,电子技术发展很快,国内多数教材内容陈旧,不能满足现代教学的需要。特别是二级学院有理论够用、实用、重实践的教学指导思想,普遍学时少,很难选到合适的教材。针对上述情况,本书再版时进行了内容更新和教法的改革。

教法改革:在讲法上要进行改革,数学模型推导,扼要介绍,引出结果,讲清概念。如 H 参数微变等效电路、频率特性、振荡、反馈等公式计算都要简化处理,可省课时。

第1~2章为入门基础内容,要求授课速度适中,概念准确,突出重点,打好基础,快速入门,要做习题课。第4章中的差放,第5~7章为本课的重点内容,存在难点问题,授课时必须讲深讲透。第8章单片开关电源应用是重点内容,以实例示范。为学生课程设计和毕业设计提供选题,打好理论基础。第9章电流模技术,本科院校都应选用。第10章电路绘图和 PCB 板设计供学生自学,在课程设计时即可会使用 EDA 软件工具画图。

本书按68学时教学大纲要求编写,其各章讲授学时分配如下:

第1章,8学时;第2章,12学时;第3章,4学时;第4章,8学时;第5章,7学时;第6章,5学时;第7章,10学时;第8章,8学时;第9章,6学时。

考虑二级学院电类专业52学时教学大纲要求,学时分配如下:

第1章,6学时;第2章,10学时;第3章,4学时;第4章,8学时;第5章,6学时;第6章,4学时;第7章,8学时;第8章,6学时。

与本书同时出版的《模拟电子技术基础学习指导》,提供了教学要求和习题解答,供授课老师和学生参考。

参加本书编写的教师有林玉江(第5、6章),曹永成(第1章),李彦林(9.6、9.7节、第10章及附录),姜斌(第7章),丛昕(第2、4章及9.5节),魏昭辉(第8章),王强(第3章),张昌玉(9.1～9.4节)。全书由林玉江负统稿。刘媛媛、赵龙、吴振雷、王凯也参加了编写工作。

　　由于作者水平有限,书中定有错误和不妥之处,敬请使用本书的教师和同学们多加批评指正,以便今后修订。

编者

2011年8月

于哈尔滨工业大学

目　　录

第6章　正弦波振荡电路

绪　　论

电子学和电子技术是与电子有关的理论和技术,自成体系,发展迅速,应用广泛。目前人们已进入"微电子"信息时代。

一、什么是电子技术

电子技术就是研究电子器件、电子电路和系统及其应用的科学技术。现代电子技术的应用概括为通信、控制、计算机和文化生活等四个方面,其中文化生活包括的内容广泛,如广播、电视、录音、录像、多媒体技术、电化教学、自动化办公设备、电子文体用具和家庭电子化等。

二、电子器件

电子器件是指电真空器件、半导体器件和集成电路等。

电真空器件是以电子在高度真空中运动为工作基础的器件。如电子管、示波管、显像管、雷达荧光屏和大功率发射管等。

半导体器件是以带电粒子(电子和空穴)在半导体中运动为工作基础的器件。如半导体二极管、三极管、场效应管等。

将一定数量的元器件及电路集成在很小的芯片上,制成"固体电路"称集成电路。按集成的元器件数量多少又分为小规模、中规模和大规模集成电路,它体现了新工艺、新器件、新电路和新技术的综合水准,是一种独具特点的电子器件。如集成运放、集成乘法器、集成计数器、计算机的中央处理器 CPU 等。

三、电子技术发展史(简述)

20 世纪初,1904 年出现了真空二极管,1906 年出现了真空三极管,相继制成放大电路,首先应用在通信上。1948 年发明了晶体管,由于其具有体积小、重量轻、耗电省的特点,很快取代电子管。1959 年出现了固体电路,其发展很快。在一片(1 cm^2)硅片上能制成一个门电路(如与非门有 11 个元器件)。1960 年每个芯片上有 100 个元器件,处于小规模集成阶段。1966 年后进入中规模集成阶段,每个芯片上有 100~1 000 个元器件。1969 年进入大规模集成阶段,每个芯片上的元器件数达到 10 000 个左右。1975 年跨入超大规模集成阶段,每个芯片上元器件数可达几万个。从 20 世纪 60 年代至 80 年代期间,集成度增加了 10^6 倍,每年递增率为 $\sqrt[20]{10^6} \approx 2$ 倍。目前的超大规模集成工艺飞速发展,在几十平方毫米的芯片上可集成百万个元器件,已进入微电子时代。

超大规模集成电路的出现是电子技术发展史上划时代的重要里程碑。它使计算机技术向大规模高速度方面发展,如"银河"Ⅱ型,计算速度可达 10 亿次/s。同时又出现小型化单片计算机,应用在工业控制及生活等各个技术领域。

20 世纪 80 年代末至 90 年代初,电流模新技术发展很快,是模拟集成电路发展中具有重要意义的关键技术,可以不夸张地说,它是模拟电子技术发展的又一个新的里程碑。

综上所述,电子器件的更新换代,促使电子技术不断革新,其新电路、新技术日新月异,其应用已渗透到各学科领域。

四、电子技术特点

(1)动作迅速。以计算机为例,计算速度百万次/s。

(2)灵敏度高。以无线电信号为例,灵敏度可达 $\mu V/m$ 级。接收机对微弱的电信号能收到,即体现出灵敏度高的特点。

(3)工作稳定。电子电路工作稳定,以计算机为例,一年的故障时间小于 30 s。卫星控制电路能长期稳定工作。

(4)体积小、耗电省。集成电路体积小,以集成运放 LM346 为例,静态工作电流仅为 7 μA。

(5)距离远。电磁波传播距离远,遥感技术(远距离观测)和遥控技术(远距离控制)都体现了控制距离远的特点。

电子技术的特点很多,仅上述几例已能说明电子技术的优点,故应用广泛。现在及未来,电子技术是"热门"学科。

五、本课程特点及学习要点

本课程是电气类、自控类和电子类等专业在电子技术方面入门性质的技术基础课,它具有自身的体系,是实践性很强的课程。本门课程的任务是使学生获得电子技术方面的基本理论、基本知识和基本技能(简称"三基"内容),培养学生分析问题和解决问题的能力,为以后深入学习电子技术某些新领域中的内容,以及为电子技术在专业中的应用打好基础。

1. 本课程的特点

(1)"三基"内容多

本课程研究的重点内容是电路分析,以研究信号的传输、放大、控制等有关的基本单元电路和多级集成电路的应用为主线,涉及的基本概念和专业术语、基本原理和分析方法与其他前导课内容相比不但多,而且复杂。读者在学习开始阶段就会遇到一定的困难。因此,学好入门基础知识(1,2 章内容)是学好本门课程的关键。

(2)工程技术性强

由于电子元器件的参数分散性大,在分析计算电路技术指标时,常采用近似计算法或工程估算法。要求初学者尽快适应和掌握。

(3)实践性强

理论研究的多种放大电路,必须通过实验进行调试和测量,才能应用。因此,本门课程的实验内容较多,工程实践性强。通过实验培养学生学会使用常用电子仪器和调试、测量电路的基本方法,提高实践动手能力和分析问题和处理问题能力。

2. 学习要点

(1)打好入门基础,解决入门难问题

本课程前两章为入门基础内容。基本概念多,技术术语多,电路种类多,初学者感到困难。要求弄懂基本概念,掌握分析方法,会计算电路参数,即做到入门。

(2)学深学透重点和难点问题

本课程的基础电路、反馈电路、振荡电路和集成运放应用电路均为重点内容,必须掌握。分析判断反馈的极性和正弦波振荡的条件是难点问题,必须解决透彻。

(3)学好基本概念和术语

对于一般的术语要知道叫"什么",并记牢。有的概念还要知道"为什么",并要牢固正确掌握。只有基本概念清楚,才能理解本课程的基本原理。

(4)认真做好实验

通过实验验证理论的正确性,并能培养学生的独立工作能力和开发意识。

高新技术发展的标志是以电子技术水准来评价的,而电子技术的发展速度快,应用广泛,因此,学好本课程十分重要。

第1章　半导体器件基础

1.1　半导体的基础知识

1.1.1　半　导　体

1. 什么是半导体

在自然界中，能够导电的物质称为导体，如金、银、铜、铝等。不导电的物质称为绝缘体，如塑料、橡胶、陶瓷、云母等。介于导体和绝缘体之间的物质称为半导体，常用的材料有硅、锗、硒、砷化镓等。

2. 半导体的主要特性

(1) 半导体受热刺激时，其导电性发生变化。

(2) 有光照和无光照情况下，半导体呈现的明、暗电阻差别甚大。

(3) 受外界磁场或放射性作用时，半导体的导电性发生变化。

(4) 在纯净的半导体中掺入微量的其他元素（磷或硼等），其导电能力急剧增加。

利用半导体的这些特性可制造出具有不同性能的半导体器件。例如，半导体二极管、三极管、场效应管及热敏、光敏、磁敏器件等。

1.1.2　本征半导体

1. 什么是本征半导体

纯净的无结构缺陷的半导体晶体称为本征半导体。例如，本征硅，其硅原子的纯度要达到 99.999 9％以上。

制造半导体器件时，首先制造出本征半导体材料，再掺入杂质制造出杂质半导体。为此，对本征半导体的原子结构需要了解。

2. 本征半导体的原子结构

常用的半导体材料硅和锗的原子序数分别为 14 和 32，即核外有 14 和 32 个电子分布在各层轨道上围绕原子核运动。如图 1.1(a)所示。核外电子带负电荷，原子核带正电荷，其电荷量相等，整个原子呈电中性。最外层轨道上的电子称为价电子，受原子核束缚力最小，但最能表征物质的化学性质及导电能力。因此，研究半导体的导电机理时常用价电子与核组成的简化原子结构模型表示，如图 1.1(b)所示。

本征半导体是晶体，其特点是共价键结构，如图 1.2 所示。以硅晶体为例，在硅的晶体中，每个硅原子近邻有四个硅原子，每两个相邻原子之间有"一对价电子"，该"电子对"要受两个原子核吸引作用，称为共价键。正是共价键的作用，使硅原子以空间点阵形式紧

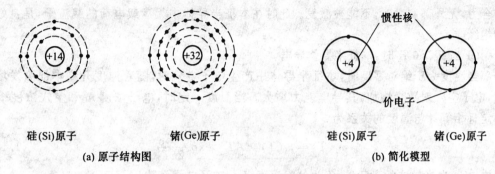

(a) 原子结构图　　　　　　　　　　　　　　　(b) 简化模型

图 1.1　原子结构模型

紧结合在一起,构成完整的晶体。

3. 本征半导体的导电情况

(1) 本征半导体中有两种导电粒子——自由电子和空穴

价电子获得外界能量挣脱共价键的束缚后成为自由电子。自由电子可在晶体中运动,带负电荷,是本征半导体中的一种导电粒子,也称电子载流子。

当价电子被"激发"[①]成为自由电子时,在原来共价键位置上,留下一个"空位",把这个"空位"称为"空穴",如图 1.3 所示。

空穴出现后,邻近的价电子很容易过来填充,又形成新的空穴。这样,在"价带"[②]内出现了空穴运动,其方向与价电子相反,因此,空穴被认为是带正电荷的带电粒子,是本征半导体中的另一种导电粒子,也称空穴载流子。

综上所述,本征半导体中存在两种载流子——自由电子和空穴。它们是成对出现的,也叫做"电子空穴对",电荷量相等,极性相反。其中空穴导电是半导体独特的属性。

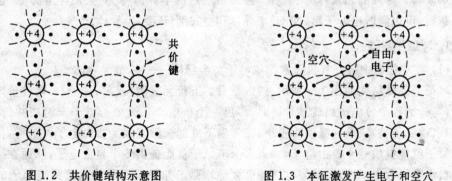

图 1.2　共价键结构示意图　　　　　　　图 1.3　本征激发产生电子和空穴

(2) 本征半导体电性能与温度的关系

① 当 $T \to 0$ K 时,本征半导体为绝缘体

当温度趋近绝对零度(0 K)时,半导体中的价电子受两个相邻原子核束缚有较强的

---

①　电子由低能级向高能级跃迁的过程称为"激发"。

②　电子在各层轨道上运动,都具有特定的能量,称为电子能级。在晶体中,这些电子能级形成相应的"能带"。如价电子能带,简称"价带"。

结合力,无外部刺激时,不能被激发。此时在本征半导体中无运载电荷的载流子,是良好的绝缘体。

② 当 $T > 0$ K 时,本征半导体导电

当温度大于绝对零度时,本征半导体中产生电子空穴对,随着温度升高本征激发增强,电子空穴对数量增加,其导电能力增大。当温度一定时,电子浓度 n_i 和空穴浓度 p_i 一定且相等。与温度的关系为

$$n_i(T) = p_i(T) = AT^{3/2} \exp \frac{-E_G}{2kT} \tag{1.1}$$

式中,E_G 为半导体的激活能;T 为绝对温度;k 为玻耳兹曼常数;A 为系数。

由公式可知,载流子浓度随温度上升而迅速增加。因此,本征半导体的导电能力也随温度升高而增强,这是半导体的温度特性。

在常温下(300 K),硅的载流子浓度 $n_i = p_i = 1.5 \times 10^{10}/cm^3$,锗的载流子浓度 $n_i = p_i = 2.5 \times 10^{13}/cm^3$。它们对本征半导体的导电性的影响十分微小,也就是说本征半导体的导电性能不理想。

总之,本征半导体的导电性能与温度有关系。当 $T \to 0$ K 时,不导电,是绝缘体;当 $T > 0$ K时,开始导电,温度升高,导电能力增强;在常温时,导电性很弱。

本征半导体在常温下导电性能不好,远远不能满足制造半导体器件的要求,而利用掺杂工艺制造的杂质半导体其导电性很好,是制造半导体器件的基本材料。

1.1.3　杂质半导体

本征半导体不能直接用来制造半导体器件,但是,掺入微量的其他元素,其导电性能大大地改善。掺入的元素称为“杂质”,掺入杂质后的半导体称为“杂质半导体”。选取不同的杂质,可以制造出电子型(N 型)半导体和空穴型(P 型)半导体。

1. N 型半导体

(1) 在本征硅中掺入五价元素构成电子型半导体——N 型半导体

本征硅晶体结构如图 1.4 所示,掺入微量的五价元素磷(或砷、锑等)。磷的价电子有五个,与硅的四个价电子组成共价键时,多出一个价电子。这个价电子未组成共价键,受一个核(磷原子核)束缚而吸引力很小,在常温下就能被激发成为自由电子。这样,掺入一个磷原子就能提供一个自由电子,掺入多个磷原子就能提供多个自由电子,从而在半导体中的自由电子数大量增加,其导电性能极大地增强。如果磷原子掺入量为硅原子的百万分之一时,其导电能力增强一百万倍。[①]

利用上述办法制造出的杂质半导体中存在大量的自由电子,故称为电子型半导体,或 N[②] 型半导体。

---

① 由半导体理论可知本征硅的原子密度为 $5 \times 10^{22}/cm^3$。掺入百万分之一 (10^{-6}) 的杂质时,杂质浓度为 $5 \times 10^{22}/cm^3 \times 10^{-6} = 5 \times 10^{16}/cm^3$,即掺杂后,在每 cm^3 中有 5×10^{16} 个自由电子。常温时,本征硅的 $n_i = 1.4 \times 10^{10}/cm^3$,二者相差 10^6 数量级,即电子数比掺杂前净增一百万倍,那么,导电能力也增加一百万倍。

② 电子带负电荷,N 是 Negative(负)的字头,故取 N 型。

（2）N 型半导体中的"多子"和"少子"

常温下,在 N 型半导体中,本征激发产生的电子空穴对数量极少,掺杂产生的自由电子数极多,总的自由电子数远远大于空穴数。因此,自由电子称为"多数载流子",简称"多子";空穴称为"少数载流子",简称"少子"。在 N 型半导体中,电子导电起主导作用,空穴影响甚微,可忽略其作用。

（3）"施主"杂质

磷原子失去电子后成为正离子,被晶格结构束缚,不能移动,也不能参与导电。因为它献出一个电子,称为"施主"杂质,也叫 N 型杂质。

2. P 型半导体

（1）在本征硅中掺入三价元素构成空穴半导体——P 型半导体

本征硅晶体结构如图 1.5 所示,掺入微量的三价元素硼(或铝、镓、铟等)。硼的价电子有三个,与硅的四个价电子组成共价键时,其中一个键上少一个电子,出现空位[1],常温下,硅的价电子很容易填充这个空位,从而共价键上又形成新的空位,即空穴。掺入一个硼原子,就能形成一个空穴,掺入多个硼原子就可以形成多个空穴,从而使半导体中的空穴数大量增加,其导电性能大大增强。

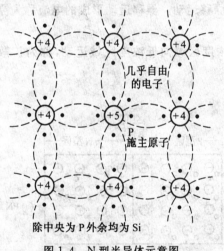

图 1.4   N 型半导体示意图

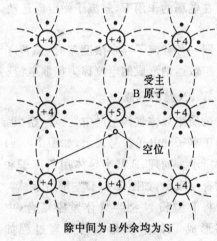

图 1.5   P 型半导体示意图

利用上述办法制造出的杂质半导体中,具有大量的空穴,故称为空穴型半导体或 P[2] 型半导体。

（2）P 型半导体中的"多子"和"少子"

常温下,在 P 型半导体中,本征激发产生的电子空穴对极少,掺杂产生的空穴极多,总的空穴数远远大于自由电子数。因此,空穴称为多数载流子,即"多子";而自由电子称为少数载流子,即"少子"。在 P 型半导体中,空穴导电起主导作用,电子影响甚微,可忽

---

① 这个空位不是空穴,因为硼原子仍呈电中性。
② 空穴带正电荷,P 是 Positive(正)的字头,故取 P 型。

略。

（3）"受主"杂质

硼原子获得一个电子变成负离子，因为硼原子得到电子，称为"受主"杂质，也叫 P 型杂质。

注意：① 自由电子在半导体晶体中，自由运动。

② 空穴在半导体的价带中，自由运动。

③ 离子在原子核位置，不移动，不参与导电而呈电性，但可消失或产生。

有了 N 型和 P 型半导体材料就可以制造半导体器件，最简单的半导体器件，即半导体二极管，由一个 PN 结构成。

1.2　PN 结与半导体二极管

1.2.1　PN 结的形成

1. 载流子的两种运动——漂移和扩散

在电场的作用下，载流子做定向运动，称为漂移运动。漂移运动形成的电流称为漂移电流。

同一种载流子存在浓度差时，载流子从高浓度区域向低浓度区域运动，称为扩散运动。扩散运动形成的电流称为扩散电流。

2. PN 结的形成

杂质半导体整体呈电中性。N 型半导体用正离子和电子符号表示，如图 1.6(a) 右部所示。同理，P 型半导体用负离子和空穴符号表示，如图 1.6(a) 左部所示。

将 P 型和 N 型半导体紧密结合，中间将形成 PN 结，其形成的物理过程如下：

（1）由浓度差产生扩散运动

在 P、N 半导体界面两侧，载流子浓度截然不同，N 区的多子电子浓度大于 P 区，P 区的多子空穴浓度大于 N 区，由于浓度差大，造成多数载流子的扩散运动。N 区的电子向 P 区扩散并与 P 区的空穴复合，P 区的空穴向 N 区扩散并与 N 区的电子复合。这样，在界面附近出现带正、负电荷的离子薄层，称为"空间电荷"，如图 1.6 所示。离子薄层所在的区域称

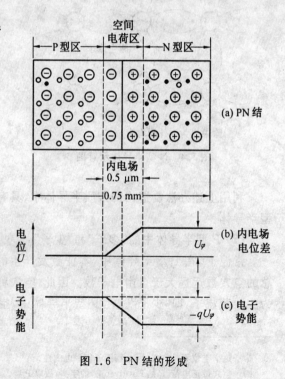

图 1.6　PN 结的形成

为空间电荷区。由于空间电荷区中的离子分正负极性,从而建立了内电场 ε_φ ,其方向由 N 区指向 P 区。载流子浓度差越大,扩散运动越强,则空间电荷区越宽,内电场越强。

（2）内电场吸引少子做漂移运动

内电场方向与多子扩散方向相反,阻碍多子向对面区域扩散,而对 P 区的少子电子和 N 区的少子空穴来说有吸引作用,从而产生少子漂移运动。P 区的电子向 N 区漂移并补充失去的电子,使正离子数减少。同理,P 区的空穴也得到补充,使负离子数减少。结果,空间电荷区变窄,内电场减弱,又使多子扩散运动增强。

（3）动态平衡

上述两种运动互相制约,同时进行,最后使多子扩散数与少子漂移数相等,从而达到动态平衡。此时,空间电荷区的宽度不再变化,内电场强度为定值。把动态平衡时确定的"空间电荷区"称为"PN 结",也称"平衡结"。空间电荷区几乎没有载流子,因此,PN 结也称"耗尽层",是高阻区。因为内电场阻碍多子扩散,因此,也称阻挡层。内电场的方向是由 N 区指向 P 区,这说明 N 区的电位比 P 区高,这个电位差称为"接触电位差" U_φ [1],其数值一般为零点几伏,$T=300$ K 时,硅的 $U_\varphi \approx 0.6 \sim 0.8$ V,锗的 $U_\varphi \approx 0.2 \sim 0.3$ V。T 升高时,U_φ 减小。电子从 N 区到 P 区要越过能量高坡,也称势垒,因此,PN 结又称为势垒区,如图 1.6(c)所示。

1.2.2　PN 结的单向导电性

PN 结两端加正向电压时导电,加反向电压时不导电,这就是 PN 结的单向导电性。

1. 外加正向电压

将 PN 结的 P 区接外加电压的正极,N 区接负极,这种接法称为 PN 结的"正向偏置"[2],简称"正偏",如图 1.7 所示。PN 结正偏时,外电场方向与内电场相反,使内电场强度减弱,空间电荷区变窄,从而破坏了动态平衡状态,使多子扩散运动急剧增强。这样,N 区的电子向 P 区大量扩散,P 区的空穴向 N 区大量扩散,通过 PN 结的正向电流为电子电流和空穴电流之和,并且方向相同。此时,PN 结的正向电流很大,正向电阻很小,正向电压降为 0.7 V（典型值）。

2. 外加反向电压

将 PN 结的 N 区接外加电压的正极,P 区接负极,这种接法称 PN 结的"反向偏置",简称"反偏",如图 1.8 所示。PN 结反偏时,外电场方向与内电场相同,使空间电荷区变宽,势垒增强,呈现高电阻状态,阻止多子扩散,此时扩散电流为零。但是,漂移运动增强,形成少子漂移电流,其方向与扩散电流相反,故称反向电流。少子为本征激发产生的,数量很少,当温度一定时,少子数量为定值。因此 PN 结反偏时,形成的反向电流很小,且为

---

①　内电场是不同性质半导体接触后产生的,其电位差称接触电位差。$U_\varphi = U_\mathrm{T} \ln \dfrac{p_\mathrm{p} n_\mathrm{n}}{n_\mathrm{i}^2} \approx U_\mathrm{T} \ln \dfrac{N_\mathrm{D} N_\mathrm{A}}{n_\mathrm{i}^2}$,式中,N_D、N_A 为掺杂浓度。

②　偏置是指偏离了结上外加电压为零的状态。

定值。当反向电压增大时,反向电流大小不变,称为"反向饱和电流",用 I_S[①]表示。

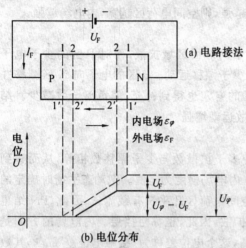

图 1.7　外加正向电压时的 PN 结 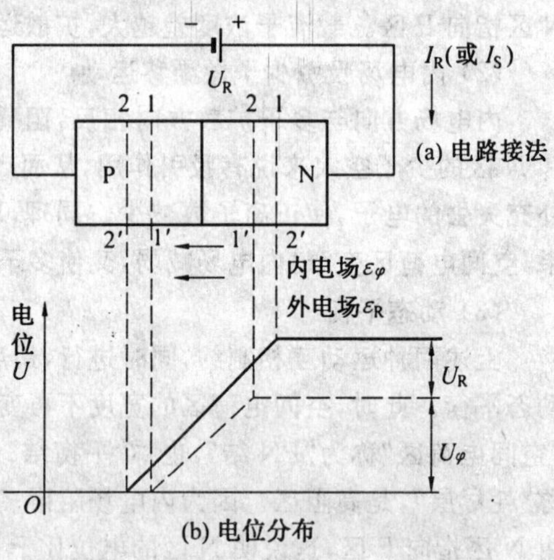　　　　　　图 1.8　外加反向电压时的 PN 结

PN 结反偏时,反向电流很小,电阻很大。

总之,PN 结正偏时导电,电流很大,电阻很小;反偏时不导电(截止),反向电流很小,反向电阻很大。从而体现了单向导电性。

3. PN 结的伏安特性及其电流方程表达式

根据理论分析,PN 结的两端外加电压与流过的电流的关系为

$$I = I_S(e^{U/U_T} - 1) \tag{1.2}$$

式中,I 为流过 PN 结的电流;I_S 为反向饱和电流;U 为外加电压;U_T 为温度的电压当量,$U_T = \dfrac{kT}{q}$,其中,k 为玻耳兹曼常数,T 为绝对温度,q 为电子电荷量。在常温 $T = 300$ K 时,$U_T = 26$ mV。

由式(1.2)可画出 PN 结的理想伏安特性,如图 1.9 所示,图中示出了 PN 结正向和反向导电特性。

(1)PN 结加正向电压

U 为正值,当 $U \gg U_T$ 时,式(1.2)中的 $e^{U/U_T} \gg 1$,则

$$I \approx I_S e^{U/U_T} \tag{1.3}$$

即 U 大于一定值后,PN 结的正向电流 I 与正向电压 U 之间的关系为指数规律(见正向特性曲线)。

(2)PN 结加反向电压

U 为负值,当 $|U| \ll U_T$ 时,$e^{U/U_T} \ll 1$,则

$$I \approx I_S \tag{1.4}$$

即反向电压达到一定值后,PN 结的反向电流为常数,就是反向饱和电流 I_S 不随反向电压而变化(见反向特性曲线)。

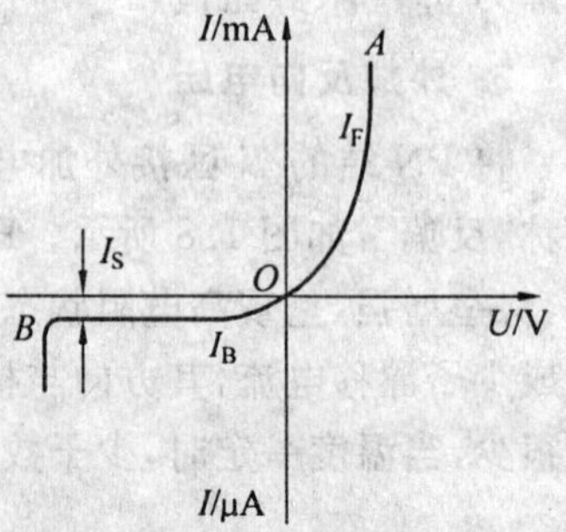

图 1.9　PN 结的理想伏安特性

---

① I_S 很小,为定值,但随温度变化而增大,在半导体器件中是一个重要的参数,初学者应注意。

4. PN 结的反向击穿

由图 1.9 中反向特性曲线可知,当反向电压增大到一定值时,反向电流突然增大,这种现象称为 PN 结"反向击穿"。U_{BR} 称为反向击穿电压。这种击穿是反向电压增大引起的,是电击穿。PN 结产生电击穿时反向电流 I_R 很大,如果 $I_R \cdot U_{BR}$ 不超过 PN 结允许的功耗时,去掉外加反向电压后,PN 结特性可恢复。否则造成 PN 结破坏。

产生电击穿现象主要有两种类型。

(1)雪崩击穿

随着反向电压加大,空间电荷区的电场很强,在强电场作用下,"少子"获得足够大的能量,与晶体中原子碰撞时,可使共价键电子激发,产生新的电子空穴对,在强电场作用下又撞击别的原子再产生新的电子空穴对,这样,电子空穴对成倍地增加(也称"倍增效应"),像"雪崩"一样,瞬时间载流子数极多,反向电流很大,PN 结产生雪崩击穿。

(2)齐纳击穿

PN 结很窄时,外加反向电压较小就可产生强电场$\left(\varepsilon = \dfrac{U}{l}\right)$,例如宽度只有 0.04 μm,反压为 4 V,场强可达 $10^6 V/cm$。在强电场作用下直接将共价键电子拉出(也称隧道效应),瞬时间载流子数急剧增多,反向电流很大,PN 结产生齐纳击穿。

以上两种电击穿($I_R U_{BR}$ 小于 PN 结功耗时)是可逆的,反向电压降低或去掉后,PN 结仍可恢复原状态。当 $I_R U_{BR}$ 大于 PN 结功耗时,结温升高,产生热击穿,PN 结被烧毁。电击穿可以利用(制造特殊二极管),而热击穿必须避免。

注:由击穿电压数值区别击穿类型:7 V 以上为雪崩击穿,4 V 以下多为齐纳击穿,4～7 V 之间两者均可产生。

1.2.3 PN 结的电容特性

PN 结在外加电压作用下,空间电荷量及载流子电荷量均发生变化,因而产生电容效应,称 PN 结电容,由势垒电容 C_B 和扩散电容 C_D 组成,即 $C_J = C_B + C_D$。

1. 势垒电容 C_B

加较低的反向电压时,空间电荷区宽度增加较少,空间电荷量增加较少。加较高的反向电压时,空间电荷量增加较多。这种空间电荷量随外加电压变化而变化的现象即称 PN 结的电容效应。因为空间电荷在势垒区内,所以称势垒电容,用 C_B[①]表示。空间电荷区是高阻区,相当于介质,P、N 相当两金属板电极,因此,势垒电容与平板电容相似,C_B 可表示为

$$C_B = \frac{\varepsilon S}{4\pi d} \tag{1.5}$$

式中,ε 为半导体介电常数;S 为 PN 结的面积;d 为 PN 结宽度,d 随外电压变化而变化。C_B 是非线性电容。反偏压 U_D 越大,C_B 越小。C_B 一般在 0.5～100 pF 范围内。

---

① C_B 的下标是 Barrier(势垒)的缩写。

利用 PN 结的势垒电容效应可制造变容二极管,在频率变换电路和参量电路中应用广泛。

2. 扩散电容 C_D

PN 结正向偏置时,产生的正向电流是多子扩散形成的。P 区的多子空穴进入 N 区后在 PN 结边界处浓度较大,然后依指数规律扩散,如图 1.10 所示。同样,N 区多子电子进入 P 区后在边界处的浓度也较高。正向电压增大时,扩散的电子和空穴的浓度梯度增加,反之减小。这种电容效应称为 PN 结的扩散电容,用 C_D[①]表示,可表示为

$$C_D = \frac{\tau(I + I_S)}{U_T} \tag{1.6}$$

式中,τ 为非平衡少子被复合前存在的时间(寿命);I 为正向电流;U_T 为温度电压当量。

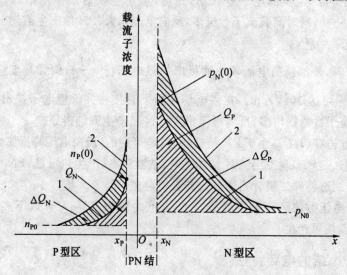

图 1.10　PN 结扩散电流引起的电容效应(非平衡少子浓度分布)

式(1.6)表明,C_D 与 I 成正比,因此,C_D 也是非线性电容。$C_D > C_B$,C_D 一般在几十 pF 至 0.01 μF 范围内。

PN 结总电容用 C_J 表示,则 $C_J = C_B + C_D$。正偏时 $C_J \approx C_D$;反偏时,$C_J \approx C_B$。

1.2.4　PN 结的温度特性

随着温度 T 升高,反向饱和电流 I_S 增大,而接触电位差 U_φ 减小,即 PN 结正向压降减小。故以 PN 结为基础的半导体器件的特性和参数都随温度变化而漂移。

1. PN 结正向电压的温度系数 α_{U_D}

α_{U_D} 的含义是保持正向电流不变时,温度升高 1℃ 所引起的 U_D 变化,即

$$\alpha_{U_D} = \left.\frac{\partial U_D}{\partial T}\right|_{I=常数} \tag{1.7}$$

---

① C_D 的下标是 Diffusion(扩散)的缩写。

温度变化时的特性曲线的漂移如图 1.11 所示。

由图 1.11 可知,特性曲线向左平移,故

$$\alpha_{U_D} = \frac{\partial U_D}{\partial T} \approx \frac{\Delta u_D}{\Delta T} = \frac{U_{D2} - U_{D1}}{T_2 - T_1} \approx -(1.9 \sim 2.5)\,\mathrm{mV/℃} \qquad (1.8)$$

由式(1.8)可见,不论硅管还是锗管,α_{U_D} 为基本常数,且为负的。

2. PN 结的反向饱和电流 I_S

反向饱和电流随温度变化按指数规律变化,其温度系数是正的,不论硅管还是锗管,温度每升高 10℃,饱和电流大约增大 1 倍。在某温度 T 时的反向饱和电流与 $T_0 = 300\ \mathrm{K}$ 时的饱和电流的关系为

$$I_S(T) \approx I_S(T_0) \times 2^{\frac{T-T_0}{10}} \qquad (1.9)$$

在常温 300 K 时,锗管 $I_S(T_0)$ 要比硅管 $I_S(T_0)$ 大 3～6 个数量级。故在集成电路中多用硅片。

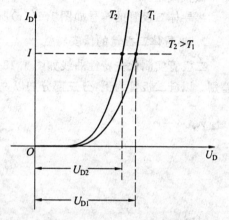

图 1.11　PN 结正向特性温漂

1.2.5　半导体二极管

1. 结构

半导体二极管由一个 PN 结构成,接出两个电极引线,封装在管壳中。按结构不同分为点接触和面接触两种。

(1) 点接触型二极管

由一根金属丝与半导体表面接触,在熔接点上形成 PN 结,接出引线,封装在管壳内,即为点接触型二极管,如图 1.12(a)所示。其优点是 PN 结面积小,结电容小,工作频率很高,可达 100 MHz 以上。缺点是不能承受大的正向电流和反向电压。该类二极管用在高频检波或做开关元件。

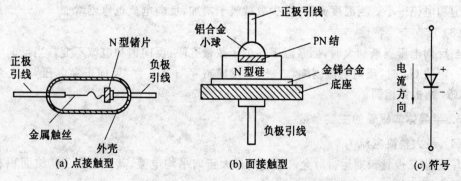

(a) 点接触型　　　　　　　　(b) 面接触型　　　　　　　　(c) 符号

图 1.12　半导体二极管的结构及符号

（2）面接触型二极管

该型二极管结构如图 1.12(b) 所示，用合金法或扩散法制成。PN 结面积较大，但是结电容大，工作频率低，能通过较大的正向电流，能承受大的反向电压。多应用在低频电路中做整流用。

半导体二极管的符号如图 1.12(c) 所示。

2. 半导体二极管的伏安特性

二极管实测伏安特性曲线如图 1.13 所示。与 PN 结理想的伏安特性相似，也有一定差别。以硅二极管为例，分三部分加以说明。

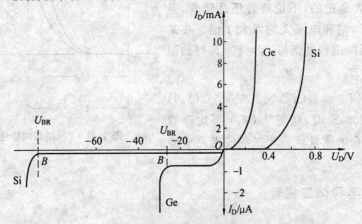

图 1.13　二极管伏安特性（注意：正、负坐标刻度不同）

（1）正向特性

由图 1.13 可知，正向电压增到零点几伏，正向电流已很大了，呈现的正向电阻很小。起始部分正向电压很小，不足以抵制内电场的作用，二极管呈现大电阻，正向电流趋于零。当正向电压增到一定数值时，开始出现正向电流，此时的电压称为开启电压 U_{th}（或死区电压，阈值电压）。在常温下，硅二极管的 $U_{th} \approx 0.4$ V，锗二极管的 $U_{th} \approx 0.1$ V。

（2）反向特性

在反向电压作用下，少数载流子全部参与导电，形成反向饱和电流。因数量少，因此反向饱和电流很小。当温度升高时，少数载流子增加，反向电流也急剧增加。

（3）反向击穿特性

当反向电压逐渐加大时，因常温下的少子数量有限，反向饱和电流不变。当反向电压增到一定值 U_{BR} 时，反向电流剧增，二极管"反向击穿"。U_{BR} 称"反向击穿电压"。击穿原因与 PN 结击穿相同。

3. 半导体二极管的主要参数

（1）最大整流电流 I_F

I_F 是指二极管长期运行时允许流过的最大正向平均电流，其大小由 PN 结面积和散热条件决定。

（2）最大反向工作电压 U_R

U_R 为二极管运行时允许承受的最大反向电压。为了安全运行，取击穿电压 U_{BR} 的一

半定为 U_R。

（3）反向电流 I_R

I_R 是指在常温下和最大反压下的反向电流，其值越小越好。I_R 与温度有关系，使用时要注意温度的影响。

（4）最高工作频率 f_M

f_M 与 PN 结电容有关。使用时，信号频率不能超过 f_M，否则，单向导电性变差。

4. 半导体二极管小信号模型

图 1.14 所示为二极管正向伏安特性曲线，在二极管伏安特性曲线上若选定 Q 点为直流工作点，则等效直流电阻为

$$R_D = \frac{U_D}{I_D} \qquad (1.10)$$

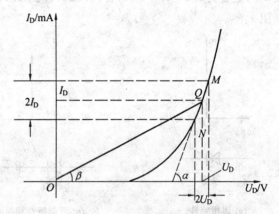

图 1.14　二极管正向伏安特性曲线

在 Q 点附近的交流等效电阻为

$$r_d = \left(\frac{\mathrm{d}I_D}{\mathrm{d}U_D}\right)_Q^{-1} \approx \frac{2U_d}{2I_d} \qquad (1.11)$$

对二极管电流方程求微分，可求 r_d，即

$$r_d = \left(\frac{\mathrm{d}I_D}{\mathrm{d}U_D}\right)_Q^{-1} \approx \left[\frac{\mathrm{d}}{\mathrm{d}U_D}\left(I_s \exp\frac{U_D}{U_T}\right)\right]_Q^{-1} = \frac{U_T}{I_D} \qquad (1.12)$$

当 $T = 300\ \mathrm{K}$ 时，$r_d \approx \dfrac{26\ \mathrm{mV}}{I_D}$。其交流等效电阻可用直流电流来计算。当 Q 点变化时，其 R_D 与 r_d 不同。

二极管组成的电路如图 1.15(a) 所示，除直流电流 I_D 外，还叠加上交流电压和电流。仅考虑交流分量，二极管可用一个交流等效电阻 r_d 来表示，即为二极管的低频交流小信号模型，如图 1.15(b) 所示。小信号的交流电压 $\dot U_m < 10\ \mathrm{mV}$。

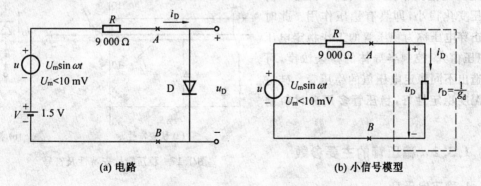

(a) 电路　　　　　　　　　　　　　　(b) 小信号模型

图 1.15　二极管小信号模型

5. 半导体二极管大信号模型

由二极管伏安特性看出，偏置电压低于开启电压时，电流很小，而高于开启电压时，电

流随着电压增大而激增。因此,在工程计算上,常以折线代替伏安特性曲线,这样大大简化了计算。图 1.16 给出二极管工作在大信号时的不同精度的折线模型及其相应的等效电路供在不同精度要求的条件下选择相应的简化模型。其中图 1.16(a)为理想二极管模型,即正向管压降为零,反向电流为零。图 1.16(b)所示的模型考虑了二极管正向压降 U_D,硅管为 0.6～0.7 V,锗管为 0.2 V。图 1.16(c)考虑了正向压降 U_D,还考虑了微变电阻 r_d。

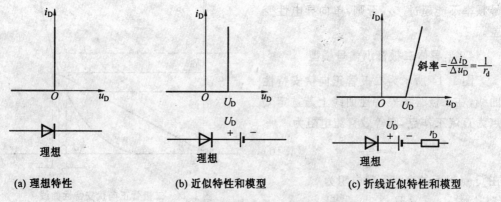

(a) 理想特性　　　　　　(b) 近似特性和模型　　　　　(c) 折线近似特性和模型

图 1.16　二极管大信号的近似模型和特性

1.3　稳　压　管

1.3.1　稳压管的稳压原理

在安全限流时工作于 PN 结反向击穿状态的二极管称稳压管。其伏安特性和符号如图 1.17 所示。当反向击穿时,电流变化范围很大(由 $I_{Zmin} \sim I_{Zmax}$),而电压变化很小,即具有稳压作用。此时的击穿电压称为稳压管的工作稳定电压(稳压值)。控制半导体的掺杂浓度,可制造出不同稳定电压值的稳压管。硅材料温度稳定性好,稳压管多用硅材料制造。

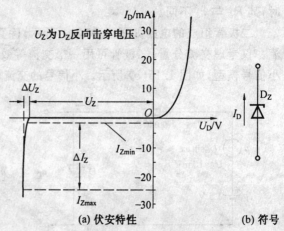

(a) 伏安特性　　　　　　　(b) 符号

图 1.17　稳压管伏安特性及符号

1.3.2　稳压管的主要参数

1.稳定电压 U_Z

U_Z 指稳压管中的电流为规定值(I_Z)时,稳压管两端的电压值。例如:2CW14 型稳压管,U_Z 为 6 V 时,工作电流 I_Z 为 10 mA。

2. 最小稳定电流 I_{Zmin}

I_{Zmin} 指稳压管具有正常稳压作用的最小工作电流。要求 $I_Z \geqslant I_{Zmin}$。

3. 最大稳定电流 I_{Zmax}

I_{Zmax} 指稳压管具有正常稳压作用的最大工作电流。要求 $I_Z \leqslant I_{Zmax}$。

4. 额定功耗 P_{ZM}

P_{ZM} 指稳压管允许温升所决定的参数，其数值为

$$P_{ZM} = I_{Zmax}U_Z \tag{1.13}$$

5. 动态电阻 r_Z

r_Z 指稳压管两端电压变化量 ΔU_Z 与对应的电流变化量 ΔI_Z 之比，即

$$r_Z = \frac{\Delta U_Z}{\Delta I_Z} \tag{1.14}$$

6. 温度系数 α_Z

α_Z 指稳压值受温度影响的参数，其数值为温度每升高 1 ℃时稳定电压值的相对变化量。用百分数表示，即

$$\alpha_Z = \frac{\Delta U_Z}{U_Z \Delta T} \times 100\%/℃ \tag{1.15}$$

$U_Z > 7$ V 的稳压管具有正温度系数，$U_Z < 4$ V 的稳压管具有负的温度系数，而 7 V$>U_Z>4$ V 的稳压管的温度系数最小。$U_Z = 6$ V（左右）时的稳压管，温度稳定性好。要求温度稳定性能较高的场合，应选用有温度补偿的双稳压管，如 2DW7 型。双稳压管符号如图 1.18 所示。由两个相同的稳压管反向串联，一个击穿稳压时，另一个正向工作（此时为二极管）做温度补偿，使 α_Z 最小。

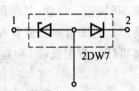

图 1.18 双稳压管符号

1.3.3 埋层齐纳击穿稳压管

简单的齐纳击穿发生在硅晶体表面部位，这个部位存在更多的杂质和晶格错位，造成较大的击穿噪声和不稳定性。在黑暗中可观察到平面齐纳管在硅表面击穿区的电荧光，它杂乱地向周边辐射，这就形成噪声。若在图 1.19(a) 齐纳管的上边再做顶层扩散 N 型或 P 型硅，如图 1.19(b) 所示，则齐纳管就被掩埋在顶层硅晶体下面，因此称为埋层齐纳稳压管。此时击穿发生在硅片表面的下层部位，而这个部位晶体纯净，机械压力小，晶格错位少，故埋层齐纳管的噪声可做得很小，温漂也很小。在高精度模拟集成电路中是重要的基本器件。

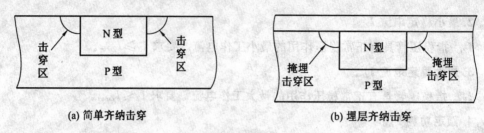

(a) 简单齐纳击穿　　　　　　　(b) 埋层齐纳击穿

图 1.19　埋层齐纳稳压管结构示意图

1.4　双极型晶体管(BJT)

半导体三极管,也称晶体管。因为半导体中的多数载流子和少数载流子都参与导电,即有两种不同极性的载流子,所以称"双极型"晶体管(BJT),本书以下简称三极管。

由 PN 结构成的二极管具有单向导电性,无放大作用,而由两个 PN 结构成的三极管却具有控制和放大作用,是放大电路中的核心器件。

1.4.1　三极管的结构

用掺杂工艺可制成 N 型和 P 型半导体,由两块 N 型半导体和一块 P 型半导体可构成 NPN 型三极管,其结构及符号如图 1.20 所示。同样可制成 PNP 型三极管,如图 1.21 所示。由图可知三极管有两个 PN 结,分别称为发射结和集电结;有三个电极,分别称为基极(B)、发射极(E)和集电极(C);有三个区,分别称为发射区、基区和集电区。

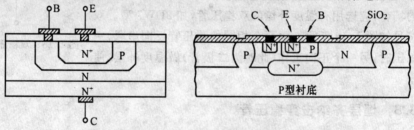

(a) 分立 NPN 管和集成电路中的 NPN 管结构剖面示意图

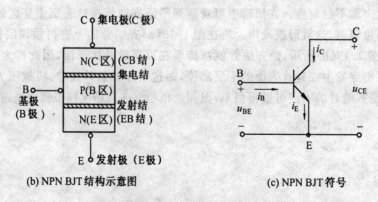

(b) NPN BJT 结构示意图　　　　　(c) NPN BJT 符号

图 1.20　NPN 管结构示意图及符号

制造特点是发射区掺杂浓度最大,基区掺杂浓度最小、宽度最窄,集电结面积最大,以使三极管具有电流放大作用。

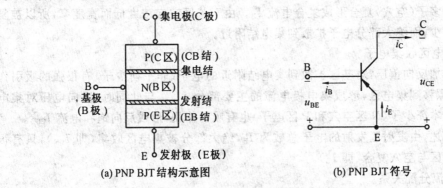

(a) PNP BJT 结构示意图　　　　　　　　　　(b) PNP BJT 符号

图 1.21　PNP 管结构示意图及符号

1.4.2　三极管的电流放大作用

三极管有三个电极,组成电路时有三种接法:以基极做公共端称共基极接法;以发射极做公共端称共射极接法;以集电极做公共端称共集电极接法。

以 NPN 型三极管为例,讨论电流控制关系,并引出两个主要参数:①共基极电流放大系数 $\bar{\alpha}$;② 共射极电流放大系数 $\bar{\beta}$。

1. 共基极接法电流控制关系

三极管电路示意图如图 1.22(a)所示。发射结加正向偏压 V_{BB},集电结加反向偏压 V_{CC}。这样外加偏压的目的是将发射区的大量电子向基区发射形成电流。发射过程如下。

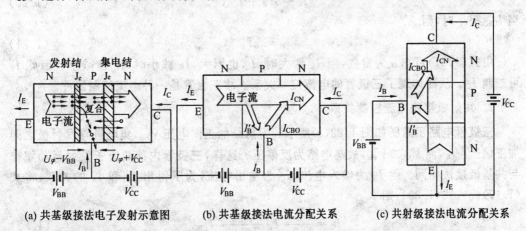

(a) 共基级接法电子发射示意图　　(b) 共基级接法电流分配关系　　(c) 共射级接法电流分配关系

图 1.22　NPN 管载流子传输示意图

(1) 发射区向基区发射电子

发射结在正偏压作用下,其宽度变窄,内电场减弱,使发射区多子(电子)很容易越过发射结进入基区,即电子发射。与此同时,基区的多子(空穴)同样向发射区发射,因掺杂浓度极小,可忽略不计。

（2）电子在基区扩散与复合

发射区多子（电子）发射到基区后，成为非平衡少子[①]，在扩散运动中，有一小部分电子与基区的多子（空穴）复合形成复合电流 I_B'。由于基区空穴浓度低而宽度窄，所以被复合的电子数少，而绝大部分电子扩散到集电结附近。

（3）集电区收集电子

集电结加反向偏压，对基区扩散到集电结附近的电子（非平衡少子）有很强的吸引作用，使它们漂移到集电区，形成集电极电流的主要部分 I_{CN}。与此同时，反向电压对集电区和基区中本征少子（N 区空穴和 P 区电子）也有吸引作用，形成反向饱和电流 I_{CBO}。

综上所述，由发射区发射的电子总数为 I_E，绝大部分被集电区收集（即 I_{CN}），只有很小部分在基区与空穴复合（即 I_B'）。

（4）电流分配关系

三极管制成后（掺杂浓度、基区宽度确定），发射到达集电区的电子数与发射总电子数的比例为定值，定义为

$$\bar{\alpha} = \frac{I_{CN}}{I_E} \tag{1.16}$$

式中，$\bar{\alpha}$ 称为共基极直流电流放大系数，与 I_E 有关，一般为 0.95～0.995。

如图 1.22(b) 所示，各电极上的电流可以分别表示为

$$I_E = I_B + I_C \tag{1.17}$$
$$I_C = I_{CN} + I_{CBO} \tag{1.18}$$
$$I_B = I_B' - I_{CBO} \tag{1.19}$$

把式（1.16）代入式（1.18），则

$$I_C = \bar{\alpha} I_E + I_{CBO} \tag{1.20}$$

当 I_{CBO} 很小时，则

$$I_C \approx \bar{\alpha} I_E \tag{1.21}$$

由式（1.21）可知 $\bar{\alpha}$ 为常数，当 I_E 增大时，I_C 也增大，I_E 减小时，I_C 也减小。因此 I_E 可控制 I_C。从而体现了三极管的电流控制关系。故三极管是一种电流控制器件。

2. 共射极接法电流控制关系

三极管电路示意图如图 1.22(c) 所示。发射结加正向电压 V_{BB}，集电极与发射极之间加正偏压 V_{CC}，而 $V_{CC} \gg V_{BB}$，故集电结为反偏压。这样，三极管内部载流子发射运动规律与共基极接法相同。但 I_B 为输入电流，I_C 为输出电流，为了得出 I_C 和 I_B 的关系，将式（1.17）代入式（1.20），则

$$I_C = \frac{\bar{\alpha}}{1-\bar{\alpha}} I_B + \frac{1}{1-\bar{\alpha}} I_{CBO} \tag{1.22}$$

定义：

$$\bar{\beta} = \frac{\bar{\alpha}}{1-\bar{\alpha}} \tag{1.23}$$

式中，$\bar{\beta}$ 称为共射极直流电流放大系数，其值一般为几十至几百，超 $\bar{\beta}$ 管可上千。

---

①　以区别 P 型半导体中的本征少子（电子）。

将式(1.23)代入式(1.22),则

$$I_C = \bar{\beta} I_B + (1 + \bar{\beta}) I_{CBO} \tag{1.24}$$

而

$$I_E = I_C + I_B = (1 + \beta) I_B + (1 + \beta) I_{CBO} \tag{1.25}$$

令

$$(1 + \bar{\beta}) I_{CBO} = I_{CEO} \tag{1.26}$$

式中,I_{CEO} 称为穿透电流,即 $I_B = 0$ 时的集电极电流。

将式(1.26)代入式(1.24),则

$$I_C = \bar{\beta} I_B + I_{CEO} \tag{1.27}$$

当 I_{CEO} 很小时,则

$$I_C \approx \bar{\beta} I_B \tag{1.28}$$

由式(1.28)可知,$\bar{\beta}$ 为常数且 $\bar{\beta} \gg 1$,I_B 有较小的变化,I_C 就有较大的变化。从而更体现了三极管的电流控制作用。

3. 三极管的电流放大作用

当三极管外加偏压满足:①发射结加正偏压;②集电结加反偏压时,$I_C \approx \bar{\alpha} I_E$、$I_C \approx \bar{\beta} I_B$ 成立,$\bar{\alpha}$、$\bar{\beta}$ 为直流状态的电流放大系数。如果在直流的基础上再加入变化的交流输入信号,那么输入电流与输出电流的关系如何呢? 加信号的电路示意图如图 1.23(a)所示。信号电压 ΔU_i 将引起输入电流变化 ΔI_E,输出电流也要变化 ΔI_C,定义:

$$\alpha = \frac{\Delta I_C}{\Delta I_E}\bigg|_{U_{CB}=\text{常数}} = \frac{\partial I_C}{\partial I_E}\bigg|_{U_{CB}=\text{常数}} = \frac{i_C}{i_E}\bigg|_{du_{CB}=0} \tag{1.29}$$

式中,α 为输出端交流短路条件下的共基极交流电流放大系数。

$\alpha \approx \bar{\alpha}$,今后在使用中,不再区分,均用 α 表示。

同理,定义:

$$\beta = \frac{\Delta I_C}{\Delta I_B}\bigg|_{U_{CE}=\text{常数}} = \frac{\partial I_C}{\partial I_B}\bigg|_{U_{CE}=\text{常数}} = \frac{i_C}{i_B}\bigg|_{du_{CE}=0} \tag{1.30}$$

式中,β 为输出端交流短路条件下的共射极交流电流放大系数。

$\beta \approx \bar{\beta}$,以后不再区分,均用 β 表示。

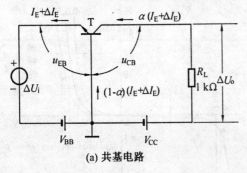
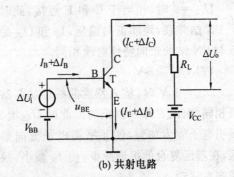

(a) 共基电路　　　　　　　　　　　　(b) 共射电路

图 1.23　简单的放大电路

三极管在共射极接法时具有较大的电流放大作用。

【例 1.1】　在图 1.23(a)中,若 $\Delta U_i = 20$ mV,引起 I_E 的变化 $\Delta I_E = 1$ mA,当 $\alpha = 0.98$ 时,可求 I_C 变化量 ΔI_C,即

$$\Delta I_C = \alpha \Delta I_E = 0.98 \times 1 \text{ mA} = 0.98 \text{ mA}$$

在负载电阻 R_L 上产生电压变化量 ΔU_o，即

$$\Delta U_o = \Delta I_C \cdot R_L = 0.98 \text{ mA} \times 1 \text{ k}\Omega = 0.98 \text{ V}$$

定义：交流电压放大倍数为

$$A_u = \frac{\Delta U_o}{\Delta U_i} = \frac{0.98}{20 \times 10^{-3}} = 49 \tag{1.31}$$

【例 1.2】 在图 1.23(b)中，若 $\Delta U_i = 20$ mV，引起 I_B 的变化 $\Delta I_B = 20$ μA，当 $\beta = 50$ 时，则

$$\Delta I_C = \beta \Delta I_B = 50 \times 20 \text{ μA} = 1 \text{ mA}$$

在负载电阻 R_L 上产生电压变化量，即

$$\Delta U_o = \Delta I_C \cdot R_L = 1 \text{ mA} \times 1 \text{ k}\Omega = 1 \text{ V}$$

所以

$$|A_u| = \frac{\Delta U_o}{\Delta U_i} = \frac{1 \text{ V}}{20 \text{ mV}} = 50$$

通过上述计算说明三极管不但具有电流放大作用，而且还有电压放大作用。三极管能够具有这种放大作用的外部条件是：①发射结加正偏压；②集电结加反偏压。要求初学者掌握。

1.4.3　三极管的特性曲线

以共射极接法为例讨论三极管的参量之间的关系，可分为两种情况。

1. 共射极接法三极管的输入特性曲线

在输入回路中，i_B 与 u_{BE} 的关系可用函数表示，即

$$i_B = f(u_{BE})\Big|_{U_{CE}=常数} \tag{1.32}$$

式中，U_{CE} 是参变量。U_{CE} 取不同的值，就有不同的 $i_B = f(u_{BE})$，因此，输入特性是一族曲线。用实验方法（或用图示仪）测得的输入特性曲线如图 1.24 所示。分两种情况说明：

(1) $U_{CE} = 0$ V

$U_{CE} = 0$ 时，相当于 C 和 E 短接，此时两个 PN 结并联，均加正向偏压，I_B 和 U_{BE} 的关系与 PN 结的正向特性曲线相同。

(2) $U_{CE} \geq 1$ V

$U_{CE} = 1$ V 时，输入特性曲线形状与前一条相同，而向右移一段距离。此时 U_{CE} 增大，吸引电子能力加强，使非平衡电子流向集电区，在基区复合的机遇减少，使 I_B 减小，故曲线向右移动。

当 $U_{CE} > 1$ V（或更大）时，因发射到基区的电子数是一定的，I_B 不再明显减小，测出

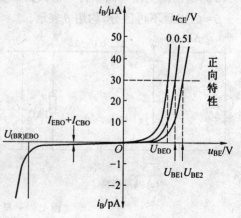

图 1.24　NPN 管共射输入特性

的许多条特性曲线均重合，因此有 $U_{CE} > 1$ V 的一条特性曲线就可以了。

当集电结和发射结均加反压时，I_{CBO} 和 I_{EBO} 都从基极 B 流出，反压大到一定值时，发

射结发生齐纳击穿，$U_{(BR)EBO}$ 为击穿电压。使用时应避免击穿。

2. 共射极接法三极管的输出特性曲线

在输出回路中，i_C 与 u_{CE} 的关系可用函数表示，即

$$i_C = f(u_{CE})\Big|_{I_B = 常数} \tag{1.33}$$

式中，i_B 是参变量。i_B 取不同值时，可得一族曲线，实测的输出特性曲线如图 1.25 所示，分三种情况说明。

（1）饱和区

图 1.25 中的左边部分称为饱和区。当 $U_{CE}=0$ 时，相当于 C 和 E 短接，两个 PN 结均加正向电压，发射区、集电区均发射电子，方向相反，故 $i_C=0$。当 0.7 V$>U_{CE}>0$ 时，i_C 随 U_{CE} 增大而增大（i_C 急剧上升）。构成对应不同 i_B 值的多条输出特性曲线的起始部分。这样，三极管工作在饱和区（也称饱和状态）时，$i_C \neq \beta i_B$，即 i_B 与 i_C 不成比例关系，不具有放大作用。使三极管工作在饱和状态时的条件是：发射结正偏、集电结也正偏。此时发射结压降 $U_{BE}=0.7$ V（典型值），而饱和压降 $U_{CE(sat)}=0.3$ V（典型值）。

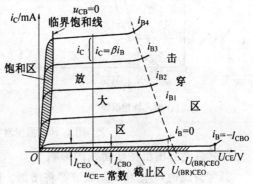

图 1.25　NPN 管共射输出特性

（2）放大区

由图 1.25 可知，曲线族中间部分比较水平，U_{CE} 在一定范围内增加，i_C 几乎不增加。而 i_B 增加时使 i_C 成比例地增大，这就体现了 i_B 变化控制 i_C 变化的电流放大作用。这个区域称为"放大区"，也称线性区。三极管工作在放大区时称为"放大状态"。使三极管工作在放大状态的条件是：发射结正偏、集电结反偏。此时发射结压降 $U_{BE}=0.7$ V（典型值）。

（3）截止区

在图 1.25 中，$i_B=0$ 的曲线以下部分称为截止区。$i_B=0$ 时，相当 B 极开路，此时，$i_C \approx I_{CEO}$。当 $i_C < I_{CBO}$ 时，三极管未开启（不工作）。使三极管处于截止状态时的条件是：发射结反偏、集电结反偏。此时，$i_B=0$，$U_{BE}<0$ V。

在模拟电路中，三极管工作在放大状态，在数字电路中工作在开关状态（不是截止就是饱和）。

（4）击穿区

在图 1.25 中，右上部分为击穿区。$i_B=0$ 所对应的曲线上击穿点电压 $U_{(BR)CEO}$ 是基极开路时的集－射击穿电压，输出特性曲线上的击穿都是集电结雪崩击穿。三极管不允许工作在击穿区。

综上所述，三极管输出特性曲线图能表征三极管工作状态及其要求外加的电压条件。要求初学者牢记，今后学习中经常用到。

3. 温度对三极管特性曲线的影响

（1）温度对输入特性曲线的影响

温度升高时，发射结正向压降 U_{BE} 将减小，其温度系数约为 $-(2\sim2.5)\text{mV}/℃$。对应同一 I_B 值，输入特性曲线向左移，如图 1.26(a) 所示，与 PN 结的正向特性曲线相似。

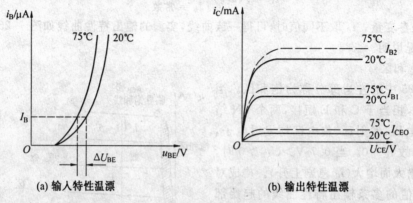

(a) 输入特性温漂　　　　　　　(b) 输出特性温漂

图 1.26　温度对特性曲线的影响

（2）温度对输出特性曲线的影响

温度升高时，I_{CBO} 和 I_{CEO} 及 β 都将增加。因 I_{CBO} 是由本征电子、空穴对构成的，温度每升高 $10℃$，I_{CBO} 增加 1 倍。而 $I_{CEO}=(1+\beta)I_{CBO}$，随着温度升高也增大，造成输出特性曲线向上移。如图 1.26(b) 所示。

温度每升高 $1℃$ 时，β 增加 $0.5\%\sim1\%$。也使输出特性曲线间距变大。

由于上述原因，三极管工作在温差变化较大场合下其工作状态是不稳定的，必须采取措施克服温度的影响。目前制造工艺水平很高，硅管反向电流很小，故受温度影响较小。

1.4.4　三极管的主要参数

1. 直流参数

（1）直流电流放大系数

① 共基极直流电流放大系数，定义为

$$\bar{\alpha}=\frac{I_C-I_{CBO}}{I_E}\approx\frac{I_C}{I_E}$$

② 共射极直流电流放大系数，定义为

$$\bar{\beta}=\frac{I_C-I_{CEO}}{I_B}\approx\frac{I_C}{I_B}$$

（2）极间反向电流

① 反向饱和电流 I_{CBO} 指发射极开路时，集电极与基极间的反向饱和电流，越小越好。硅管很小，零点几个微安可忽略。而锗管较大，不可忽略。

② 穿透电流 I_{CEO} 指基极开路时，集电极与发射极间的穿透电流，即

$$I_{CEO}=(1+\bar{\beta})I_{CBO}$$

2. 交流参数

(1) 共基极交流短路电流放大系数 α,简称共基电流放大系数,定义为

$$\alpha = \frac{\Delta I_C}{\Delta I_E}\bigg|_{U_{CB}=常数} \approx \bar{\alpha}$$

(2) 共发射极交流短路电流放大系数 β,简称共射电流放大系数,定义为

$$\beta = \frac{\Delta I_C}{\Delta I_B}\bigg|_{U_{CE}=常数} \approx \bar{\beta}$$

3. 极限参数

(1) 集电极最大允许功耗 P_{CM}

集电极的功率损耗 $P_C = I_C U_{CE}$,使用时,$P_C < P_{CM}$。 如果 $P_C > P_{CM}$ 时,集电结升温,发热,最后烧毁。P_{CM} 的值取决于集电结允许温度,硅管允许结温为 $150℃$,锗管允许结温为 $75℃$。安装散热片可使结温降低。

(2) 集电极最大允许电流 I_{CM}

在 I_C 的一个很大范围内,β 值基本不变。但是 I_C 超过某一数值后,β 明显下降,该数值即为 I_{CM}。使用时,要求 $I_C < I_{CM}$。

(3) 反向击穿电压

① $U_{(BR)EBO}$ 指集电极开路时发射结允许加的最高反向电压。 使用时要求 $U_{EB} < U_{EBO}$。 一般平面管为几伏,有的不到 1 V。

② $U_{(BR)CBO}$ 指发射极开路时集电极与基极间允许加的最高反向电压。一般为几十伏到上千伏。

③ $U_{(BR)CEO}$ 指基极开路时集电极与发射极间的反向击穿电压,比 $U_{(BR)CBO}$ 要小些。

另外还有基极与发射极间接电阻或短路情况的反向击穿电压: $U_{(BR)CER}$ 和 $U_{(BR)CES}$,这些反向击穿电压值的关系为

$$U_{(BR)CBO} \approx U_{(BR)CES} > U_{(BR)CER} > U_{(BR)CEO}$$

使用时,不允许超过晶体管手册中给出的规定值。

4. 频率参数

(1) 共射上限截止频率 f_β

在高频时,主要由于 PN 结电容的影响作用明显,随着信号频率增高,使 β 下降。当 β 下降到中频 β_0 的 70.7% 时对应的频率,工程上称为共射接法的上限截止频率。用 f_β 表示,如图 1.27 所示。

(2) 共射特征频率 f_T

当信号频率 f 增大,使 β 下降到 1 时所对应的频率称为共射三极管的特征频率 f_T (见图 1.27)。当 $f > f_T$ 时,表征三极管已丧失放大能力。

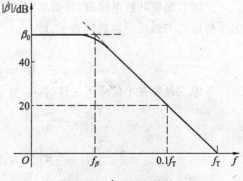

图 1.27 $\dot{\beta}$ 的幅频特性

（3）共基上限截止频率 f_α

在高频时，主要由于 PN 结电容的影响，使 α 下降，当 α 下降到中频 α_0 的 70.7% 时对应的频率，工程上称为共基三极管上限截止频率 f_α。

1.4.5 共射三极管的小信号等效模型——H 参数等效电路

1. 什么是小信号

在三极管输入和输出特性曲线上看，中间部分为近似直线的线性区，如果小信号作用在该线性区域内，可将非线性的三极管用一个线性电路模型来代替，即共射三极管的小信号等效模型。

通过分析计算[1]可认为正弦信号源的电压幅度 $U_{Sm} \leqslant 10$ mV，其分析误差不超过 10%，即近似认为小信号的限度。不论三极管接成共射、共基还是共集放大电路，只要基—射极间信号电压幅度 $U_{bem} \leqslant 10$ mV，就可应用小信号等效模型分析。

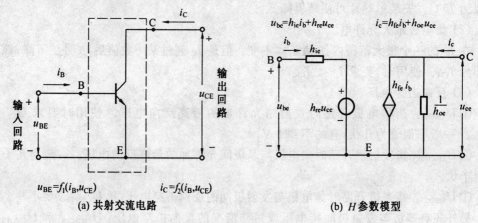

(a) 共射交流电路　　　　　　　　(b) H 参数模型

图 1.28　H 参数等效电路

2. H 参数等效电路

（1）H 参数的引出

三极管组成共射电路时，可看做双口网络，如图 1.28 所示，其输入回路和输出回路的电压与电流关系可用函数式表示，即

$$\begin{cases} u_{BE} = f(i_B, u_{CE}) & \text{(1.34a)} \\ i_C = f(i_B, u_{CE}) & \text{(1.34b)} \end{cases}$$

考虑三极管在小信号下工作时，i_C 与 i_B、u_{CE} 的微变关系可对式（1.34）取全微分得

$$\begin{cases} du_{BE} = \dfrac{\partial u_{BE}}{\partial i_B}\bigg|_{U_{CE}} \cdot di_B + \dfrac{\partial u_{BE}}{\partial u_{CE}}\bigg|_{I_B} \cdot du_{CE} & \text{(1.35a)} \\[4mm] di_C = \dfrac{\partial i_C}{\partial i_B}\bigg|_{U_{CE}} \cdot di_B + \dfrac{\partial i_C}{\partial u_{CE}}\bigg|_{I_B} \cdot du_{CE} & \text{(1.35b)} \end{cases}$$

---

① 小信号详细分析参看参考文献[1]的 28 页。

式中的偏微分项分别用 h_{ie}，h_{re}，h_{fe}，h_{oe}[①]表示，用交流分量取代微小变量（微分项），则

$$\begin{cases} u_{be} = h_{ie}i_b + h_{re}u_{ce} & (1.36a) \\ i_c = h_{fe}i_b + h_{oe}u_{ce} & (1.36b) \end{cases}$$

式中　$h_{ie} = \dfrac{\partial u_{BE}}{\partial i_B}\Big|_{U_{CE}}$，输出端交流短路时的输入电阻，即 $h_{ie} \approx r_{be}$，单位为 Ω；

$h_{re} = \dfrac{\partial u_{BE}}{\partial u_{CE}}\Big|_{I_B}$，输入端交流开路时的电压反馈系数（无量纲）；

$h_{fe} = \dfrac{\partial i_C}{\partial i_B}\Big|_{U_{CE}}$，输出端交流短路时电流放大系数，即 $h_{fe} \approx \beta$（无量纲）；

$h_{oe} = \dfrac{\partial i_C}{\partial u_{CE}}\Big|_{I_B}$，输入端交流开路时的输出电导，单位是 S（西门子）。

以上四个参数的量纲不同，故称混合参数。

（2）H 参数的物理和几何意义

① h_{ie} 为 $u_{CE} = U_{CEQ}$（Q 点值）时，u_{BE} 对 i_B 的偏导数。在小信号下，在输入特性曲线静态工作点 Q 附近取 Δu_{BE} 和 Δi_B 即 $\dfrac{\Delta u_{BE}}{\Delta i_B} \approx \dfrac{\partial u_{BE}}{\partial i_B}$ 可求得 h_{ie}，从几何意义说 h_{ie} 为 Q 点处曲线斜率的倒数，如图 1.29(a) 所示。

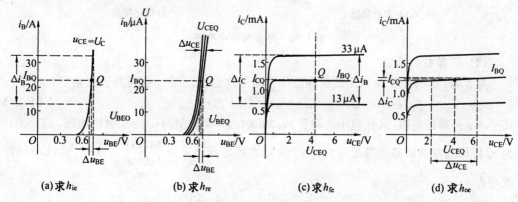

(a) 求 h_{ie}　　　　(b) 求 h_{re}　　　　(c) 求 h_{fe}　　　　(d) 求 h_{oe}

图 1.29　从特性曲线上求 H 参数的方法

② h_{re} 为 $i_B = I_{BQ}$ 时，u_{BE} 对 u_{CE} 的偏导数。在图 1.29(b) 输入特性曲线上，取 $\dfrac{\Delta u_{BE}}{\Delta u_{CE}} \approx \dfrac{\partial u_{BE}}{\partial u_{CE}}$ 求得 h_{re}，其数值很小。

③ h_{fe} 为 $u_{CE} = U_{CEQ}$ 时，i_C 对 i_B 的偏导数。由图 1.29(c) 输出特性曲线上取 $\dfrac{\Delta i_C}{\Delta i_B} \approx \dfrac{\partial i_C}{\partial i_B}$ 求得 h_{fe}，与 β 相同。

④ h_{oe} 为 $i_B = I_{BQ}$ 时，i_C 对 u_{CE} 的偏导数。由图 1.29(d) 输出特性曲线上取 $\dfrac{\Delta i_C}{\Delta u_{CE}} \approx \dfrac{\partial i_C}{\partial u_{CE}}$

---

① h 为 Hybrid（混合）的字头，其下标：i 为输入，r 为反向传输，f 为正向传输，o 为输出，e 表示共射接法。有的书上用 h_{11}，h_{12}，h_{21}，h_{22} 表示，含义相同。

求得 h_{oe},其倒数即为三极管输出电阻 $r_{ce} \approx \dfrac{1}{h_{oe}}$。曲线越平坦, r_{ce} 越大。

（3）H 参数模型与简化等效电路

由式(1.36)可求出等效电路模型如图 1.30(a)所示。式(1.36a)为输入回路电压方程,其中第一项为输入电阻 r_{be} 上的压降,第二项为受控电压源。式(1.36b)为输出回路电流方程,用电流源表示,在图 1.30(a)中 $h_{re}u_{ce} \ll u_{be}$, $\dfrac{1}{h_{oe}} \gg R_L$,因此在计算时可忽略,在低频正弦波信号作用下,交流量用复数表示,而 h_{fe} 用 β 代替, h_{ie} 用 r_{be} 代替,就得到常用的简化模型,如图 1.30(b)所示。用这个模型取代三极管符号,就可画出估算交流参数的微变等效电路。

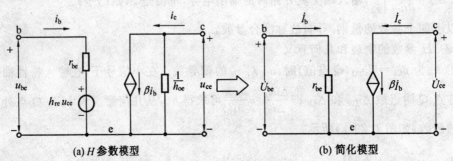

（a）H 参数模型　　　　　　　　（b）简化模型

图 1.30　H 参数简化模型

（4）H 参数的确定

对 β 和 r_{be} 可用 H 参数测试仪和晶体管图示仪测量。而 r_{be} 也可用公式估算:

$$r_{be} = r_{bb'} + (1+\beta)r_e \qquad (1.37)$$

式中, $r_{bb'}$ 为基区电阻,对低频小功率管 $r_{bb'}$ 约 300 Ω(实验值); r_e 为发射结电阻, $(1+\beta)r_e$ 为 r_e 折算到基极回路的等效电阻,用 PN 结方程可导出 $r_e = \dfrac{26(\text{mV})}{I_E(\text{mA})}$,这样,式(1.37)可改写为

$$r_{be} = 300 + (1+\beta)\frac{26(\text{mV})}{I_E(\text{mA})} \qquad (1.38)$$

（5）应用 H 参数等效电路的两点说明

① H 参数要求在低频小信号下才适用。

② 模型中的电流源为受控源,受 i_b 的控制,其方向和大小由 i_b 决定。当 i_b 不存在时其电流源消失。

1.4.6　三极管高频小信号模型——混合 π 模型及其参数

1. 三极管的混合 π 模型

在高频时,H 参数等效电路不适用,因为 β 也是频率的函数,在线性模型中用 βi_b 标定恒流源就不确切了,应该用跨导标定恒流源。

（1）混合 π 型等效电路的引出

当三极管工作在高频时,极间电容效应不可忽视。此时,从管子的实际结构出发,画出它的结构示意图和混合参数 π 型等效电路,如图 1.31 所示。图 1.31(a)中 b′ 为内部的等效点,$r_{b'c}$ 为集电结的反偏结电阻,为兆欧姆数量级,可视为开路;r_e 为发射结的结电阻;$r_{bb'}$ 为基区的扩散电阻。因为集电区及发射区电阻均很小,可忽略,图中未画出。另外,C_π 为发射结正偏时的等效电容,主要是扩散电容;C_μ 为集电结反偏时的等效电容,主要是势垒电容。图 1.31(b)中,$r_{b'e}$ 为发射结电阻 r_e 折算到基极回路的微变等效电阻。

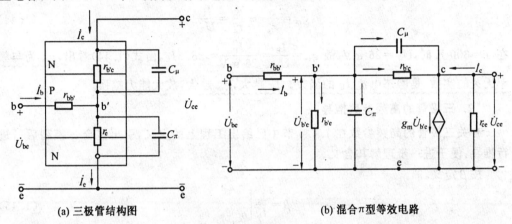

(a) 三极管结构图　　　　　　　　　　　　　(b) 混合 π 型等效电路

图 1.31　三极管混合 π 型等效电路

在图 1.31(b)中,当考虑了 C_π、C_μ 与 $r_{b'c}$ 后,电流源 $\dot{I}_c$ 不再与 $\dot{I}_b$ 成正比,应该用 $g_m \dot{U}_{b'e}$ 来表示 $\dot{I}_c$。原因是 C_μ 与 $r_{b'c}$ 将输入、输出回路联系起来,此时,电流 $\dot{I}_b$ 分为四部分:一部分流过 C_μ;一部分流过 $r_{b'c}$;另外一部分被 C_π 旁路掉,只有流过 $r_{b'e}$ 的部分电流才真正被管子放大,这样就不再满足 $\dot{I}_c = \beta \dot{I}_b$ 的关系。实际上,$\dot{I}_c$ 应与 $\dot{U}_{b'e}$ 成正比,这是不难理解的。$\dot{U}_{b'e}$ 是加于发射结上的正向电压,当 $\dot{U}_{b'e}$ 增加时,射极电流必然增加,从而使集电极电流增加,其比例系数用 g_m 表示。所以,受控源应写成 $\dot{I}_c = g_m \dot{U}_{b'e}$ 更符合实际。g_m 称跨导,定义为

$$g_m = \frac{\dot{I}_c}{\dot{U}_{b'e}} (\mathrm{mA/V}) \tag{1.39}$$

可见,g_m 的量纲是导纳,$\dot{I}_c$ 的方向受 $\dot{U}_{b'e}$ 极性的控制。

考虑 C_μ 与 $r_{b'c}$ 并联,$r_{b'c}$ 在反偏压时很大,对高频信号 C_μ 起作用,$r_{b'c}$ 近似开路。经过处理,考虑 C_μ、C_π 的影响,其三极管内部结构简化为如图 1.31(b)所示的等效模型,即混合 π 型等效电路。

(2) 等效参数

将式(1.39)改写为

$$g_m = \frac{i_C}{u_{be}} = \frac{\partial i_C}{\partial u_{BE}}\bigg|_{U_{CE}=\text{常数}} = \frac{\partial i_C}{\partial i_E} \cdot \frac{\partial i_E}{\partial u_{BE}} = \frac{\alpha}{r_e} \tag{1.40}$$

式中,α 为共基交流电流放大系数;r_e 为发射结交流结电阻,即

$$r_e = \frac{\partial u_{BE}}{\partial i_E}\bigg|_{U_{CE}=\text{常数}} = \frac{u_{be}}{i_e} \tag{1.41}$$

用 PN 结方程求 r_e,即

$$r_e = \left(\frac{\partial i_C}{\partial u_{BE}}\right)^{-1}\bigg|_{U_{CE}=\text{常数}} = \left(\frac{I_S}{U_T}\exp\frac{u_{BE}}{U_T}\right)^{-1} = \left(\frac{I_C}{U_T}\right)^{-1} = \left(\frac{\bar{\alpha}I_E}{U_T}\right)^{-1} \tag{1.42}$$

当 $\alpha = \bar{\alpha} \approx 1$ 时,则

$$r_e = \frac{U_T}{I_E} \tag{1.43}$$

$$g_m = \frac{\alpha}{r_e} \approx \frac{1}{r_e} = \frac{I_E}{U_T} \tag{1.44}$$

在 $T=300$ K 时,$U_T = 26$ mV,故 $g_m = \dfrac{I_E}{U_T} = \dfrac{I_E}{26 \text{ mV}} \approx 38.5 I_E$,由式(1.44)看出,$\underline{g_m}$ 为与频率无关的实数,是静态电流 I_E 的函数。I_E 越大,g_m 越大,放大能力越强。

*2. 三极管的高频参数推导

有关三极管的高频参数在 1.4.4 节中已给出工程上的定义,引出混合 π 模型后可进行推导,便于进一步理解其含义。

按 β 定义,即

$$\beta = \frac{\dot{I}_c}{\dot{I}_b}\bigg|_{U_{CE}=0} \tag{1.45}$$

可将图 1.31(b)改画为图 1.32,可写出方程

$$\dot{U}_{b'e} = \dot{I}_b\left[r_{b'e} /\!/ \frac{1}{j\omega(C_\pi + C_\mu)}\right] \tag{1.46}$$

$$\dot{I}_c = g_m \dot{U}_{b'e} = \frac{\dot{\beta}}{r_{b'e}}\dot{U}_{b'e} \tag{1.47}$$

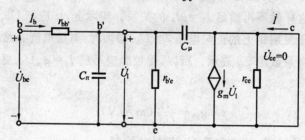

图 1.32　$\dot{U}_{ce}=0$ 时的混合 π 型等效电路

解得

$$\dot{\beta} = \frac{\dot{I}_c}{\dot{I}_b} = \frac{\beta_0}{1 + j\omega r_{b'e}(C_\pi + C_\mu)} \tag{1.48}$$

式中,β_0 为中频短路电流放大系数,为实数,$\beta_0 = g_m r_{b'e}$。

令

$$f_\beta = \frac{1}{2\pi r_{b'e}(C_\pi + C_\mu)} \tag{1.49}$$

则有

$$\dot{\beta} = \frac{\beta_0}{1 + j\dfrac{f}{f_\beta}} \tag{1.50}$$

式(1.50)为 $\dot{\beta}$ 的频率特性表达式,又可分为幅频特性和相频特性两部分,即

幅频特性

$$|\dot{\beta}| = \frac{\beta_0}{\sqrt{1 + \left(\dfrac{f}{f_\beta}\right)^2}} \quad (1.51)$$

相频特性

$$\varphi = -\arctan\frac{f}{f_\beta} \quad (1.52)$$

画出 $\dot{\beta}$ 频率特性曲线如图 1.33 所示。有关特性曲线的画法见 3.2 节，这里不讨论。

由式(1.51)看出，当 $f = f_\beta$ 时，$|\dot{\beta}| = \dfrac{\beta_0}{\sqrt{2}} = 0.707\beta_0$。当 $f = f_\mathrm{T}$ 时，$|\dot{\beta}| = 1$，则

$$f_\mathrm{T} \approx \beta_0 f_\beta \quad (1.53)$$

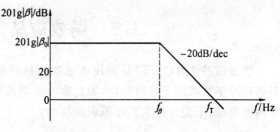
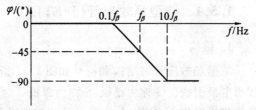

图 1.33　$\dot{\beta}$ 的频率特性曲线

将 $\beta_0 = g_\mathrm{m} r_\mathrm{b'e}$ 和 f_β 代入式(1.53)得

$$f_\mathrm{T} = \frac{g_\mathrm{m}}{2\pi(C_\pi + C_\mu)} = \frac{I_\mathrm{C}}{U_\mathrm{T}}\frac{1}{2\pi(C_\pi + C_\mu)} \quad (1.54)$$

由上式可知 I_C 增大，可使 f_T 增高。

当 $C_\pi \gg C_\mu$ 时，$C_\pi + C_\mu \approx C_\pi$，则

$$C_\pi \approx \frac{g_\mathrm{m}}{2\pi f_\mathrm{T}} \quad (1.55)$$

由上面讨论可知 $\dot{\beta}$ 是与频率有关的复函数，可推断出共基接法电流放大系数 α 也应是频率的复函数。

由 $\dot{\beta} = \dfrac{\dot{\alpha}}{1-\dot{\alpha}}$，得　　　　　　$\dot{\alpha} = \dfrac{\dot{\beta}}{1+\dot{\beta}}$ 　　　　　　(1.56)

将式(1.48)代入式(1.56)，则

$$\dot{\alpha} = \frac{\dfrac{\beta_0}{1+\beta_0}}{1 + \dfrac{f}{\mathrm{j}(1+\beta_0)f_\beta}} = \frac{\alpha_0}{1 + \dfrac{f}{\mathrm{j}(1+\beta_0)f_\beta}} \quad (1.57)$$

令 $f_\alpha = (1+\beta_0)f_\beta$，代入式(1.57)，则

$$\dot{\alpha} = \frac{\alpha_0}{1 + \mathrm{j}\dfrac{f}{f_\alpha}} \quad (1.58)$$

式中，$\alpha_0 = \dfrac{\beta_0}{1+\beta_0}$；$f_\alpha$ 为共基上限截止频率。

f_β、f_T 和 f_α 三者的关系是

$$f_\alpha \approx f_\mathrm{T} = \beta_0 f_\beta \quad (1.59)$$

1.5 场效应晶体管(FET)

场效应晶体管(FET)是利用电场效应来控制电流的,是一种电压控制半导体器件。只有一种多数载流子参与导电,因此称单极型晶体管。场效应晶体管分为结型和绝缘栅型两种类型,下边介绍其工作原理和特性。

1.5.1 结型场效应管(JFET)

1. 结构

结型场效应管的结构和符号如图 1.34 所示。在一块 N 型硅的两侧制成两个 PN 结,接出电极引线。G 称为栅极,S 称为源极,D 称为漏极。中间区称为导电沟道,由 N 型半导体构成时称 N 沟道,由 P 型半导体构成时称 P 沟道,因此可以做成两种沟道的结型场效应管。

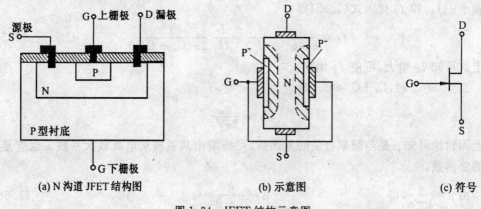

(a) N 沟道 JFET 结构图　　　　(b) 示意图　　　　(c) 符号

图 1.34　JFET 结构示意图

2. 工作原理

在栅源这个 PN 结上加反向电压使其耗尽层变大,从而可达到控制沟道截面积大小来控制输出电流(漏极电流)的目的。分三种情况说明:

(1) $U_{DS}=0$ 时,改变栅压对沟道的影响

图 1.35(a)为零偏置。图 1.35(b)为 U_{GS} 增大,沟道变窄。图 1.35(c)为 U_{GS} 增大使耗尽层闭合,此状态称为"夹断",此时的栅压称为"夹断电压",用 $U_{GS(off)}$ 表示,即 $U_{GS}=U_{GS(off)}$。夹断时,沟道为高阻区。

(2) $U_{GS}=0$,改变漏极电压对沟道的影响

图 1.36(a)为 U_{DS} 增大相当加反向电压,使耗尽层成楔形增大(因 G、S 间电位差为零,而 G、D 间最大)沟道变窄并有电流产生。1.36(b)为 U_{DS} 增大到一定值时,使耗尽层顶端接触,此状态称"预夹断",此时的 U_{DS} 电压值为 $|U_{GS(off)}|$。当预夹断时,i_D 最大,此时 i_D 用 I_{DSS} 表示,即 $i_D=I_{DSS}$,称为临界饱和。

(3) U_{GS} 和 U_{DS} 共同作用对沟道的影响

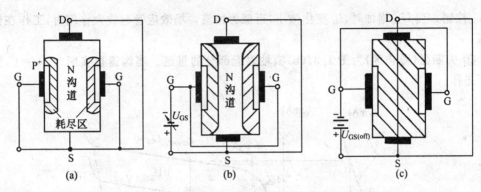

图 1.35　$U_{DS}=0$ 时改变栅压对沟道的影响

图 1.36(c)为 U_{DS} 增大超过预夹断状态,沟道出现"夹断区"。此时仍产生电流(因夹断区在强电场作用下拉电子),但电流增加微小(因夹断区高阻区压降与 U_{DS} 增加部分抵消,i_D 几乎与 U_{DS} 无关),此时漏极电流 i_D 趋于饱和。

当 U_{GS} 和 U_{DS} 共同作用时,将产生复合效应。U_{GS} 越负,沟道越窄,电阻越大,对应同一个 U_{DS} 值时,i_D 减小。当 U_{GS} 取一个固定值时,改变 U_{DS},可求出相应的 i_D,可以作出一条输出特性曲线,取不同 U_{GS} 值时,可作出一族曲线。

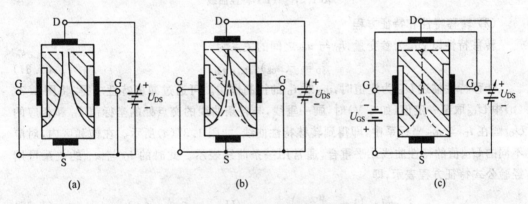

图 1.36　改变漏极电压对沟道的影响

总之,栅极电压为负值,无栅极电流(I_S 忽略),改变栅压时,可控制漏极电流的大小,从而体现了栅压对漏极电流的控制,即压控电流作用。

场效应管与双极型晶体管电极间的对应关系为 G→B,S→E,D→C。

3. 结型场效应管的特性曲线与特征方程

(1) 漏极特性曲线(输出特性)

漏极特性以 U_{GS} 为参变量,i_D 与 u_{DS} 之间的关系为

$$i_D = f(u_{DS}) \big|_{U_{GS}=常数} \tag{1.60}$$

漏极输出特性曲线如图 1.37(b)所示,分三个区。

① 可变电阻区(也称非饱和区)为图 1.37(b)左边部分的 I 区,U_{DS} 较小时,i_D 与 u_{DS} 成线性增加,对应沟道未预夹断前部分,由 u_{GS} 控制沟道大小,呈电阻特性。

② 恒流区(饱和区)为图 1.37(b)中间曲线水平部分的 II 区。从预夹断以后,i_D 主要

由 u_{GS} 控制。当 U_{DS} 增加时，i_D 变化微小，近似为恒流。场效应管起放大作用时，工作在恒流区。

③ 夹断区（截止区）为图 1.37(b) 横轴附近部分的 III 区。当沟道被夹断时，$i_D=0$，管子不工作。

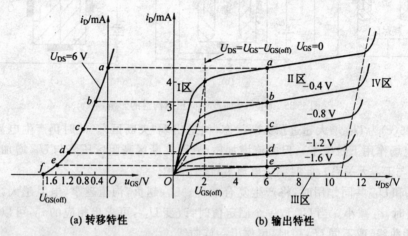

(a) 转移特性　　　　　　(b) 输出特性

图 1.37　JFET 特性曲线

（2）转移特性和特征方程

转移特性以 U_{DS} 为参变量，i_D 与 u_{GS} 之间的关系为

$$i_D = f(u_{GS})\big|_{U_{DS}=常数} \tag{1.61}$$

转移特性描述 U_{DS} 为定值时，u_{GS} 对 i_D 的控制作用。可通过漏极特性求得，将图 1.37(b) 中 U_{DS} 取某一定值（如 6 V）时，画一垂线，与各条曲线的交点处的坐标值 I_D 和相应的 U_{GS} 画在 i_D 与 u_{GS} 坐标系中，即得到转移特性曲线，如图 1.37(a) 所示。在饱和区内，对应不同的 U_{DS} 值的特性曲线几乎重合，通常用一条曲线表示。此时的 i_D 与 u_{GS} 的关系可用经验公式特征方程表示，即

$$i_D = I_{DSS}\left(1 - \frac{u_{GS}}{U_{GS(off)}}\right)^2 \qquad (U_{GS(off)} < u_{GS} < 0) \tag{1.62}$$

式中，I_{DSS} 为漏极最大饱和电流；$U_{GS(off)}$ 为夹断电压。

注意：转移特性为输出特性的另一种形式。

1.5.2　绝缘栅型场效应管

绝缘栅型场效应管以二氧化硅为绝缘层，是一种金属氧化物半导体场效应管，简称 MOS 管。MOS 管有 N 沟道和 P 沟道两类，而其中每一类又分为增强型和耗尽型两种。以 N 沟道为例介绍其原理和特性。

1. N 沟道增强型绝缘栅型场效应管

（1）结构

该种场效应管的结构和符号如图 1.38 所示。P 型半导体为衬底，N^+ 为高浓度掺杂区，二氧化硅为绝缘层。G 为栅极，S 为源极，D 为漏极。

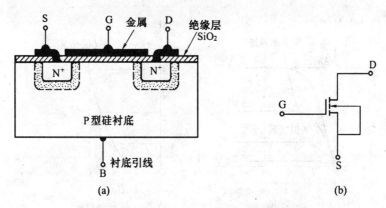

图 1.38　增强型 MOSFET 的结构与符号

（2）工作原理

由图 1.39（a）可知，在栅源之间加正偏压时，栅极吸引电子，在绝缘层下面的 D、S 之间形成电子层，称"反型层"，也称"导电沟道"。开始形成反型层时所需的 u_{GS} 称为"开启电压"$U_{GS(th)}$。导电沟道形成后，加上 U_{DS} 就有电流 i_D 产生。改变 u_{GS} 的大小可控制导电沟道的宽度，从而有效地控制 i_D 的大小。加入漏源电压对导电沟道的影响分三种情况说明：

① 图 1.39（b）为 U_{DS} 增加时，要抵消栅压的作用，在 D 端 U_{DS} 电位高，u_{GS} 被抵消的大，而 S 端 U_{DS} 为零，无抵消作用。这样，使导电沟道为梯形，在 D 端宽度变小，i_D 急剧增加。

② 图 1.39（c）为 U_{DS} 增加到一定值时，D 端沟道消失，此时称预夹断，$i_D \approx I_{DSS}$。

③ 图 1.39（d）为 U_{DS} 继续增大，使导电沟道出现了夹断区，此时 i_D 近似饱和，与结型导电原理相同。

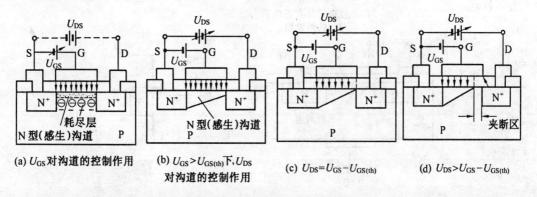

(a) U_{GS} 对沟道的控制作用　(b) $U_{GS} > U_{GS(th)}$ 下，U_{DS}　(c) $U_{DS} = U_{GS} - U_{GS(th)}$　(d) $U_{DS} > U_{GS} - U_{GS(th)}$
　　　　　　　　　　　　　　 对沟道的控制作用

图 1.39　U_{GS}、U_{DS} 对沟道控制作用

综上分析看出，$u_{GS} = 0$ 时，无导电沟道，当加正栅压（$u_{GS} > U_{GS(th)}$）时，才形成导电沟道，这种场效应管称为增强型 MOSFET。

（3）特性曲线及特征方程

N 沟道增强型场效应管的特性曲线如图 1.40 所示。漏极特性曲线也分为可变电阻区、恒流区和夹断区。转移特性曲线是对应漏极特性曲线的恒流区（$u_{DS} = 6$ V）时画出的。

N 沟道增强型场效应管的特征方程为

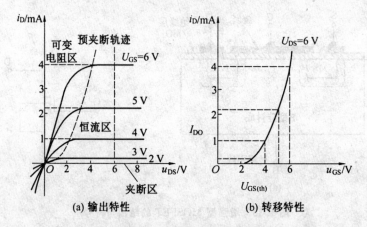

图 1.40　增强 NMOS 管特性曲线

$$i_D = I_{DO}\left(\frac{u_{GS}}{U_{GS(th)}} - 1\right)^2 \tag{1.63}$$

式中，I_{DO} 是 $u_{GS} = 2U_{GS(th)}$ 时对应的 i_D。

2. N 沟道耗尽型绝缘栅场效应管

该管结构与符号如图 1.41 所示。与增强型的区别是在绝缘层中掺入大量正离子，在 $U_{GS} = 0$ 时 D、S 之间就已形成导电沟道。这样，u_{GS} 取正、负值均可控制 i_D 大小，使用方便。当 u_{GS} 减小为一定负值时，导电沟道消失，此时的 u_{GS} 称为夹断电压，即 $U_{GS(off)}$。耗尽型 NMOSFET 的特性曲线如图 1.42 所示。特征方程为

$$i_D = I_{DSS}\left(1 - \frac{u_{GS}}{U_{GS(off)}}\right) \tag{1.64}$$

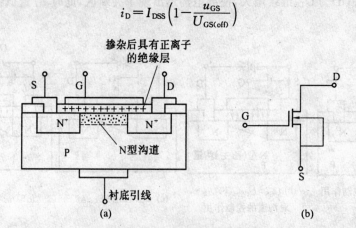

图 1.41　耗尽型 NMOS 管结构与符号

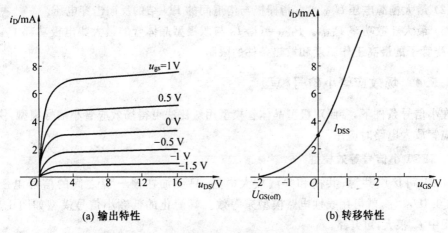

(a) 输出特性　　　　　　　　　(b) 转移特性

图 1.42　耗尽型 NMOS 管特性曲线

1.5.3　场效应管的主要参数

1. 直流参数

(1) 开启电压 $U_{GS(th)}$，是指 U_{DS} 为某一固定值时，产生 I_D 需要的最小 $|U_{GS}|$ 值。

(2) 夹断电压 $U_{GS(off)}$，是指 U_{DS} 为某一固定值时，使 I_D 减小到某一微小值时的 U_{GS} 值。在漏极输出特性曲线上发生预夹断时的漏源电压 $u_{DS} = |U_{GS(off)}|$。

(3) 饱和漏电流 I_{DSS}，在 $u_{GS} = 0$ 时，管子处于预夹断时的漏极电流。

(4) 直流输入电阻 $R_{GS(DC)}$。在 $u_{DS} = 0$ 时，U_{GS} 与栅极电流的比值。一般结型大于 $10^7 \Omega$，绝缘栅型大于 $10^9 \Omega$。

2. 交流参数

(1) 低频跨导 g_m。在 $u_{DS} = $ 常数时，i_D 的微变量与对应的 u_{GS} 的微变量之比即

$$g_m = \frac{\partial i_D}{\partial u_{GS}}\bigg|_{u_{DS}=常数} \tag{1.65}$$

跨导反映了栅压对漏极电流的控制能力，即放大能力。该参数也可对式(1.62)求导数得出，即

$$g_m = -\frac{2I_{DSS}}{U_{GS(off)}}\left(1 - \frac{u_{GS}}{U_{GS(off)}}\right) \tag{1.66}$$

式(1.66)适用于 JFET。

(2) 交流输出电阻 r_{ds} 定义为

$$r_{ds} = \frac{\partial u_{DS}}{\partial i_D}\bigg|_{u_{GS}=常数} \tag{1.67}$$

r_{ds} 为输出特性上静态工作点处切线斜率的倒数，在恒流区数值很大，一般为几千欧至几百千欧。

3. 极限参数

(1) 最大漏源电压 $U_{(BR)DS}$。漏极附近发生雪崩击穿时的 U_{DS} 即 $U_{(BR)DS}$。

（2）最大栅源电压 $U_{(BR)GS}$。指栅极与沟道间的 PN 结的反向击穿电压。

（3）最大耗散功率 P_{DSM}。$P_{DSM}=U_{DS}I_D$ 与双极型晶体管的最大集电极功耗 P_{CM} 意义相同,受管子的最高工作温度和散热条件的限制。

1.5.4 场效应管小信号模型

在小信号条件下,参照双极型晶体管模型用对比法可得场效应管小信号模型,供分析场效应管放大电路时应用。

1. JFET 小信号等效模型

JFET 可接成共源、共栅和共漏放大电路,只要加在栅—源之间的信号电压幅度 $U_{gsm}\leqslant 0.1U_{GS(off)}$,就可用线性电路模型来等效。其简化的低频小信号模型如图 1.43 所示。图中 r_{gs} 很大,可开路。

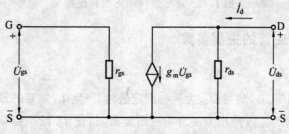

图 1.43　JFET 小信号模型

2. MOS 管小信号模型

与上相同,MOS 管也有三种接法放大电路,因栅极绝缘,$r_{gs}=\infty$,可开路,故小信号模型简单。在低频情况下,小信号模型如图 1.44 所示,在求交流参数时应用。

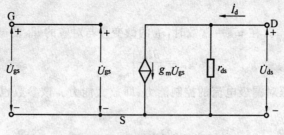

图 1.44　MOS 管小信号模型

1.5.5 场效应管与双极型晶体管比较

（1）场效应管是电压控制器件,而晶体管是电流控制器件。两种晶体管均可获得较大的电压放大倍数。

（2）场效应管由一种多子导电,温度稳定性好。而晶体管由多子和少子导电,少子受温度影响,故不如场效应管稳定。

（3）场效应管制造工艺简单,便于集成,适合制造大规模集成电路。

（4）MOS 管存放时,各电极要短接在一起,防止外界静电感应电压过高时击穿绝缘层损坏管子。焊接时电烙铁应有良好的接地线,防止感应电压对管子的损坏。

本 章 小 结

　　本章讨论了半导体二极管、稳压管、双极型晶体管(BJT)和场效应晶体管(FET)的工作原理、特性曲线和主要参数。对于 BJT 和 FET 的小信号线性模型及高频参数也做了分析,以便分析电路时应用。

　　学习本章基础知识要掌握要点、主要概念和术语。

1. 本章要点

　　(1)熟悉本征半导体导电特性,温度升高时,导电性增强。利用掺杂来改变本征半导体的导电能力,特别强调空穴导电是半导体与导体的重要区别。

　　(2)掌握 PN 结(二极管)的单向导电性。牢固掌握 PN 结正偏和反偏的定义。牢记PN 结电流方程。

　　(3)熟悉稳压管的反向击穿特性,是特殊二极管。因制造时,安全限流,加大 PN 结功率,反向击穿时不坏,可正常工作。

　　(4)掌握三极管的电流控制特性,牢记:$I_C \approx \alpha I_E$,$I_C \approx \beta I_B$。

　　(5)熟悉 BJT 输出特性曲线的基础上,掌握三极管三种工作状态及偏置条件:① 放大状态(发射结正偏,集电结反偏);② 饱和状态(发射结正偏,集电结正偏);③ 截止状态(发射结反偏,集电结反偏)。

　　(6)掌握 FET 的放大状态时的栅源电压偏置条件:NJFET,$U_{GS} < 0$;增强型 NMOS,$U_{GS} > U_{GS(th)}$;耗尽型 MOS,$U_{GS} \leqslant 0$ 或 $U_{GS} > 0$。

　　(7)牢记 BJT 和 FET 小信号线性简化模型和混合 π 模型,以便分析电路时使用。

2. 主要概念和术语

　　(1)半导体

　　本征半导体,载流子,电子,空穴,N 型半导体,P 型半导体,多数载流子,少数载流子,扩散运动,漂移运动,空间电荷区(层),势垒层,接触电位差,PN 结,PN 结单向导电性,正向偏置电压(正偏),反向偏置电压(反偏),PN 结方程式。

　　(2)二极管

　　二极管单向导电性,反向饱和电流 I_S,反向击穿特性,最大整流电流 I_F,最高反向电压 U_{RM},二极管符号。硅二极管正向压降 $U_D \approx 0.7$ V(典型值)。

　　(3)稳压管

　　稳压管是工作在反向击穿状态下的特殊二极管,稳定电压 U_Z,稳压管电流 I_Z,动态电阻 r_Z,温度系数 α_Z,额定功率 P_Z,最大耗散功率 P_{ZM},最大工作电流 I_{Zmax},稳压管符号。

　　(4)三极管

　　发射结,集电结,发射极电流 I_E,基极电流 I_B,集电极电流 I_C,共射直流电流放大系数 $\bar{\beta}$,反向饱和电流 I_{CBO},穿透电流 I_{CEO},$I_E = I_B + I_C$,$I_C = \bar{\beta} I_B + I_{CEO}$,$I_{CEO} = (1 + \beta) I_{CBO}$,最后 $I_C \approx \bar{\beta} I_B$,体现三极管是电流控制器件。发射结正向压降 $U_{BE} \approx 0.7$ V(硅管)。饱和压降

$U_{ces} \approx 0.3$ V,输入特性,输出特性,交流短路电流放大系数 $\beta = \dfrac{\Delta I_C}{\Delta I_B}\bigg|_{U_{CE}=常数}$, $\beta \approx \bar{\beta}$ 。集电极最大允许电流 I_{CM} ,集电极最大允许损耗功率 P_{CM} ,反向电压 U_{BRceo} 。小信号 H 参数线性简化模型、 π 型线性模型。低频跨导 $g_m = \dfrac{\Delta I_E}{\Delta U_{BE}}\bigg|_{U_{CE}=常数}$,高频参数 f_α 、 f_β 、 f_T 、 C_π 、 C_μ 。

（5）场效应管

结型管:转移特性,输出特性,夹断电压 $U_{GS(off)}$,零偏漏极电流 I_{DSS} ,最大漏源电压 $U_{(BR)DS}$,跨导 g_m ,输出电阻 r_{ds} ,最大耗散功率 P_{DM} ,转移特征方程: $i_D = I_{DSS}\left(1 - \dfrac{u_{GS}}{U_{GS(off)}}\right)^2$,符号。MOS 管:开启电压,漏极电流 I_D ,沟道,夹断状态,预夹断状态,增强型 MOS 管,耗尽型 MOS 管,掌握场效应管是电压控制器件,简化的线性模型,符号,特征方程:①增强型 NMOS, $i_D = I_{DO}\left(\dfrac{u_{GS}}{U_{GS(th)}} - 1\right)^2$;②耗尽型 NMOS, $i_D = I_{DSS}\left(1 - \dfrac{u_{GS}}{U_{GS(off)}}\right)^2$ 。

本章内容是入门基础知识,要求全面掌握,通过做习题加深理解。

习　　题

1.1　填空:

（1）本征半导体是_____半导体,其载流子是_____和_____,两种载流子的浓度_____。

（2）在杂质半导体中,多数载流子的浓度主要取决于_____,而少数载流子的浓度则与_____有很大关系。

（3）若使二极管导通必须在 N 型半导体外加_____极性电压,在 P 型半导体外加_____极性电压。

（4）二极管的最主要特性是_____,当二极管外加正向偏压时正向电流_____,正向电阻_____;外加反向偏压时反向电流_____,反向电阻_____。

（5）稳压管是利用了二极管的_____特征而制造的特殊二极管。它工作在_____状态。描述稳压管的主要参数有四种,它们分别是_____、_____、_____和_____。

（6）某稳压管具有正的电压温度系数,那么当温度升高时,稳压管的稳压值将_____。

（7）双极型晶体管可以分成_____和_____两种类型,它们工作时有_____和_____两种载流子参与导电。

（8）晶体管电流放大系数: $\alpha =$ _____, $\beta =$ _____。

（9）场效应晶体管的低频跨导 $g_m =$ _____。

（10）N 沟道结型场效应管栅压必须为_____值,增强型 NMOS 管栅压必须为_____值,耗尽型 NMOS 管的栅压为_____、_____、_____均可。

1.2　选择答案（只填 a,b,c）

（1）三极管工作在放大区时,b—e 结间_____,c—b 结间_____;工作在饱和区时,b—e 结间＿＿＿＿＿,c—b 结间＿＿＿＿＿,工作在截止区时,b—e 结间＿＿＿＿＿,c—b 结间＿＿＿＿＿。(a.正偏;b.反偏;c.零偏)

(2) NPN 型与 PNP 型三极管的区别是＿＿＿＿＿。(a.由两种不同材料硅或锗制成的;b.掺入杂质元素不同;c.P 区与 N 区位置不同)

(3) 当温度升高时,三极管的 β ＿＿＿＿＿,反向电流 I_{CBO} ＿＿＿＿＿,结电压 U_{BE} ＿＿＿＿＿。(a.变大;b.变小;c.基本不变)

(4) 场效应管 G—S 之间电阻比三极管 B—E 之间电阻＿＿＿＿＿。(a.大;b.小;c.差不多)

(5) 场效应管是通过改变＿＿＿＿＿来改变漏极电流的,(a.栅极电流;b.栅极电压;c.漏源电压)所以是一个(a.电流;b.电压)＿＿＿＿＿控制的＿＿＿＿＿源。(a.电流源;b.电压源)。

(6) 用于放大时场效应管工作在输出特性曲线的＿＿＿＿＿。(a.夹断区;b.恒流区;c.变阻区)

1.3　如图 1.45 所示,根据半导体三极管及场效应管三个极的电压值,试判断下列器件的工作状态。

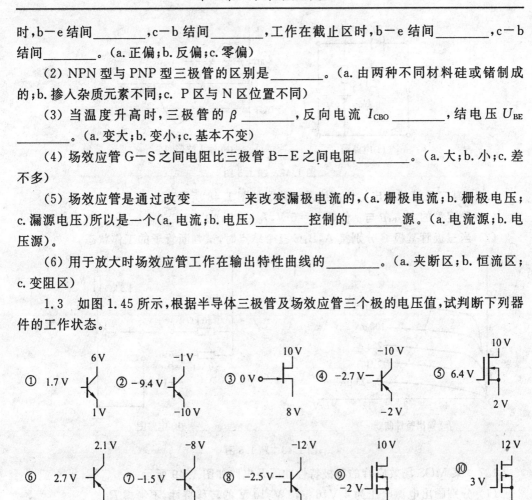

图 1.45　题 1.3 图

1.4　电路如图 1.46 所示,设 $u_i = 5\sin \omega t$ V,试画出 u_o 的波形图,二极管 D_1、D_2 为硅管($U_D \approx 0.7$ V)。

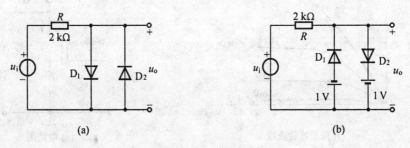

图 1.46　题 1.4 图

1.5　电路如图 1.47 所示,输入波形为正弦波,画出输出波形。二极管 D 为锗管($U_D \approx 0.2$ V)。

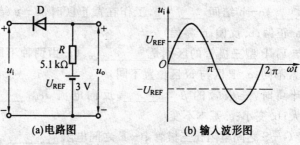

(a)电路图　　　　(b) 输入波形图

图 1.47　题 1.5 图

1.6 某三极管的输出特性曲线及电路图如图 1.48 所示。

(1) 确定管的 P_{CM}, β 与 α 值($U_{CE}=5$ V, $I_C=2$ mA)。

(2) 当三极管基极 B 分别接 A,B,C 三个结点时,试判断管子的工作状态。

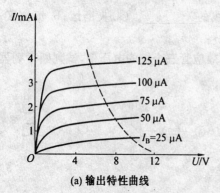

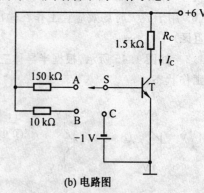

(a) 输出特性曲线　　　　(b) 电路图

图 1.48　题 1.6 图

1.7 某 MOS 场效应管的漏极特性曲线及电路如图 1.49 所示。

(1) 分别画出电源电压为 4 V,6 V,8 V,10 V 的转移特性,不考虑 R_D。

(2) 当 $\dot{U}_i=6$ V,8 V,10 V,12 V 时,场效应管分别处于什么状态,并确定它们的跨导数值。

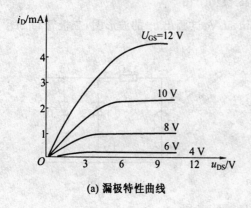

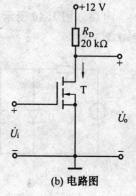

(a) 漏极特性曲线　　　　(b) 电路图

图 1.49　题 1.7 图

1.8　试画出 BJT 和 FET 小信号 H 参数线性等效模型，写出 r_{be} 的计算公式，并讨论受控恒流源的物理意义。

1.9　试画出 BJT 高频混合 π 参数线性模型，写出跨导 g_m 的表达式，并与 β 比较，其含义有何不同？

1.10　用 π 型等效模型分析 BJT 的高频时 β 的表达式，并说明 f_β、f_T 和 f_α 的关系。

第2章　基本放大电路

2.1　放大的概念和技术指标

2.1.1　放大的概念

1. 什么是放大

将微弱的电信号通过放大电路(也称放大器)放大到具有足够大的功率去推动负载,这就是放大。例如,收音机、电视机等都是具有放大作用的家用电器。收音机示意图如图 2.1 所示,由天线接收微弱的广播信号经过放大器加以放大去推动喇叭(负载)重新发出声音,而且比人讲话的声音还大得多。这种增大的能量是加在放大器上的直流电源供给的。因此,放大的实质是一种能量的控制作用。

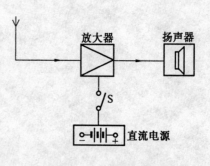

图 2.1　放大示意图

2. 怎样实现放大

利用具有放大作用的电子器件制成放大电路(也称放大器)就可以实现放大了。常用的电子器件有三极管、场效应管和集成电路等。

放大电路工作时有两种状态:①直流工作状态(也称静态);②交流工作状态(也称动态)。直流工作状态是指无外加交流信号时使三极管处于放大状态(要求外加合适的直流偏压)。而交流工作状态是指对交流信号放大的工作状态。前者是放大必备的条件,而后者是研究放大的重点内容(目的)。

2.1.2　放大电路的主要技术指标

放大电路性能的好坏,常用技术指标来衡量。主要技术指标有放大倍数(增益)、输入电阻、输出电阻、频率特性和非线性失真等。

1. 放大倍数

(1) 电压放大倍数 A_{ui}

定义为
$$A_{ui} = \frac{U_o}{U_i} \tag{2.1}$$

式中,U_i 为输入电压有效值;U_o 为输出电压有效值。A_{ui} 表征放大电路放大信号电压的能力。

（2）电流放大倍数 A_{I}

定义为

$$A_{\mathrm{I}} = \frac{I_{\mathrm{o}}}{I_{\mathrm{i}}} \qquad\qquad (2.2)$$

式中，I_{i} 为输入电流有效值；I_{o} 为输出电流有效值。A_{I} 表征放大电路放大信号电流的能力。

（3）功率增益 A_{P}

定义为

$$A_{\mathrm{P}} = \frac{P_{\mathrm{o}}}{P_{\mathrm{i}}} = \frac{U_{\mathrm{o}} I_{\mathrm{o}}}{U_{\mathrm{i}} I_{\mathrm{i}}} = A_{\mathrm{u}} A_{\mathrm{I}} \qquad\qquad (2.3)$$

式中，P_{i} 为输入功率；P_{o} 为输出功率。U、I 均为交流信号的有效值。

2. 输入电阻 r_{i}

定义为

$$r_{\mathrm{i}} = \frac{U_{\mathrm{i}}}{I_{\mathrm{i}}} \qquad\qquad (2.4)$$

它是从放大电路输入端看进去的交流电阻，如图 2.2(a) 所示。在测量电路中，r_{i} 越大越好，向信号源索取的电流小，使 U_{i} 越近似 U_{s}。

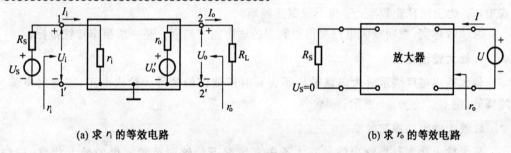

(a) 求 r_{i} 的等效电路　　　　　　　　(b) 求 r_{o} 的等效电路

图 2.2　等效电路

3. 输出电阻 r_{o}

放大电路的输出电阻是负载开路时从输出端看进去的等效交流阻抗。可用几种方法确定。

（1）分析电路时采用在输出端反加等效信号电压方法，如图 2.2(b) 所示。具体做法是将输入端信号源短路，即 $U_{\mathrm{s}} = 0$，保留信号源内阻 R_{s}；在输出端将 R_{L} 去掉，用一个等效电压源 U 加在输出端，从而产生电流 I，则

$$r_{\mathrm{o}} = \frac{U}{I} \qquad\qquad (2.5)$$

用式（2.5）估算 r_{o} 的大小。

（2）在实验室采用测量方法，具体做法是加入正弦信号电压 U_{s}，在输出端分别测量空载（R_{L} 开路）电压 U'_{o} 和满载（接 R_{L}）电压 U_{o} 值，用公式计算 r_{o}。由图 2.2(a) 得

$$r_{\mathrm{o}} = \left(\frac{U'_{\mathrm{o}}}{U_{\mathrm{o}}} - 1 \right) R_{\mathrm{L}} \qquad\qquad (2.6)$$

式中，U'_{o} 为空载电压；U_{o} 为满载电压；R_{L} 为负载。

放大电路种类很多，不同类型的电路要求的技术指标不同，有关其他指标结合具体电路再详细讨论。

4. 通频带 BW

当放大信号的频率很低或很高时,因电路中有电抗元件和晶体管的 PN 结电容的影响,其放大倍数在低端或高端都要降低,只有中频段范围内放大倍数为常数,如图 2.3 所示。在工程上,通常把放大倍数在高频和低频段分别下降到中频段放大倍数的 70.7% 时的频率范围称为放大电路的通频带,记作 BW,即

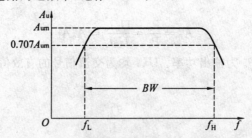

图 2.3　放大电路的频率指标

$$BW = f_H - f_L \tag{2.7}$$

式中,f_H 为上限截止频率;f_L 为下限截止频率。

通频带越宽,表明放大电路对信号频率的适应能力越强。是一项频率特性指标。

5. 最大输出幅度

最大输出幅度表示放大电路输出不失真时所能供给的最大输出电压(或输出电流)的峰值,用 U_{om}(或 I_{om})表示。

6. 最大输出功率与效率

最大输出功率是指输出信号基本不失真情况下能够向负载提供的最大功率,记作 P_{om}。放大电路的输出功率是通过晶体管的控制作用把电源的直流功率转化为随信号变化的交变功率而得到的,因此,存在一个功率转化的效率问题。把效率定义为

$$\eta = \frac{P_{om}}{P_V} \tag{2.8}$$

式中,P_V 为直流电源消耗的功率。

7. 非线性失真系数

由于晶体管具有非线性特性,输出波形不可避免地要产生非线性失真,当输出幅度大到一定程度之后需要考虑失真问题。用非线性失真系数 D 表示,D 定义为放大电路在某一频率的正弦波输入信号下,输出波形的谐波成分总量和基波分量之比,即

$$D = \frac{\sqrt{U_2^2 + U_3^2 + \cdots}}{U_1} \times 100\% = \frac{\sqrt{\sum_{n=2}^{\infty} U_n^2}}{U_1} \times 100\% \tag{2.9}$$

式中,U_1 为基波分量有效值;U_2,U_3,$\cdots$ 分别为各次谐波分量有效值。

计算时,由于二次谐波以上各次谐波分量较小,可忽略,一般取 3 ~ 5 次谐波就足够了。

2.2　共射放大电路的组成和工作原理

2.2.1　共射电路组成

1. 电路组成及各元器件的作用

共射基本放大电路由三极管、电源、电阻和电容等元件组成,如图 2.4 所示。

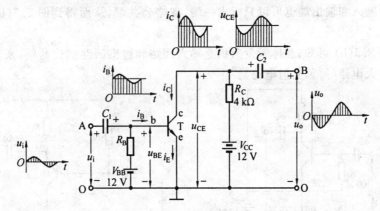

图 2.4　共射基本放大电路

(1) 三极管。T 为 NPN 型三极管,是放大电路的核心,起放大作用。

(2) 直流电源。V_{BB} 为基极回路的直流电源,其作用是给发射结加正偏压。V_{CC} 为集电极回路的直流电源,其作用是给集电结加反向偏压。V_{BB}、V_{CC} 是为满足三极管具有放大条件而设置的,通常称"直流偏置"电源。

直流电源 V_{BB}、V_{CC} 的内阻很小,交流信号通过时,近似"短路"。

(3) 电阻。R_B 为偏流电阻(也称限流电阻),改变 R_B 值可得到合适的基极偏置电流 I_B,使晶体管正常工作。R_C 为集电极负载电阻,其作用为:① 通过 R_C 给三极管集电结加反向偏置电压;② 取出已被放大了的交流信号电压。

(4) 电容。C_1、C_2 称为耦合电容、隔直电容。其作用为:① 传送交流,信号频率不很低时,C_1 和 C_2 的容抗$\left(\dfrac{1}{\omega C}\right)$很小,对交流信号近似"短路";② 隔离直流,对直流"开路"(不通过)。

C_1、C_2 常用有极性的电解质电容,容量较大,几微法至几十微法。

2. 电路中的"回路"及公共"地"

(1) 电路中的"回路"

电路中有两个回路:① 输入回路,即 A → C_1 → b → e → O(地);② 输出回路,即 B → C_2 → c → e → O(地)。A、O 两点称为输入端,B、O 两点称为输出端。u_i 为输入信号电压,加在输入端。u_o 为输出电压,由输出端输出。

(2) 电路中的公共"地"

在电路中,将输入电压u_i、输出电压u_o及直流电源V_{BB}和V_{CC}的公共端"O"点称为公共"地",用符号"⊥"表示。实际上,"地"端不真正接在大地上,而是做电路的参考电位点,电位为 0 V,即零电位点。这样,电路中各点电位即指该点对"地"点之间的电压。例如,U_c、U_b、U_e均指 c、b、e 点对"地"之间的电位差。

3. 简化电路图

电路中有V_{BB}和V_{CC}两个电源,在使用上很不方便,实际电路是一个公用电源,用V_{CC}即可,如图 2.5(a) 所示。为了简化电路,在画电路图时对电源符号省略,只标出电压端及极性。而输入和输出端也可以只标出一端,省略公共端,从而得到图 2.5(b) 所示的简化电路图。

由图 2.5(b) 可知,晶体管发射极是输入回路和输出回路的公共端,所以称该电路为共射极放大电路(简称共射电路)。

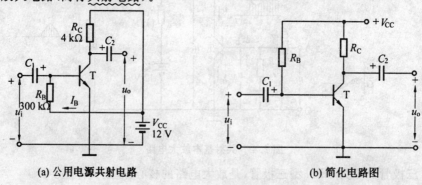

(a) 公用电源共射电路　　　　　　　　　　　　(b) 简化电路图

图 2.5　共射电路化简

2.2.2　放大电路原理

关于放大电路原理在 1.4 节中已作介绍,为了加深理解放大概念,对交流信号传输放大过程有必要进一步说明,让初学者了解直流量与交流量的关系,为后面分析电路建立基础。

由图 2.4 所示电路可知,交流信号u_i输入经C_1耦合后将产生交、直流量叠加,使发射结上电压发生变化,即

$$u_{BE} = U_{BE} + u_{be} \tag{2.10}$$

式中,u_{BE}为发射结上总电压;U_{BE}为直流量;u_{be}为交流量(由加入信号引起的变化量)。

由于u_{BE}变化,使基极电流发生变化,即

$$i_B = I_B + i_b \tag{2.11}$$

式中,i_B为基极总电流;I_B为直流量;i_b为交流量。

当基极电流变化时,控制集电极电流变化,即

$$i_C = I_C + i_c \tag{2.12}$$

式中,i_C为集电极总电流;I_C为直流量;i_c为交流量,且$i_c = \beta i_b$。

由于i_c变化,使三极管输出端电压发生变化,即

$$u_{CE} = U_{CE} + u_{ce} \tag{2.13}$$

式中,u_{CE} 为集电极总电压;U_{CE} 为直流量;u_{ce} 为交流量,且 $u_{ce}=i_c R_c$。

u_{ce} 经 C_2 耦合送到输出端输出,即 $u_o=u_{ce}$,u_o 比 u_i 放大很多倍。

综上所述归纳如下几点:

(1) 输出电压 u_o 被放大很多倍,从而体现了电路的放大作用。

(2) U_{BE}、I_B、U_{CE}、I_C 为直流量,不随信号变化。

(3) u_{be}、i_b、u_{ce}、i_c 为交流量,随信号变化。在传输放大过程中,交流量是叠加在直流量之上的。但是,由输出端取出的交流量又是分离的。

由上边的结论可知,在分析放大电路时可采取交、直流状态分开讨论的办法。

2.3 放大电路的分析方法

放大电路的分析是本课重点内容,通过分析电路的工作状态及对参数的估算来评价电路性能的优劣,以便在实际中选用。

电路工作时有"静态"和"动态"两种情况,分析电路的步骤是先静态后动态。常用的分析方法有公式法、图解法和微变等效电路法。

2.3.1 公式法

公式法是指列出回路中的电压或电流方程来求解电路参数的方法。常用来估算电路参数,简单而方便。

将图 2.5(b) 所示电路画出直流通路,如图 2.6 所示。因电容隔离直流,故电容以外的部分不画。

估算静态工作点参数:

(1) 求基极偏置电流 I_B

列出基极回路电压方程,即

$$V_{CC}=I_B R_B+U_{BE} \tag{2.14}$$

式中,U_{BE} 为发射结电压,硅管为 0.7 V,锗管为 0.2 V。

$$I_B=\frac{V_{CC}-U_{BE}}{R_B}\approx\frac{V_{CC}}{R_B}=\frac{12\text{ V}}{300\text{ k}\Omega}=40\ \mu\text{A} \tag{2.15}$$

当 $V_{CC}\gg U_{BE}$ 时,可忽略 U_{BE}。

因 R_B 确定后,I_B 也就确定了,因此,I_B 称固定偏流,此电路称固定偏置电路。

(2) 求集电极电流 I_C

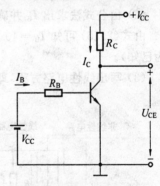

图 2.6 直流通路

$$I_C\approx\beta I_B=50\times 40\ \mu\text{A}=2\text{ mA} \tag{2.16}$$

(3) 求晶体管输出端电压 U_{CE}

列出集电极回路电压方程,即

$$V_{CC}=R_C I_C+U_{CE} \tag{2.17}$$

所以

$$U_{CE}=V_{CC}-R_C I_C=12\text{ V}-3\text{ k}\Omega\times 2\text{ mA}=6\text{ V} \tag{2.18}$$

I_B、I_C 和 U_{CE} 为直流工作状态参数,只要取值确定,在三极管特性曲线上(放大区中)确定一个点,称该点为放大电路的直流工作点,简称静态工作点,用符号 Q 表示。Q 点位置很重要,在图解法中详细讨论。

2.3.2　图解法

图解法是指以三极管的特性曲线为基础,在特性曲线图上用作图的方法来分析放大电路的工作状态或求解参数。

1. 静态分析

将图 2.4 所示电路重画如图 2.7(a) 所示。在电路中有非线性部分和线性部分,非线性电路部分为晶体管,其输入和输出特性曲线可用来描述电压与电流的关系,即

$$i_B = f(u_{BE}) \Big|_{U_{CE}=常数} \tag{2.19}$$

$$i_C = f(u_{CE}) \Big|_{I_B=常数} \tag{2.20}$$

晶体管外部为线性电路,可列出线性电路方程,即

$$u_{BE} = V_{CC} - i_B R_B \tag{2.21}$$

$$u_{CE} = V_{CC} - i_C R_C \tag{2.22}$$

用作图法就可以求出静态工作点参数。输入回路与输出回路的图解是相同的,以输出回路为例,其图解步骤如下:

(1) 作出非线性电路部分的伏安特性 —— 输出特性曲线。

输出特性曲线为已知,即为式(2.20)的图像,如图 2.7(b) 所示。

(2) 由公式法求出 I_B 并确定其对应的曲线。

由式(2.15)可知 $I_B = 40~\mu\text{A}$,在输出特性曲线族中确定对应 $I_B = 40~\mu\text{A}$ 的一条曲线(为已知)。

(3) 写出线性电路方程,即

$$u_{CE} = V_{CC} - i_C R_C \tag{2.23}$$

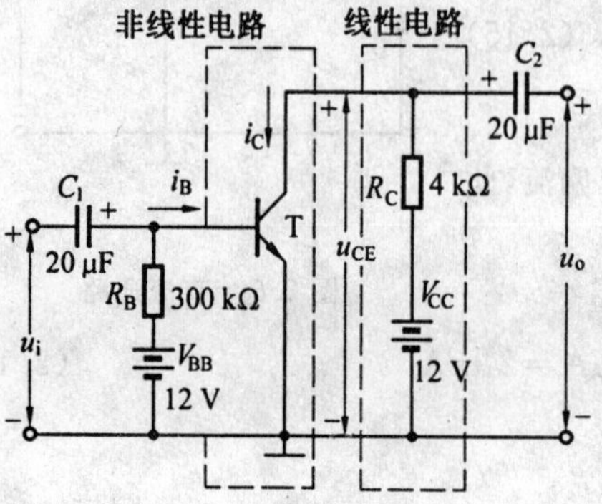

(a) 线性和非线性电路 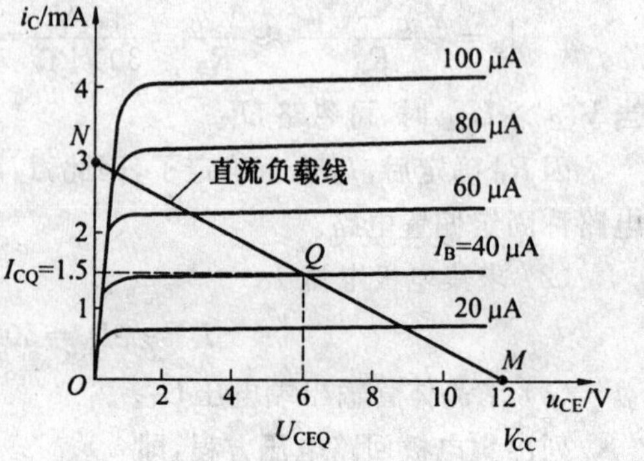　　　　(b) 输出回路图解法

图 2.7　图解法

此式为直线方程,其图像为一条直线。

(4) 在特性曲线坐标上画出直流负载线 MN

在式(2.23)中取 $i_C = 0$,则 $u_{CE} = V_{CC}$,得一坐标点 M,即 $M(V_{CC}, 0)$。当取 $u_{CE} = 0$ 时,则 $i_C = \dfrac{V_{CC}}{R_C}$,得一坐标点 N,即 $N\left(0, \dfrac{V_{CC}}{R_C}\right)$。连接 M、N 两点画一条直线即为线性方程的图像。MN 线的斜率为

$$\tan\alpha = \frac{ON}{OM} = -\frac{V_{CC}/R_C}{V_{CC}} = -\frac{1}{R_C} \tag{2.24}$$

由式(2.24)可知,MN 线是由集电极负载 R_C 确定的,在直流工作状态时,称 MN 线为放大电路的直流负载线。

(5) 求静态工作点

MN 线与 $I_B = 40 \ \mu\text{A}$ 的曲线相交于 Q 点,即为静态工作点。Q 点对应的坐标 I_{CQ} 和 U_{CEQ} 为所求的直流工作点参数。

当 I_B 改变时,Q 点将沿 MN 线移动。因此,MN 线为静态工作点移动的轨迹。

2. 动态分析

静态工作点确定后,加入交流信号就可以放大了。此时电路中具有交、直流量共存的特点,但是,交流量是以静态工作点为基础的,确切地说 Q 点为交流量的起始点或零点。

(1) 画出交流负载线 AB

将图 2.7(a)所示电路画出交流通路,如图 2.8(a)所示。由交流通路可写出线性方程,即

$$u_{ce} = -i_C R_L' \tag{2.25}$$

式中,R_L' 为交流负载电阻,$R_L' = R_C /\!/ R_L$。式(2.25)的图像为一条直线 AB,其斜率为

$$\tan\alpha = -\frac{1}{R_L'} \tag{2.26}$$

AB 线必须通过 Q 点(因 Q 点是交流量的零点),已知斜率,可画出 AB 线。因 R_L' 为交流量负载,所以 AB 线称为交流负载线,加入交流信号后电路的工作点将沿 AB 线变化。

AB 线的简易画法之一是求出 A 点坐标,即

$$OA = U_{CEQ} + \Delta U_{CE} \tag{2.27}$$

$$\tan\alpha = \frac{I_{CQ}}{\Delta U_{CE}} = -\frac{1}{R_L'}$$

所以
$$\Delta U_{CE} = I_{CQ} R_L' \tag{2.28}$$

A 点确定,连接 A、Q 两点画一直线即为交流负载线 AB。

因为 $\dfrac{1}{R_C} < \dfrac{1}{R_L'}$,故 MN 线与 AB 线不重合而相交于 Q 点。当 R_L 开路时,AB 与 MN 线重合。

(2) 分析信号波形和求电压放大倍数

在静态工作点和交流负载线确定的基础上加入交流正弦信号的图解步骤如下:

① 空载时根据 u_i 在输入特性上求 i_B

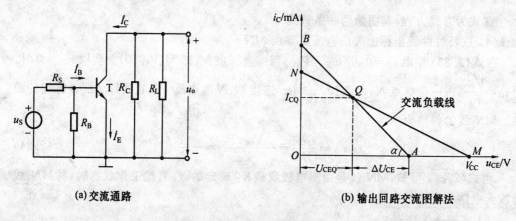

(a) 交流通路　　　　　　　　　　(b) 输出回路交流图解法

图 2.8　交流图解法

设 $u_i = 0.02\sin \omega t$ V，将 Q 点作为 u_i 的零点，如图 2.9(a) 所示。由图可看出，当 u_i 最大值为 0.02 V 时，工作点为 Q'，此时的 $i_B = 60$ μA；当 u_i 为负半周最大值时，工作点为 Q''，此时的 $i_B = 20$ μA；由于信号 u_i 的 ±0.02 V 变化，引起 i_B 在 60 μA 与 20 μA 之间变动。

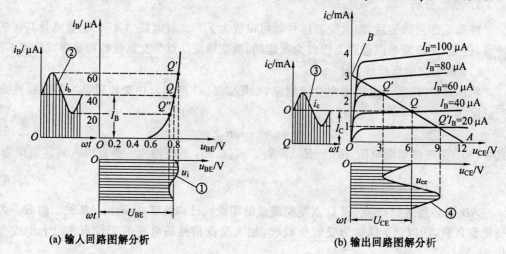

(a) 输入回路图解分析　　　　　　　(b) 输出回路图解分析

图 2.9　图解法

② 由 i_B 的变化在输出特性上求 i_C 和 u_{CE}

已知 i_B 变化最大值，可在输出特性上找到对应 I_B 为 60 μA 和 20 μA 的曲线，这两条曲线分别与 AB 线的交点为 Q' 和 Q'' 即为输出回路工作点移动范围，也称"**动态范围**"，如图 2.9(b) 所示。由波形幅度读取 $u_o = -3$ V，而 $u_i = 0.02$ V，可求电压放大倍数，即

$$A_{ui} = \frac{u_o}{u_i} = \frac{-3 \text{ V}}{0.02 \text{ V}} = -150 \tag{2.29}$$

由图(2.9)看到，u_o 与 u_i 相位相差 180°，此现象称共射电路的倒相作用，在式(2.29)中用负号表示。倒相作用是共射电路的特点，请记牢。

（3）静态工作点位置的设置与波形失真分析

信号（电压或电流）波形被放大后，幅度增大，而形状应保持原状。如产生不对称或局部变形现象都称**波形失真**。

静态工作点位置设置不当,对波形失真有直接影响(见图 2.10),分两种情况说明:

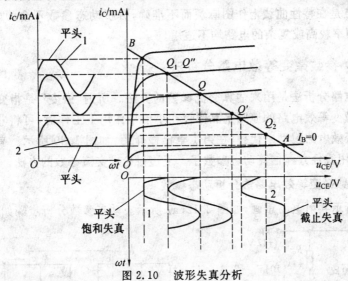

图 2.10　波形失真分析

① 静态工作点偏低时产生**截止失真**

当静态工作点偏低为 Q_2 时,接近截止区,交流量在截止区不能放大(三极管截止),使输出电压(或电流)波形正半周被削顶,产生**截止失真**。

② 静态工作点偏高时产生**饱和失真**

当静态工作点偏高为 Q_1 时,接近饱和区,交流量在饱和区不能放大(因 $i_C \neq \beta i_B$),使输出电压波形负半周被削底,产生饱和失真。

以上波形失真均为局部形状变形,称为几何失真。晶体管特性曲线的非线性部分也会影响波形比例失调,这种波形失真称非线性失真。因此,静态工作点位置的选择应在特性曲线的放大区中央,动态波形应在线性范围内,确切地说静态工作点应设置在交流负载线(AB 线)的中间。

静态工作点设置得合适,可获得输出量(电压或电流)最大的动态范围和幅度。否则,动态范围缩小,幅度减小。

静态工作点设置不当时,以波形不失真为原则计算动态范围。

在实验室用示波器观察波形时,常见的波形失真如图

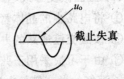

图 2.11　非线性失真

2.11 所示。示波器横向扫描线为时间坐标,将图 2.10 的电压输出波形的时间坐标逆时针旋转 90° 即与示波器时间坐标吻合。这样,上边削顶为截止失真,下边削底为饱和失真。

3. 图解法的应用范围

图解法最大特点是能全面直观和形象地分析放大电路的静态和动态工作情况。正确设置静态工作点,求放大倍数,分析波形失真和动态范围在曲线图上都是一目了然的。特

别是在低频大信号情况下,如分析功率放大电路的输出最大不失真幅度是很适用的。

但是其缺点是在特性曲线上作图麻烦而不准确,分析动态参数不全面(不能求 r_i 和 r_o),对于分析频率较高或复杂的电路均不适用。

2.3.3　H 参数微变等效电路分析法

微变等效电路分析法是用来估算交流参数的方法。所谓"微变"是指变化量很微小的意思。引出微变等效电路的原则是晶体管在小信号作用下工作时,可将非线性的晶体管用一个线性等效电路模型来代替,在第 1 章已做介绍,如图 1.30 所示。有了这个微变等效电路,就可用线性方程估算动态参数了。下边讨论求交流参数的方法。

1. 用 H 参数微变等效电路法分析动态参数

将图 2.5 所示共射电路重画,如图 2.12(a) 所示。动态参数分析步骤如下:

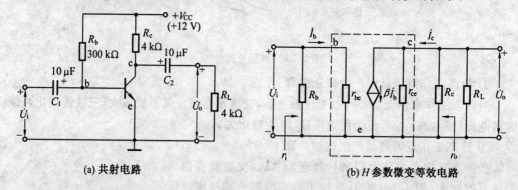

(a) 共射电路　　　　　　　　　　　　　(b) H 参数微变等效电路

图 2.12　微变等效电路

(1) 画出微变等效电路

① 将电路中的晶体管符号用 H 参数线性模型代替。

② 按画交流通路的办法连接外电路元件。

③ 由于习惯采用正弦信号,因此等效电路中的电压和电流的交流分量采用复数符号标定。画好的微变等效电路如图 2.12(b) 所示。

(2) 计算动态参数

① 求电压放大倍数 A_{ui}

由电压放大倍数定义分别写出 $\dot{U}_i$ 和 $\dot{U}_o$ 的表达式。由输入回路得

$$\dot{U}_i = \dot{I}_b r_{be} \tag{2.30}$$

由输出回路得

$$\dot{U}_o = -\dot{I}_C R'_L = -\beta \dot{I}_b R'_L \tag{2.31}$$

式中,$R'_L = R_C /\!/ R_L$,负号表示 $\dot{U}_o$ 的假设方向与实际方向相反。

所以

$$A_{ui} = \frac{\dot{U}_o}{\dot{U}_i} = -\frac{\beta \dot{I}_b R'_L}{\dot{I}_b r_{be}} = -\frac{\beta R'_L}{r_{be}} \tag{2.32}$$

式中,负号表示 $\dot{U}_o$ 与 $\dot{U}_i$ "反相"。

【例 2.1】 已知 $\beta = 50, R_C = 4\ \text{k}\Omega, R_L = 4\ \text{k}\Omega, I_E = 2\ \text{mA}$,求 A_{ui}?

解　先求 r_{be}

$$r_{be}/k\Omega = 300 + (1+\beta)\frac{26}{I_E} = 300 + (1+50)\frac{26}{2} \approx 950\ \Omega = 0.95$$

$$\dot{A}_{ui} = -\beta\frac{R_L{'}}{r_{be}} = -\frac{50\ k\Omega \times 2}{0.95\ k\Omega} \approx 105$$

② 求输入电阻 r_i

由输入回路写出 $\dot{I}_i$ 的表达式，即

$$\dot{I}_i = \dot{I}_{R_b} + \dot{I}_b = \frac{\dot{U}_i}{R_b} + \frac{\dot{U}_i}{r_{be}} = \left(\frac{1}{R_b} + \frac{1}{r_{be}}\right)\dot{U}_i \qquad (2.33)$$

由输入电阻定义，则

$$r_i = \frac{\dot{U}_i}{\dot{I}_i} = R_b \mathbin{/\mkern-5mu/} r_{be} \qquad (2.34)$$

由图 2.12(a) 中的参数，有

$$r_i = R_b \mathbin{/\mkern-5mu/} r_{be} = 300\ \Omega \mathbin{/\mkern-5mu/} 0.95\ k\Omega \approx 0.95\ k\Omega$$

r_i 越大越好，r_i 越大向信号源索取电流小，作测量输入级时，可提高测量精度。但是 r_i 很大时易受外界信号干扰。

③ 求输出电阻 r_o

在输出端反加等效电压源估算 r_o 时，令 $\dot{U}_S = 0$，则 $\dot{I}_b = 0$，$\beta\dot{I}_b = 0$，即受控电流源开路。故

$$r_o \approx R_c \qquad (2.35)$$

由图 2.12(a) 中 $R_c = 4$ kΩ，故 $r_o \approx R_c = 4$ kΩ。

r_o 越小越好，r_o 越小表示带负载能力越强。

④ 求信号源电压放大倍数 $\dot{A}_{uS}$

$\dot{U}_i$ 与 $\dot{U}_S$ 之间的关系可用图 2.13 所示的等效电路求出分压比表示，即

$$\dot{U}_i = \frac{r_i}{R_S + r_i}\dot{U}_S \qquad (2.36)$$

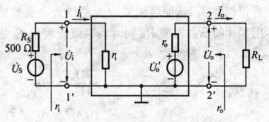

图 2.13　等效电路

式中，R_S 为信号源内阻。

所以

$$\dot{A}_{uS} = \frac{\dot{U}_o}{\dot{U}_S} = \frac{\dot{U}_i}{\dot{U}_S} \cdot \frac{\dot{U}_o}{\dot{U}_i} = \frac{r_i}{R_S + r_i}\dot{A}_{ui} \qquad (2.37)$$

【例 2.2】　已知图 2.13 中 $R_S = 500\ \Omega$，$r_i = 0.95\ k\Omega$，$\dot{A}_{ui} = -105$，求 $\dot{A}_{uS}$？

解　$$\dot{A}_{uS} = \frac{\dot{U}_o}{\dot{U}_S} = \frac{r_i}{R_S + r_i}\dot{A}_{ui} = \frac{0.95\ k\Omega}{0.5\ k\Omega + 0.95\ k\Omega} \times (-105) \approx -69$$

2.3.4　三种分析方法比较

本节介绍了公式法、图解法和微变等效电路法。应用公式法求静态工作点参数最方便，用微变等效电路求动态参数十分简捷，运用这两种方法分析放大电路是常用的手段。分析波形失真和功率放大电路时应用图解法是合适的，一般情况不用。这里介绍图解法

帮助理解概念对初学者十分必要,要求了解基本思路就可以了。

2.4　三种(接法)基本放大电路分析

以交流量为基准,三极管发射极做公共端(公共地端)时组成的放大电路称共射极接法,也称共射极放大电路,简称共射电路。同理定义出共基极接法(共基电路)和共集电极接法(共集电路)。下面分析这三种电路的性能指标。

2.4.1　共射电路

1. 固定偏置电路

该电路在介绍分析方法中作为实例进行了全面分析。电路图和微变等效电路参见图 2.12。分析的结果归纳如下。

(1) 静态工作点

$$
\begin{cases}
I_{\mathrm{B}}/\mu\mathrm{A} = \dfrac{V_{\mathrm{CC}} - U_{\mathrm{BE}}}{R_{\mathrm{B}}} \approx \dfrac{V_{\mathrm{CC}}}{R_{\mathrm{B}}} = 40 \\[2mm]
I_{\mathrm{C}}/\mathrm{mA} = \beta I_{\mathrm{B}} = 50 \times 40 = 2 \\[2mm]
U_{\mathrm{CE}}/\mathrm{V} = V_{\mathrm{CC}} - I_{\mathrm{C}} R_{\mathrm{C}} = 12 - 2 \times 4 = 4
\end{cases}
$$

经过估算,若发现静态工作点位置不当时可进行调整。V_{CC} 和 R_{C} 不变,改变 R_{B} 值就可以调整 I_{B},从而可调整 Q 点的位置。调整的方法是在基极回路串联微安表,用可变电阻器代替 R_{B},改变 R_{B} 同时观察微安表使 I_{B} 达到要求值为止。

(2) 动态参数

$$A_{\mathrm{ui}} = \frac{\dot{U}_{\mathrm{o}}}{\dot{U}_{\mathrm{i}}} = -\frac{\beta R_{\mathrm{L}}'}{r_{\mathrm{be}}} = -\frac{50 \times 2}{0.95} = -105 \qquad (2.38)$$

$$r_{\mathrm{i}}/\mathrm{k}\Omega = R_{\mathrm{b}} \, /\!/ \, r_{\mathrm{be}} \approx r_{\mathrm{be}} = 0.95 \qquad (2.39)$$

$$r_{\mathrm{o}}/\mathrm{k}\Omega = r_{\mathrm{ce}} \, /\!/ \, R_{\mathrm{C}} \approx R_{\mathrm{C}} = 4 \qquad (2.40)$$

$$A_{\mathrm{uS}} = \frac{\dot{U}_{\mathrm{o}}}{\dot{U}_{\mathrm{S}}} = \frac{r_{\mathrm{i}}}{R_{\mathrm{S}} + r_{\mathrm{i}}} A_{\mathrm{ui}} = -69 \qquad (2.41)$$

该电路具有结构简单,静态工作点调整方便,放大倍数高等特点。其缺点是环境温度变化大时静态工作点不稳定。

2. 工作点稳定电路

(1) 稳定工作点原理

静态工作点不稳定的原因很多,主要原因是温度变化引起的。当温度升高时,三极管的 I_{CBO}、β 增大,均使 I_{C} 增加,发射结电压 U_{BE} 随温度升高而减小,也使 I_{C} 增大。这样,静态工作点向上偏,特别在高温时偏向饱和区,使电路不能正常工作。为了克服温度变化的影响,在图 2.12 所示电路结构上采取两点措施:① 采用分压式电路固定基极电位;② 接入发射极电阻 R_{e} 控制发射结外加电压。改进后的稳定工作点电路如图 2.14 所示。

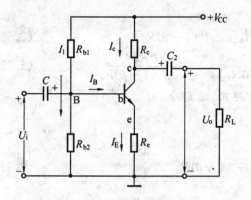
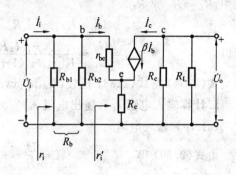

图 2.14　工作点稳定电路　　　　　图 2.15　H 参数等效电路

分压式电路设计要满足如下条件

$$\begin{cases} I_1 \gg I_B & \text{硅管 } I_1 = (5 \sim 10)I_B \quad (2.42) \\ U_B \gg U_{BE} & \text{硅管 } U_B = (3 \sim 5)U_{BE} \quad (2.43) \end{cases}$$

这样，忽略 I_B，U_B 近似由分压值确定，即

$$U_B = \frac{R_{b2}}{R_{b1} + R_{b2}} V_{CC} \qquad (2.44)$$

在输入回路中　　　　　　　$U_{BE} = U_B - I_E R_e$　　　　　　(2.45)

在温度升高时，I_C(I_E) 增加，在 R_e 上产生压降增大，因 U_B 为固定值，故发射结外加电压减小，使 I_B 减小，从而使 I_C 减小这就是负"反馈"[①]控制原理，经过自动调节，使 I_C 恒定，因此静态工作点稳定。用循环调节控制过程说明，很容易理解，其过程如下：

$$T \uparrow \rightarrow I_C \uparrow \rightarrow I_E \uparrow \rightarrow U_{R_e} \uparrow \quad \rceil$$
$$I_C \downarrow \leftarrow I_B \downarrow \leftarrow U_{BE} \downarrow \leftarrow \quad \rfloor \; U_B \text{ 不变}$$

(2) 电路分析

① 静态分析

因　　　　　$U_B = \dfrac{R_{b2}}{R_{b1} + R_{b2}} V_{CC}, \quad U_e = U_B - U_{BE} \approx U_B$

所以　　　　　　　　$I_E = \dfrac{U_e}{R_e} \approx \dfrac{U_B}{R_e} \approx I_C$　　　　　　(2.46)

$$I_B = \frac{I_C}{\beta} \qquad (2.47)$$

$$U_{CE} = V_{CC} - I_C R_c - I_E R_e \approx V_{CC} - I_C(R_c + R_e) \qquad (2.48)$$

I_B、I_C、U_{CE} 为所求静态工作点参数。

② 动态分析

由图 2.14 画出 H 参数微变等效电路，如图 2.15 所示。

a. 求电压放大倍数

$$\dot{U}_o = -\beta \dot{I}_b R_L' \qquad (2.49)$$

---

① 反馈概念在后边第 5 章讨论。

式中，$R'_L = R_C \parallel R_L$

$$\dot{U}_i = \dot{I}_b r_{be} + \dot{I}_e R_e = \dot{I}_b [r_{be} + (1+\beta)R_e] \tag{2.50}$$

所以　　　　$A_{ui} = \dfrac{\dot{U}_o}{\dot{U}_i} = \dfrac{-\beta \dot{I}_b R'_L}{\dot{I}_b [r_{be} + (1+\beta)R_e]} = -\dfrac{\beta R'_L}{r_{be} + (1+\beta)R_e} \tag{2.51}$

式(2.51)与式(2.38)比较，$\dot{A}_{ui}$降低，R_e越大$\dot{A}_{ui}$越小。

b. 计算输入电阻 r_i 和输出电阻 r_o。

(a) 计算输入电阻 r_i

由式(2.50)得　　　　$r'_i = \dfrac{\dot{U}_i}{\dot{I}_b} = r_{be} + (1+\beta)R_e \tag{2.52}$

考虑 R_b 的分流作用，则

$$r_i = R_b \parallel r'_i = R_b \parallel [r_{be} + (1+\beta)R_e] \tag{2.53}$$

(b) 计算输出电阻 r_o

$$r_o \approx R_c$$

通过上述分析看出该电路的静态工作点是稳定的，r_i提高，而$\dot{A}_{ui}$降低，从性能指标上看是两得一失。主要参数$\dot{A}_{ui}$降低不满意，为了补偿其损失，在发射极电阻上并联一个大电容C_e（几十 μF 以上），也称射极旁路电容。接入电容后不影响直流工作状态，而对交流为"短路"，画微变等效电路时，R_e被短路掉了。此时的式(2.51)与式(2.38)相同，故 $\dot{A}_{ui}$不降低了。接入C_e是一举两得，但是r_i又减小了。怎样才能做到一举三得呢？通常的办法是将 R_e 分为两部分，将其中一大部分并联电容。具体电路下面介绍。

3. 射极偏置电路

(1) 求静态工作点

电路如图 2.16 所示。在输入回路列电压方程，即

$$V_{CC} = I_B R_b + U_{BE} + I_E(R_{e1} + R_{e2}) \tag{2.54}$$

所以　　　　$I_B = \dfrac{V_{CC} - U_{BE}}{R_b + (1+\beta)(R_{e1} + R_{e2})} \tag{2.55}$

故　　　　　　$I_C = \beta I_B \tag{2.56}$

在输出回路列电压方程，即

$$V_{CC} = I_C R_c + U_{CE} + I_E(R_{e1} + R_{e2})$$

所以　　　　$U_{CE} \approx V_{CC} - I_C(R_c + R_{e1} + R_{e2}) \tag{2.57}$

I_B、I_C、U_{CE} 为所求静态工作点参数。

(2) 计算动态参数

画出 H 参数微变等效电路如图 2.17 所示。

① 求电压放大倍数

$$\dot{U}_o = -\beta \dot{I}_b R'_L \tag{2.58}$$

$$\dot{U}_i = \dot{I}_b r_{be} + \dot{I}_e R_{e1} = \dot{I}_b [r_{be} + (1+\beta)R_{e1}] \tag{2.59}$$

所以　　　　$A_{ui} = \dfrac{\dot{U}_o}{\dot{U}_i} = -\dfrac{\beta R'_L}{r_{be} + (1+\beta)R_{e1}} \tag{2.60}$

式中，R_{e1} 取值不大，$\dot{A}_{ui}$ 降低较小。

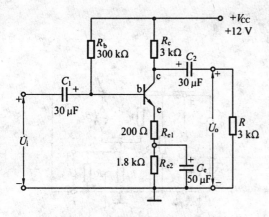

图 2.16 射极偏置电路

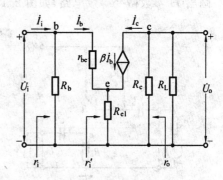

图 2.17 微变等效电路

② 计算输入电阻和输出电阻

a. 计算输入电阻

由式(2.59)可知

$$r_i' = \frac{\dot{U}_i}{\dot{I}_b} = r_{be} + (1+\beta)R_{e1} \tag{2.61}$$

考虑 R_b 分流作用,则

$$r_i = R_b \mathbin{/\mkern-5mu/} r_i' = R_b \mathbin{/\mkern-5mu/} [r_{be} + (1+\beta)R_{e1}] \tag{2.62}$$

式中, R_{e1} 不大,但 r_i 提高较大。

b. 计算输出电阻

$$r_o \approx R_c \tag{2.63}$$

射极偏置电路静态工作点较稳定,虽然不如分压式电路好,但是比固定偏置电路要好得多,是常用电路之一。

2.4.2 共集电极电路

电路如图 2.18 所示。集电极作交流信号的公共端,由发射极取输出信号,因此也称射极输出器或射极跟随器。

1. 电路分析

(1) 求静态工作点

列基极回路电压方程,即

$$V_{CC} = I_B R_b + U_{BE} + I_E R_e \tag{2.64}$$

所以

$$I_B = \frac{V_{CC} - U_{BE}}{R_b + (1+\beta)R_e} \tag{2.65}$$

则

$$I_C = \beta I_B \tag{2.66}$$

列输出回路电压方程,即

$$V_{CC} = U_{CE} + I_E R_e \tag{2.67}$$

故

$$U_{CE} = V_{CC} - I_E R_e \tag{2.68}$$

I_B、I_C、U_{CE} 为所求静态工作点参数。

（2）计算动态参数

画出 H 参数微变等效电路，如图 2.19 所示。

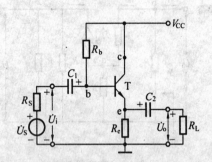

图 2.18　共集电极电路

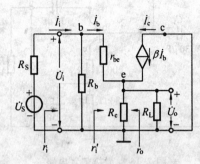

图 2.19　微变等效电路

① 求电压放大倍数

由图 2.19 列出输入和输出回路电压方程，即

$$\dot{U}_i = \dot{I}_b r_{be} + \dot{I}_e R'_L = \dot{I}_b [r_{be} + (1+\beta)R'_L] \tag{2.69}$$

式中，$R'_L = R_e // R_L$

$$\dot{U}_o = \dot{I}_e R'_L = \dot{I}_b (1+\beta)R'_L \tag{2.70}$$

所以

$$A_{ui} = \frac{\dot{U}_o}{\dot{U}_i} = \frac{(1+\beta)R'_L}{r_{be}+(1+\beta)R'_L} \approx \frac{\beta R'_L}{r_{be}+\beta R'_L} < 1 \tag{2.71}$$

式中，$\beta R'_L \gg r_{be}$ 时，则

$$\dot{A}_{ui} \approx 1 \quad 且 \dot{A}_{ui} < 1 \tag{2.72}$$

射极输出器的电压放大倍数近似 1 而小于 1，输出电压与输入电压相位相同，因此射极输出器又称为射极跟随器。

② 计算输入电阻

由式（2.69）得

$$r'_i = \frac{\dot{U}_i}{\dot{I}_b} = r_{be} + (1+\beta)R'_L \tag{2.73}$$

当 $\beta R'_L \gg r_{be}$ 和 $\beta \gg 1$ 时，则

$$r'_i \approx \beta R'_L \tag{2.74}$$

考虑 R_b 分流作用，则

$$r_i = R_b // r'_i = R_b // \beta R'_L \tag{2.75}$$

式（2.75）与式（2.40）比较，r_i 提高了几十或几百倍。输入电阻大是射极输出器的重要特点。

③ 计算输出电阻

计算输出电阻常采用反向加信号的办法，即（R_L 开路）外加一个等效电压 $\dot{U}$，相应产生一个等效电流 $\dot{I}$，其比值 $\dot{U}/\dot{I}$ 即为输出电阻 r_o。既然反加信号，信号源应短路并保留其内阻 R_s。计算输出电阻的等效电路如图 2.20 所示。在 e 点列出电流方程，即

$$\dot{I} = \dot{I}_b + \beta \dot{I}_b + \dot{I}_{Re} \tag{2.76}$$

式中

$$\dot{I}_b = \frac{\dot{U}}{r_{be} + R_S'} \qquad (2.77)$$

而

$$\dot{I}_{Re} = \frac{\dot{U}}{R_e} \qquad (2.78)$$

将式(2.77)、(2.78)代入式(2.76)得

$$\dot{I} = \dot{U}\left[\frac{1}{\dfrac{r_{be} + R_S'}{1+\beta}} + \frac{1}{R_e}\right] \qquad (2.79)$$

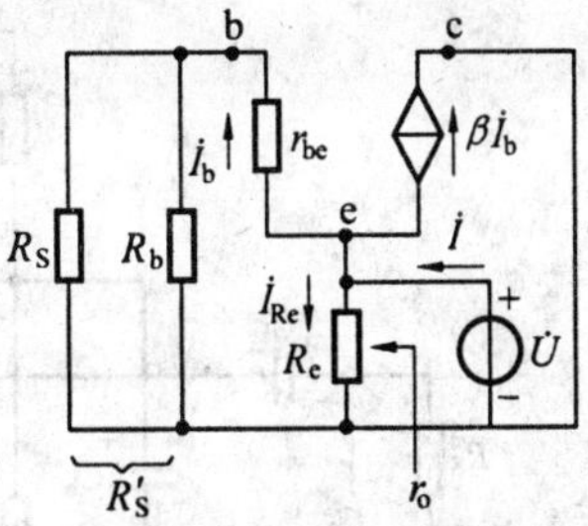

图 2.20 求 r_o 等效电路

所以

$$r_o = \frac{\dot{U}}{\dot{I}} = R_e \,/\!/\, \frac{r_{be} + R_S'}{1+\beta} \qquad (2.80)$$

式中

$$R_S' = R_S \,/\!/\, R_b$$

当 $R_e \gg \dfrac{r_{be} + R_S'}{1+\beta}$ 和 $\beta \gg 1$ 时,则

$$r_o \approx \frac{r_{be} + R_S'}{1+\beta} \qquad (2.81)$$

式(2.81)与式(2.41)比较,射极输出器的输出电阻 r_o 是很小的。

综上分析看出射极输出器的特点是:① <u>电压放大倍数近似 1 而小于 1,U_o 与 U_i 相同</u>;② <u>输入电阻大</u>;③ <u>输出电阻小</u>。

2. 射极输出器的应用

针对射极输出器的特点,该电路可作为多级放大电路的输入级、隔离级、输出级。在测量电路中用射极输出器做输入级,因 r_i 大,对信号源索取电流小,在内阻 R_S 上压降小,使 $\dot{U}_i \approx \dot{U}_S$,可接近被测信号电压。

用射极输出器做输出级,其工作点稳定,具有电流放大作用,因 r_o 小,故带负载能力强。在波形不失真情况下,希望输出电压能够跟随输入电压的"摆幅"越大越好,或者说"跟随范围"(输出动态范围)越大越好。

用射极输出器做中间级,可起"隔离"和"阻抗变换"作用。为了隔离前后级之间的相互影响,就叫隔离级(或缓冲级);为了匹配前后级的阻抗就叫"阻抗变换"器。总之,该电路在工程实践中应用很广泛。

2.4.3 共基极电路

电路如图 2.21 所示。基极做交流信号公共端,因此称共基极电路。

1. 静态分析

画出图 2.21 的直流通路,如图 2.22 所示。该电路与图 2.14 的直流通路是相同的,因此其静态工作点参数已求出,这里不再赘述。

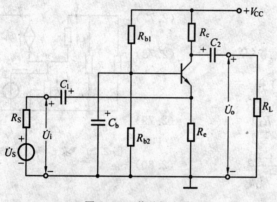

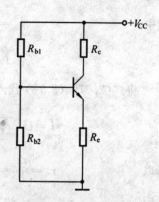

图 2.21　共基极电路　　　　　　　　　图 2.22　直流通路

2. 动态分析

画出图 2.21 所示电路的 H 参数微变等效电路,如图 2.23 所示。

(1)求电压放大倍数

列出图 2.23 所示电路的输入和输出回路电压方程,即

$$\dot{U}_i = -\dot{I}_b r_{be} \qquad (2.82)$$

$$\dot{U}_o = -\dot{I}_c R'_L \qquad (2.83)$$

式中　　　　　$R'_L = R_c /\!/ R_L$

所以

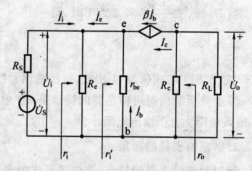

图 2.23　等效电路

$$A_{ui} = \frac{\dot{U}_o}{\dot{U}_i} = \frac{-\dot{I}_c R'_L}{-\dot{I}_b r_{be}} = \frac{-\beta \dot{I}_b R'_L}{-\dot{I}_b r_{be}} = \frac{\beta R'_L}{r_{be}} \qquad (2.84)$$

式(2.84)与式(2.40)比较,大小相同,只差一个负号,共射电路 $\dot{U}_o$ 与 $\dot{U}_i$ 反相,而共基电路为同相。

(2)计算输入电阻

由输入电阻定义有

$$r'_i = \frac{\dot{U}_i}{-\dot{I}_e} = \frac{-\dot{I}_b r_{be}}{-(1+\beta)\dot{I}_b} = \frac{r_{be}}{1+\beta} \qquad (2.85)$$

考虑 R_e 分流作用,则

$$r_i = R_e /\!/ r'_i = R_e /\!/ \frac{r_{be}}{1+\beta} \qquad (2.86)$$

式(2.86)与式(2.41)比较,共基电路输入电阻很小,比共射电路减小 $\dfrac{1}{1+\beta}$ 倍。

(3)计算输出电阻

求输出电阻按反向加等效信号法处理,令 $\dot{U}_S = 0, \dot{I}_b = 0, \beta \dot{I}_b = 0$(受控电流源开路),则

$$r_o \approx R_c \qquad (2.87)$$

r_o 与共射电路相同。

2.5　场效应管放大电路分析

场效应管放大电路的组成原则与三极管相同。要求有合适的静态工作点,使输出信号波形不失真而且幅度最大。场效应管有三个电极也可组成三种接法的电路,其分析方法与三极管相同。

2.5.1　自偏压共源放大电路

电路如图 2.24(a) 所示,场效应管为 N 沟道结型,电路结构与 BJT 共射电路类似,R_d 为漏极负载电阻,R_s 为源极电阻,R_g 为栅极电阻,其作用是提供负栅压偏置。

1. 静态分析

$$U_{GS} = -I_D R_s \tag{2.88}$$

$$I_D = I_{DSS} \left(1 - \frac{U_{GS}}{U_{GS(off)}}\right)^2 \tag{2.89}$$

联立求解可得 I_D 和 U_{GS}。

$$V_{DD} = I_D R_d + U_{DS} + I_D R_s \tag{2.90}$$

所以
$$U_{DS} = V_{DD} - I_D(R_d + R_s) \tag{2.91}$$

U_{GS}、I_D、U_{DS} 为所求的静态工作点参数。

2. 动态分析

场效应管是非线性器件,具有与晶体管相似的线性模型,在 1.5.4 节已经引出,这里不再推导,可直接使用。将栅压的交流量用 $\dot{U}_{gs}$ 标注,受控电流源用 $g_m \dot{U}_{gs}$ 表示,画出的 H 参数微变等效电路如图 2.24(b) 所示。

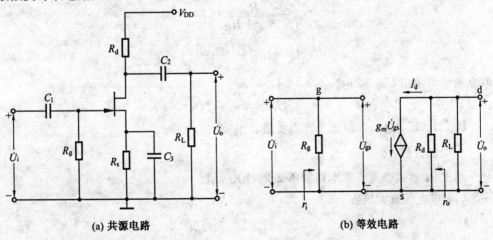

(a) 共源电路　　　　　　　　　　(b) 等效电路

图 2.24　自给偏压电路

(1) 求电压放大倍数 $\dot{A}_{ui}$

$$\dot{U}_o = -g_m \dot{U}_{gs} \cdot R'_L \tag{2.92}$$

$$\dot{U}_i = \dot{U}_{gs} \tag{2.93}$$

故
$$\dot{A}_{ui} = \frac{\dot{U}_o}{\dot{U}_i} = \frac{-g_m \dot{U}_{gs} R_L'}{\dot{U}_{gs}} = -g_m R_L' \tag{2.94}$$

共源电路 $\dot{U}_o$ 与 $\dot{U}_i$ 反相。

(2) 计算 r_i 和 r_o

由图 2.24(b) 可知

$$r_i \approx R_g \tag{2.95}$$

因栅极无电流，R_g 可选得很大。

$$r_o \approx R_d \tag{2.96}$$

2.5.2　共漏放大电路

共漏放大电路与三极管共集电路相似，电路图如图 2.25(a) 所示。

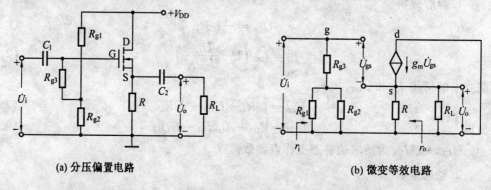

(a) 分压偏置电路　　　　　　　　　　　(b) 微变等效电路

图 2.25　共漏电路

1. 静态分析

$$U_{GS} = \frac{R_{g2}}{R_{g1} + R_{g2}} V_{DD} - I_D R \tag{2.97}$$

$$I_D = I_{DO} \left(\frac{U_{GS}}{U_{GS(th)}} - 1 \right)^2 \tag{2.98}$$

联立求解可求出 U_{GS} 和 I_D。

$$U_{DS} = V_{DD} - I_D R \tag{2.99}$$

U_{GS}、I_D、U_{DS} 为所求静态工作点参数。

2. 动态分析

画出 H 参数微变等效电路如图 2.25(b) 所示。

(1) 求电压放大倍数

$$\dot{U}_o = \dot{I}_d R' = g_m \dot{U}_{gs} R' \tag{2.100}$$

式中
$$R' = R /\!/ R_L$$

$$\dot{U}_i = \dot{U}_{gs} + \dot{U}_o = \dot{U}_{gs}(1 + g_m R') \tag{2.101}$$

所以
$$\dot{A}_{ui} = \frac{g_m \dot{U}_{gs} R'}{\dot{U}_{gs}(1 + g_m R')} \approx \frac{g_m R'}{1 + g_m R'} \tag{2.102}$$

（2）计算输入电阻 r_i

$$r_i = \frac{\dot{U}_i}{\dot{I}_i} = R_{g3} + R_{g1} /\!/ R_{g2} \approx R_{g3}（很大） \tag{2.103}$$

（3）计算输出电阻 r_o。

采用在输出端反加等效信号电压法估算 r_o。在图 2.25(b) 中将 $\dot{U}_i$ 短路，则 $\dot{U}_{gs} = -\dot{U}$，且

$$I = \dot{I}_R - g_m \dot{U}_{gs} = \frac{\dot{U}}{R} + g_m \dot{U} = \dot{U}\left(\frac{1}{R} + g_m\right) \tag{2.104}$$

所以
$$r_o = \frac{\dot{U}}{\dot{I}} = R /\!/ \frac{1}{g_m} \tag{2.105}$$

共漏放大电路 r_o 比共源放大电路小。

综上分析看出 $\dot{A}_{ui} \approx 1$ 且 $\dot{A}_{ui} < 1$，r_i 很大。与三极管射极跟随器相似，因此共漏电路也称源极跟随器。

2.6 多级放大电路分析

由单管组成的基本放大电路，放大倍数一般可达几十倍，在电子技术的实际应用中，远远不能满足需要。所以，实际电路一般由多个单元电路连接而成，称为多级放大电路。其中每个单元电路叫做一级，而级与级之间，信号源与放大电路之间，放大电路与负载之间的连接方式均叫做"耦合方式"。

2.6.1 多级放大电路的耦合方式

在多级放大电路中常见的级间耦合方式有三种，即阻容耦合、变压器耦合和直接耦合。

1. 阻容耦合

在基本放大电路中，如果只要求放大交流信号，则在放大电路的输入和输出端一般都要加耦合电容，起"隔离直流、传输交流"的作用。在图 2.26 中，电容 C_1、C_2 和 C_3 分别是信号源与放大电路输入端之间、前后级间以及放大电路输出端与负载之间的耦合电容。把前一级的输出端通过一个电容与后一级的输入端连接起来的耦合方式叫"阻容耦合"。

阻容耦合的特点：

① 各级的静态工作点相互独立。这是由于各级之间用电容器连接，直流通路是互相隔离的、独立的，给设计、计算和调试带来方便。

② 传输过程中，交流信号损失小，放大倍数高。只要耦合电容 C_1、C_2、C_3 的电容量足够大，且在一定频率范围内就可做到前级的交流输出信号几乎无损失地传给后一级进行

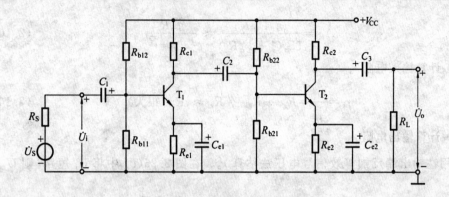

图 2.26　阻容耦合两极放大器

放大,故得到广泛的应用。

③ 体积小、成本低。

阻容耦合的缺点:

① 当信号频率较低时,电容的容抗 X_C 比较大,放大倍数降低。

② 阻容耦合电路不易集成。因为集成工艺中,制造大电容十分困难。

③ 不能放大直流信号。

2. 变压器耦合

变压器可以通过磁路的耦合把原边的交流信号耦合到副边去,如图 2.27 所示。由图可见,第一级晶体管 T_1 的集电极电阻 R_{c1} 换成了变压器 T_{r1} 的原边绕组,变化的电压和电流经 T_{r1} 的副边绕组加到晶体管 T_2 的基极进行第二级放大,再经 T_{r2} 把晶体管 T_1、T_2 放大了的交流电压和电流加到了负载电阻 R_L 上。

变压器耦合的特点:

① 前级、后级的静态工作点是互相独立的,变压器不传送直流信号,故设计、计算和调试电路比较方便。

② 变压器耦合的最大优点是可进行阻抗变换。使负载上得到最大输出功率。图 2.28 是一个变压器的等效电路,图中 U_1、U_2 和 I_1、I_2 分别表示变压器原边和副边的电压和电流,原边和副边匝数比 $n=N_1 : N_2$(N_1 和 N_2 分别为原边和副边的线圈匝数);r_1 和 r_2 分别为原、副边绕组的电阻;R_L 为负载电阻。根据变压器原理,有

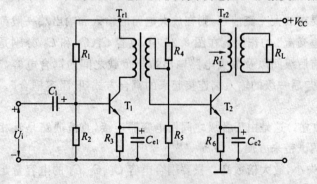

图 2.27　变压器耦合两级放大器

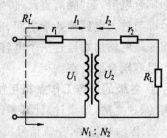

图 2.28　变压器等效电路

$$n = \frac{N_1}{N_2} = \frac{U_1}{U_2}, \quad \frac{I_1}{I_2} = \frac{N_2}{N_1} = \frac{1}{n}$$

则
$$\frac{U_1}{I_1} = n^2 \frac{U_2}{I_2} = n^2(R_L + r_2)$$

从变压器原边看过去的等效交流电阻
$$R_L' = r_1 + n^2(R_L + r_2)$$

由于大多数情况下，$r_1 \ll n^2(R_L + r_2)$ 和 $r_2 \ll R_L$，则
$$R_L' \approx n^2 R_L \tag{2.106}$$

例如图 2.27 中第二级放大器的负载 R_L 是 8 Ω 的扬声器。如果不经变压器 T_{r2} 而是扬声器直接接到 T_2 管的集电极上，因为扬声器的电阻 R_L 太小，与 T_2 管的输出阻抗不匹配，得不到最大功率。经过变压器 T_{r2} 阻抗变换以获最佳负载匹配后，扬声器发声。因此变压器耦合方式在功率放大电路中经常应用。

变压器耦合的缺点：

① 高频、低频性能都比较差，更不能传送直流或变化缓慢的信号，只能用于交流放大电路，但信号频率较高时，变压器产生漏感和分布电容，因而高频特性变坏。

② 变压器需用绕组和铁芯，体积大、成本高，无法采用集成工艺。

3. 直接耦合

级与级之间连接方式中最简单的就是将前一级的输出端直接接到后一级的输入端，这就是"直接耦合"方式，如图 2.29 所示。

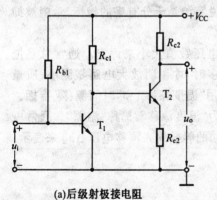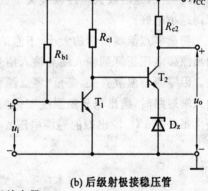

(a)后级射极接电阻　　　　　　　　　　　　　　　(b) 后级射极接稳压管

图 2.29　直接耦合两级放大器

直接耦合的特点：

① 电路中无耦合电容，低频特性好，能放大缓慢变化信号和直流信号。

② 在集成电路中采用直接耦合方式，容易实现集成化器件。

直接耦合的缺点：

① 各级静态工作点不独立，互相有影响，需要计算和合理的设置。如图 2.30 所示的电路，$U_{CE1} = U_{BE2} = 0.7$ V，使 T_1 管进入临界饱和状态，不能正常放大。改进的办法：在 T_2 管发射极接电阻 R_{e2} 如图 2.29(a) 所示，接稳压管 D_z 如图 2.29(b) 所示，T_2 采用 PNP 型管如图 2.31 所示。以上直流电平之间的配合称为"电平偏移"，还有多种连接方式，在集

成电路中都能较好地解决,这里不再赘述。

②"零点漂移"

直接耦合放大电路在输入端短路的条件下,其输出端的直流电位出现缓慢变化的现象,称为"零点漂移",简称"零漂"。

产生零漂的原因很多,主要是晶体管参数(I_{CBO}、I_{CEO}、U_{BE}、β)随温度的变化而变化,因此,温度变化是产生零漂的主要原因之一。其二是直接耦合电路本身造成的。

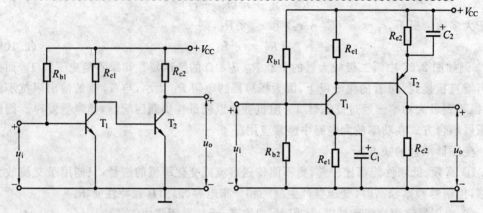

图 2.30　　直接耦合电路(不能放大)　　　　　图 2.31　　T_2 采用 PNP 管电路

零漂产生之后对有用信号的鉴别是有影响的。如果输入信号也是比较慢的变化量,那么输出端的有用信号必与零漂电压混在一起,就真假难辨了。特别是当微弱信号被零漂电压淹没,这时放大电路就丧失了放大能力。因此说零漂是十分有害的指标,希望被抑制得越小越好。

衡量零点漂移指标的大小,不能单从输出端漂移电压数值大小来评定。通常总是把输出漂移电压折算到输入端与输入信号比较,当小得多时,才说明放大电路零漂小、质量高。因零漂与温度有关,衡量"零点漂移"的指标还常用"温度漂移"和"时间漂移"指标。输入端短路时,输出电压随温度变化而产生的变化称为"温度漂移",简称"温漂"。通常以温度每升高 1℃,输出端的温漂电压 Δu_{od} 折合到输入端的等效输入漂移电压 Δu_{id} 来表示,即

$$\Delta u_{id} = \frac{\Delta u_{od}}{A_u \Delta T(℃)}$$

式中,A_u 为总电压放大倍数;$\Delta T(℃)$ 为温度变化量。

时间漂移指标是指在指定的时间内(如 8 h),折合到输入端的最大漂移电压的大小。

抑制零漂的办法较多,除特殊场合下采用恒温装置外,一般是从电路工作点稳定上采取措施。最有效的办法是用恒流源电路提供恒流,用差动电路抑制温漂,在第 4 章将详细介绍。

2.6.2　多级放大电路的交流参数

1. 电压放大倍数 $\dot{A}_u$

在多级放大电路中，由于各级之间是串联形式，前一级的输出就是后一级的输入，所以，总的电压放大倍数为各级电压放大倍数的乘积，即

$$A_u = A_{u1} \cdot A_{u2} \cdot \cdots \cdot \dot{A}_{un} = \prod_{k=1}^{n} \dot{A}_{uk} \tag{2.107}$$

式中，k 为多级放大电路的级数。

关于每一级的电压放大倍数的计算如前所述。但应指出，在计算每一级电压放大倍数时，必须考虑前、后级之间的影响。在计算前级的电压放大倍数时，将后级的输入电阻作为前级的负载考虑，或者将前级作为后级的信号源来考虑，信号源的电压为前级的开路电压，信号源的内阻为前级的输出电阻。

2. 输入电阻和输出电阻

一般说来，多级放大电路的输入电阻就是输入级的输入电阻，而输出电阻就是输出级的输出电阻。在计算输入电阻或输出电阻时，仍可利用已有的公式，不过有时它们不仅与本级的参数有关，也和中间级的参数有关。例如输入级为射极输出器时，它的输入电阻还和下一级的输入电阻有关。又例如输出级为射极输出器时，它的输出电阻也与前级的输出电阻有关。

【例 2.3】　两级直接耦合共射极放大电路如图 2.32(a) 所示。试画出微变等效电路，并推导出该电路的交流参数 A_u、r_i、r_o 的表达式。

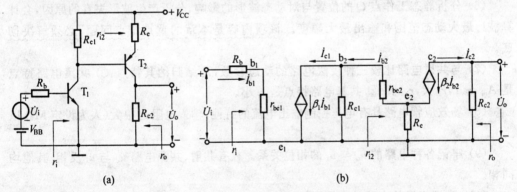

图 2.32　两级直接耦合共射极放大电路

解　画微变等效电路如图 2.32(b) 所示。第一级的负载就是第二级的输入电阻

$$R_{L1} = r_{i2} = r_{be2} + (1 + \beta_2) R_e$$

所以

$$A_{u1} = -\beta_1 \frac{R_{c1} /\!/ r_{i2}}{R_b + r_{be1}}$$

$$A_{u2} = -\beta_2 \frac{R_{c2}}{r_{be2} + (1 + \beta_2) R_e}$$

所以

$$A_u = \frac{u_o}{u_i} = A_{u1} \times A_{u2} = \beta_1 \cdot \beta_2 \frac{R_{c1} /\!/ R_{i2}}{R_b + r_{be1}} \cdot \frac{R_{c2}}{r_{be2} + (1 + \beta_2) R_e}$$

由于两级均为共射极电路,即 $n=2$,u_o 与 u_i 同相位,表现出 A_u 为正值。

$$r_i = R_b + r_{be1}$$

$$r_o = R_{c2}$$

本章小结

本章主要讨论了放大概念、放大电路性能指标、分析方法、单元基本放大电路和多级放大电路等内容。本章作为入门基础知识,为后面各章内容的基础,十分重要。

1. 本章要点

(1) 正确理解放大概念。放大体现了信号对能量的控制作用,所放大的信号是变化量。放大电路的负载所获得的随着信号变化的能量,要比信号所给出的能量大得多,这个多出来的能量是由电源供给的。

(2) 掌握放大电路的组成及各元器件的作用。特别是:① 耦合电容的作用:隔直流,传交流。② 直流电源的作用:提供偏置和放大信号的能量转换,而对交流信号短路。

(3) 会画直流通路和交流通路等效电路图,会画 H 参数微变等效电路图。

(4) 会分析放大电路的工作状态:① 静态,② 动态。特别强调直流、交流工作状态分开处理。

(5) 给出电路图,能认出名称,并能分析计算:① 静态工作点参数 $Q(I_{BQ}$、I_{CQ}、$U_{CEQ})$,② 动态参数:A_{ui}、r_i、r_o、A_{uS}。会归纳总结该电路的特点。该项内容是本章重点问题,一定掌握。

(6) 分析静态工作点 Q 的位置与对动态波形的影响,分析产生波形失真的原因,会计算波形最大动态范围和输出最大幅度。该项内容是本章的重点难点问题,必须解决彻底。

(7) 与共射电路比较三种接法电路的动态参数,总结归纳其特点:① 共集电路特点是 $A_{ui} \approx 1$,r_i 大,r_o 小;② 共基电路特点是 r_i 小。

(8) 场效应管电路具有电压控制输出电流的特性,输入电阻 r_i 很大(人为设定 MΩ 以上)。

(9) 牢记各种电路的 u_o 与 u_i 的相位关系。只有共射、共源电路 u_o 与 u_i 反相,其他均同相。

(10) 掌握多级放大器的直接耦合的特点及动态参数的估算。

2. 主要概念和术语

(1) 共射、共集、共基电路,公式法,图解法,微变等效电路法,静态,动态,静态工作点 Q,直流负载线,交流负载线,动态波形以静态 Q 点为零点(初始点),耦合,耦合电容的作用,电源的作用,R_b、R_c、R_L、I_{BQ}、I_{CQ}、U_{CEQ}、A_{ui}、r_i、r_o、A_{uS}、r_{be},受控电流源,波形失真,饱和失真,截止失真,波形的动态范围,最大不失真输出幅度,射极偏置,C_e 作用。

(2) 共源、共漏、共栅电路,自给偏压,U_{GS}、I_D、U_{DS}。

(3) 多级放大器,多级放大器的电压增益 $\dot{A}_u = \dot{A}_{u1} \cdot \dot{A}_{u2} \cdot \cdots$,输入电阻 $r_i = r_{i1}$,输出电

阻 $r_o = r_{o来}$。阻容耦合,变压器耦合,直接耦合,零点漂移,温漂,电平偏移。

本章是入门基础,主要概念和术语都应掌握,为后续章节打好基础,学习会很轻松。否则,不入门,后续课学不懂、悬空。

习　题

2.1　试判断图 2.33 中各放大电路有无放大作用? 为什么?

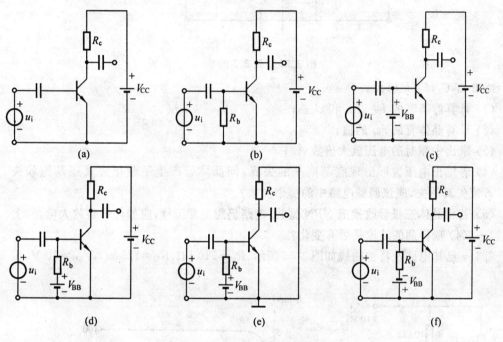

图 2.33　题 2.1 图

2.2　分别画出如图 2.34 所示电路的直流通路与交流通路。

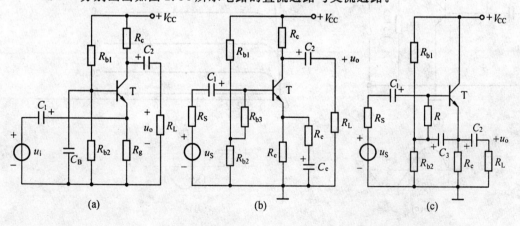

图 2.34　题 2.2 图

2.3　在如图 2.35 所示的基本放大电路中,设晶体管的 $\beta = 100$,$U_{BEQ} = -0.2$ V,

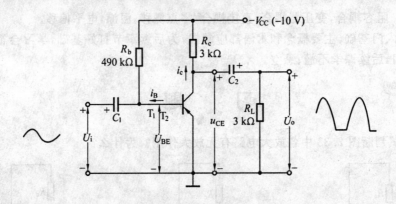

图 2.35　题 2.3 图

$r_{bb'} = 200\ \Omega, C_1, C_2$ 足够大。

(1) 计算静态时的 I_{BQ}, I_{CQ} 和 U_{CEQ}；

(2) 计算晶体管的 r_{be} 的值；

(3) 求出中频时的电压放大倍数 $\dot{A}_{ui}$；

(4) 若输出电压波形出现底部削平的失真，问晶体管产生了截止失真还是饱和失真？若使失真消失，应该调整电路中的哪个参数？

(5) 若将晶体三极管改换成 NPN 型管，电路仍能正常工作，应如何调整放大电路，上面(1)～(4)项得到的结论是否有变化？

2.4　已知电路及特性曲线如图 2.36 所示，$R_b = 510\ k\Omega, R_L = 1.5\ k\Omega, V_{CC} = 10\ V$，试求：

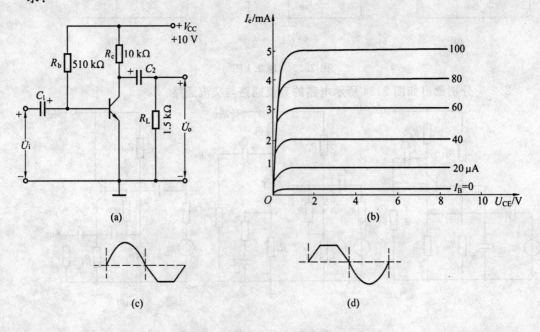

图 2.36　题 2.4 图

（1）用图解法求静态工作点,并分析是否合适;

（2）若使 $U_{CEQ} = 5$ V,V_{CC} 不变应改变哪些参数?

（3）若 V_{CC} 不变,为了使 $I_{CQ} = 2$ mA,$U_{CEQ} = 2$ V,应改变哪些参数?

（4）若将三极管换成 PNP 管,应首先改变哪些参数?

（5）在使用 PNP 管条件下,若出现了如图 2.36(c)、(d) 的失真? 该失真是什么失真?

2.5　电路如图 2.37 所示,试画出电路的直流通路,交流通路,微变等效电路,并简要说明稳定工作点的物理过程。

2.6　放大电路如图 2.37 所示,试选择以下三种情形之一填空。[a. 增大;b. 减小;c. 不变(包括基本不变)]

（1）要使静态工作电流 I_C 减小,则 R_{b2} 应＿＿＿＿＿＿＿。

（2）R_{b2} 在适当范围内增大,则电压放大倍数＿＿＿＿＿,输入电阻＿＿＿＿＿,输出电阻＿＿＿＿＿＿＿。

（3）R_e 在适当范围内增大,则电压放大倍数＿＿＿＿＿,输入电阻＿＿＿＿＿,输出电阻＿＿＿＿＿＿＿。

（4）从输出端开路到接上 R_L,静态工作点将＿＿＿＿＿＿＿＿,交流输出电压幅度要＿＿＿＿＿＿＿＿。

（5）V_{CC} 减小时,直流负载线的斜率＿＿＿＿＿＿＿＿。

2.7　电路如图 2.37 所示,设 $V_{CC} = 15$ V,$R_{b1} = 20$ kΩ,$R_{b2} = 60$ kΩ,$R_c = 3$ kΩ,$R_e = 2$ kΩ,$r_{bb'} = 300$ Ω,电容 C_1,C_2 和 C_e 都足够大,$\beta = 60$,$U_{BE} = 0.7$ V,$R_L = 3$ kΩ,试计算:

（1）电路的静态工作点 I_{BQ}、I_{CQ}、U_{CEQ};

（2）电路的电压放大倍数 A_{ui},放大电路的输入电阻 r_i 和输出电阻 r_o;

（3）若信号源具有 $R_S = 600$ Ω 的内阻,求源电压放大倍数 A_{uS}。

2.8　电路如图 2.38 所示,已知 $V_{cc} = 15$ V,$\beta = 100$,$r_{bb'} = 100$ Ω,$R_S = 1$ kΩ,$R_{b1} = 5.6$ kΩ,$R_{b2} = 40$ kΩ,$R_{e1} = 0.2$ kΩ,$R_{e2} = 0.5$ kΩ,$R_c = 4$ kΩ,$R_L = 4$ kΩ,C_1、C_2 和 C_e 足够大,求:

（1）试计算静态工作点;A_{ui},r_i,r_o,$\dot{A}_{uS}$ 及最大不失真幅值。

（2）当 $u_i = 20$ mV 时,用交流毫伏表测试 $u_b = ?$ $u_e = ?$ $u_c = ?$ $u_o = ?$

（3）同学做实验时,测出三种组合数据,试判断出现了什么故障(元件短路或开路)。

① $u_b = 15.6$ mV,$u_e = 12.3$ mV,$u_c = 620$ mV,$u_o = 0$ mV;

② $u_b = 15.6$ mV,$u_e = 12.3$ mV,$u_c = 310$ mV,$u_o = 310$ mV;

③ $u_b = 16.5$ mV,$u_e = 16.1$ mV,$u_c = 37.3$ mV,$u_o = 37.3$ mV。

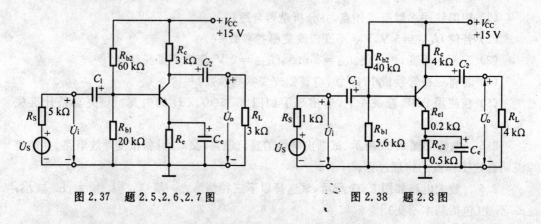

图 2.37　题 2.5、2.6、2.7 图　　　　图 2.38　题 2.8 图

2.9　电路如图 2.39 所示,已知晶体管的 $\beta=50$,电容值如图所示。求:

(1) 计算静态工作点参数 I_{BQ},I_{CQ},U_{CEQ};

(2) 画出中频微变等效电路;

(3) 计算动态参数 A_{ui},r_i,r_o。注:r_{be} 用公式求。

2.10　电路如图 2.40 所示,已知 $\beta=100$,$r_{bb'}=200\ \Omega$。求:

(1) 静态工作点;

(2) 放大倍数 $A_{u1}=\dfrac{\dot U_{o1}}{\dot U_i}$;$A_{u2}=\dfrac{\dot U_{o2}}{\dot U_i}$;

(3) 输入电阻 r_i;

(4) 输出电阻 r_{o1},r_{o2}。

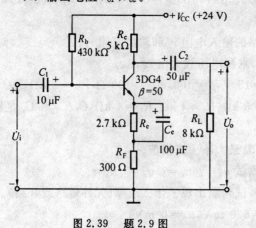

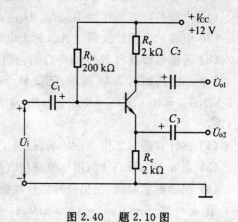

图 2.39　题 2.9 图　　　　　　　图 2.40　题 2.10 图

2.11　电路及特性曲线如图 2.41 所示,已知 $R_{g1}=50\ \text{k}\Omega$,$R_{g2}=20\ \text{k}\Omega$,$R_g=10\ \text{M}\Omega$, $R_S=0.5\ \text{k}\Omega$,$R_d=10\ \text{k}\Omega$,$R_L=10\ \text{k}\Omega$,$g_m=0.5\ \text{mS}$,C_1,C_2 和 C_3 足够大。求:

(1) 用图解法求静态工作点;

(2) 画交流等效电路,计算 A_{ui},r_i,r_o。($U_{GS(th)}=2\ \text{V}$)

2.12　电路如图 2.42 所示,已知:$g_m=0.4\ \text{mS}$,$I_{DSS}=2\ \text{mA}$,$U_{GS(off)}=-4\ \text{V}$。求:

(1) 静态工作点(用公式法);

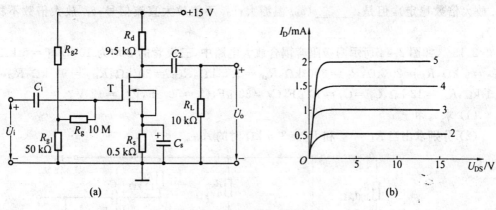

图 2.41　题 2.11 图

(2) 画出交流等效电路,计算 $\dot{A}_{ui} = \dfrac{\dot{U}_o}{\dot{U}_i}$, r_i, r_o。

2.13　两级直接耦合放大电路如图 2.43 所示,已知 r_{be1}、r_{be2}、β_1、β_2。

(1) 画出放大电路的交流通路及微变等效电路;

(2) 求两级放大电路的电压放大倍数 $A_{ui} = \dfrac{\dot{U}_o}{\dot{U}_i}$ 的表达式,并指出 $\dot{U}_o$ 与 $\dot{U}_i$ 的相位关系;

(3) 推导该电路输出电阻的表达式。

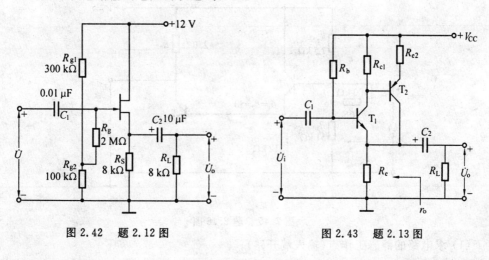

图 2.42　题 2.12 图　　　　　　　　　　图 2.43　题 2.13 图

2.14　选择填空

(1) 直接耦合放大电路能放大_____,阻容耦合放大电路能放大_____(a. 直流信号;b. 交流信号;c. 交、直流信号)。

(2) 阻容耦合与直接耦合的多级放大电路的主要不同点是_____(a. 放大的信号不同;b. 交流通路不同;c. 直流通路不同)。

(3) 因为阻容耦合电路_____(a₁. 各级工作点 Q 相互独立;b₁. Q 点互相影响;c₁. 各级 A_u 互不影响;d₁. A_u 互相影响),所以这类电路_____(a₂. 温漂小;b₂. 能放大直流信号;

c_2. 放大倍数稳定),但是,_____(a_3. 温漂大;b_3. 不能放大直流信号;c_3. 放大倍数不稳定)。

2.15　如图 2.44 所示两级阻容耦合放大电路中,三极管的 β 均为 100,$r_{be1}=5\ \text{k}\Omega$,$r_{be2}=6\ \text{k}\Omega$,$R_S=20\ \text{k}\Omega$,$R_b=300\ \text{k}\Omega$,$R_{e1}=7.5\ \text{k}\Omega$,$R_{b21}=30\ \text{k}\Omega$,$R_{b22}=91\ \text{k}\Omega$,$R_{e2}=5.1\ \text{k}\Omega$,$R_{c2}=12\ \text{k}\Omega$,$C_1=C_3=10\ \mu\text{F}$,$C_2=30\ \mu\text{F}$,$C_e=50\ \mu\text{F}$,$V_{CC}=12\ \text{V}$。

(1) 求 r_i 和 r_o;

(2) 分别求出当 $R_L=\infty$ 和 $R_L=3.6\ \text{k}\Omega$ 时的 $\dot{A}_{us}$。

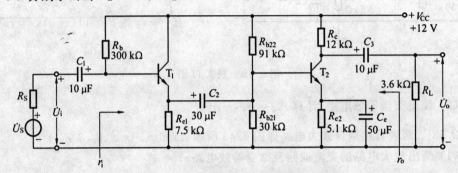

图 2.44　题 2.15 图

2.16　在图 2.45 所示的阻抗变换电路中,设 $\beta_1=\beta_2=50$,$R_b=100\ \text{k}\Omega$,$R_{b1}=51\ \text{k}\Omega$,$R_{b2}=7.5\ \text{k}\Omega$,$R_{e1}=12\ \text{k}\Omega$,$R_{e2}=250\ \Omega$,$V_{CC}=5\ \text{V}$。

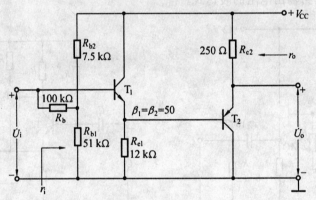

图 2.45　题 2.16 图

(1) 求电路的静态工作点(输入端开路);

(2) 求电路的中频电压放大倍数 $A_{ui}=\dfrac{\dot{U}_o}{\dot{U}_i}$;

(3) 求电路的输入电阻 r_i 及输出电阻 r_o。

第3章　放大电路的频率特性

在第 2 章分析各种基本单元电路的特性和性能参数时,均忽略了器件的结电容、级间电容、分布电容或耦合电容、旁路电容等。实际上,受这些电容(或其他电抗元件)的影响,放大电路增益幅值及相位随正弦输入信号频率的变化而变化。本章先阐述频率特性的基本概念及波特图表示法,重点分析共射、共基放大电路的频率特性,简单介绍多级放大器频率特性的表达方法。

3.1　频率特性的基本概念及波特图表示法

3.1.1　频率特性的基本概念

放大电路对正弦输入信号的稳态响应特性称为频率特性。完整地表达放大器的增益函数应为频率的复函数,即

$$\dot{A} = A(j\omega) = |A(j\omega)| e^{j\varphi(\omega)} = A(\omega) e^{j\varphi(\omega)} \tag{3.1}$$

式中,$A(j\omega) = A(\omega)$ 表示增益的幅值与频率的关系,称为幅频特性;$\varphi(\omega)$ 表示增益的相位与频率的关系,称为相频特性。

图 3.1 所示为某阻容耦合放大器的频率特性,其中图 3.1(a) 所示为幅频特性,图 3.1(b) 所示为相频特性。

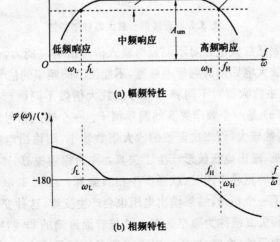

(a) 幅频特性

(b) 相频特性

图 3.1　阻容耦合放大器的频率特性

在图 3.1 中,位于频率特性 $f_L \sim f_H$ 之间的那一段,称为中频段,其增益用 A_{um} 表示; f 从中频段降低时,增益的幅值及相位都变化,当 $A(\omega)$ 降低到 A_m 的 $\frac{1}{\sqrt{2}} \approx 0.707$ 倍时,用对数表示 $A(\omega)$,即比 A_{um} 降低 3 dB 时,所对应的频率用 f_L 表示,称为下限截止频率;f 从中频段增加时,$A(\omega)$ 和 $\varphi(\omega)$ 亦随之变化,当 $A(\omega)$ 比 A_{um} 降低 3 dB 时,所对应的频率用 f_H 表示,称为上限截止频率。在 f_H 与 f_L 之间的频率范围(中频区)称为阻容耦合放大器的通频带,用 BW 表示,即

$$BW = f_H - f_L \tag{3.2}$$

通常 f_H 远大于 f_L,$BW \approx f_H$,故又称 BW 为(-3 dB)频带。高于 f_H 的区域称高频区,低于 f_L 的区域称低频区。

图 3.2 所示为某直接耦合放大器的频率特性,其中图 3.2(a) 所示为幅频特性,图 3.2(b) 所示为相频特性。因直接耦合放大器的 $f_L = 0$,故 $BW = f_H$。

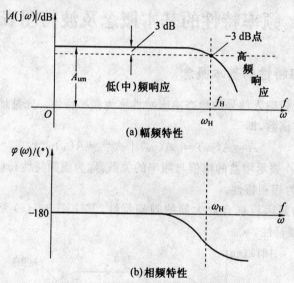

(a)幅频特性

(b)相频特性

图 3.2　直接耦合放大器频率特性

通频带的宽度表征放大电路对不同频率输入信号的响应能力,是放大电路的重要技术指标之一。如果放大电路的通频带不够宽,不能使不同频率的信号得到同样的放大,输出波形就会失真。 由放大器对不同频率信号的放大倍数不同而产生的波形失真,称为频率失真。 图 3.3(a) 是一个频率失真的简单例子。一个输入信号由基波和二次谐波组成,如基波的放大倍数较大,而二次谐波的放大倍数较小,则输出电压中振幅的比例就与放大前不同了。于是,输出电压波形产生了失真,称为幅频失真。 同样,当放大电路对不同频率的信号产生的相移不同时,就要产生相频失真。在图 3.3(b) 中,如果放大后的二次谐波相位滞后了一个相角,结果输出电压也会产生变形,这种变形称为相频失真。

幅频失真和相频失真统称为频率失真。这与前面讨论的非线性失真不同,前者是由于电路中存在电抗性元件(电容、电感),对不同频率的信号响应不同;而后者是由三极管的非线性特性引起的,必须把两者区分开来。

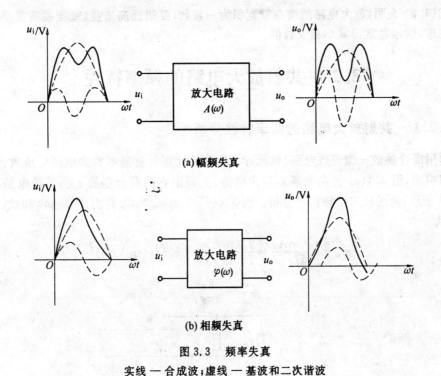

(a) 幅频失真

(b) 相频失真

图 3.3　频率失真
实线 — 合成波；虚线 — 基波和二次谐波

3.1.2　波特图工程近似表示法

在一般的电子技术领域中(不包括无线电的领域)，信号频率的范围大致从几赫到几十兆赫；放大倍数的范围大致从几倍至几百万倍。用什么方式来表示这么宽的变化范围呢？下面介绍一种常用的波特图表示法。

波特图由两部分组成，一部分是幅值与频率的关系，称为幅频特性；一部分是相位与频率的关系，称为相频特性。为了适应描述大范围的放大倍数和频率的关系，除横坐标采用对数刻度外，纵轴上的幅值坐标 $|A_u|$ 也用对数表示，为 $20\lg|A_u|$，单位是分贝(dB)。这样一方面使纵坐标所表示的放大倍数幅值的范围扩大，同时还可以把函数中的乘除运算变为加减运算，便于简化分析，相位坐标仍采用角度。前面的图 3.1 和图 3.2 即为波特图。在工程上画波特图时，采用渐近直线来近似表示，再进行误差修正，可得比较精确的曲线。具体画图方法在 3.2 节共射电路的频率特性中详细介绍。

3.1.3　增益带宽积

从电路最优设计的观点，希望放大电路的增益大和通频带宽。在设计宽频带放大电路时，宽频带要求和高增益要求互相制约。因此，将增益和带宽结合起来，就引出了表征放大电路性能的另一参数，即增益带宽积 $G \cdot BW$，它定义为放大电路的中频增益幅值和通频带乘积的绝对值，即

$$G \cdot BW = |A_{um} \cdot BW| \tag{3.3}$$

式中，G 表示增益幅值，与 A_u 含义相同。带宽增益乘积也常用分贝表示。

式(3.3)表明,放大电路的增益带宽积为一常数,要想提高增益,带宽就得变窄;要想增宽频带,则增益就得减小相应数值。

3.2　共射放大电路的频率特性

3.2.1　共射放大电路的频率特性分析

利用混合参数 π 型等效电路,就能方便地分析计算共射基本放大电路电压放大倍数的频率响应,图 3.4(a) 为共射基本放大电路,先画出它的混合参数 π 型等效电路,如图 3.4(b) 所示,然后按三个频段来分析。图 3.4(b) 中的 g_m 和 C_π 可由式(1.44)和式(1.54)计算,即

$$g_m = \frac{I_E(mA)}{U_T} = \frac{I_E(mA)}{26(mV)} = 38.5 I_E(mA/V) \tag{3.4}$$

$$C_\pi \approx \frac{g_m}{2\pi f_T} \tag{3.5}$$

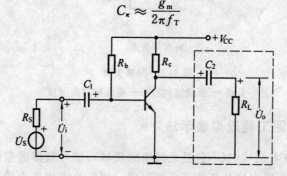

(a)共射基本放大电路

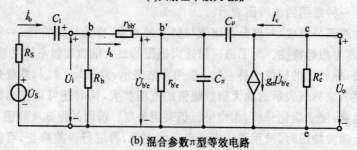

(b) 混合参数π型等效电路

图 3.4　共射基本放大电路及其混合参数 π 型等效电路

在一般情况下放大电路的上限截止频率 f_H 远大于下限截止频率 f_L,因此为了简化计算,在分析放大电路的频率响应时可以按低频段、中频段和高频段分别进行。先根据各自频段的特点对电路进行简化,并在此基础上得到本段的频率响应,最后将三段的结果组合起来就得到电路的频率响应。

1. 中频段频率特性

首先画出中频时的混合参数 π 型等效电路,在图 3.4(b) 中,C_1 对中频信号的容抗很小视为短路;C_π、C_μ 值很小,对中频信号的影响可忽略不计,视为开路;C_2 与 R_L 作为下一

级参数考虑,并记 $R'_c = r_{ce} /\!/ R_c$,则等效电路如图 3.5 所示。

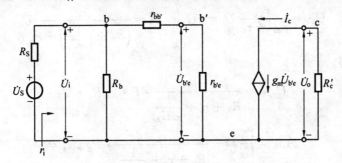

图 3.5 中频时混合参数 π 型等效电路

中频时的电压放大倍数 $\dot{A}_{uSm} = \dfrac{\dot{U}_o}{\dot{U}_S} = \dfrac{\dot{U}_o}{\dot{U}_i} \cdot \dfrac{\dot{U}_i}{\dot{U}_S}$,由图 3.5 知

$$r_i = R_b /\!/ (r_{bb'} + r_{b'e}), \quad r_{b'e}/\Omega = (1+\beta)\frac{26}{I_{EQ}}$$

$$\frac{\dot{U}_i}{\dot{U}_S} = \frac{r_i}{R_S + r_i}$$

$$\dot{U}_o = -g_m \dot{U}_{b'e} R'_c, \quad \dot{U}_i = \dot{U}_{b'e} \frac{r_{bb'} + r_{b'e}}{r_{b'e}}$$

令

$$P = \frac{r_{b'e}}{r_{bb'} + r_{b'e}}$$

则

$$\frac{\dot{U}_o}{\dot{U}_i} = -Pg_m R'_c$$

将 $\dfrac{r_i}{R_S + r_i}$ 和 $-Pg_m R'_c$ 代回原式得

$$A_{uSm} = -\frac{r_i}{R_S + r_i} \cdot Pg_m R'_c \tag{3.6}$$

式(3.6)说明,中频电压放大倍数是一个与频率无关的常数。

2. 低频段频率特性

低频时,C_1 的容抗不可忽略,在等效电路中应保留下来;而并联支路中的电容 C_π 与 C_μ 的容值均很小,对低频信号可视为开路。此时,混合参数 π 型等效电路应如图 3.6 所示。下面推导低频段电压放大倍数 A_{uSL}。由图可得

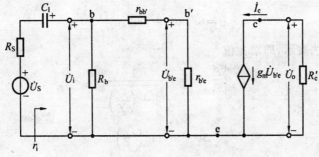

图 3.6 低频时的混合参数 π 型等效电路

$$\dot{U}_o = -g_m \dot{U}_{b'e} R'_c \tag{3.7}$$

式中
$$\dot{U}_{b'e} = \frac{r_{b'e}}{r_{bb'} + r_{b'e}} \dot{U}_i = P\dot{U}_i, \quad \dot{U}_i = \frac{r_i}{\left(R_S + \dfrac{1}{j\omega C_1}\right) + r_i} \dot{U}_S$$

代入式(3.7)得

$$\dot{U}_o = -\frac{r_i}{R_S + r_i + \dfrac{1}{j\omega C_1}} \cdot P \cdot g_m R'_c \cdot \dot{U}_S \tag{3.8}$$

所以
$$A_{uSL} = \frac{\dot{U}_o}{\dot{U}_S} = -\frac{r_i}{R_S + r_i + \dfrac{1}{j\omega C_1}} \cdot Pg_m R'_c =$$

$$-Pg_m R'_c \frac{r_i \cdot j\omega C_1}{(R_S + r_i)j\omega C_1 + 1} =$$

$$-Pg_m R'_c \frac{j\omega C_1 \dfrac{r_i}{R_S + r_i} \cdot (R_S + r_i)}{(R_S + r_i)j\omega C_1 + 1} =$$

$$-Pg_m R'_c \frac{r_i}{R_S + r_i} \cdot \frac{j\omega C_1 (R_S + r_i)}{1 + (R_S + r_i)j\omega C_1} =$$

$$A_{uSm} \frac{j\omega C_1 (R_S + r_i)}{1 + (R_S + r_i)j\omega C_1} \tag{3.9}$$

令
$$\omega_L = 2\pi f_L = \frac{1}{C_1 (R_S + r_i)}$$

则
$$f_L = \frac{1}{2\pi (R_S + r_i) C_1} \tag{3.10}$$

故
$$\dot{A}_{uSL} = A_{uSm} \frac{j\dfrac{\omega}{\omega_L}}{1 + j\dfrac{\omega}{\omega_L}} = A_{uSm} \frac{j\dfrac{f}{f_L}}{1 + j\dfrac{f}{f_L}} = A_{uSm} \frac{1}{1 - j\dfrac{f_L}{f}} \tag{3.11}$$

由式(3.10)可知,下限频率 f_L 主要与低频等效电路的时间常数 $(R_S + r_i)C_1$ 有关,C_1 和 $(R_S + r_i)$ 乘积越大,f_L 越小,即放大电路的低频响应越好。

将式(3.11)分别用模和相角表示,得

$$|A_{uSL}| = \frac{|A_{uSm}|}{\sqrt{1 + \left(\dfrac{f_L}{f}\right)^2}} \tag{3.12}$$

总相角为
$$\varphi = -180° + \arctan \frac{f_L}{f} \tag{3.13}$$

或者用归一化方法表示,即求比值

$$\left|\frac{A_{uSL}}{A_{uSm}}\right| = \frac{1}{\sqrt{1 + \left(\dfrac{f_L}{f}\right)^2}} \tag{3.14}$$

附加相移
$$\Delta\varphi = \arctan\left(\frac{f_L}{f}\right)$$

现在,我们用折线近似的方法,画低频段的幅频特性及相频特性。为了扩展视野采

用对数坐标,故称对数幅频特性及相频特性,即波特图。将式(3.12)用分贝表示,即

$$L_A = 20\lg|\dot{A}_{uSL}| = 20\lg|\dot{A}_{uSm}| - 20\lg\sqrt{1+\left(\frac{f_L}{f}\right)^2}\text{(dB)} \tag{3.15}$$

先看式(3.15)中的第二项。当 $f \gg f_L$ 时,

$-20\lg\sqrt{1+\left(\frac{f_L}{f}\right)^2} \approx 0$,所以,它将以横轴

作为渐近线;当 $f \ll f_L$ 时, $-20\lg$

$\sqrt{1+\left(\frac{f_L}{f}\right)^2} \approx -20\lg\frac{f_L}{f} \approx 20\lg\frac{f}{f_L}$,其渐近

线是一条直线,该直线通过横轴上 $f = f_L$ 的
一点,斜率为 20dB/dec(dec 表示 10 倍频程),
即当横坐标频率每增加 10 倍时,纵坐标就增
加 20 dB。因此,式(3.15)中的第二项的图
形可以用以上两条渐近线构成的折线来近
似,再将此折线向上平移 $20\lg|\dot{A}_{uSm}|$ 的距
离,就得到由式(3.15)所表示的低频段对数
幅频特性,如图 3.7(a) 所示。可以证明,这
种折线近似带来的误差不超过 3 dB,发生在
$f = f_L$ 处。

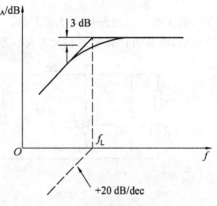

(a) 低频对数幅频特性

再来分析低频段的相频特性,根据式
(3.13)可知,当 $f \gg f_L$ 时,$\arctan\frac{f_L}{f}$ 趋于

0,则 $\varphi = -180°$;当 $f \ll f_L$ 时,$\arctan\frac{f_L}{f}$ 趋于

90°,$\varphi \approx -90°$;当 $f = f_L$ 时,$\arctan\frac{f_L}{f} = 45°$,

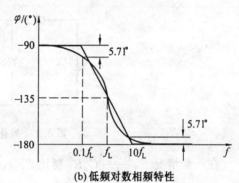

(b) 低频对数相频特性

图 3.7 低频段对数频率特性

$\varphi = -135°$。为了作图方便,可以用以下三段直线构成的折线近似低频段的相频特性曲
线,如图 3.7(b) 所示。 $f \geqslant 10f_L$ 时,$\varphi = -180°$;$f \leqslant 0.1f_L$ 时,$\varphi = -90°$,$0.1f_L < f < 10f_L$ 时,斜率为 $-45°$/dec 的直线。可以证明,这种折线近似的最大误差为 $\pm5.71°$,分别
发生在 $0.1f_L$ 和 $10f_L$ 处。

3. 高频段频率特性

在高频段,由于容抗变小,图 3.4(b) 中 C_1 上的压降可以忽略不计,但此并联支路中
C_π、C_μ 的影响都变得突出,必须予以考虑。由于 C_μ 与 $r_{b'c}$ 把输入、输出回路联系起来,彼
此不能互相独立,信号既有从输入到输出的正方向传输过程,同时也有反向传输,计算起
来很复杂。为了便于分析计算,需将电路进行简化,使其符合单向化条件,即只考虑信号
从输入到输出的单向传输,不考虑从输出到输入的反方向传输。

在图 3.4(b) 中,因为 $r_{b'c}$ 阻值很大,将它视为开路处理。根据密勒定理,可将 C_μ 折合
到输入回路,其等效电容为 $(1-K)C_\mu$,称密勒电容,其中 $K = -g_m R'_c$,$R'_c = R_c \parallel r_{ce}$,并

且将 $(1-K)C_\mu$ 与 C_π 并联后放入输入回路中,称输入电容,用 C'_π 表示,即

$$C'_\pi = C_\pi + (1-K)C_\mu = C_\pi + (1+g_m R'_c)C_\mu \tag{3.16}$$

再将 C_μ 由密勒效应折合到输出回路,为 $\dfrac{K-1}{K}C_\mu$,称输出电容,接于 c、e 两端。单向化的混合参数 π 型等效电路如图 3.8 所示。由图看出,单向化等效电路的输入、输出回路是彼此独立的,给分析计算带来很大方便。下面推导高频段电压放大倍数 A_{uSH}。

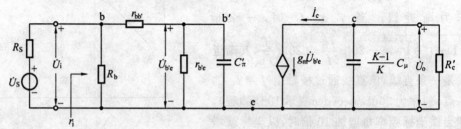

图 3.8　高频等效电路

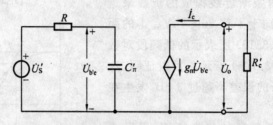

图 3.9　简化的高频等效电路

在一般情况下,$\dfrac{K-1}{K}C_\mu R'_c$ 要比 $C'_\pi\{r_{b'e}\;/\!/\;[r_{bb'}+(R_S\;/\!/\;R_b)]\}$ 小得多,因此,可以将前者忽略,再利用戴维南定理,将图 3.8 中的输入电路进行简化,则简化的电路如图 3.9 所示。其中

$$\dot{U}'_S = \frac{r_i}{R_S+r_i}\cdot\frac{r_{b'e}}{r_{bb'}+r_{b'e}}\dot{U}_S = \frac{r_i}{R_S+r_i}P\dot{U}_S$$

$$R = r_{b'e}\;/\!/\;[r_{bb'}+(R_S\;/\!/\;R_b)]$$

可见,R 是从 C'_π 两端向左看时的等效电阻。由图可得

$$\dot{U}_{b'e} = \frac{\dfrac{\dot{U}'_S}{j\omega C'_\pi}}{R+\dfrac{1}{j\omega C'_\pi}} = \frac{1}{1+j\omega RC'_\pi}\cdot\dot{U}'_S$$

则

$$\dot{U}_o = -g_m\dot{U}_{b'e}R'_c = -\frac{r_i}{R_S+r_i}\cdot\frac{1}{1+j\omega RC'_\pi}Pg_m R'_c\dot{U}_S$$

所以

$$A_{uSH} = \frac{\dot{U}_o}{\dot{U}_S} = A_{uSm}\frac{1}{1+j\omega RC'_\pi} \tag{3.17}$$

令

$$\omega_H = 2\pi f_H = \frac{1}{RC'_\pi}$$

所以

$$f_H = \frac{1}{2\pi RC'_\pi} \tag{3.18}$$

则
$$\dot{A}_{uSH} = A_{uSm}\frac{1}{1+\text{j}\dfrac{\omega}{\omega_H}} = A_{uSm}\frac{1}{1+\text{j}\dfrac{f}{f_H}} \tag{3.19}$$

由式(3.18)可知,上限频率 f_H 主要与高频等效电路的时间常数有关,C'_{π} 和 R 的乘积越小,则放大电路的高频响应越好。式(3.19)也可以用模和相角来表示,即

$$|\dot{A}_{uSH}| = \frac{A_{uSm}}{\sqrt{1+\left(\dfrac{f}{f_H}\right)^2}} \tag{3.20}$$

总相角
$$\varphi = -180° - \arctan\frac{f}{f_H} \tag{3.21}$$

或用归一化方法表示为

$$\left|\frac{\dot{A}_{uSH}}{A_{uSm}}\right| = \frac{1}{\sqrt{1+\left(\dfrac{f}{f_H}\right)^2}} \tag{3.22}$$

附加相移
$$\Delta\varphi = -\arctan\frac{f}{f_H} \tag{3.23}$$

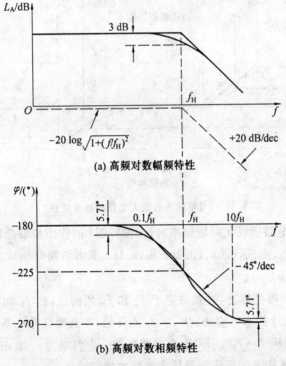

(a) 高频对数幅频特性

(b) 高频对数相频特性

图 3.10　高频段对数频率特性

高频段的对数幅频特性为

$$L_A/\text{dB} = 20\lg|\dot{A}_{uSH}| = 20\lg|A_{uSm}| - 20\lg\sqrt{1+\left(\frac{f}{f_H}\right)^2} \tag{3.24}$$

根据式(3.20)和式(3.21),利用与低频时同样的方法,可以画出高频段折线化的对数幅频特性和相频特性,如图 3.10 所示。折线近似的最大误差为 3 dB,发生在 $f = f_H$ 处。

3.2.2　共射电路完整的频率特性曲线及折线近似画图法

将以上在中频、低频和高频时分别求出的放大倍数综合起来,就可以得到共射基本放大电路在全部频率范围内放大倍数的表达式

$$\dot{A}_{uS} = \frac{A_{uSm}}{\left(1 - j\dfrac{f_L}{f}\right)\left(1 + j\dfrac{f}{f_H}\right)} \tag{3.25}$$

同时,将中频、低频和高频时分别画出的频率特性曲线综合起来,就得到基本放大电路完整的频率特性曲线,如图 3.11 所示。

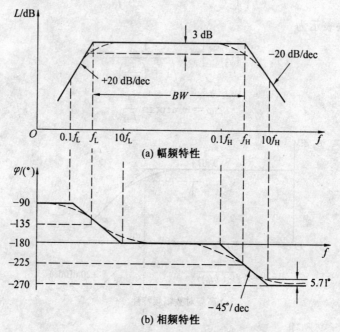

图 3.11　完整的共射放大电路的频率特性

最后将共射放大电路折线化对数频率特性(波特图)的作图步骤归纳如下:

(1) 根据电路参数,由式(3.6)、(3.10) 和(3.18)求出中频电压放大倍数 A_{uSm}、下限频率 f_L 和上限频率 f_H。

(2) 在幅频特性的横坐标上,找到对应于 f_L 和 f_H 的两点;在 f_L 和 f_H 之间的中频区作一条 $L_A = 20\lg|A_{uSm}|$ 的水平直线;从 $f = f_L$ 点开始,在低频区作一条斜率为 20 dB/dec 的直线折向左下方,又从 $f = f_H$ 点开始,在高频区作一条斜率为 -20 dB/dec 的直线折向右下方。以上三段直线构成的折线即是放大电路的幅频特性。

(3) 在相频特性上,在 $10f_L$ 至 $0.1f_H$ 之间的中频区 $\varphi = -180°$;当 $f < 0.1f_L$ 时,$\varphi = -90°$;当 $f > 10f_H$ 时,$\varphi = -270°$;在 $0.1f_L$ 和 $10f_L$ 之间以及 $0.1f_H$ 至 $10f_H$ 之间,相频特性分别为两条斜率为 $-45°$/dec 的直线。以上五段直线构成的折线就是放大电路的相频特性。

用归一化方法表示完整的频率特性,其表达式为

$$\frac{A_{uS}}{A_{uSm}} = \frac{1}{\left(1 - j\dfrac{f_L}{f}\right)\left(1 + j\dfrac{f}{f_H}\right)} \tag{3.26}$$

用同样的折线近似方法画出归一化的幅频特性及相频特性如图 3.12 所示。图中相频特性的纵坐标 $\Delta\varphi$ 表示附加相移。比较图 3.12 与图 3.11 可知，两种画法的区别只在于幅频特性仅差 A_{uSm} 倍，即只需要将图 3.11(a) 向下平移 A_{uSm} 倍，就得到图 3.12(a) 了；相频特性中只需要将图 3.11(b) 纵坐标的相角增加 180°，便可得到图 3.12(b) 了。

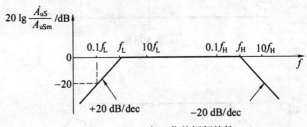

(a) 归一化的幅频特性

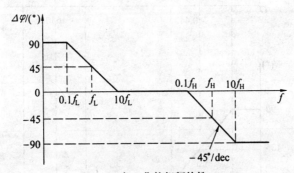

(b) 归一化的相频特性

图 3.12　归一化的波特图

【例】 共射放大电路如图 3.13(a) 所示。已知三极管为 3DG8D，它的 $C_\mu = 4$ pF，$f_T = 150$ MHz，$\beta = 50$，又知 $R_S = 2$ kΩ，$R_c = 2$ kΩ，$R_b = 220$ kΩ，$R_L = 10$ kΩ，$C_1 = 0.1$ μF，$V_{CC} = 5$ V。计算中频电压放大倍数、上限频率、下限频率及通频带，并画出波特图。设 C_2 的容量很大，在通频带范围内可认为交流短路，静态时 $U_{BEQ} = 0.6$ V。

解 (1) 求静态工作点

$$I_{BQ}/\text{mA} = \frac{V_{CC} - U_{BEQ}}{R_b} = \frac{5 - 0.6}{220} = 0.02$$

$$I_{CQ}/\text{mA} = \beta I_{BQ} = 50 \times 0.02 = 1$$

$$U_{CEQ}/\text{V} = V_{CC} - I_{CQ} \cdot R_c = 5 - 1 \times 2 = 3$$

(2) 计算中频电压放大倍数

$$r_{b'e}/\Omega = \beta \frac{26}{I_{CQ}} = 50 \times \frac{26}{1} = 1\,300$$

$$r_i/\Omega = R_b \,/\!/\, (r_{bb'} + r_{b'e}) \approx r_{bb'} + r_{b'e} = 300 + 1\,300 = 1\,600$$

$$P = \frac{r_{b'e}}{r_{b'e} + r_{bb'}} = \frac{1\,300}{1\,600} \approx 0.81$$

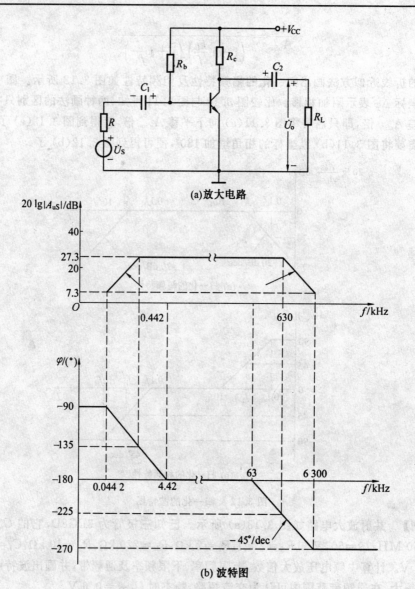

(a) 放大电路

(b) 波特图

图 3.13　共射放大电路频率特性

$$R'_{\text{L}}/\text{k}\Omega = R_{\text{c}} /\!/ R_{\text{L}} = \frac{2 \times 10}{2 + 10} = 1.67$$

$$g_{\text{m}}/(\text{mA} \cdot \text{V}^{-1}) = \frac{I_{\text{C}}}{26} = 38.5$$

$$A_{\text{uSm}} = -\frac{r_{\text{i}}}{R_{\text{S}} + r_{\text{i}}} P g_{\text{m}} R'_{\text{L}} = -\frac{1.6}{2 + 1.6} \times 0.81 \times 38.5 \times 1.67 \approx -23.1$$

（3）计算上限频率

$$C_{\pi}/\text{pF} \approx \frac{g_{\text{m}}}{2\pi f_{\text{T}}} = \frac{38.5 \times 10^{-3}}{2\pi \times 150 \times 10^{6}} \approx 41 \times 10^{-12}\text{F} = 41$$

$$C'_{\pi}/\text{pF} = C_{\pi} + (1 + g_{\text{m}}R'_{\text{L}})C_{\mu} = 41 + (1 + 38.5 \times 1.67) \times 4 \approx 302$$

$$R'_S/k\Omega = R_S \mathbin{/\!/} R_b = \frac{2 \times 220}{2 + 220} \approx 2$$

$$R/k\Omega = \frac{r_{b'e}(R'_S + r_{bb'})}{r_{b'e} + R'_S + r_{bb'}} = \frac{1.3 \times 2.3}{1.3 + 2.3} \approx 0.83$$

所以　　$$f_H/MHz = \frac{1}{2\pi R C'_\pi} = \frac{1}{2\pi \times 830 \times 302 \times 10^{-12}} \approx 6.3 \times 10^5 \text{ Hz} = 0.63$$

（4）计算下限频率

$$f_L/kHz = \frac{1}{2\pi(R_S + r_i)C_1} = \frac{1}{2\pi(2 + 1.6) \times 10^3 \times 0.1 \times 10^{-6}} = 442 \text{ Hz} = 0.442$$

（5）计算通频带

$$BW \approx f_H = 0.63 \text{ MHz}$$

（6）画波特图

$$L_A/dB = 20\lg |A_{uSm}| = 20\lg 23.1 = 27.3$$

根据作图步骤,画出波特图,如图 3.13(b) 所示。

*3.3　共基放大电路的频率特性

共基放大电路具有输入阻抗低、输出阻抗高、电流放大系数 $\alpha \approx 1$ 及通频带最宽等特点,常用于低输入阻抗和宽频带场合。图 3.14 所示为共基放大器的交流通路及其简化微变等效电路,图 3.14(b) 中忽略 r_{ce} 和 $r_{b'c}$。

图 3.14 所示共基放大电路的中频电压放大倍数为

$$A_{uSm} = \frac{r'_i}{R_S + r'_i} \cdot P g_m R'_L \tag{3.27}$$

式中,$r'_i = \dfrac{r_{be}}{1 + \beta}$,$P = \dfrac{r_{b'e}}{r_{be}}$。

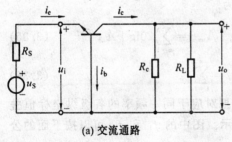
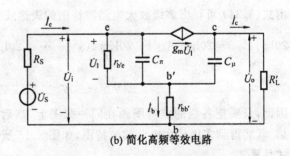

(a) 交流通路　　　　　　　　　　　　　　(b) 简化高频等效电路

图 3.14　共基放大电路

由图 3.14(b) 看出,当 $r_{bb'}$ 很小或约为 0 时,C_μ 直接并联在输出端,共基电路不存在从集电极到发射极之间的反馈电容,因而不会像共射电路那样,由于 C_μ 而存在密勒效应。为了简化分析且 $C_\mu \approx 0$。下面求出高频电压放大倍数表达式。

$$\dot{U}_o = g_m \dot{U}_1 R'_L \tag{3.28}$$

$$\dot{U}_1 = \dot{U}_i \frac{r_{b'e} \ /\!/ \ \dfrac{1}{j\omega C_\pi}}{\left(r_{b'e} \ /\!/ \ \dfrac{1}{j\omega C_\pi}\right) + r_{bb'}} \tag{3.29}$$

$$\dot{U}_i = \frac{r_i'}{R_S + r_i'} u_S \tag{3.30}$$

将式(3.29)和式(3.30)代入式(3.28)中,得

$$A_{uH} = \frac{\dot{U}_o}{\dot{U}_i} = \frac{A_{uSm}}{1 + j\dfrac{f_H}{f}} \tag{3.31}$$

式中

$$f_H = \frac{1}{2\pi r_e' C_\pi} \approx \frac{1}{2\pi r_e C_\pi} \approx f_T \tag{3.32}$$

在式(3.32)中,$r_e' = r_{b'e} \ /\!/ \ r_{bb'}$,以 f_T 为限,取 $r_e' \approx r_e$。

式(3.32)说明,共基电路上限截止频率 f_H 接近 f_T,故通频带为

$$BW = f_H \approx f_T \tag{3.33}$$

以此类推,可分析共集放大电路的频率响应,由于 C_μ 不用折算,故也为宽频带放大器。

3.4　多级放大电路的频率特性

3.4.1　多级放大电路的频率特性表达式

设多级放大电路每一级的电压放大倍数分别为 $\dot{A}_{u1}, \dot{A}_{u2}, \cdots, \dot{A}_{un}$,则总的电压放大倍数为

$$\dot{A}_u = \dot{A}_{u1} \cdot \dot{A}_{u2} \cdot \cdots \cdot \dot{A}_{un} = \prod_{k=1}^{n} \dot{A}_{uk} \tag{3.34}$$

由式(3.34)可写出多级放大电路波特图的表达式为

$$20\lg |\dot{A}_u| = 20\lg |\dot{A}_{u1}| + 20\lg |\dot{A}_{u2}| + \cdots + 20\lg |\dot{A}_{un}| = \sum_{k=1}^{n} 20\lg |\dot{A}_{uk}| \tag{3.35}$$

$$\varphi = \varphi_1 + \varphi_2 + \cdots + \varphi_n = \sum_{k=1}^{n} \varphi_k \tag{3.36}$$

因此,只要把各级的波特图画在同一张图上,然后把对应于同一频率的各级纵坐标值叠加,就能得到多级放大电路的波特图,如图 3.15 所示。图中的 f_L 和 f_H 可以按下面的公式估算。

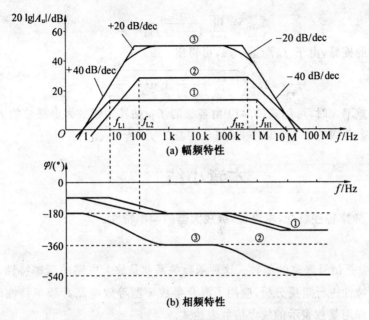

图 3.15 多级放大电路的波特图

3.4.2 多级放大电路下限截止频率 f_L 的估算

多级放大电路在低频段的 $\dot{A}_{uSL}$ 为

$$\dot{A}_{uSL} = \prod_{k=1}^{n} \dot{A}_{uSmk} \frac{\mathrm{j}f/f_{Lk}}{1+\mathrm{j}f/f_{Lk}} \tag{3.37}$$

令总的中频电压放大倍数 $|\dot{A}_{um}| = |\dot{A}_{um1} \cdot \dot{A}_{um2} \cdot \cdots \cdot \dot{A}_{umn}|$，则

$$\left|\frac{\dot{A}_{uSL}}{\dot{A}_{um}}\right| = \prod_{k=1}^{n} \frac{f/f_{Lk}}{\sqrt{1+(f/f_{Lk})^2}} = \prod_{k=1}^{n} \frac{1}{\sqrt{1+(f_{Lk}/f)^2}} \tag{3.38}$$

根据下限截止频率 f_L 的定义，当 $f = f_L$ 时，式(3.38)等于 $1/\sqrt{2}$。由此可得出

$$\prod_{k=1}^{n} \left[1+\left(\frac{f_{Lk}}{f_L}\right)^2\right] = 2 \tag{3.39}$$

据上所述可知，$f_L > f_{Lk}$，或 $f_{Lk}/f_L < 1$。将式(3.39)的连乘积展开，可写出

$$1 + \left(\frac{f_{L1}}{f_L}\right)^2 + \left(\frac{f_{L2}}{f_L}\right)^2 + \cdots + \left(\frac{f_{Ln}}{f_L}\right)^2 + 高次项 = 2$$

略去高次项，可得

$$f_L \approx \sqrt{f_{L1}^2 + f_{L2}^2 + \cdots + f_{Ln}^2}$$

为了使结果更精确一些，可乘以修正因子 1.1，即

$$f_L \approx 1.1\sqrt{f_{L1}^2 + f_{L2}^2 + \cdots + f_{Ln}^2} \tag{3.40}$$

当各级的 f_{Lk} 相差不大时，可用式(3.40)估算多级放大电路的 f_L。如果其中某一级的 f_{Lk} 比其余各级大 5 倍以上，则可认为总的 $f_L \approx f_{Lk}$。

3.4.3 多级放大电路上限截止频率 f_H 的估算

多级放大电路在高频段的 $\dot{A}_{uSH}$ 为

$$\dot{A}_{uSH} = \prod_{k=1}^{n} \frac{\dot{A}_{uSmk}}{1 + jf/f_{Hk}}$$

经过与上述类似的推导,由于 $f_H/f_{Hk} < 1$,可得出

$$\frac{1}{f_H} \approx 1.1 \sqrt{\frac{1}{f_{H1}^2} + \frac{1}{f_{H2}^2} + \cdots + \frac{1}{f_{Hn}^2}} \tag{3.41}$$

在各级的 f_{Hk} 相差不大时,可用式(3.41)由各级的 f_{Hk} 估算多级放大电路总的 f_H。如果某一级 f_{Hk} 比其余各级的小 1/5 以下,则可认为总的 $f_H \approx f_{Hk}$。

本章小结

本章讨论了频率特性概念,单级、多级放大器的频率特性。

1. 本章要点

(1) 放大倍数是信号频率的函数。这种函数关系就是放大电路的频率特性。为了对放大倍数的频率特性进行定量分析,应用了混合参数 π 型等效电路。频率特性的描述方法通常有波特图和用复数表示的放大倍数表达式。

(2) 一般的说,放大电路的放大倍数在高频段下降的主要原因是晶体管的极间电容和实际连线间的分布电容;在低频段下降的主要原因是耦合电容和旁路电容。

(3) 截止频率的计算方法是时间常数法。即求出该电容所在回路的时间常数 τ,则截止频率可求,即 $f = 1/(2\pi\tau)$。在一般情况下,$f_H \gg f_L$,因此可找出有关回路分别计算。

(4) 本章分析了高、低频段都只考虑一个电容起作用的放大电路的频率响应并画出了波特图。故若遇到各频段只含一个电容的电路,或只考虑一个电容的作用,其他电容可以忽略的情况时,其波特图的形式与此相同。不同的只是 f_H 和 f_L 的具体数值及 A_{um} 的数值和相位关系。所以,对于这类放大电路只需算出上述三个参数即可画出波特图。

若电路中每个频段起作用的电容不止一个,即可先分别计算出每个电容起主要作用时的回路时间常数。计算时,将其他电容的作用忽略,求出等效的回路时间常数的近似值。将求出的几个时间常数进行比较,找出其中起主要作用的时间常数,即最小的低频回路时间常数和最大的高频回路时间常数。

2. 主要概念和术语

增益的复函数表达式,幅频特性,相频特性,上限截止频率 f_H,下限截止频率 f_L,带宽 BW,直接耦合放大器的 BW,频率失真,增益带宽积,影响低频段增益降低的因素,影响高频段增益降低的因素,密勒效应,归一化波特图,完整的频率特性表达式,多级放大器的频率特性画法,多级放大器的上、下限截止频率的表达式。

习 题

3.1　选择合适的答案填空

　　(1) 电路的频率特性是指对于不同频率的输入信号放大倍数的变化情况。高频时放大倍数下降,主要原因是 ＿＿＿＿＿ 的影响;低频时放大倍数下降,主要原因是＿＿＿＿＿的影响。(a. 耦合电容和旁路电容;b. 晶体管的非线性特性;c. 晶体管的极间电容和分布电容)

　　(2) 当输入信号频率为 f_L 和 f_H 时,放大倍数的幅值约下降为中频时的＿＿＿＿＿(a. 0.5;b. 0.7;c. 0.9),或者说是下降了＿＿＿＿＿(a. 3 dB;b. 5 dB;c. 7 dB)。此时与中频时相比,放大倍数的附加相移约为＿＿＿＿＿(a. 45°;b. 90°;c. 180°)。

　　3.2　电路如图 3.16 所示,若晶体管的 $C_\mu = 4$ pF,$f_T = 50$ MHz。试计算这个电路的截止频率,写出 $\dot{A}_u$ 的表达式,并画出波特图。(晶体管的 $\beta = 50$,$r_{bb'} = 200$ Ω)

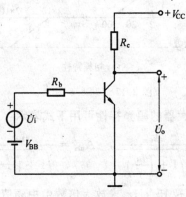

图 3.16　题 3.2 图

　　3.3　某放大电路的电压放大倍数表达式为

$$\dot{A}_u = -\frac{150\left(\mathrm{j}\,\dfrac{f}{50}\right)}{\left(1 + \mathrm{j}\,\dfrac{f}{50}\right)\left(1 + \mathrm{j}\,\dfrac{f}{10^5}\right)}$$

式中,f 的单位为 Hz,它的中频放大倍数 A_{um} 是多大? 电路的上下限截止频率 f_H 和 f_L 各是多大? 试画出 $\dot{A}_u$ 的波特图。

　　3.4　从手册上查到高频小功率三极管 3DG7C 的 $f_T = 100$ MHz,$C_\mu = 12$ pF;又知道当 $I_c = 30$ mA 时,对应于的低频 H 参数为 $\beta = 50$,$r_{be} = 700$ Ω,$h_{oe} = 0.2$ mA/V,试画出这个三极管在高频时的混合 π 型等效电路,并注明这个等效电路中各元件的数值。

　　3.5　如果一个单级放大器的通频带是 50 Hz ～ 50 kHz,$A_{um} = 40$ dB,画出此放大器的对应的幅频特性和相频特性(假设只有两个转折频率)。如输入一个 $10\sin(2\pi \times 100 \times 10^3 t)$ mV 的正弦波信号,是否会产生波形失真?

　　3.6　某放大电路 $\dot{A}_u$ 的波特图如图 3.17 所示。写出 $\dot{A}_u$ 的表达式,并求出 f_L 和 f_H 的近似值。

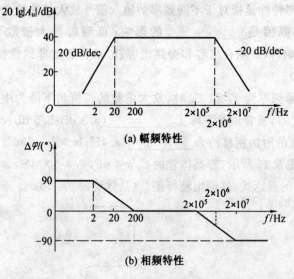

(a) 幅频特性

(b) 相频特性

图 3.17　题 3.6 图

3.7　某单级 RC 耦合放大器的幅频特性可用下式表示：

$$A_{uL} = \frac{A_{um}}{\sqrt{1 + \left(\dfrac{f_L}{f}\right)^2}}, \qquad A_{uH} = \frac{A_{um}}{\sqrt{1 + \left(\dfrac{f}{f_H}\right)^2}}$$

而且放大器的通频带为 30 Hz ～ 15 kHz，求放大倍数由中频值下降 0.5 dB 时所确定的频率范围。

3.8　如图 3.18 所示共射放大电路。已知三极管为 3DG8D，它的 $C_\mu = 4$ pF，$f_T = 150$ MHz，$\beta = 50$，又知 $R_S = 2$ kΩ，$R_L = 1$ kΩ，$C_1 = 0.1$ μF，$V_{CC} = 5$ V。计算中频电压放大倍数 A_{uSm}、上限截止频率 f_H，下限截止频率 f_L 及通频带 BW，并画出波特图。设 C_2 的容量很大，在通频带范围内可认为交流短路，静态时 $U_{BEQ} = 0.6$ V。

3.9　电路如图 3.19 所示，已知三极管的 $\beta = 50$，$R_S = 100$ Ω，$R_{b1} = 80$ kΩ，$R_{b2} = 20$ kΩ，$R_e = 1$ kΩ，$R_c = 2.5$ kΩ，$R_L = 2.5$ kΩ，$V_{CC} = -12$ V，$C_1 = C_2 = 1$ μF。在以下几种条件下计算下限频率 f_L。

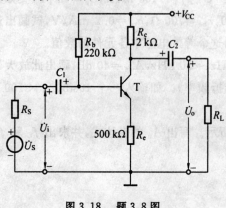

图 3.18　题 3.8 图

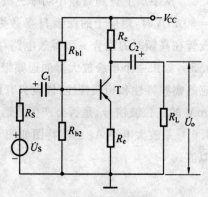

图 3.19　题 3.9、3.10、3.11 图

(1) 考虑 C_2 的影响,不考虑 C_1 的影响;

(2) 考虑 C_1 的影响,不考虑 C_2 的影响;

(3) C_1、C_2 的影响都考虑;

(4) 在 R_e 两端并联电容 $C_e = 30\ \mu\text{F}$,求放大电路的下限频率等于多少? 画出对数幅频特性。

3.10　电路如图 3.19 所示,设三极管的 $\beta = 20$,要求下限频率为 100 Hz,且 $R_{b1} = 30\ \text{k}\Omega$,$R_{b2} = 3\ \text{k}\Omega$,$R_e = 2\ \text{k}\Omega$,$R_S = 500\ \Omega$,$R_L = 6\ \text{k}\Omega$,$V_{CC} = 16\ \text{V}$,试选择 C_1 和 C_2 的值。

3.11　在题 3.10 中,R_e 两端并联上电容 C_e,其他参数不变,如 R_L 提高 10 倍,问中频放大倍数,上限频率及增益带宽积各变化多倍?

第4章　集成单元与运算放大器

集成电路发展迅速,应用广泛,使用起来方便。因此,本书先介绍集成电路,为后续章节应用打好基础。集成电路是多级放大器,其组成单元,除前面介绍的以外,还有一些单元电路要讨论。本章重点讨论恒流源、差动放大器、功率放大器和集成运算放大器。

4.1　恒流源电路

恒流源电路能提供恒定电流,抑制温漂效果好。其特点是交流电阻大,直流电阻小。在集成电路中多用于直流偏置和有源负载。

4.1.1　晶体管恒流源电路

电路如图 4.1 所示,实际上是分压式射极偏置稳定工作点电路。电路中的输出电流 I_o 基本上不受温度变化和负载变化等因素的影响,从而构成了恒流源电路。

在电路参数一定的条件下,当改变负载电阻 R_L 引起输出电压 U_o 变化时,输出电流 I_o 的恒定情况如何? 为评价电路的恒流效果,对电路的交流输出电阻 $r_o = \Delta U_o / \Delta I_o$ 要进行分析计算。图 4.2 为晶体管恒流源电路的微变等效电路,其中 $R_b = R_{b1} \;/\!/\; R_{b2}$。根据其基极回路和集电极回路分别列回路方程如下:

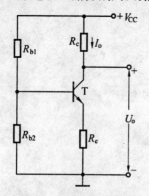

图 4.1　晶体管恒流源电路

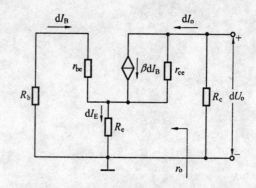

图 4.2　晶体管恒流源电路的微变等效电路

$$\begin{cases} dI_B R_b + dI_B r_{be} + (dI_B + dI_o)R_e = 0 \\ -dU_o + (dI_o - \beta dI_B)r_{ce} + (dI_B + dI_o)R_e = 0 \end{cases}$$

解得

$$dU_o = dI_o \left[r_{ce} + R_e + \frac{R_e}{R_b + r_{be} + R_e}(\beta r_{ce} - R_e) \right]$$

在实际情况中一般有 $r_{ce} \gg R_e$,则有

$$dU_o \approx dI_o\left(r_{ce} + \frac{R_e}{R_b + r_{be} + R_e}\beta r_{ce}\right)$$

所以　　　　　　$$r_o = \frac{dU_o}{dI_o} \approx r_{ce}\left(1 + \frac{\beta R_e}{R_b + r_{be} + R_e}\right) \qquad (4.1)$$

当 $(R_b + r_{be}) \ll R_e$ 时，

$$r_o \approx (1 + \beta)r_{ce} \qquad (4.2)$$

式(4.2)表明，电路的输出交流电阻比晶体管本身的交流输出电阻更大，电路的输出特性将比晶体管输出特性更平坦(见图 4.3)，因而具有更好的恒流特性。

由图 4.3 可见，晶体管恒流源电路的交流输出电阻 $r_o = \Delta u_o / \Delta I_o$ 很高，而直流电阻 $R_o = U_o / I_o$ 却比较小，静态损耗小，是比较理想的恒流源。

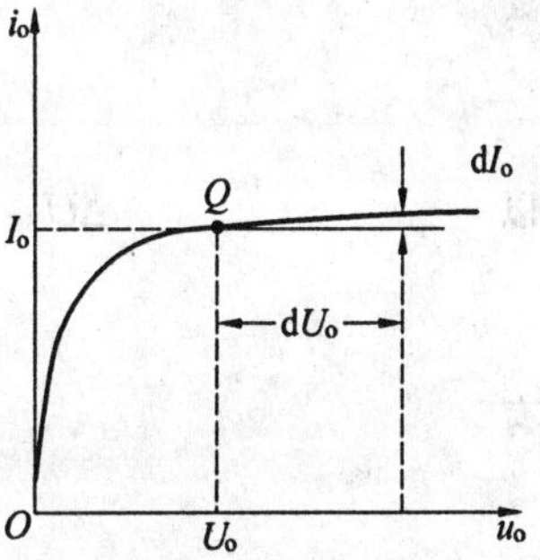

4.1.2　电 流 镜

图 4.4 为电流镜电路，它的特点是 T_1 和 T_2 两管结构完全一样，即 $\beta_1 = \beta_2$。T_1 被接成二极管形式，尽管 T_1 的基极和集电极短接，集电结在零偏情况下靠内电场的作用仍有吸引电子的能力。因此，在 $U_{BE1} = U_{BE2}$ 的条件下，两管的集电极电流相等，若设 $I_{B1} = I_{B2} = I_B$，$U_{BE1} = U_{BE2} = U_{BE}$，$\beta_1 = \beta_2 = \beta$，则有

$$I_{C2} = I_{C1} = I_R - 2I_B = \frac{V_{CC} - U_{BE}}{R} - \frac{2I_{C2}}{\beta}$$

所以　　　　　　$$I_{C2} = \frac{V_{CC} - U_{BE}}{R} \cdot \frac{1}{1 + \dfrac{2}{\beta}}$$

当 $\beta \gg 2$ 时，

$$I_o = I_{C2} \approx \frac{V_{CC} - U_{BE}}{R} = I_R \qquad (4.3)$$

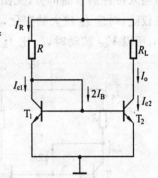

图 4.3　输出特性

图 4.4　电流镜

式(4.3)表明，只要基准电流 I_R 稳定了，输出电流 I_o 也随之稳定。改变 I_R，则 I_o 随之改变，可以把 I_o 看做 I_R 的镜像，故称之为电流镜电路。电路中一般有 $V_{CC} \gg U_{BE}$，故 $I_R \approx V_{CC}/R$，即基准电流仅取决于 V_{CC} 和 R，因而镜像电流 I_o 受环境温度变化的影响小，温度稳定性高，但受电源电压 V_{CC} 变化的影响较大，故该电路对电源 V_{CC} 的稳定性要求较高。

4.1.3　微电流源

电路如图 4.5 所示，与电流镜电路相比，在 T_2 管发射极串有电阻 R_e，显然 $U_{BE2} < U_{BE1}$。因此 $I_o < I_R$，由图 4.5 可知：

$$U_{BE1} = U_{BE2} + I_{E2}R_e$$
$$I_{E2}R_e = U_{BE1} - U_{BE2} = \Delta U_{BE}$$

所以 $\qquad\qquad\qquad\qquad I_{\text{o}} \approx I_{\text{E2}} = \Delta U_{\text{BE}}/R_{\text{e}}$ $\qquad\qquad$ (4.4)

式中，ΔU_{BE} 的值比较小，R_{e} 的阻值不用太大就可以获得微小的工作电流 I_{o}（微安级）。故称为微电流源。此外，R_{e} 具有电流负反馈作用，可以提高 T_2 的输出电阻，其恒流作用更好。

I_{o} 与 I_{R} 的关系根据式(4.4)和二极管电流方程求出。因

$$I_{\text{R}} \approx I_{\text{E1}} \approx I_{\text{S1}} e^{\frac{U_{\text{BE1}}}{U_{\text{T}}}}$$

$$I_{\text{o}} \approx I_{\text{E2}} \approx I_{\text{S2}} e^{\frac{U_{\text{BE2}}}{U_{\text{T}}}}$$

所以 $\qquad \Delta U_{\text{BE}} = U_{\text{BE1}} - U_{\text{BE2}} = U_{\text{T}} \left(\ln \dfrac{I_{\text{R}}}{I_{\text{S1}}} - \ln \dfrac{I_{\text{o}}}{I_{\text{S2}}} \right)$

设 $\qquad\qquad\qquad\qquad I_{\text{S1}} = I_{\text{S2}}$

则有 $\qquad\qquad\qquad I_{\text{o}} = \dfrac{\Delta U_{\text{BE}}}{R_{\text{e}}} = \dfrac{U_{\text{T}}}{R_{\text{e}}} \ln \dfrac{I_{\text{R}}}{I_{\text{o}}}$

即 $\qquad\qquad\qquad\qquad U_{\text{T}} \ln \dfrac{I_{\text{R}}}{I_{\text{o}}} = I_{\text{o}} R_{\text{e}}$ $\qquad\qquad$ (4.5)

微电流源电路在电源电压波动时其输出电流 I_{o} 的稳定性比较好。这是因为 T_1 和 T_2 两管特性相同，因为 $I_{\text{C1}} \gg I_{\text{C2}}$，所以 T_2 管的工作点 Q_2 比 T_1 管工作点 Q_1 低得多，基本工作在输入特性的弯曲部分（见图4.6）。当电源电压 V_{CC} 波动引起 I_{R} 变化时，由于 Q_1 处特性比较陡，对应 I_{R} 较大的变化，而 U_{BE1} 的变化比较小。故 U_{BE2} 的变化使 I_{o} 能产生的变化更小，所以 V_{CC} 波动时，I_{o} 比 I_{R} 要稳定得多。

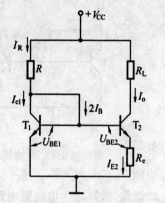

图 4.5　微电流源电路

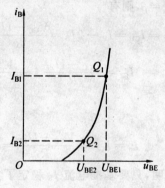

图 4.6　T_1、T_2 管的输入特性

4.1.4　比例恒流源

在电流镜电路的基础上增加两个射极电阻 R_{e1} 和 R_{e2}（见图4.7），则输出电流 I_{o} 与基准电流 I_{R} 成一定的比例关系。由图4.7可知：

$$U_{\text{BE1}} + I_{\text{E1}} R_{\text{e1}} = U_{\text{BE2}} + I_{\text{E2}} R_{\text{e2}}$$

因 $\qquad\qquad I_{\text{E1}} \approx I_{\text{S1}} e^{\frac{U_{\text{BE1}}}{U_{\text{T}}}}, \quad I_{\text{E2}} \approx I_{\text{S2}} e^{\frac{U_{\text{BE2}}}{U_{\text{T}}}}$

在 $I_{\text{S1}} = I_{\text{S2}}$ 时，

$$U_{BE1} - U_{BE2} = U_T \ln \frac{I_{E1}}{I_{E2}} \qquad (4.6)$$

则
$$I_{E2}R_{e2} = I_{E1}R_{e1} + U_T \ln \frac{I_{E1}}{I_{E2}}$$

在常温下，当 $I_{E1} < 10I_{E2}$ 时，一般满足 $I_{E1}R_1 \gg U_T \ln \frac{I_{E1}}{I_{E2}}$，得

$$I_{E2}R_{e2} \approx I_{E1}R_{e1}$$

由于 $I_R \approx I_{C1} \approx I_{E1}$，$I_o = I_{C2} \approx I_{E2}$，则

$$\frac{I_o}{I_R} \approx \frac{R_{e1}}{R_{e2}} \qquad (4.7)$$

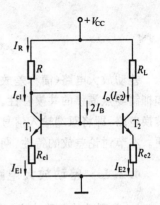

式(4.7) 表明，改变射极电阻 R_{e1} 和 R_{e2} 的比值，就可以改变 I_o 与 I_R 的比值。也就是说该电路中输出电流 I_o 和基准电流 I_R 的比例关系由两射极电阻 R_{e1} 与 R_{e2} 之比值决定，故称其为比例恒流源。

图 4.7　比例恒流源电路

4.1.5　多路恒流源

图 4.8 为多路恒流源电路。这是用一个基准电流 I_R 获得多个恒定电流 I_{o1}，I_{o2}，…，$I_{o(n-1)}$，其原理同比例恒流源。

设 T_1，T_2，…，T_n 特性相同，则各路输出电流为

$$I_{o1} = I_{C1} \frac{R_{e1}}{R_{e2}}, \quad I_{o2} = I_{C1} \frac{R_{e1}}{R_{e3}}, \cdots, I_{o(n-1)} = I_{C1} \frac{R_{e1}}{R_{en}}$$

应当注意：随着多路恒流源路数增加，各晶体管的基极电流 $\sum I_B$ 增加，因而 I_{C1} 与 I_R 之间差值增大（$I_{C1} = I_R - \sum I_B$）。这样一来，各路输出电流与基准电流 I_R 的传输比将出现较大误差。为减少这种偏差可加一级射随器做缓冲级（见图 4.9），各管基流总和折算到射随器基极应减小 $(1+\beta)$ 倍，则

$$I_{C1} = I_R - \frac{\sum I_B}{1+\beta} \qquad (4.8)$$

使各路输出电流与 I_R 之间的传输精度得到了提高。

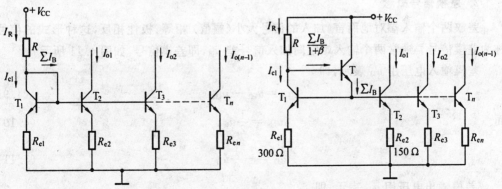

图 4.8　多路恒流源电路　　　　　　图 4.9　多路恒流源电路的改进电路

4.2 差动放大电路

差动放大电路(简称差放)是集成电路中重要的基本单元电路,具有优异的差模特性和抑制零点漂移的共模特性。在电子测量技术中,在电子仪器和医用仪器中常用做信号转换电路,即将双端输入信号转换为单端输出或将单端输入信号转换为双端输出,非常方便。本节讨论差放的特性,期望读者能对差放建立完整的认识和正确概念。

4.2.1 差动放大电路的构成与差模和共模信号概念

1. 典型差放电路构成

差放电路如图4.10所示,由两个共射电路对称组合而成。理想差放要求 T_1 与 T_2 特性相同($\beta_1 = \beta_2$, $r_{be1} = r_{be2}$),$R_{c1} = R_{c2} = R_c$,$R_{b1} = R_{b2} = R_b$。其中 R_b 的作用为 T_1 和 T_2 确定合适的偏流 I_{B1} 和 I_{B2},也是交流信号通路。R_e 的作用同前,稳定 I_E,抑制温漂。带 R_e 的差放也称尾电路,采用双电源形式,可扩大线性放大范围。

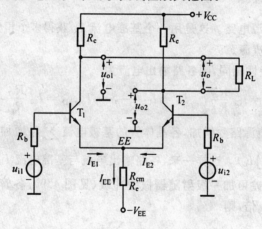

图 4.10　典型差放

2. 差模信号概念

差放两个输入端对地而言,加入的信号大小(幅值)相等,极性相反,这种形式的信号称为差模信号。通常两个输入端之间加入信号差 u_{id},即差模信号,如图 4.11 所示。

差模输入电压用 u_{id} 表示,即

$$u_{id} = u_{id1} - u_{id2} \tag{4.9}$$

而

$$u_{id1} = \frac{1}{2}u_{id} \tag{4.10}$$

$$u_{id2} = -\frac{1}{2}u_{id} \tag{4.11}$$

差模输出电压用 u_{od} 表示,即

$$u_{od} = u_{o1} - u_{o2} \tag{4.12}$$

差模电压放大倍数用 A_{ud} 表示,即

$$A_{ud} = \frac{u_{od}}{u_{id}} = \frac{u_{o1} - u_{o2}}{u_{id}} = \frac{A_1 \frac{1}{2} u_{id} - \left(-A_2 \frac{1}{2} u_{id} \right)}{u_{id}} = A_1 \tag{4.13}$$

式中　　　　　　　　　　　　　　$A_1 = A_2$

式(4.13)表明,双端输出双端输入的差动放大电路电压放大倍数等于半边共射电路的电压放大倍数。

3. 共模信号概念

差放两个输入端对地而言,加入的信号大小(幅值)相等,极性相同,这种形式的信号称为共模信号,如图 4.12 所示。

共模输入电压用 u_{ic} 表示,即

$$u_{ic} = \frac{1}{2} (u_{id1} + u_{id2}) \tag{4.14}$$

共模输出电压用 u_{oc} 表示,即

$$u_{oc} = \frac{1}{2} (u_{o1} + u_{o2}) \tag{4.15}$$

共模电压放大倍数用 A_{uc} 表示,即

$$A_{uc} = \frac{u_{oc}}{u_{ic}} \tag{4.16}$$

由式(4.9)和式(4.14)可解得

$$\begin{cases} u_{id1} = \frac{1}{2} u_{id} + u_{ic} & (4.17) \\ u_{id2} = -\frac{1}{2} u_{id} + u_{ic} & (4.18) \end{cases}$$

根据上面两式可将图 4.10 等效为图 4.13。图中表示差模和共模信号是共存的。

同理由式(4.12)和式(4.15)可解得

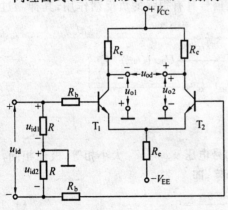

图 4.11　差模信号　　　　　　　　　　图 4.12　共模信号

$$u_{o1} = \frac{1}{2}u_{od} + u_{oc} \qquad (4.19)$$

$$u_{o2} = -\frac{1}{2}u_{od} + u_{oc} \qquad (4.20)$$

4. 差放的输入和输出方式

在图 4.10 和图 4.13 所示电路中，若 $u_{id1} \neq 0, u_{id2} \neq 0$，称为双端输入。若 $u_{id1} \neq 0, u_{id2} = 0$，称为单端输入，其 $u_{id} = u_{id1} - u_{id2} = u_{id1}$，在图 4.13 中，$\frac{1}{2}u_{id} = \frac{1}{2}u_{id1}$，$-\frac{1}{2}u_{id} = -\frac{1}{2}u_{id1}$。而共模输入为 $u_{ic} = \frac{1}{2}(u_{id1} + u_{id2}) =$

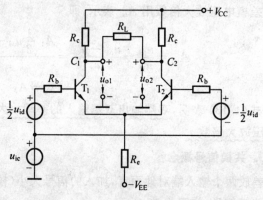

图 4.13　差模和共模输入状态

$\frac{1}{2}u_{id1}$。可见单端输入的差模和共模输入状态如图 4.13 所示。这说明单端和双端输入的差模和共模特性及其分析是相同的。

差放的输出有双端和单端方式，其差模和共模特性及其分析有明显区别。

4.2.2　差放抑制温漂原理

1. 发射极电阻 R_e 的作用

在分压式稳定工作点电路中，已讨论过 R_e 的作用，这里再重述其原理。在图 4.11 中，设 $u_{id} = 0$，当温度变化时，通过 R_e 引入很强的负反馈（反馈概念见第 5 章）作用，能自动控制 I_E 不随温度变化而变化（即 I_E 不变），其稳定过程如下：

$$T \uparrow \rightarrow I_{E1}(I_{E2}) \uparrow \xrightarrow{\text{因}V_{EE}\text{不变}} U_{BE1}(U_{BE2}) \downarrow$$
$$I_{E1}(I_{E2}) \downarrow \leftarrow I_{B1}(I_{B2}) \downarrow \leftarrow$$

当加入共模信号时（见图 4.12），R_e 对共模信号具有很强的负反馈作用，其抑制过程如下：

$$U_{ic} \uparrow \rightarrow I_{E1C}(I_{E2C}) \uparrow \rightarrow U_{Re} \uparrow \xrightarrow{\text{因}V_{EE}\text{不变}} U_{BE1}(U_{BE2}) \downarrow$$
$$I_{E1C}(I_{E2C}) \downarrow \leftarrow I_{B1}(I_{B2}) \downarrow \leftarrow$$

故 R_e 又称共模抑制电阻，用 R_{cm} 表示。

2. 共模信号输出端取差 Δu_{oc} 抑制法

当输入端加共模信号时，两个输出端对地信号电压 u_{o1} 与 u_{o2} 大小相等，极性相同，当输出端取差时，u_{oc} 为零，其共模电压放大倍数为零，即

$$A_{uc} = \frac{u_{oc}}{u_{ic}} = \frac{u_{o1} - u_{o2}}{u_{ic}} = 0 \qquad (4.21)$$

式(4.21)说明，理想差放对共模信号没有放大能力，完全被抑制到最小限度。实际上 $A_{uc} \neq 0$。

　　环境温度变化产生的温度漂移,折算到输入端,就相当于在输入端引入了共模信号,或者说温度变化对电路的影响可以用共模信号来模拟(等效),这样,采用差放输出端取差的方式,完全可以消除温漂的影响($A_{uc}=0$),电路不会有零点漂移。这就是理想对称差放抑制温漂的工作原理。正因为如此,差放在各种模拟集成电路中做输入级或级联获得广泛应用。

3. 共模抑制比 K_{CMR}

　　差放是很难做到完全对称的,$R_e \neq \infty$,故 $A_{uc} \neq 0$。因此,零点漂移不能完全被克服,但将受到很大的抑制,并希望对共模信号抑制能力越强越好。实际应用中,为了衡量差放抑制共模能力(抑制零漂能力),特定了一项技术指标,即称做共模抑制比,用 K_{CMR} 表示,定义为差模电压放大倍数 A_{ud} 与共模电压放大倍数 A_{uc} 之比,即

$$K_{CMR} = \left| \frac{A_{ud}}{A_{uc}} \right| \tag{4.22}$$

或

$$K_{CMR} = 20\lg \left| \frac{A_{ud}}{A_{uc}} \right| \tag{4.23}$$

　　式(4.23)表明,希望此项指标越大越好,说明差放抑制零漂效果越强。

4.2.3　差放的静态分析

1. 典型差放静态计算

　　电路如图 4.10 所示,静态时,$u_{i1}=u_{i2}=0$,因电路完全对称,则 $\beta_1=\beta_2=\beta$,$R_{c1}=R_{c2}=R_c$,$R_{b1}=R_{b2}=R_b$,必然有 $U_{BE1}=U_{BE2}=U_{BE}$,$I_{E1}=I_{E2}=I_E$,$I_{C1}=I_{C2}=I_C$,$I_{B1}=I_{B2}=I_B$,$U_{CE1}=U_{CE2}=U_{CE}$。

　　由 $-V_{EE}$ 回路列方程可求 I_E,即

$$V_{EE} = I_B R_b + U_{BE} + 2I_E R_e \tag{4.24}$$

　　通常 $\beta \gg 1$,$U_{BE} \ll V_{EE}$,$I_B R_b \ll V_{EE}$,$I_B R_b \ll I_E R_e$,则

$$I_E \approx \frac{V_{EE}}{2R_e} \tag{4.25}$$

$$I_E \approx I_C$$

$$I_B = \frac{I_C}{\beta} \tag{4.26}$$

$$U_{CE} = V_{CC} - (-V_{EE}) - I_C R_c - 2I_E R_e \approx 2V_{CC} - I_E(R_c + 2R_e) \tag{4.27}$$

或

$$U_{C1} = U_{C2} = V_{CC} - I_C R_c \tag{4.28}$$

　　R_e 越大,共模负反馈作用越强,I_E 越稳定,但 R_e 过大时,I_C 将很小,电压放大倍数减小。因此 R_e 不易过大。采用恒流源电路取代 R_e,可克服上述缺点,是比较理想的实际应用电路。

2. 恒流源偏置的差放静态计算

　　电路如图 4.14(a) 所示,简化图如图 4.14(b) 所示。由图可知,恒流源为电流镜,故

$$I_{C3} = 2I_E = I_R \approx \frac{V_{EE} - U_{BE}}{R} \tag{4.29}$$

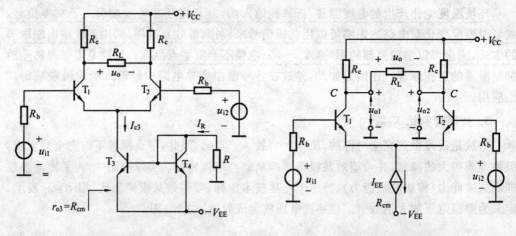

(a)恒流源偏置的差放　　　　　　　　(b) 恒流源差放简化图

图 4.14　恒流源差放

则

$$I_E = \frac{I_R}{2} \approx I_C \tag{4.30}$$

$$I_B = \frac{I_C}{\beta}$$

$$U_{C1} = U_{C2} = V_{CC} - I_C R_c \tag{4.31}$$

　　恒流源的直流电阻小,交流电阻 r_{o3} 很大,在同样的 I_{c3} 下,$r_{o3} \gg R_e$,故 r_{o3} 也用 R_{cm} 表示,具有很强的共模抑制作用。

4.2.4　差放的动态分析

1. 差模特性

(1) 双端输入 — 双端输出

电路如图 4.11 所示,画出差模交流等效电路如图 4.15 所示。因输入端加差模信号,R_e 上的信号电流方向相反,无信号压降,故 R_e 对差模信号可视为短路。负载电阻 R_L 接于两管集电极之间,两端电压变化方向相反,中点电压不变,相当于公共端(等效地),故将 R_L 分为相等的两个部分,对 T_1、T_2 各取 $\frac{1}{2}R_L$,如图 4.15 所示。由式(4.13)可

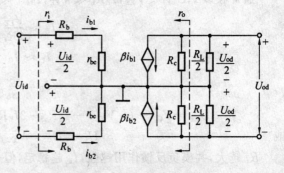

图 4.15　差模等效电路

知差放双端输出的差模电压放大倍数 A_{ud} 与单管共射电路的电压放大倍数 A_1 相同,由图 4.15 可得

$$A_{ud} = \frac{u_{od}}{u_{id}} = \frac{\frac{1}{2}u_{od}}{\frac{1}{2}u_{id}} = -\frac{\beta R'_L}{R_b + r_{be}} \tag{4.32}$$

式中
$$R'_L = R_C \mathbin{/\!/} \frac{1}{2}R_L$$

差模输入电阻 r_{id} 为
$$r_{id} = 2(R_b + r_{be}) \tag{4.33}$$

差模输出电阻 r_{od} 为
$$r_{od} = 2R_C \tag{4.34}$$

(2) 双端输入－单端输出

差放单端输出时,负载 R_L 单端接地,$u_{od} = u_{o1}$,差模电压放大倍数为
$$A_{ud} = \frac{u_{od}}{u_{id}} = \frac{u_{o1}}{2u_{i1}} = -\frac{\beta R'_L}{2(R_b + r_{be})} \tag{4.35}$$

式中
$$R'_L = R_C \mathbin{/\!/} R_L$$

差模输入电阻 r_{id} 为
$$r_{id} = 2(R_b + r_{be}) \tag{4.36}$$

差模输出电阻 r_{od} 为
$$r_{od} \approx R_C \tag{4.37}$$

(3) 单端输入

交流等效电路如图 4.16 所示,R_e 足够大,利用信号分解的方法,得到在 u_{id} 作用下,R_e 上的压降为 $\frac{1}{2}u_{id}$,这样,T_1、T_2 的发射结上分别得到 $\frac{1}{2}u_{id}$,而极性相反,相当于双端差模输入的效果。因此,分析单端输入差模特性其结果与双端输入差模特性完全相同,这里不再赘述。

2. 共模特性

将图 4.12 共模电路画出微变等效电路如图 4.17 所示。电路理想对称,加在 T_1 和 T_2 的共模信号 u_{ic} 大小相等,极性相同。流过 R_e 上的总的共模信号电流为 $2I_e$,在画单管回路时,为了保持 R_e 上电压不变,故发射极电阻折算为 $2R_e$。在 u_{ic} 作用下,$u_{o1} = u_{o2}$,极性相同,R_L 中共模信号电流为零,相当 R_L 开路。下面计算共模参数。

(1) 双端输出共模电压放大倍数为
$$A_{uc} = \frac{u_{oc}}{u_{ic}} = \frac{u_{o1} - u_{o2}}{u_{ic}} = 0 \tag{4.38}$$

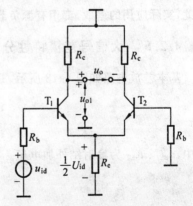

图 4.16　单端输入差放交流通路

式(4.38)结果为零,说明对共模信号无放大能力,抑制温漂效果最强。实际上 $A_{uc} \neq 0$,希望越小越好。

(2) 单端输出共模电压放大倍数为

$$A_{uc} = \frac{u_{o1}}{u_{ic}} = -\frac{\beta R'_L}{R_b + r_{be} + 2(1 + \beta)R_e}$$

式中，$R'_L = R_c /\!/ R_L$，当$(R_b + r_{be}) \ll 2(1 + \beta)R_e$ 时，则

$$A_{uc} \approx -\frac{R'_L}{2R_e} \qquad (4.39)$$

式中，R_e 对共模信号有很强的负反馈作用，而对差模信号无负反馈作用，故称 R_e 为共模抑制电阻。R_e 越大，A_{uc} 越小，说明对共模干扰的抑制能力越强。采用恒流源负载代替 R_e，可获得很大的共模抑制电阻，即用恒流源的交流电阻取代 R_e。

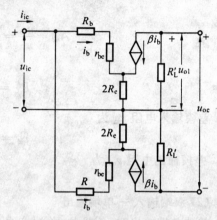

图 4.17　共模等效电路

（3）共模输入电阻

$$r_{ic} = \frac{u_{ic}}{I_{ic}} = \frac{u_{ic}}{2I_B} = \frac{1}{2}[R_b + r_{be} + 2(1 + \beta)R_e] \approx \beta R_e \qquad (4.40)$$

（4）共模抑制比 K_{CMR}

双端输入－双端输出的差放，K_{CMR} 为

$$K_{CMR} = \left| \frac{A_{ud}}{A_{uc}} \right| = \infty \qquad (4.41)$$

单端输入－单端输出的差放，K_{CMR} 为

$$K_{CMR} = \left| \frac{A_{ud}}{A_{uc}} \right| = \frac{-\dfrac{\beta R'_L}{2(R_b + r_{be})}}{-\dfrac{R'_L}{2R_e}} = \frac{\beta R_e}{R_b + r_{be}} \qquad (4.42)$$

式中，R_e 越大，K_{CMR} 越大，说明共模抑制能力越强。增大 R_e 是提高 K_{CMR} 最有效的手段。因此，实际应用的差放，都用有源负载代替 R_e。

4.2.5　大信号差模特性分析

基本差放电路如图 4.18 所示，T_1 与 T_2 理想匹配，则

$$i_{c1} \approx i_{E1} = I_S e^{\frac{u_{BE1}}{U_T}}$$

$$i_{c2} \approx i_{E2} = I_S e^{\frac{u_{BE2}}{U_T}}$$

式中，u_{BE1}、u_{BE2} 为发射结外加电压。由上两式相除得

$$\frac{i_{c1}}{i_{c2}} = e^{\frac{u_{BE1} - u_{BE2}}{U_T}} \qquad (4.43)$$

而

$$i_{c1} + i_{c2} = I_{EE} \qquad (4.44)$$

$$u_{id} = u_{BE1} - u_{BE2} \qquad (4.45)$$

由式（4.43）～式（4.45）联立求解，得

$$i_{c1} = \frac{I_{EE}}{1 + e^{-\frac{u_{id}}{U_T}}} \qquad (4.46)$$

$$i_{c2} = \frac{I_{EE}}{1 + e^{\frac{u_{id}}{U_T}}} \tag{4.47}$$

上两式为每个管输出电流与差模输入电压 u_{id} 的传输特性方程。用总电流 i_c 做纵坐标,用 u_{id} 做横坐标,可画出大信号差模特性曲线如图 4.19 所示。由式(4.46)和式(4.47)的结果可知以下特点。

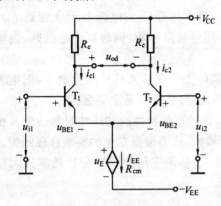

图 4.18 基本差放电路

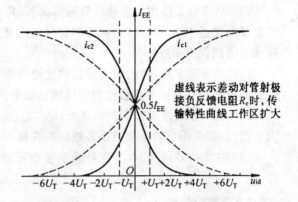

图 4.19 大信号差模特性曲线

(1) 当 $u_{id} = 0$ 时,$i_{c1} = i_{c2} = I_{C1} = I_{C2} = \frac{I_{EE}}{2}$。

(2) 曲线 $i_{c1} = f(u_{id})$ 和 $i_{c2} = f(u_{id})$ 以纵轴对称,不论 u_{id} 的大小和极性如何,$i_{c1} + i_{c2} \equiv I_{EE}$。

(3) 线性差模输入电压的动态范围为

$$-U_T \sim +U_T (52 \text{ mV})$$

(4) 曲线斜率为 $g_m = \dfrac{\mathrm{d}i_c}{\mathrm{d}u_{id}}$ 是传输跨导。在 $u_{id} = 0$ 时最大,单端输出时的 g_{mSmax} 为

$$g_{mSmax} = \frac{\mathrm{d}i_{c1}}{\mathrm{d}u_{id}} = \frac{i_{c1}}{u_{id}} = \frac{I_{EE} e^{\frac{-u_{id}}{U_T}}}{U_T (1 + e^{\frac{-u_{id}}{U_T}})^2} = \frac{1}{4} \cdot \frac{I_{EE}}{U_T} = \frac{1}{2r_e}$$

双端输出时的最大传输跨导 g_{mBmax} 为

$$g_{mBmax} = 2g_{mSmax} = \frac{I_{E1}}{U_T} = \frac{1}{r_e} \tag{4.48}$$

式(4.48)说明,差放双端输出时的最大传输跨导等于单管共射电路的跨导 g_m,改变 $I_{EE}(I_{E1})$ 就可改变跨导 g_m。在后边遇到的所谓"变跨导"电路,即源于此。

(5) 当 u_{id} 为大信号时,u_{id} 超过 $4U_T \approx 100 \text{ mV}$ 以后,差放具有良好的限幅特性。

4.3 功率放大电路

集成电路的末级通常要带动一定的负载,例如使扬声器发声,推动电机旋转等,这就要求最后一级电路能输出一定的功率,把为负载提供功率的电路通常称为功率放大电路(简称功放)。本节把乙类推挽电路作为集成电路基本单元进行讨论和参数估算。

4.3.1　功率放大电路的特点与分类

1. 功放的特点

（1）在输出信号波形不失真的情况下，要求输出功率尽量大，输出信号不仅电压幅度大，而且电流幅度也要大。

（2）功率管工作在大信号极限运用状态，其 u_{CE} 最大接近 U_{CM}，电流 I_C 最大接近 I_{CM}，管耗最大接近 P_{CM}。因此，选择功率管时要注意不超过极限参数，同时要考虑散热、过电压和过电流保护措施。

（3）要求效率高，功放向负载提供交流功率，实际上是在输入信号的控制下，把电源提供的直流功率转换为负载上的交流输出功率。因此，转换效率是重要指标。

（4）要求非线性失真小。功率大，动态范围大，由功率管特性的非线性引起的失真也大。因此，提高输出功率与减小非线性失真是有矛盾的，这要根据二者的要求合理解决。

（5）在大信号情况下，小信号线性模型不适用了，必须应用图解法分析功率放大电路。

2. 功放的分类

（1）甲类（A 类）

小功率情况，用共射或共集电路做功放，输入信号在整个周期内都有电流流过功率管，这种工作方式称为甲类功放。其功率管的工作时间，即导通角为 $360°(2\pi)$。甲类功放无信号时也要消耗电源功率，其效率低，最高也只能达 $25\% \sim 50\%$。

（2）乙类（B 类）

为了提高效率，采用互补推挽电路，其特点是零偏置（$I_B = 0$），有信号时工作，无信号时不工作，这样直流功率损耗小。功率管半个周期工作，导通角为 $180°$，这种工作方式称为乙类功放。其缺点是需要信号给功率管提供开启电压，对信号电压有小的损耗，造成失真。其效率较高，可达 78.5%。

（3）甲乙类（AB 类）

为了克服乙类功放的缺点，在乙类功放中设置开启偏置电压，使静态点设置在临界开启状态，信号来到即工作。这种工作方式称甲乙类功放，其导通角大于 π。因静态偏置电流很小，在输出功率、功耗和效率等性能上与乙类十分相近，故分析方法与乙类相同。

（4）丙类（C 类）

功放管工作时间，即导通角小于 π，这种电路称丙类功放，多用于高频发射电路。

（5）丁类（D 类）

功率管工作在开关状态，这种工作方式称 D 类功放。D 类功放将音频信号转为宽度随信号幅度变化的高频脉冲，控制功率管以相应的频率饱和导通或截止，功放管输出的信号经低通滤波器驱动扬声器发声。功率管处于开关状态，功率损耗小，效率可达 90% 以上，不存在交越失真，是新型的高效率的功率放大器。

4.3.2 互补推挽功放的工作原理

1. 互补推挽功率放大器的引出

图 4.20(a) 所示电路为射随器,其特点是输出电阻最小,带负载能力最强,适合做功率输出级。但是,它并不能满足对功率放大器的要求,因为它的静态电流较大,所以管耗和 R_e 上的损耗都较大,致使能量转换效率较低。为了提高效率,必须将晶体管的静态工

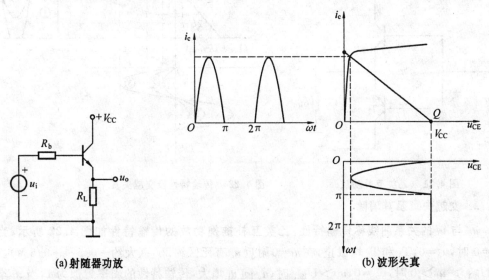

(a) 射随器功放   (b) 波形失真

图 4.20 互补功放引出

作点设置在截止区,即零偏置,$I_B = 0$,$I_C = 0$,如图 4.20(b) 所示。静态时电路不工作,静态损耗为零。在动态时,随着输入信号的幅值增加,有输出电压 u_o,直流电源提供的功率也会相应增大,从而克服了射随器的效率低的缺点。从图 4.20(b) 的曲线上可知,静态工作点设在横轴上,由 V_{CC} 确定,当有输入信号 u_i 时,正半周晶体管导通,其集电极电流随输入信号 u_i 的变化而变化,在负载 R_L 上产生输出电压 u_o。当 u_i 为负半周时晶体管截止,不工作。所以对输入信号 u_i 的一个周期内,输出电压只有半个周期波形。造成了输出波形严重截止失真(见图 4.20(b))。为了补上被截掉的半个周期的输出波形,可用 PNP 管组成极性相反的射随器对负半周信号进行放大。这样,两个极性相反的射随器互补组合就构成乙类推挽功放,如图 4.21 所示。下边讨论其工作原理。

2. 乙类推挽功放工作原理

在图 4.21 电路中,$u_i = 0$ 时,T_1 与 T_2 截止,不工作,无损耗。当输入正弦波信号,u_i 正半周时,T_1 导通,T_2 截止,负载电阻 R_L 上有正向电流流过,$u_o \approx u_i$(正向跟随);u_i 负半周时,T_1 截止,T_2 导通,负载电阻 R_L 上有自下而上的电流通过,$u_o = -u_i$(负向跟随)。总之,对应于输入信号 u_i 的一个周期,输出电流 i_o 的正半个周期是 i_1,而负半个周期为 i_2,因此合成为一个完整的正弦波形,克服了只用一个 NPN 管组成的电路所产生的截止失真现象。从上述的工作过程可知,T_1 和 T_2 交替工作,称为推挽。在 u_i 为正弦时,u_o 也为正弦,是因为不同极性的 T_1 和 T_2 互相补偿,故称为互补。该电路总称为乙类互补推挽功率放

大器。用双电源,直接带负载的互补功放又称为 OCL 功放。用单电源、输出端通过电容接负载的互补功放称为 OTL 功放。

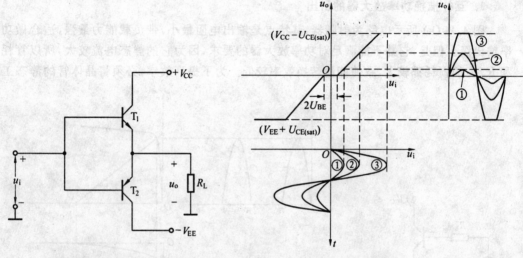

图 4.21　乙类互补功放　　　　图 4.22　传输特性及交越失真

3. 交越失真及其消除

u_o 与 u_i 的关系曲线称传输特性,乙类互补推挽功放的传输特性如图 4.22 所示,当 $u_i = 0$ 时,$u_o = 0$,T_1 和 T_2 均截止,在 $u_i = 0$ 附近 u_o 有死区约 $2U_{BE}$(大约 $-0.5 \sim +0.5$ V)。当 $U_{BE1} > u_i > 0$ 时,$u_o = 0$,$u_i > U_{BE1}$ 时,u_o 随 u_i 增大,传输特性的斜率近似为 1,当 u_i 增大到 T_1 饱和时,产生饱和失真。当 $u_i < 0$ 时,与上述情况相反。

在 $u_i = 0$ 附近($\pm U_{BE}$)造成输出 u_o 波形不连续且产生失真,称"交越失真",如图 4.22 中输出波形 ① 所示。

产生交越失真对输入信号是有害的,必须减小或消除。常用的办法是为 T_1 和 T_2 提供(设置)开启电压,使其处于临界导通状态,如图 4.23 所示。

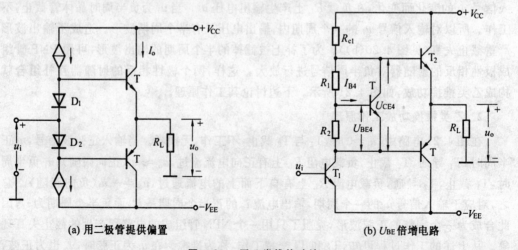

(a) 用二极管提供偏置　　　　　　　　(b) U_{BE} 倍增电路

图 4.23　甲乙类推挽功放

　　图中二极管 D_1、D_2 的支路就是 T_1、T_2 管的静态偏置电路,它为两管提供一个较小的静态电流,即偏置电压略大于两管开启电压之和。静态时,由于两管静态电流相等,所以流入负载的静态输出电流为零,静态输出电压也为零。动态时,由于二极管的动态电阻很小,所以 D_1 和 D_2 交流电压降很小,即 T_1 和 T_2 管的基极对交流信号而言可看做等电位。因此,有输入信号时,可以认为加到 T_1、T_2 管基极的信号电压基本相等。

　　由于偏置电压的设置,在输入信号作用下,两个晶体管均在大于半个周期内导通。用图解法可以得出在正弦输入电压 u_i 作用下,负载电流 $i_o = i_{c1} - i_{c2}$,显然,交越失真基本上消除了。总之,只要给功率管设置较小的偏置电压,使它们处于临界导通状态,便可达到改善交越失真的目的。

　　经过改进的乙类功放,其功率管的导通角 $> 180°$,故称甲乙类互补推挽功率放大器。因偏流很小,故仍按乙类电路处理。

　　图 4.23(b) 用倍增电路取代二极管,其 $U_{CE4} = \dfrac{U_{BE4}(R_1 + R_2)}{R_2}$,调整电阻可满足偏置电压需要,在集成功放中是一种常用电路。

4.3.3　达林顿组态(复合管)

　　在功放输出级常采用复合管方式,以提高电流放大倍数,常见的组态如图 4.24 所示。T_1 与 T_2 复合后等效为一个晶体管,其特点是:① 复合后电流放大倍数 $\beta \approx \beta_1\beta_2$;② 输入电阻 $r_{be} \approx r_{be1} + (1+\beta_1)r_{be2}$;③ 三个等效电极由 T_1 决定;④ T_1 和 T_2 功率不同时,T_2 为大功率,可组合成大功率管。

　　复合管是达林顿提出的,故称达林顿组态。

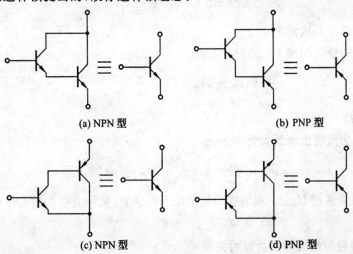

(a) NPN 型　　　　　　　　　(b) PNP 型

(c) NPN 型　　　　　　　　　(d) PNP 型

图 4.24　复合管的几种接法

4.3.4　功率放大电路主要参数估算

　　乙类推挽功放的组合特性如图 4.25 所示。T_2 与 T_1 极性相反,且对称,将 T_2 管的特性曲线倒置在 T_1 管的右下方,并令在 Q 点处重合,这样就构成 T_1 和 T_2 合成的输出特性曲线。负载线斜率相同,衔接之后为一条直线,可画出 i_c 和 u_o 的波形变化范围,一目了然。显然 $i_c(i_{c1}-i_{c2})$ 的最大变化范围为 $2I_{CM}$,u_{CE} 的最大变化范围为 $2(V_{CC}-U_{CE(sat)})\approx2V_{CC}$。由组合特性曲线图可进行参数估算。

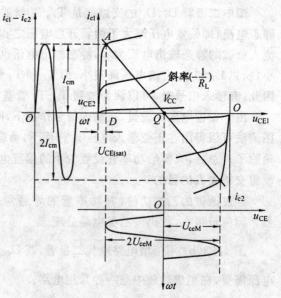

图 4.25　乙类推挽功放的组合特性

1. 输出功率 P_o

输出功率定义为输出电压和电流有效值之积,即

$$P_o=I_o U_o \qquad (4.49)$$

最大不失真输出功率 P_{omax} 为

$$P_{omax}=\frac{U_{CEM}}{\sqrt{2}}\cdot\frac{I_{CM}}{\sqrt{2}}\approx\frac{V_{CC}^2}{2R_L} \qquad (4.50)$$

式中,I_{CM} 和 U_{CEM} 可分别用图 4.25 中的 AD 和 DQ 表示,三角形 ADQ 的面积即代表 P_{omax},故称 $\triangle ADQ$ 为功率三角形。

2. 直流电源供给功率 P_V

由图 4.25 可知,i_{c1} 和 i_{c2} 为瞬时电流波形,而单电源供给的平均电流为

$$\bar{I}=\frac{1}{T}\int_0^T i_c(t)\mathrm{d}t=\frac{1}{\pi}\frac{U_{om}}{R_L} \qquad (4.51)$$

双电源供给的总平均电流为 $2\bar{I}$。

电源供给的最大功率 P_{Vmax} 为

$$P_{Vmax}=2\bar{I}_{max}\cdot V_{CC}\approx2\frac{V_{CC}^2}{\pi R_L} \qquad (4.52)$$

3. 效率 η

乙类推挽功放输出级最大效率为

$$\eta_{max}=\frac{P_{omax}}{P_{Vmax}}=\frac{V_{CC}^2}{2R_L}\bigg/\frac{2V_{CC}^2}{\pi R_L}\approx\frac{\pi}{4}\approx78.5\%$$

上式结果是忽略 $U_{CE(sat)}$ 和偏置损耗情况下得到的,实际上甲乙类工作状态比估算结果还要小些。

4. 最大管耗与最大输出功率的关系

(1) 单管平均管耗 P_{T1}

两管交替工作,状态相同,只要求出单管的损耗,就可求出总的管耗。设 $u_o=U_{om}\sin\omega t$,则 T_1 管的功耗 P_{T1} 为

$$P_{T1}=\frac{1}{2\pi}\int_0^\pi(V_{CC}-u_o)\frac{u_o}{R_L}\mathrm{d}(\omega t)=\frac{1}{2\pi}\int_0^\pi\left[(V_{CC}-U_{om}\sin\omega t)\cdot\frac{U_{om}}{R_L}\sin\omega t\right]\mathrm{d}(\omega t)=$$

$$\frac{1}{2\pi}\int_0^\pi\left[\frac{V_{CC}U_{om}}{R_L}\sin\omega t-\frac{U_{om}^2}{R_L}\sin^2\omega t\right]d(\omega t)=$$

$$\frac{1}{R_L}\left(\frac{V_{CC}U_{om}}{\pi}-\frac{U_{om}^2}{4}\right)=\frac{V_{CC}}{\pi}I_{om}-\frac{1}{4}I_{om}^2R_L \tag{4.53}$$

当 $U_{om}\approx V_{CC}$ 时,则

$$P_{T1}=\frac{1}{R_L}\left(\frac{V_{CC}^2}{\pi}-\frac{V_{CC}^2}{4}\right)=\frac{4-\pi}{4\pi}\frac{V_{CC}^2}{R_L} \tag{4.54}$$

(2) 最大管耗 P_{T1max}

式(4.54)给出的 P_{T1} 不是最大的,管耗最大发生在何时? 其值多大? 只有通过求极值方法求解,由式(4.53)通过 P_{T1} 对 U_{om} 求导数,并令其导数等于零。即

$$\frac{dP_{T1}}{dU_{om}}=\frac{1}{R_L}\left(\frac{V_{CC}}{\pi}-\frac{U_{om}}{2}\right)=0$$

则有

$$U_{om}=\frac{2V_{CC}}{\pi}\approx0.63V_{CC} \tag{4.55}$$

即 $U_{om}=0.63V_{CC}$ 时管耗最大,将式(4.55)代入式(4.54)得

$$P_{T1max}=\frac{1}{R_L}\left(\frac{2V_{CC}^2}{\pi^2}-\frac{V_{CC}^2}{\pi^2}\right)=\frac{V_{CC}^2}{\pi^2R_L}\approx0.1\frac{V_{CC}^2}{R_L} \tag{4.56}$$

在设计功放时,式(4.56)是选用功率管的依据之一。

(3) 最大管耗与最大输出功率的关系

由上述分析结果可得

$$\frac{P_{T1max}}{P_{omax}}=\frac{0.1\dfrac{V_{CC}^2}{R_L}}{\dfrac{V_{CC}^2}{2R_L}}=0.2$$

即

$$P_{T1max}=0.2P_{omax} \tag{4.57}$$

式(4.57)常用来作为互补推挽功放选管的依据。例如,要求乙类互补推挽电路输出功率为 10 W,则只要选用两只管耗大于 2 W 的功率管即可安全工作。

(4) 最大可能管耗 P_{cmax}

上述对管耗的分析,对一切非直接耦合功放,对低频为几 Hz 的直接耦合功放,都是适用的。但是对放大变化极为缓慢信号的直接耦合功放,或在自动控制系统中使用的集成功放来说,还存在着一个比式(4.57)所示结果更大的管耗,把它称为最大可能功耗 P_{cmax}。

当 $u_i=0$ 时,$u_o=0$,$u_{CE1}=V_{CC}$;当 $u_i>0$ 时,$u_o>0$,$u_{CE1}<V_{CC}$;T_1 饱和时,$I_{cm}\approx\dfrac{V_{CC}}{R_L}$。

当 $u_i<0$ 时,$u_o<0$,$u_{CE1}>V_{CC}$;当 T_2 饱和时,$u_{CE1}=2V_{CC}-u_{CE(sat)}$。于是可作出如图4.26所示的负载线。

因 $u_{CE}=V_{CC}-i_cR_L$,故单管 T_1 的瞬时功耗为

$$P_C=u_{CE}\cdot i_c=(V_{CC}-i_cR_L)\cdot i_c=V_{CC}i_c-i_c^2R_L \tag{4.58}$$

由式(4.58)求 P_C 对 i_c 的微分,并令其等于零,则可得最大可能功耗 P_{cmax} 的条件为

$$i_c=\frac{V_{CC}}{2R_L} \tag{4.59}$$

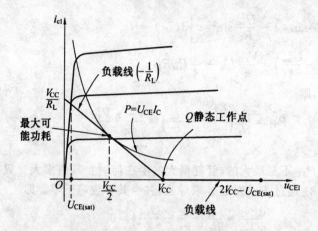

图 4.26　最大可能功耗

将式(4.59)代入式(4.60)得

$$P_{\text{cmax}} = \frac{V_{\text{CC}}^2}{2R_{\text{L}}} - \frac{V_{\text{CC}}^2}{4R_{\text{L}}} = \frac{V_{\text{CC}}^2}{4R_{\text{L}}} \tag{4.60}$$

可建立 P_{cmax} 与 P_{omax} 的关系为

$$P_{\text{cmax}} = 0.5 P_{\text{omax}} \tag{4.61}$$

式(4.61)表明,单管最大可能功耗是 P_{omax} 之半,发生在图 4.26 所示负载线中点,该点负载线正好与功耗双曲线相切。当直接耦合功放或集成功放在放大变化极为缓慢信号时,末级推挽功率管在 $i_{\text{c}} = \dfrac{V_{\text{CC}}}{2R_{\text{L}}}$ 时,将会有最大可能管耗 P_{cmax}。

4.3.5　实际乙类推挽功放

图 4.27(a)所示电路为 100 W 高性能音频集成功放的互补输出级电路。图 4.27(b)为 140 W 音频集成功放输出级电路。输出电流分别为 6 A 和 16 A,功率管采用复合管方式,称为准互补推挽电路。该电路管耗大,T_2 与 T_5 的结温高,必须加散热片,但结温上升会使 I_{CBO} 猛增,I_{CEO} 更猛增加,会产生恶性循环,将会烧毁管子,因此在 T_1 和 T_4 射极各接一个 200 Ω 泄放电阻,为 I_{CBO} 泄放提供通路,使 T_2 和 T_5 的 I_{CEO} 不致增加。泄放电阻在大功率电路中是不可缺少的。R_4 和 R_5 为保护电阻,当 $i_{\text{c}2}$ 和 $i_{\text{c}5}$ 增大时,在 R_4 和 R_5 上产生压降增加,自动调节 $U_{\text{BE}2}$ 和 $U_{\text{BE}5}$ 下降不至于过大,起到保护作用。

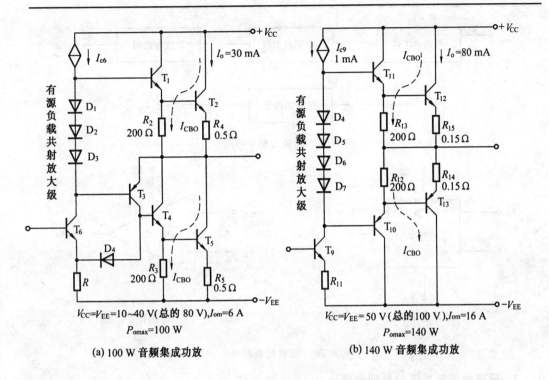

(a) 100 W 音频集成功放　　　　　　　　　　　(b) 140 W 音频集成功放

图 4.27　大功率乙类推挽功放

4.4　集成运算放大器

集成运算放大器(简称运放)从 1965 年问世至今,发展很快。随着集成电路新工艺、新技术的发展,运放的新品种层出不穷,其技术指标令人叹为观止。如超高精度 OP —177,在 $-55 \sim +125$℃ 内温漂 $\leqslant 0.03~\mu V/$℃,在 1 000 h 内的时漂 $\leqslant 0.2~\mu V$;超低噪声运放 LT1028,在带宽 $0.1 \sim 10~Hz$ 内的等效输入噪声电压低到 $e_{np-p} \leqslant 35~nV$,超高速运放 AD9610 的转换速率 $S_R \geqslant 3~500~V/\mu s$。各种功能的运放都应有尽有,朝着理想境界发展,可广泛应用。本节对运放内部电路只作简单介绍,供使用者了解,其外特性及应用是重点分析内容,必须掌握。

4.4.1　运放原理电路简介

各种功能的运放只是在某一个或几个技术指标优良,尽管电路形式不同,其总体结构及工作原理基本上是相同的。

1. 运放的方框图

运放的方框图如图 4.28 所示,由差动输入级、中间放大级、功放输出级和恒流源偏置电路等组成。运放的代表符号如图 4.29 所示,有两个输入端,"+"号端为同相输入端,"—"号端为反相输入端,有一个输出端。输出信号电压 u_o 与输入信号电压的相位关系是:由同相端加信号 u_i,其输出 u_o 与 u_i 同相;由反相端加信号 u_i,其输出 u_o 与 u_i 反相。

图 4.28　运放方框示意图

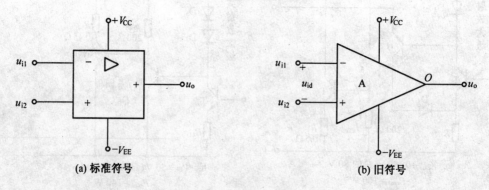

(a) 标准符号　　　　　　　　　　　　　　　(b) 旧符号

图 4.29　运放代表符号

2. 超高精度集成运放典型电路

图 4.30 所示为 OP－177 的简化原理电路。其工作原理说明如下。

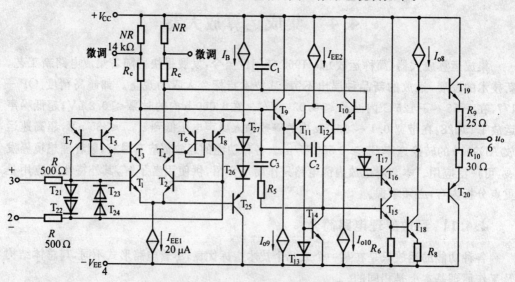

图 4.30　OP－177 简化原理电路

它由差动输入级、第二差动放大级、中间共射放大级、互补输出级、偏置电路和保护电路等部分组成。输入级由 T_1、T_3 和 T_2、T_4 管组成共射－共基差放，$T_1 \sim T_4$ 为超级匹配对管，在 $I_c = 10\mu A$ 下，其 $\beta = 550$、$U_{(BR)CEO} = 40$ V。$T_5 \sim T_8$ 为偏流低消电路，保证差分管的对称性。T_{11}、T_{12} 为第二差放，其作用是将双端输入转单端输出。T_9、T_{10} 为射随隔离级，T_{13}、T_{14} 为 T_{11}、T_{12} 的有源负载。T_{18} 为中间放大级。T_{19} 和 T_{20} 为互补输出级。T_{16} 和 T_{17} 为 T_{18} 的有源负载，同时又为 T_{19} 和 T_{20} 提供消除交越失真的静态偏置。T_{15} 为第二差放和中间放大级之间起隔离作用的缓冲器。$T_{21} \sim T_{24}$ 为输入保护电路；$T_{25} \sim T_{27}$ 和 I_B 构成偏置主回路；C_1、C_2、C_3 为补偿电容，防止高频自激。该电路还设有外调零端。

AD707 和 OP－177 电路结构基本相同。它们是当代高精度的单片双极型集成运放。OP－177 被广泛用于精密仪表放大器、精密数据采集、精密测试系统和精密传感器信号调节变送器等高技术领域。

集成运放从功能上分类有：高精度、高速、高压、高阻抗（输入）、高（大）功率、低噪声、低漂移、低功耗等。上述产品均已商品化，可充分选用。

4.4.2　集成运放的主要技术参数

1. 集成运放的主要直流和低频参数

(1) 输入失调电压 U_{IO}

集成运放输出直流电压为零时，两输入端之间所加的补偿电压称为输入失调电压 U_{IO}。U_{IO} 一般越小越好，其量级在 1 μV ～ 20 mV 之间，超低失调和漂移运放的 U_{IO} 在 1 ～ 20 μV 之间，有的 MOSFET 输入级运放的失调可大至在 10 ～ 20 mV。

(2) 输入失调电压的温度系数 α_{UIO}

在一定温度范围内，失调电压的变化量与温度变化量的比值定义为 α_{UIO}，习惯称为温度漂移：

$$\alpha_{UIO} = \frac{\Delta U_{IO}}{\Delta T} = \frac{U_{IO}(T_2) - U_{IO}(T_1)}{T_2 - T_1} \qquad (4.62)$$

有时 U_{IO} 随 T 变化并非单调的，因此可用平均温漂表示：

$$\alpha_{UIO} = \frac{U_{IOmax} - U_{IOmin}}{T_2 - T_1} \qquad (4.63)$$

低漂移运放的 $\alpha_{UIO} < 1$ μV/℃；超低温漂运放的 $\alpha_{UIO} < (0.1 \sim 0.15)$μV/℃；普通运放有的可大到 $\pm(10 \sim 20)$μV/℃。

(3) 输入偏置电流 I_{IB}

运放直流输出电压为零时，其两输入端偏置电流的平均值定义为输入偏置电流

$$I_{IB} = \frac{1}{2}(I_{B1} + I_{B2}) \qquad (4.64)$$

一般，双极型运放的 I_{IB} 在 0.1 nA ～ 1 μA 量级；JFET 输入级运放的 I_{IB} 在 0.1 nA ～ 0.05 pA 量级；MOS 管输入级运放的 I_{IB} 在 pA 量级。

(4) 输入失调电流 I_{IO} 及其温度系数 α_{IIO}

运放输出直流电压为零时，两输入端偏置电流的差值定义为输入失调电流

$$I_{IO} = I_{B1} - I_{B2} \qquad (4.65)$$

一般，运放的 I_{IB} 越大，I_{IO} 越大。

在指定温度范围内，I_{IO} 随温度的变化率称为 α_{IIO}。

以上参数均是在标称电源电压、室温、零共模输入电压条件下定义的。

（5）差模开环电压增益 A_{ud}

在标称电源电压及规定负载下，运放工作在线性区时，其输出电压变化量与输入电压变化量之比定义为 A_{ud}。

运放的 A_{ud} 在 $60 \sim 180$ dB 之间，不同功能的运放，A_{ud} 相差悬殊。

（6）共模抑制比 K_{CMR}

运放的 K_{CMR} 的定义与差放的共模抑制比定义相同。当运放同时作用差模输入电压 u_{id} 和共模输入电压 u_{ic} 并工作在线性区时，K_{CMR} 定义为 u_{ic} 与其所产生的等效输入共模误差电压 u_{ice} 之比。

任何实际运放差动输入级均非理想对称，因此，当作用 u_{ic} 时，在其输出端定有差模性质的输出共模误差电压 u_{oce}，它相当于输入端存在差模性质的输入共模误差电压 u_{ice} 放大 A_{ud} 倍出现在输出端，即

$$u_{oce} = A_{cd} u_{ic} = A_{ud} u_{ice}$$

由此可得

$$K_{CMR} = \frac{u_{ic}}{u_{ice}} = \frac{A_{ud}}{A_{cd}} \tag{4.66}$$

常用 dB 表示，即

$$K_{CMR} = 20 \lg \frac{u_{ic}}{u_{ice}} = 20 \lg \frac{A_{ud}}{A_{cd}} \ (\text{dB}) \tag{4.67}$$

上两式中，A_{ud} 是差模输入－差模输出的电压增益；A_{cd} 是共模输入－差模输出的电压增益。

不同功能运放的 K_{CMR} 不同，有的在 $60 \sim 70$ dB，有的高达 180 dB。一般，K_{CMR} 越大，对共模干扰抑制性越好。

（7）电源电压抑制比 K_{SVR}

运放工作于线性区时，输入失调电压随电源电压的变化率定义为电源电压抑制比

$$K_{SVR} = \left[\frac{\Delta U_o}{A_{ud}} \middle/ \Delta U_S \right]^{-1} = \left[\frac{\Delta U_o}{A_{ud} \cdot \Delta U_S} \right]^{-1} \tag{4.68}$$

式中，ΔU_o 是电源电压变化 ΔU_S 而引起的输出电压变化。

不同运放的 K_{SVR} 相差很大，在 $60 \sim 150$ dB 之间。K_{CMR} 越大，K_{SVR} 也越大。

（8）最大差模输入电压 U_{idm}

U_{idm} 是运放两输入端所允许加的最大电压差。超过 U_{idm}，运放输入级对管将被反向击穿，甚至损坏。

（9）最大共模输入电压 U_{icm}

U_{icm} 是运放的共模抑制特性明显恶化时的共模输入电压值。它可定义为，标称电源电压下将运放接成电压跟随器时输出电压产生 1% 跟随误差的输入电压值；或定义为 K_{CMR} 下降 6 dB 时所加的共模输入电压值。

（10）输出峰－峰电压 U_{op-p}

在标称电源电压及指定负载下，运放输出的低频交流电压负峰－正峰的值，有时称为输出摆幅。

2. 集成运放的主要交流参数

(1) 开环带宽 BW

在正弦小信号激励下,运放开环电压增益值随频率从直流增益下降 3 dB(即 0.707) 所对应的信号频率定义为 BW。

(2) 单位增益带宽 BW_G

运放在低频闭环增益为 1 及正弦小信号激励下,闭环增益随频率从 1 下降到 0.707 所对应的频率定义为 BW_G。它实质上就是能够实现闭环单位增益运放的增益带宽积 $G \cdot BW$。

以上两指标均是指小信号特性。$G \cdot BW$ 更为重要,因对单极点和多极点运放,$G \cdot BW$ 都能表示闭环工作时的频率响应。

(3) 转换速率 S_R(有时称为压摆率)

它定义为运放在额定负载及输入阶跃大信号时输出最大变化率,如图 4.31 所示。

(4) 全功率带宽 BW_P

在运放闭环电压增益为 1、输入正弦大信号、指定负载和指定失真度等条件下,使运放输出电压幅度达到最大值时的信号频率,定义为 BW_P,简称功率带宽。BW_P 受 S_R 的限制。它们之间的关系可近似表示为

$$BW_P = \frac{S_R}{2\pi U_{om}} \qquad (4.69)$$

式中,U_{om} 是运放输出电压幅度最大值。BW_P 是表征运放处理交流大信号的能力。例如,图 4.32 所示为将运放接成电压跟随器,在指定负载 $R_L = 1\ \text{k}\Omega$,指定波形非线性失真度为 1%,用正弦大信号激励条件下,随着频率增加,幅度达到 $U_{om} = 10$ V 时所对应的频率即为 BW_P。

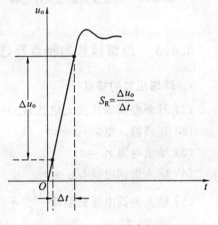

图 4.31　S_R 的定义

(5) 建立时间 t_{set}

在运放闭环电压增益为 1、规定负载并输入阶跃大信号条件下,运放输出电压到达某一特定值范围所需时间定义为 t_{set}。此处所指特定值范围与稳定值之间的误差区,称为误差带。可用 2ε 表示,如图 4.33 所示。此误差带电压与稳定值之比的百分数称为精度。精度有 0.1% 和 0.01% 两种表示。t_{set} 与精度的高低有关。以上三个参数 S_R、BW_P 和 t_{set} 是交流大信号参数。

(6) 等效输入噪声电压 e_n 和电流 i_n

屏蔽良好、无信号输入,运放输出端出现的任何交流波形无规则的干扰电压称为运放的输出噪声电压,将它换算到输入端时简称为等效输入噪声电压 e_n 或等效输入噪声电流 i_n。

单位带宽(1 Hz)均方噪声电压(电流)称为噪声电压(电流)的功率谱密度。因此等效输入噪声电压 e_n(电流 i_n)就称为单位带宽噪声电压(电流)功率谱密度的均方根值,单位分别为 $\text{nV}/\sqrt{\text{Hz}}$ 和 $\text{pA}/\sqrt{\text{Hz}}$。

还常用在指定噪声带宽 BW_N（如 DC～1 Hz,DC～10 Hz,0.1～1 Hz,0.1～10 Hz, DC～20 kHz……）内的等效输入噪声电压的峰—峰值 e_{np-p} 或有效值 e_{nRMS} 来表示运放的噪声特性。e_n 和 i_n 越小越好。

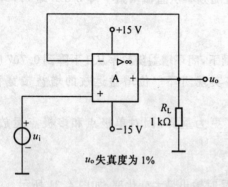

图 4.32　运放接成的电压跟随器

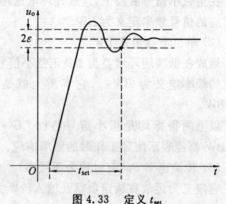

图 4.33　定义 t_{set}

4.4.3　理想运放的特点及虚短、虚断、虚地概念

1. 理想运放的特点

(1) 开环差模电压放大倍数 $A_{ud} = \infty$；

(2) 差模输入电阻 $r_{id} = \infty$；

(3) 输出电阻 $r_o = 0$；

(4) 输入失调电压 $U_{IO} = 0$；

(5) 输入失调电压的温漂 $\dfrac{dU_{IO}}{dT} = 0$；

(6) 输入失调电流 $I_{IO} = 0$；

(7) 输入失调电流的温漂 $\dfrac{dI_{IO}}{dT} = 0$；

(8) 输入偏置电流 $I_{IB} = 0$，即 $I_{B1} = I_{B2} = 0$；

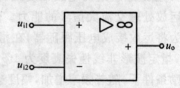

图 4.34　理想运放符号

(9) 共模抑制比 $K_{CMR} = \infty$；

(10) -3 dB 带宽 $f_H = \infty$；

(11) 转换速率 $S_R = \infty$。

满足上述指标的运放,称理想运放,在分析和设计电路时带来方便。其符号如图4.34所示。

2. 理想运放的虚短、虚断、虚地概念

(1)"虚短"概念

由图 4.35(a) 可知,

$$\Delta U_i = \frac{u_o}{A_{ud}}$$

因 $A_{ud} \to \infty$,故 $\Delta U_i \approx 0$,$U_+ \approx U_-$,这两点电位近似相等,与短路等效,故称"虚短",实际

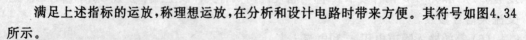

上未短路,而效果上相当短路。注意,$\Delta U_i \approx 0$,但 $\neq 0$。

(2)"虚断"概念

在图 4.35(a) 中,理想运放的 $r_{id} \to \infty$,在效果上相当开路,称"虚断"。由"虚断"概念得出,$I_{B1} = I_{B2} \approx 0$,但 $\neq 0$。

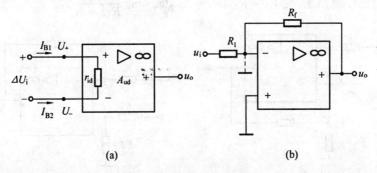

(a)　　　　　　　　(b)

图 4.35　虚短、虚断、虚地

(3)"虚地"概念

在图 4.35(b) 中可知,$U_+ = 0$,因 $U_+ \approx U_-$,则 $U_- \approx 0$(地电位),实际上 U_- 未接地,但在效果上相当地电位(0 V),故称为"虚地"。

以上虚短、虚断、虚地概念要正确深透理解,灵活运用,在分析理想运放的应用电路中非常方便。这里要注意:① $\Delta U_i \approx 0$,但 $\Delta U_i \neq 0$,$U_+ \approx U_-$;② $I_{B1} = I_{B2} \neq 0$,认为很小而已。

4.4.4　理想运放的三种输入方式

1. 反相输入比例运算电路

电路如图 4.36 所示,利用"虚地"概念,求出电

流表达式,即 $I_1 = \dfrac{u_i}{R_1}$,$I_f = -\dfrac{u_o}{R_f}$,因 $I_{B1} \approx 0$,则 $I_1 \approx$

I_f,故

$$u_o = -\frac{R_f}{R_1} u_i \qquad (4.70)$$

或 $$A_u = \frac{u_o}{u_i} = -\frac{R_f}{R_1} \qquad (4.71)$$

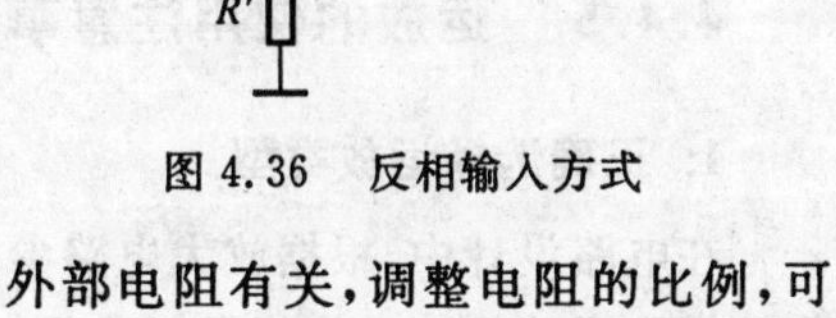

图 4.36　反相输入方式

式(4.71)说明,电压增益与运放内部参数无关,只与外部电阻有关,调整电阻的比例,可获得不同的电压增益,并且稳定。

2. 同相输入比例运算电路

电路如图 4.37 所示,$U_+ = u_i$,$U_- = u_o \cdot \dfrac{R_1}{R_1 + R_f}$,利用"虚短"概念,即 $U_+ \approx U_-$,可求

出电压增益,即

$$u_o = \left(1 + \frac{R_f}{R_1}\right) u_i \qquad (4.72)$$

$$A_u = \frac{u_o}{u_i} = 1 + \frac{R_f}{R_1} \tag{4.73}$$

3. 差动输入比例运算电路

电路如图 4.38 所示,设 $R_1 = R_1'$, $R_f = R_f'$, $U_+ = u_{i2} \dfrac{R_f'}{R_1' + R_f'}$。

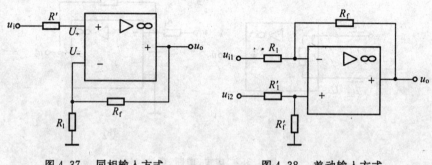

图 4.37　同相输入方式　　　　　图 4.38　差动输入方式

用叠加原理写出 U_- 表达式,即

$$U_- = \frac{u_{i1} R_f}{R_1 + R_f} + \frac{u_o R_1}{R_1 + R_f}$$

因 $U_+ \approx U_-$,则

$$\frac{u_{i2} R_f'}{R_1' + R_f'} = \frac{u_{i1} R_f}{R_1 + R_f} + \frac{u_o R_1}{R_1 + R_f}$$

即

$$u_o = -(u_{i1} - u_{i2}) \frac{R_f}{R_1} \tag{4.74}$$

$$A_u = \frac{u_o}{u_{i1} - u_{i2}} = -\frac{R_f}{R_1} \tag{4.75}$$

式(4.75)说明,对于电压增益而言差动输入与反向输入结果相同。

运放三种输入电路的基本形式,供分析反馈电路使用。因为运放应用电路中存在各种反馈,在讨论反馈概念之后再仔细分析运放的应用。

4.4.5　运放的使用注意事项

1. 正确选择运放类型

在电路设计中,根据放大电路参数选择合适的运放型号很重要,这就要会查手册,了解该类型运放的技术指标是否满足电路要求。在查阅手册时,要熟悉运放的封装及外引线(引脚)排列,在画电路图及焊接电路板时不允许出错。这要在实验课中及工作中锻炼,很容易掌握。

2. 运放使用中的保护

运放在实验、调试中容易有不良现象发生,会使运放损坏。如电源极性接反或电压太高,输入端信号过大、超过额定值,输出端短路等。因此,运放在使用中注意保护是十分必要的。

(1) 避免电源极性接反造成运放损坏,可在运放电源引脚接上对应的二极管。

(2) 防止输入信号过高,可在两输入端之间并接两个二极管(正、负反接)。

(3) 防止输出端短路造成损坏,可在输出端接稳压管。

以上保护措施如图 4.39 所示,可作参考。

各厂家的产品说明书中,都针对产品的特性给出相应的保护电路。使用前,可查阅有关产品的资料。

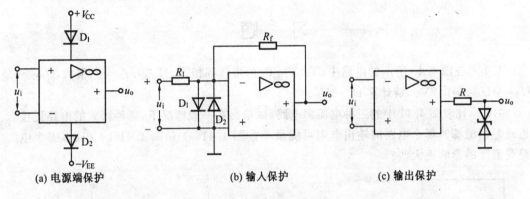

(a) 电源端保护　　　　　(b) 输入保护　　　　　(c) 输出保护

图 4.39　运放保护电路

本章小结

本章主要讨论了恒流源电路,差动放大电路,功率放大电路和集成运算放大器等内容。

1. 本章要点

(1) 掌握恒流源电路的特点,即交流电阻大、直流电阻小、恒流。在集成电路中多作为恒流偏置,还可作为有源负载。

(2) 掌握差放抑制温漂特性,会计算静态和动态参数。在单端输出时,掌握共模分析方法。差放是本章的重点、难点内容,在分立和集成电路中应用广泛。有关差放特性必须透彻掌握。

(3) 掌握功放大信号工作特点,了解互补推挽 OTL 和 OCL 电路的工作原理,会计算效率 η,电源功率 P_V,管耗 P_T,输出功率 P_{omax},以及 P_T 与 P_{om} 之间的关系,以便选用功率管。

(4) 熟悉理想运放的特点,掌握虚短、虚断、虚地概念和运放的三种基本输入电路的特点。

2. 主要概念和术语

电流镜,微电流源,比例电流源,有源负载,差动放大抑制温漂原理,差模信号,差模增益,差模输入、输出电阻,共模信号,共模增益,共模输入、输出电阻,共模抑制比;甲类功放,乙类功放,甲乙类功放,互补推挽,交越失真,达林顿组态,输出最大功率 P_{om},电源供

给功率 P_V，转换效率 η，最大管耗 P_T，管耗与输出功率的关系：①$P_{T1max} = 0.2\,P_{omax}$，②$P_{cmax} = 0.5P_{omax}$；运放特点，符号，失调电压 U_{IO}，偏置电流 I_{IB}，失调电流 I_{IO}，温度系数 α_{UIO}，α_{IIO}，差模开环电压增益 A_{ud}，开环带宽 BW，转换速率 S_R，理想运放的特点，符号，虚短、虚断、虚地，反相输入比例运算电路，同相输入比例运算电路，差动输入比例运算电路。

　　本章讨论了运放内部结构电路，只作一般了解，主要掌握理想运放特点及应用。

习　题

　　4.1　在图 4.40 所示的电路中，T_1、T_2、T_3 的特性都相同，且 $\beta_1 = \beta_2 = \beta_3$ 很大，$U_{BE1} = U_{BE2} = U_{BE3} = 0.7\text{V}$。请计算 $U_1 - U_2 = ?$

　　4.2　比较图 4.41 中的三种电流源电路，试指出在一般情况下，哪种形式的电路更接近理想恒流源？哪个电路的输出电阻可能最小？图 4.41(a) 和图 4.41(b) 相比，哪个电路受温度的影响更大些？

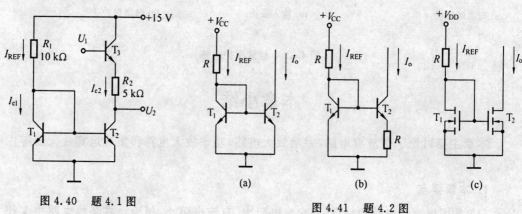

图 4.40　题 4.1 图　　　　　　　　　　　图 4.41　题 4.2 图

　　4.3　在图 4.42 所示的电路中，T_1、T_2 特性完全对称，$\beta = 100$，$U_{BE} = 0.6\text{ V}$。求开关 S 合上后电容器 C 两端建立 10 V 电压所需的时间（设电容器在开关合上前的端电压为零）。若改换 $\beta = 10$ 的管子，则所需的时间是否有变化？如有变化，算出它是多少。

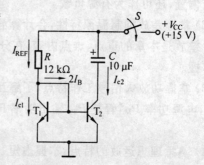

图 4.42　题 4.3 图

　　4.4　选择正确的答案填空：

　　(1) 差动放大电路（见图 4.43）是为了_____而设置的(a. 稳定放大倍数；b. 提高输入电阻；c. 克服温漂；d. 扩展频带)，它主要通过_____来实现(e. 增加一级放大；f. 采取两个输入端；g. 利用参数对称的对管)。

　　(2) 在长尾式差动放大电路中，R_e 的主要用途是_____(a. 提高差模电压放大倍数；b. 抑制零点漂移；c. 增大差动放大电路的输入电阻；d. 减小差动放大电路的输出电阻)。

（3）差动放大电路用恒流源代替 R_e 是为了 _____（a. 提高差模电压放大倍数；b. 提高共模电压放大倍数；c. 提高共模抑制比；d. 提高差模输出电阻）。

4.5　判断下列说法是否正确（在括号中画 $\checkmark$ 或 $\times$）：

（1）一个理想的差动放大电路，只能放大差模信号，不能放大共模信号。（　　）

（2）共模信号都是直流信号，差模信号都是交流信号。（　　）

（3）差动放大电路中的长尾电阻 R_e 对共模信号和差模信号都有负反馈作用，因此，这种电路是靠牺牲差模电压放大倍数来换取对共模信号的抑制作用的。（　　）

（4）在线性工作范围内的差动放大电路，只要其共模抑制比足够大，则不论是双端输出还是单端输出，其输出电压的大小均与两个输入端电压的差值成正比，而与两个输入电压本身的大小无关。（　　）

（5）对于长尾式差动放大电路，不论是单端输入还是双端输入，在差模交流通路中，射极电阻 R_e 一概可视为短路。（　　）

4.6　选择正确的答案填空。

图 4.43 是一个两边完全对称的差动放大电路。

（1）已知 $\Delta U_{AD} = -0.1$ V，则 $\Delta U_{BD} =$ _____，$\Delta U_{AB} =$ _____。（a. -0.1 V；b. $+1.1$ V；c. -0.2 V；d. $+0.2$ V）

（2）若 $R_b = 1$ kΩ，$R_e = 5.1$ kΩ，$R_c = 6.8$ kΩ，晶体管的 $r_{be} = 1.5$ kΩ，$\beta = 50$，则当 $\Delta U_{id} = 10$ mV 时，$\Delta U_{AB} \approx$ _____。（a. $+500$ mV；b. -500 mV；c. $+1$ V；d. -1 V）

4.7　对称的差动放大电路如图 4.44 所示，电位器 R_W 的滑动端位于中点。请填写下列表达式：

（1）差模放大倍数 $\dfrac{\Delta U_{AD}}{\Delta U_{id}} =$ _____，$\dfrac{\Delta U_{AB}}{\Delta U_{id}} =$ _____；

（2）共模放大倍数 $\dfrac{\Delta U_{AD}}{\Delta U_{ic}} =$ _____，$\dfrac{\Delta U_{AB}}{\Delta U_{ic}} =$ _____；

（3）仅考虑半边电路的输出（差模和共模输出电压都以 ΔU_{AD} 计算）时的共模抑制比 $K'_{CMR} =$ _____，整个放大电路的共模抑制比 $K_{CMR} =$ _____；

（4）差模输入电阻 $r_{id} =$ _____，输出电阻 $r_{od} =$ _____。

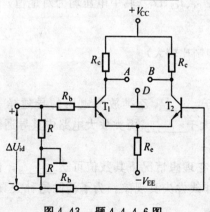

图 4.43　题 4.4、4.6 图

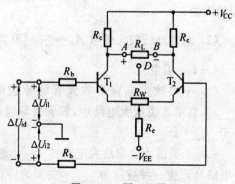

图 4.44　题 4.7 图

4.8　在双端输入、单端输出的差动放大电路(如图 4.45 所示)中,已知 $\Delta U_{i1} = 10.5$ mV, $\Delta U_{i2} = 9.5$ mV, $A_{ud} = \dfrac{\Delta U_{od}}{\Delta U_{i1} - \Delta U_{i2}} = -150$, $K_{CMR} = \left| \dfrac{A_{ud}}{A_{uc}} \right| = 300$。试求:

(1) 求输出电压 ΔU_o;

(2) 问共模信号相对于有用信号产生多大的误差(百分比)?

4.9　差动放大电路如图 4.46 所示,设 $\beta_1 = \beta_2 = 50$, $r_{be1} = r_{be2} = 1.5$ kΩ, $U_{BE1} = U_{BE2} = 0.7$ V, R_w 的滑动端位于中点。估算:

(1) 静态工作点 I_{C1}、I_{C2}、U_{C1}、U_{C2};

(2) 差模电压放大倍数 $A_{ud} = \dfrac{\Delta U_o}{\Delta U_i}$;

(3) 差模输入电阻 r_{id} 和输出电阻 r_{od}。

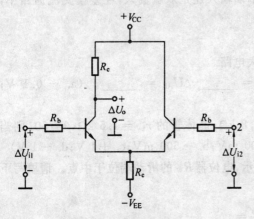

图 4.45　题 4.48 图

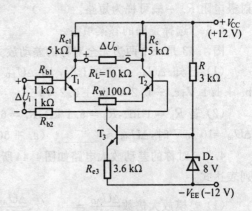

图 4.46　题 4.49 图

4.10　在图 4.47 所示的放大电路中,各晶体管的 β 均为 50,U_{BE} 为 0.7 V,$r_{be1} = r_{be2} = 3$ kΩ, $r_{be4} = r_{be5} = 1.6$ kΩ。静态时电位器 R_w 的滑动端调至中点,测得输出电压 $U_o = +3$ V。试计算:

(1) 各级静态工作点 I_{C1}、U_{C1}、I_{C2}、U_{C2}、I_{C4}、U_{C4}、I_{C5}、U_{C5}(其中电压均为对地值)以及 R_e 的阻值;

(2) 总的电压放大倍数 $A_u = \dfrac{\Delta U_o}{\Delta U_i}$(设共模抑制比较大)。

4.11　填空:

(1) 甲类放大电路中放大管的导通角等于_____,乙类放大电路的导通角等于_____,在甲乙类放大电路中,放大管导通角为大于_____,丙类放大电路中其导通角为小于_____。

(2) 乙类推挽功率放大电路的_____较高,在理想情况下其数值可达_____。但这种电路会产生一种被称为_____失真的特有的非线性失真现象。为了消除这种失真,应当使推挽功率放大电路工作在_____类状态。

(3) 设计一个输出功率为 20 W 的扩音机电路,若用乙类推挽功率放大,则应选至少

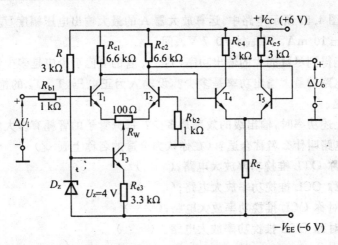

图 4.47　题 4.10 图

为_____ W 的功率管两个。

4.12　图 4.48 为一 OCL 电路,已知 $V_{CC}=12$ V,$R_L=8$ Ω,u_i 为正弦电压。求:

(1) 在 $U_{CE(sat)} \approx 0$ 的情况下,负载上可能得到的最大输出功率;

(2) 每个管子的管耗 P_{TM} 至少应为多少?

(3) 每个管子的耐反压 $|U_{(BR)CEO}|$ 至少应为多少?

4.13　图 4.49 为一互补对称功率放大电路,输入为正弦电压。T_1、T_2 的饱和压降 $U_{CE(sat)}=0$,两管临界导通时的基射间电压很小,可以忽略不计。试求电路的最大输出功率和输出功率最大时两个电阻 R 上的损耗功率。

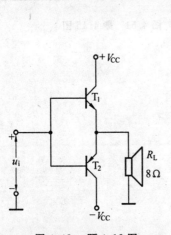

图 4.48　题 4.12 图

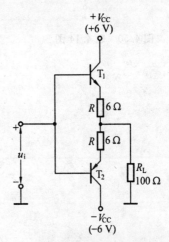

图 4.49　题 4.13 图

4.14　OCL 功率放大电路如图 4.50 所示,其中 T_1 的偏置电路未画出。若输入为正弦电压,互补管 T_2、T_3 的饱和管压降可以忽略,试选择正确的答案填空:

(1) T_2、T_3 管的工作方式为_____。 (a. 甲类;b. 乙类;c. 甲乙类)

(2) 电路的最大输出功率为_____。 (a. $\dfrac{V_{CC}^2}{2R_L}$;b. $\dfrac{V_{CC}^2}{4R_L}$;c. $\dfrac{V_{CC}^2}{R_L}$;d. $\dfrac{V_{CC}^2}{8R_L}$)

4.15　在图 4.51 所示电路中,运算放大器 A 的最大输出电压幅度 U_{oA} 为 ±10 V,最大负载电流为 ±10 mA,$|U_{BE}|$=0.7 V。问:

(1) 为了能得到尽可能大的输出功率,T_1、T_2 管的 β 值至少应是多少?

(2) 这个电路的最大输出功率是多少? 设输入为正电压,T_1、T_2 的饱和管压降和交越失真可以忽略。

(3) 达到上述功率时,输出级的效率是多少? 每只管子的管耗有多大?

(4) 这个电路叫什么名称合适?(在你认为合适的名称上画 √)

① 互补对称 OTL 推挽功率放大电路;(　　)

② 互补对称 OCL 推挽功率放大电路;(　　)

③ 准互补对称 OCL 推挽功率放大电路;(　　)

④ 准互补对称 OTL 推挽功率放大电路。(　　)

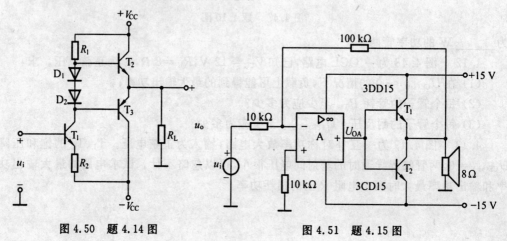

图 4.50　题 4.14 图　　　　　　图 4.51　题 4.15 图

第5章　反馈放大电路

5.1　反馈的基本概念和分类

5.1.1　基本概念

1. 什么叫反馈

反馈是指将输出量（电压或电流）的一部分或全部，通过反馈网络（通路）送回输入端（或回路），来影响输入量（电压或电流）的一种过程，如图 5.1 所示。

信号传输方向是由前到后，途经基本放大器 A；而反馈信号的传输方向是由后到前，途经反馈通路 F。当信号正向传输通过基本放大电路（未引入反馈）时，称开环，此时的放大倍数称开环放大倍数。当引入反馈后的放大电路，称闭环，此时的放大倍数称闭环放大倍数。

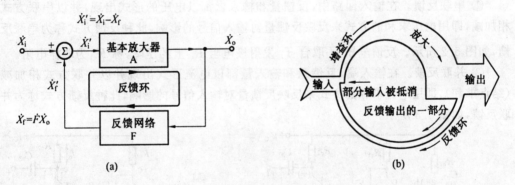

图 5.1　反馈示意图

2. 为什么要引反馈

放大电路工作时，由于多种原因影响使输出量变化（忽大忽小），严重时电路不能正常工作，引入（负）反馈可以改变上述缺点。因此，几乎所有的实用电路中都要引入这样或那样的反馈使输出量稳定。

反馈不但在放大电路中广泛应用，而且在自然科学中也普遍存在（如生物反馈、各种信息反馈等）。因此，研究放大电路中的反馈是本课的重点内容。

5.1.2　反馈的分类及判断

1. 反馈的分类

（1）内部反馈和外部反馈

反馈由电路内部引起的,称内部反馈。如 H 参数微变等效电路中的 h_{re}(电压反馈系数)就是内部电压反馈。但是多数的反馈是人为外部引人的,称外部反馈,如稳定工作点电路中的发射极电阻 R_e,即人为引人的外部反馈。

（2）直流反馈和交流反馈

如果引人的反馈只对直流量起作用,称直流反馈,如稳定工作点电路中的反馈量 I_c 为直流反馈。如果引人的反馈只对交流量起作用,称交流反馈。

有时交、直流反馈同时存在,直流反馈多为稳定工作点而设置,而交流反馈是研究的重点问题。

（3）电压反馈和电流反馈

输出量有输出电压或输出电流之分,如果引人的反馈信号与输出电压有直接关系或成正比,则是电压反馈（也称电压采样）;反馈信号与输出电流有直接关系或成正比,为电流反馈（也称电流采样）。

判断电压或电流反馈的另一简捷方法是"短路法",假设输出电压端短路,即 $U_o=0$,此时若反馈信号消失,则为电压反馈;否则,为电流反馈。

（4）串联反馈和并联反馈

反馈信号引回输入端与输入量的连接方式有串联和并联两种情况,因此有串联反馈和并联反馈之分。

① 串联反馈。在输入回路中,反馈量和输入量都以电压的形式出现,并以串联方式相加减,即用电压求和的方式来反映反馈量对输入信号的影响,此种反馈方式称为串联反馈,如图 5.2 所示。反馈电压 $\dot{U}_f$ 取自 T_1 发射极电阻 R_{e1} 上的压降,称 R_{e1} 为取样电阻。

② 并联反馈。在输人端、反馈量和输入量都以电流形式出现并以并联方式相加减（结点求和）,即用电流求和的方式来反映反馈量对输入信号的影响,此种反馈方式称为并联反馈,如图 5.3 所示。

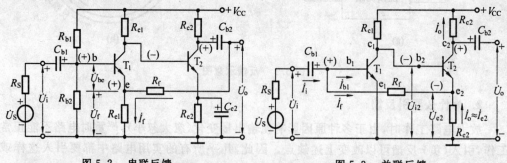

图 5.2　串联反馈　　　　　　　　　图 5.3　并联反馈

（5）正反馈和负反馈

在输入量不变时,引人反馈后,使输出量增加了,此种反馈称为正反馈。反之,使输出量减小了,称为负反馈。引正反馈可制成信号源电路（后面讲述）。引负反馈可改善放大电路的性能,因此负反馈放大电路是本章讨论的重点部分。

（6）负反馈的分类

在输出回路引反馈时，其反馈信号分为电压采样和电流采样两种。在输入回路中引回的反馈量与输入量比较又有两种方式（串联或并联），这样组合后可有四种类型：① 交流电压串联负反馈；② 交流电流串联负反馈；③ 交流电压并联负反馈；④ 交流电流并联负反馈。对这四种电路将作详细的分析计算。

2. 反馈的判断

（1）判断有无反馈

找出反馈网络，如果在电路中存在信号反向流通的渠道，也就是反馈通路，则一定有反馈。

（2）用瞬时极性法判断反馈的极性

"瞬时极性"即指同一瞬间各交流量的相对极性，在电路图上用（+）、（-）表示。用瞬时极性法判断反馈极性的步骤是：

① 先假定输入量的瞬时极性。

② 根据放大电路输出量与输入量的相位关系，决定输出量和反馈量的瞬时极性。

③ 由反馈量与输入量比较，即可决定反馈的正、负极性。

判断反馈量的瞬时极性时又有两种判断法："**电流法**"[①] 和"电压传递法"。所谓"**电流法**"是指判断出反馈电流 $\dot{I}_f$ 的方向，从而确定反馈极性的方法。具体判断通过实例来说明。

3. 用"电流法"判断反馈极性

【例 5.1】　正反馈判断实例，电路如图 5.4 所示，用"**电流法**"判断。

解　判断步骤：

（1）找出反馈通路

由图 5.4 可知 R_f 和 R_{e1} 构成反馈通路。R_{e1} 为反馈电压 $\dot{U}_f$ 取样电阻。

（2）用"**电流法**"判断反馈电压 $\dot{U}_f$ 的极性

在 T_1 的基极加正信号电压 $\dot{U}_i$，基极画（+），因 T_1 为共射电路，所以集电极输出 $\dot{U}_{c1}$ 为（-）（反相），故发射极为（+）；T_2 基极为（-），故发射极为（-）；这样，流过 R_{e1} 和 R_f 的反馈电流 $\dot{I}_f$ 方向如图 5.4 所示，在 R_{e1} 上的反馈电压即 $\dot{U}_f = \dot{I}_f R_{e1}$，其极性即为下"+"上"-"如图 5.4 所示。

在输入回路中，反馈电压与输入电压串联而**顺接**，故确认为串联反馈，而 $\dot{U}_{be} = \dot{U}_i + \dot{U}_f$，使 $\dot{U}_{be}$ 增加了，输出也一定增加，故为正反馈。反馈电压 $\dot{U}_f$ 的极性是先确定反馈电流 $\dot{I}_f$ 方向后决定的，因此称"电流法"。

【例 5.2】　负反馈判断实例，电路如图 5.5 所示，用"电流法"判断。

---

① 电流法是作者多年教学实践提出的，是教学法研究成果之一，多种教材和文献无此术语，是一种创新教学法。适合初学者，易学易懂。

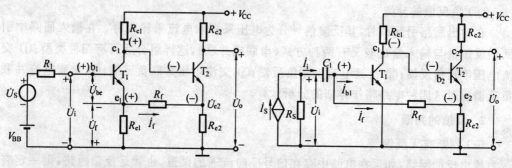

图 5.4　电流法判断反馈极性 1　　　　图 5.5　电流法判断反馈极性 2

解　判断步骤：

（1）找出反馈通路

由图 5.5 可知 R_f 构成反馈通路，存在反馈。输入端以电流求和方式出现，故确认为并联反馈。

（2）用"电流法"判断反馈极性

在 T_1 基极加正向变化信号，基极为（+），T_1 的集电极为（-）（反相），T_2 基极为（-），发射极 e_2 为（-），则 R_f 上的反馈电流 $\dot{I}_f$ 由高电位流向低电位，其方向由前向后流，如图 5.5 所示。由结点电流求和方程可知，$\dot{I}_{b1}=\dot{I}_i-\dot{I}_f$，引入反馈后，使 $\dot{I}_{b1}$ 减小，故为负反馈。该电路的反馈极性是确定反馈电流 $\dot{I}_f$ 的方向后决定的，因此称"电流法"。

5.2　方框图表示法

5.2.1　负反馈放大电路的方框图表示法

负反馈放大电路由基本放大电路和反馈网络组成。放大电路为信号正向传输通路（忽略反馈网络影响），反馈网络为信号反向传输通路（忽略放大电路的内部反馈影响），这样，可用图 5.6 所示方框图表示。

在图 5.6 中，$\dot{X}_i$、$\dot{X}_o$、$\dot{X}_f$、$\dot{X}_i'$ 分别表示负反馈放大电路的输入量、输出量、反馈量和净输入量（电压或电流）；方框 $\dot{A}$ 表示基本放大电路，$\dot{A}$ 是开环放大倍数；方框 $\dot{F}$ 表示反馈网络，$\dot{F}$ 是反馈系数，定义为

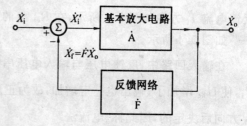

图 5.6　负反馈方框示意图

$$\dot{F}=\frac{\dot{X}_f}{\dot{X}_o}\qquad(5.1)$$

图 5.6 中 ⊗ 表示比较环节，反馈量与输入量进行比较。

5.2.2　闭环放大倍数(增益) $\dot{A}_f$ 及其一般表达式

1. $\dot{A}_f$ 的一般表达式

由图 5.6 可知,各量之间有如下关系:

$$\dot{A} = \frac{\dot{X}_o}{\dot{X}_i{}'} \tag{5.2}$$

式中,$\dot{A}$ 为开环放大倍数;$\dot{X}_o$ 为输出量;$\dot{X}_i{}'$ 为净输入量。

$$\dot{F} = \frac{\dot{X}_f}{\dot{X}_o} \tag{5.3}$$

式中,$\dot{F}$ 为反馈系数,是反馈量 $\dot{X}_f$ 与输出量 $\dot{X}_o$ 之比。

$$\dot{X}_i = \dot{X}_i{}' + \dot{X}_f \tag{5.4}$$

式中,$\dot{X}_i$ 为输入量。

$$\dot{A}_f = \frac{\dot{X}_o}{\dot{X}_i} \tag{5.5}$$

式中,$\dot{A}_f$ 表示闭环放大倍数。

将式(5.2)~(5.4)代入式(5.5)中,即

$$\dot{A}_f = \frac{\dot{X}_o}{\dot{X}_i} = \frac{\dot{A}\dot{X}_i{}'}{(1 + \dot{A}\dot{F})\dot{X}_i{}'} = \frac{\dot{A}}{1 + \dot{A}\dot{F}} \tag{5.6}$$

式(5.6)为 $\dot{A}_f$ 与 $\dot{A}$ 的一般表达式,具有重要意义,下边进行讨论。

2. $\dot{A}_f$ 的一般表达式讨论

(1) 反馈深度 $|1 + \dot{A}\dot{F}|$

由式(5.6)得

$$\left| \frac{\dot{A}}{\dot{A}_f} \right| = |1 + \dot{A}\dot{F}| \tag{5.7}$$

式中,$|1 + \dot{A}\dot{F}|$ 称为反馈深度,是开环增益与闭环增益之比,它反映了反馈对放大电路的影响程度。分几种情况讨论:

① 当 $|1 + \dot{A}\dot{F}| > 1$ 时,则 $|\dot{A}_f| < |\dot{A}|$。为负反馈情况,使 $\dot{A}_f$ 下降,下降的程度为 $1/|1 + \dot{A}\dot{F}|$。

② 当 $|1 + \dot{A}\dot{F}| < 1$ 时,则 $|\dot{A}_f| > |\dot{A}|$。使 $\dot{A}_f$ 增大了,为正反馈情况。引入反馈后,使输入量增加了。

③ 当 $|1 + \dot{A}\dot{F}| = 0$ 时,$|\dot{A}_f| = \infty$。这说明无输入量($\dot{X}_i = 0$)时,而有输出量,此时,放大电路为"自激振荡"状态。严重时电路不能正常工作,必须消除。

(2) 环路增益 $|\dot{A}\dot{F}|$

净输入量 $\dot{X}_{id}$ 经过放大电路和反馈网络闭环一周所具有的增益 $|\dot{A}\dot{F}|$,称为环路增

益,如图 5.7 所示。

（3）深度负反馈近似表达式

当 $|\dot{A}\dot{F}| \gg 1$ 时,$|1+\dot{A}\dot{F}| \gg 1$,为深度
负反馈情况,则

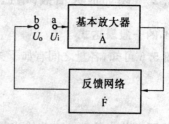

$$\dot{A}_\text{f} = \frac{\dot{A}}{1+\dot{A}\dot{F}} \approx \frac{1}{\dot{F}} \qquad (5.8)$$

式(5.8)说明,闭环增益只取决于反馈
系数,与开环增益 $\dot{A}$ 无关。而反馈网络多由

图 5.7　环路表示法

电阻、电容组成,工作稳定,因此,深度负反馈放大电路工作稳定。

5.3　具有深度负反馈的放大电路的分析和计算

5.3.1　深度负反馈的特点

引入深度负反馈的条件是 $|\dot{A}\dot{F}| \gg 1$,一般 $|\dot{A}\dot{F}| > 10$ 就认为是深度负反馈了。反
馈系数 $\dot{F} < 1$（最大不超过 1）,要满足 $|\dot{A}\dot{F}| \gg 1$,必要求开环增益 $\dot{A}$ 很大,利用集成运放
（或多级放大电路）很容易实现深度负反馈。实际的负反馈电路中,多数为深度负反馈,
在这种情况下 $|\dot{A}_\text{f}| \approx 1/|\dot{F}|$,求出反馈系数,就可以计算闭环增益。

下边将 $\dot{X}_\text{o}$、$\dot{X}_\text{f}$、$\dot{X}_\text{i}$ 用净输入量 $\dot{X}_\text{i}'$ 表示,即

$$\dot{X}_\text{o} = \dot{A}\dot{X}_\text{i}' \qquad (5.9)$$

$$\dot{X}_\text{f} = \dot{F}\dot{X}_\text{o} = \dot{A}\dot{F}\dot{X}_\text{i}' \qquad (5.10)$$

$$\dot{X}_\text{i} = (1+\dot{A}\dot{F})\dot{X}_\text{i}' \qquad (5.11)$$

当 $|1+\dot{A}\dot{F}| \gg 1$ 时,则 $|1+\dot{A}\dot{F}| \approx \dot{A}\dot{F}$,由式(5.10)和(5.11)可知输入量近
似等于反馈量,即

$$\dot{X}_\text{i} \approx \dot{X}_\text{f} \qquad (5.12)$$

而净输入量 $\dot{X}_\text{i}'$ 与之相比可忽略,即

$$\dot{X}_\text{i}' \approx 0 \qquad (5.13)$$

但是,$\dot{X}_\text{i}'$ 近似为零而不等于零（若 $\dot{X}_\text{i}' = 0$,反馈消失）。

下面利用上述特点来分析具有深度负反馈电路。分析时,设信号频率不高,除基本放
大电路本身相移外,无附加相移,无特殊要求,不用复数符号,这样使计算过程大大简化。

5.3.2　负反馈放大电路的分析和估算

1. 电压串联负反馈电路

（1）电路反馈分析

电路如图 5.8 所示。分析步骤如下：

① 判断有无反馈

先找出反馈通路，由图 5.8(a) 看出由 R_1 和 R_f 构成反馈通路，存在反馈，R_1 为反馈电压 U_f 的取样电阻。

② 在输出回路判断反馈采样（电压或电流）

判断方法：a. 反馈采样与输出电压有直接关系或成比例，即确认为电压反馈。b. 用短路法判断，将输出电压短路，反馈信号消失，则为电压反馈。

③ 在输入回路判断反馈连接方式（串联或并联）

判断方法：如果反馈量为电压 U_f 在输入回路中出现并与输入电压 U_i 串联，则称串联反馈。

由图 5.8(a) 看出，U_f 与 U_i 串联，即确认为串联反馈。

④ 判断反馈极性（正、负反馈）

瞬时极性标注如图 5.8(a) 所示，用电流法判断 U_f 的极性。由图中看出输出端电位最高为（+），在 R_f 和 R_1 支路上的反馈电流 I_f 由后向前流（如图 5.8(a) 所示），则 R_1 上的压降 U_f 的极性为上"+"、下"−"。U_f 与 U_i 在输入回路中串联逆接，$U_i' = U_i - U_f$，使净输入电压 U_i' 减小，故确认为负反馈。

综上分析得出结论：图 5.8(a) 为**"交流电压串联负反馈"**电路。

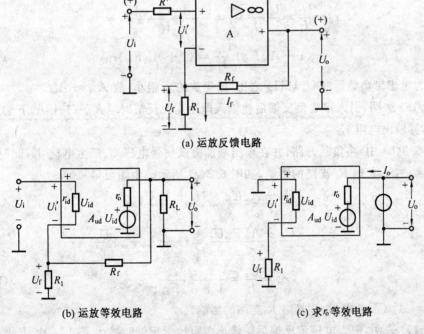

图 5.8　电压串联负反馈电路分析

（2）参数估算

以图 5.8(b) 为例，是运放简化的等效电路，图中的信号源与图 5.8(a) 相同。

① 求反馈系数 F

$$U_f = \frac{R_1}{R_1 + R_f} U_o \qquad\qquad (5.14)$$

所以
$$F_{uu} = \frac{U_f}{U_o} = \frac{R_1}{R_1 + R_f} \qquad\qquad (5.15)$$

式中，F_{uu} 为电压反馈系数。

② 求闭环电压增益 A_{uuf}

若 $A_{ud} = 10^5$，$R_f = 100\ \text{k}\Omega$，$R_1 = 1\ \text{k}\Omega$，即 $F_{uu} \approx 10^{-2}$，则 $AF \approx 10^3$ 满足深度负反馈条件。所以

$$A_{uuf} \approx \frac{1}{F_{uu}} = \frac{R_1 + R_f}{R_1} = 1 + \frac{R_f}{R_1} \qquad\qquad (5.16)$$

式中，A_{uuf} 为闭环电压放大倍数。

式(5.16)表明，引深度负反馈后 A_{uuf} 与放大电路内部参数及负载无关，只由外部电阻决定，故 A_{uuf} 稳定。利用 $\dot{X_i}' \approx 0$ 的条件直接求 A_{uuf}，即

$$U_i = U_f = \frac{R_1}{R_1 + R_f} U_o \qquad\qquad (5.17)$$

所以
$$A_{uuf} = 1 + \frac{R_f}{R_1}$$

③ 估算输入电阻 r_{if}

$$r_{if} = \frac{U_i}{I_i} = \frac{U_i' + U_f}{I_i} = \frac{U_i' + A_{uu} F_{uu} U_i'}{I_i} =$$
$$(1 + A_{uu} F_{uu}) \frac{U_i'}{I_i} = (1 + A_{uu} F_{uu}) r_{id} \qquad\qquad (5.18)$$

式中，A_{uu} 为考虑带负载后的 U_o 与 U_{id} 之比，因运放的 r_o 很小，故 $A_{uu} \approx A_{ud}$。

式(5.18)表明，引入串联负反馈后使输入电阻比无反馈时增大了 $(1 + A_{uu} F_{uu})$ 倍。

④ 估算输出电阻 r_{of}

在图5.8(b)中，将负载开路，并在输出端加测试信号电压 U_o 产生电流 I_o，此时 $U_i = 0$，而 $U_{id} = -U_f$，忽略 R_f 支路的影响，如图5.8(c)所示。由图可得

$$I_o = \frac{U_o - A_{uu} U_{id}}{r_o} = \frac{U_o + A_{uu} U_f}{r_o} =$$
$$\frac{U_o + A_{uu} F_{uu} U_o}{r_o} = (1 + A_{uu} F_{uu}) \frac{U_o}{r_o}$$

所以
$$r_{of} = \frac{U_o}{I_o} = \frac{r_o}{1 + A_{uu} F_{uu}} \qquad\qquad (5.19)$$

式中，$A_{uu} \approx A_{ud}$（不考虑 R_L 并忽略 R_f 支路的影响）。

式(5.19)表明，引入电压负反馈后使输出电阻比无反馈时减小了 $(1 + A_{uu} F_{uu})$ 倍。

若 $r_o = 1\ \text{k}\Omega$，$|1 + A_{uu} F_{uu}| \approx 10^3$，则 $r_{of} \approx 1\ \Omega$。r_{of} 越小，越近似恒压源，在输入信号电压幅值不变的情况下，即使负载变化，输出电压的幅值仍能保持稳定。也就是引电压负反馈能使输出电压稳定。

注意：串联负反馈要求信号源内阻 R_s 越小越好，若 $R_s \to 0$ 时，U_s 接近恒压源，U_f 与

U_s 直接串联相减,负反馈效果最大。否则,$R_s \to \infty$,信号为恒流源,$I_s = \dfrac{U_s}{R_s}$,流入运放输入端的电流为常数,与反馈无关,反馈电压 U_f 失去作用。

2. 电流串联负反馈电路

(1) 电路反馈分析

电路如图 5.9(a) 所示。分析步骤如下:

① 判断有无反馈

找出反馈通路,由图 5.9(a) 看出 R_{e1} 和 R_{e2} 为直流反馈通路,而 R_{e1} 又有交流反馈。

② 判断反馈采样

该电路在前面已做过分析是电流反馈。在 R_{e1} 上产生的反馈压降 U_f 与输出电压无关,而与输出电流有直接关系,故为电流反馈。用短路法判断,将输出电压短路时,U_f 仍存在,是输出电流引起的,为电流反馈。

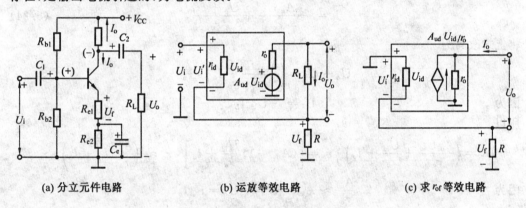

(a) 分立元件电路　　　　　(b) 运放等效电路　　　　　(c) 求 r_{of} 等效电路

图 5.9　电流串联负反馈电路分析

③ 判断反馈方式与极性

用瞬时极性法分析 U_f 与 U_i 在输入回路中串联逆接,故为串联负反馈。

总之,该电路为电流串联负反馈。直流电流串联负反馈可稳定工作点;而交流电流串联负反馈可稳定输出电流。图 5.9(b) 电路,读者自行分析。

注意:该电路应用广泛,凡是发射极接电阻 R_e 的单级放大电路都具有上边负反馈效果,多数为稳定工作点而设,做本级负反馈,在分析反馈时必须说明。

(2) 参数估算

以图 5.9(b) 所示的运放简化等效电路为例。

① 求反馈系数 F

反馈量为 U_f,输出量为 I_o,则

$$F_{ui} = \frac{U_f}{I_o} = \frac{I_o R}{I_o} = R \qquad (5.20)$$

② 求闭环电压增益 A_{uuf}

设该电路为深度负反馈,则

$$A_{iuf} = \frac{I_o}{U_i} \approx \frac{1}{F_{ui}} = \frac{1}{R} \qquad (5.21)$$

式中，A_{iuf}为互导增益，它与 A_{ud} 及 R_L 无关，当 U_i 一定，而 R_L 变化时，输出电流只由 U_i 和 R 决定。

该电路的闭环电压增益为

$$A_{uuf} = \frac{U_o}{U_i} = \frac{I_o R_L}{U_i} = A_{iuf} R_L = \frac{R_L}{R} \tag{5.22}$$

③ 估算输入电阻 r_{if}

用串联负反馈的关系计算（方法同前），即

$$r_{if} = (1 + A_{iu} F_{ui}) \cdot r_{id} \tag{5.23}$$

④ 估算输出电阻 r_{of}

将输入端短路即 $U_i = 0$，在输出端反加测试电压（R_L 开路）的方法求 r_{of}。

将图 5.9(b) 中的输出回路的电压源变换为电流源，如图 5.9(c) 所示，写出电流方程为

$$I_o = -\frac{A_{ud} U_{id}}{r_o} + \frac{U_o + U_f}{r_o} \tag{5.24}$$

将上式改写为

$$U_o + U_f = \left(\frac{A_{ud} U_{id}}{r_o} + I_o \right) \cdot r_o$$

因为　　　　　　　　　　　　$U_f = -U_{id} \mid_{U_i = 0}$

所以

$$U_o = \left(\frac{A_{ud} U_{id}}{r_o} + \frac{U_{id}}{r_o} + I_o \right) \cdot r_o = \left[(A_{ud} + 1) \frac{U_{id}}{r_o} + I_o \right] \cdot r_o \approx \left(\frac{A_{ud}}{r_o} U_{id} + I_o \right) \cdot r_o$$

因为　　　　　　　　$\frac{A_{ud}}{r_o} \approx A_{iu}, \quad U_{id} = R I_o = F_{ui} I_o$

所以　　　　　　　　　　　$U_o = (1 + A_{iu} F_{ui}) I_o r_o$

即　　　　　　　　　$r_{of} = \frac{U_o}{I_o} = (1 + A_{iu} F_{ui}) r_o \tag{5.25}$

式(5.25) 表明，引入电流负反馈使输出电阻比无反馈时增大了 $(1 + A_{iu} F_{ui})$ 倍。r_{of} 越大，则输出越接近恒流源。当负载变化时，仍保持输出电流恒定。

3. 电压并联负反馈电路

(1) 电路反馈分析

电路如图 5.10 所示。分析步骤如下：

① 判断有无反馈

由图 5.10(a) 看出，R_f 为反馈通路，存在反馈。

② 判断反馈采样

由图 5.10(a) 看出，反馈由输出端引回，与输出电压有直接关系，故确认为电压反馈。

③ 判断反馈连接方式

在输入端，如果反馈量与输入量均以电流求和的形式出现且并联（则一定是两者的接地点和非接地点分别相连接），称这种连接方式为并联反馈。由图 5.10(a) 看出 I_f 与 I_i 为

电流求和形式,则判断为并联反馈。

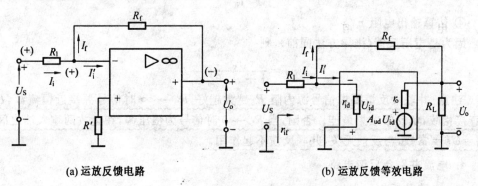

(a) 运放反馈电路　　　　　　　　　　　　(b) 运放反馈等效电路

图 5.10　电压并联负反馈电路分析

④ 判断反馈极性

用电流法判断 I_f 的方向,反相输入端为(+),输出端为(—),则 I_f 由前向后流,即 $I_i' = I_i - I_f$,使 I_i' 减小,故判断为负反馈。

综上所述,该电路为**电压并联负反馈电路**。

(2) 参数估算(以图 5.10(b) 为例)

① 求反馈系数 F

在图 5.10(b) 中,输入量为 I_i,反馈量为 I_f,净输入量为 I_i',输出量为 U_o。设电路满足深度负反馈条件,由 $I_i' \approx 0$,$I_i \approx I_f$,$U_- \approx 0$(虚地),则

$$I_f = \frac{-U_o}{R_f}$$

$$F_{iu} = \frac{I_f}{U_o} = -\frac{1}{R_f} \tag{5.26}$$

式中,F_{iu} 为互导反馈系数。

② 求闭环电压增益 A_{usf}

$$A_{uif} = \frac{U_o}{I_i} \approx \frac{1}{F_{iu}} = -R_f \tag{5.27}$$

式中,A_{uif} 为互阻增益。

因为

$$I_i \approx \frac{U_s}{R_1}$$

所以

$$A_{usf} = \frac{U_o}{U_s} = \frac{U_o}{I_i} \cdot \frac{I_i}{U_s} \approx A_{uif} \cdot \frac{1}{R_1} = -\frac{R_f}{R_1} \tag{5.28}$$

式(5.28)表明,A_{usf} 只与 R_f/R_1 有关,故 U_o 稳定。

③ 估算输入电阻 r_{if}

$$r_{if} = \frac{U_i}{I_i} = \frac{U_i}{I_i' + I_f} = \frac{U_i}{I_i'\left(1 + \frac{U_o}{I_i'} \cdot \frac{I_f}{U_o}\right)} = \frac{r_{id}}{1 + A_{ui}F_{iu}} \tag{5.29}$$

式(5.28)表明,引入并联负反馈使输入电阻比无反馈时减小了 $(1 + A_{ui}F_{iu})$ 倍。

考虑信号源内阻和深度并联负反馈的作用,从 U_s 向右看的输入电阻 r_{isf},即

$$r_{isf} = \frac{U_s}{I_i} \approx R_1$$

④ 估算输出电阻 r_{of}

因为是电压反馈(推导方法同前),则

$$r_{of} = \frac{r_o}{1 + A_{ui}F_{iu}} \to 0 \tag{5.30}$$

注意: 并联负反馈要求信号源内阻 R_s 越大越好,$R_s \to \infty$ 时信号源接近恒流源,I_f 与 I_s 直接相减,负反馈效果最佳。否则,当 $R_s \to 0$ 时信号为恒压源,在运放两输入端之间的 $U_{id} = U_s =$ 常数,与反馈无关,并联反馈不起作用。

4. 电流并联负反馈电路

(1) 电路分析

电路如图 5.11(a) 所示。分析步骤如下:

① 判断有无反馈

由图 5.11(a) 看出,R_f 构成反馈通路,存在反馈。

② 判断反馈采样

因反馈由 R_2 上端(R_L 下端)引回,因此,与 U_o 无关,与 I_o 有直接关系,故判断为电流反馈。将 U_o 短路时,反馈仍存在,U_{R2} 对反馈有影响,也可判断为电流反馈。

③ 判断反馈连接方式

由图 5.11(a) 可知 I_i 与 I_f 为电流求和形式,故为并联反馈。

④ 判断反馈极性

用电流法确定 I_f 的方向,在图 5.11(a) 中,运放反相输入端为(+),R_2 上端为(−),I_f 由前向后流,则 $I_i' = I_i - I_f$,使 I_i' 减小,故为负反馈。

综上分析,该电路为电流并联负反馈。

(2) 参数估算(以图 5.11(b) 为例)

① 求反馈系数 F

在图 5.11(b) 中,I_i 为输入量,I_o 为输出量,I_f 为反馈量。由 $I_i' \approx 0$,$I_i \approx I_f$,$U_- \approx 0$(虚地),则

$$I_f R_f + (I_f + I_o)R_2 \approx 0$$

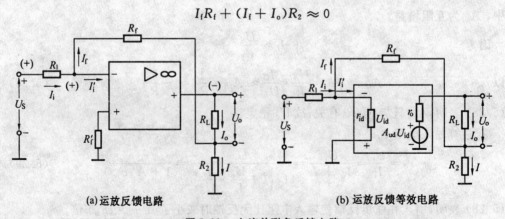

(a)运放反馈电路　　　　　　　　　(b) 运放反馈等效电路

图 5.11　电流并联负反馈电路

$$-I_f = \frac{R_2}{R_2 + R_f} \cdot I_o$$

所以

$$F_{ii} = \frac{I_f}{I_o} = -\frac{R_2}{R_2 + R_f} \tag{5.31}$$

式中,F_{ii} 为电流反馈系数。

② 求闭环电压增益 A_{uSf}

该电路满足深度负反馈条件,则

$$A_{iif} = \frac{I_o}{I_i} \approx \frac{1}{F_{ii}} = -\left(1 + \frac{R_f}{R_2}\right) \tag{5.32}$$

式中,A_{iif} 为电流放大倍数,与放大电路内部参数无关,只取决于 R_f/R_2 比值。

$$A_{uSf} = \frac{U_o}{U_S} = \frac{I_o R_L}{I_i R_1} = A_{iif} \frac{R_L}{R_1} = -\left(1 + \frac{R_f}{R_2}\right)\frac{R_L}{R_1} \tag{5.33}$$

③ 估算输入电阻 r_{if}

参照并联负反馈估算方法,可得

$$r_{if} = \frac{r_{id}}{1 + A_{ii}F_{ii}} \approx R_1 \tag{5.34}$$

④ 估算输出电阻 r_{of}

方法同前,得

$$r_{of} = (1 + A_{ii}F_{ii})\,r_o \approx \infty \tag{5.35}$$

以上四种负反馈电路中,由于输入量和输出量不同,从而使 A_f 和 F 的含义是广义的,具体情况视反馈类型而定。现归纳在表 5.1 中,表中 A_u 为电压放大倍数,A_i 为电流放大倍数,A_{ui} 为互阻增益,A_{iu} 为互导增益。与其对应的反馈系数的量纲也不同。

表 5.1 负反馈放在电路中 A_f 和 F 的含义

反馈类型	净输入量	输出量	反馈量	$\dot{A}$		$\dot{F}$	
				含义	量纲	含义	量纲
电压串联	U_{id}	U_o	U_f	$A_u = U_o/U_{id}$ 电压增益	无	$F_{uu} = U_f/U_o$ 电压反馈系数	无
电压并联	I_{id}	U_o	I_f	$A_{ui} = U_o/I_{id}$ 互阻增益	Ω	$F_{iu} = I_f/U_o$ 互导反馈系数	S
电流串联	U_{id}	I_o	U_f	$A_{iu} = I_o/U_{id}$ 互导增益	S	$F_{ui} = U_f/I_o$ 互阻反馈系数	Ω
电流并联	I_{id}	I_o	I_f	$A_i = I_o/I_{id}$ 电流增益	无	$F_{ii} = I_f/I_o$ 电流反馈系数	无

5.4 负反馈对放大电路性能的改善

引入负反馈的目的是使放大电路工作稳定,但是放大倍数降低了。从得失角度上看,放大倍数降低是一失,那么好的地方是对电路性能的改善,改善的程度都与反馈深度 $|1 + AF|$ 有关,下面分别加以讨论。

5.4.1　提高放大倍数的稳定性

前面分析四种类型负反馈电路得出的结论是在输入量不变时,引电压负反馈能使输出电压稳定,引电流负反馈能使输出电流稳定,因此,放大倍数恒定。当满足深度负反馈条件时,$A_f \approx 1/F$,A_f 与基本放大电路内部参数几乎无关,只取决于 F,而 F 多数由 R、C 等线性元件组成,故 A_f 是稳定的。

衡量放大倍数的稳定程度,常采用有、无反馈时的放大倍数相对变化量之比来评定。为了简捷,设信号为中频情况,A、F 用实数标定,这样闭环放大倍数一般表达式可表示为

$$A_f = \frac{A}{1 + AF} \tag{5.36}$$

对式(5.36)求微分,即

$$dA_f = \frac{(1 + AF) \cdot dA - AF \cdot dA}{(1 + AF)^2} = \frac{dA}{(1 + AF)^2}$$

两边同除以 A_f 则

$$\frac{dA_f}{A_f} = \frac{1}{1 + AF} \cdot \frac{dA}{A} \tag{5.37}$$

式(5.37)表明,负反馈使闭环放大倍数相对变化量减小为开环放大倍数相对变化量的 $1/(1 + AF)$。例如,$dA/A = \pm 10\%$ 时,设 $1 + AF = 100$,则 $dA_f/A_f = \pm 0.1\%$,即减小为 dA/A 的 $1/100$。

综上分析看出,引入负反馈后,使得由于各种原因(温度、负载、器件参数等变化)引起的放大倍数的变化程度减小了,电路工作状态稳定。

5.4.2　减小非线性失真

放大电路中存在非线性器件,使输出信号波形产生不同程度的非线性失真,电路级数越多越严重,如图 5.12 所示。当引入负反馈后,反馈网络不移相,将输出信号送回比较环节进行叠加,使净信号波形产生与输出信号波形相反的效果(见图 5.12(b)),再经过放大,输出信号波形的失真部分得到改善。改善的程度减小为 $(1 + AF)$ 倍。但是,非线性失真与信号幅值有关,基波成分是输入信号 X_i 产生的,而 X_i 在负反馈环路之外,用加大 X_i 的办法使输出端的基波成分增大到引负反馈前的值,而各次谐波成分由于引负反馈而被削弱,相比之下,引反馈后非线性失真明显减小。这种减小非线性失真的影响是在非线

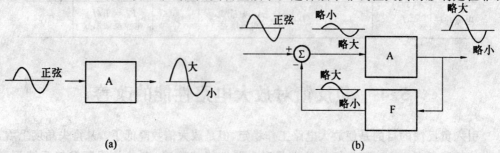

图 5.12　减小非线性失真示意图

性失真不十分严重时才有效的,如果输入信号本身就存在严重的非线性失真,负反馈再深也是无能为力的。

5.4.3　抑制干扰和噪声

放大电路用的直流电源多数是由电网输入经过整流、滤波、稳压而得的,因此,它存在交流纹波,在放大电路输出信号中产生"电源干扰"。另外,放大器件工作时,由于载流子做不规则的热运动,将产生"热噪声",在放大电路输出信号中产生"噪声"杂音。在正常情况下,这些"干扰"和"噪声"对输出量的影响很小,折算到输入端为微伏(10^{-6} V)数量级。如果被放大的输入信号(如测量信号)很微弱,与干扰和噪声大小相似,那么在输出信号中,有用信号会被淹没,无法分辨。当信号幅值大于"干扰和噪声"信号时,引负反馈可抑制干扰和噪声,抑制程度为减小了 $1/(1+AF)$ 倍。其条件是,信号的幅度具有提高的潜力而且干扰信号只局限在由系统内部产生的,不能混在信号中。引负反馈对信号中的干扰信号幅值同样减小,不能改变信噪比。这样,信号中的干扰只能通过后边讨论的滤波等手段去削弱。

5.4.4　扩展频带和减小频率失真

引深度负反馈时,放大倍数只与反馈系数有关,如果反馈网络由电阻构成,则放大倍数为常数,可理解频带展宽。下边做定量说明。

以单级电路为例,频带宽度近似由上限截止频率 f_H 决定。无反馈时,A_H 为

$$A_H = \frac{A_{um}}{1 + j\dfrac{f}{f_H}} \tag{5.38}$$

引入负反馈后

$$A_{Hf} = \frac{A_H}{1 + A_H F} \tag{5.39}$$

将式(5.38)代入式(5.39),得

$$A_{Hf} = \frac{\dfrac{A_{um}}{1+j\dfrac{f}{f_H}}}{1 + \dfrac{A_{um}}{1+j\dfrac{f}{f_H}} \cdot F} = \frac{\dfrac{A_{um}}{1+A_{um}F}}{1 + j\dfrac{f}{(1+A_{um}F)f_H}} = \frac{A_{umf}}{1 + j\dfrac{f}{(1+A_{um}F)f_H}} \tag{5.40}$$

式中,A_{umf} 为闭环中频放大倍数。

将式(5.40)与式(5.38)比较,得

$$f_{Hf} = (1 + A_{um}F)f_H \tag{5.41}$$

式(5.41)表明,引入负反馈后,使上限截止频率增大了 $(1+AF)$ 倍。因此,频带宽度也增大 $(1+AF)$ 倍。即

$$BW_f \approx (1+AF)BW \tag{5.42}$$

另外,放大电路增益带宽积为一常数,引负反馈后增益减小,故其带宽必然扩宽。频率失真得到改善。

5.4.5　对输入电阻和输出电阻的影响

由前面对四种类型负反馈电路分析得如下结论。

1. 输入电阻

引串联负反馈,使输入电阻提高,即 $r_{if}=(1+AF)r_i$。

引并联负反馈,使输入电阻减小,即 $r_{if}=\dfrac{r_i}{(1+AF)}$。

2. 输出电阻

引电压负反馈,使输出电阻减小,即 $r_{of}=\dfrac{r_o}{1+AF}$。

引电流负反馈,使输出电阻增大,即 $r_{of}=(1+AF)r_o$。

5.5　负反馈的正确引入原则

引入负反馈能够改善放大电路的多方面性能,负反馈越深,改善的效果越显著,但是放大倍数下降得越多。由此可知,负反馈对放大电路性能的改善,是以牺牲放大倍数换取的。尽管如此,在实际电路中还是要引入负反馈改善所需要的技术指标。下面提供正确引入负反馈一般遵循的原则:

(1) 要稳定静态工作点,应引入直流负反馈。

(2) 要改善交流性能,应引入交流负反馈。

(3) 要稳定输出电压,应引入电压负反馈;要稳定输出电流,应引入电流负反馈。以上负反馈多为总体反馈,由输出端引回至输入回路。

(4) 要想提高输入电阻,应引串联负反馈,要想减小输入电阻,应引并联负反馈。

(5) 要想减小输出电阻,应引电压负反馈;要想增大输出电阻,应引电流负反馈。

5.6　负反馈放大电路中的自激振荡及消除

5.6.1　产生自激振荡的原因及条件

1. 什么是自激振荡

在负反馈放大电路中,当 $|1+\dot A\dot F|=0$ 时,$|A_f|=\infty$,此时没有输入信号,但是有输出信号产生,这种现象称为自激振荡。

2. 产生自激振荡的原因

信号为中频时,反馈信号与输入信号极性相反,净输入信号为二者之差,因此,产生负反馈。信号为低频或高频时,经过放大电路要产生附加相移 $\Delta\varphi_A$。如果在某一频率 f_0 时,这个附加相移达到 $\Delta\varphi_A=180°$ 时,反馈信号与输入信号的极性变为相同,净输入信号为二者之和。因此,产生正反馈。当反馈信号幅值等于或大于净输入信号时,无需输入信号,电路即有输出了,也就产生了频率为 f_0 的自激振荡。

由上面分析可知,产生自激振荡的原因有二:① 产生附加相移,且 $\Delta\varphi_A = 180°$,使负反馈变为正反馈;② 反馈信号幅度足够大。

单级放大电路低端或高端的附加相移最大为 $\Delta\varphi_A = 90°$,不可能达到 $180°$,故单级放大电路中不可能产生自激振荡。

两级放大电路的附加相移最大为 $\Delta\varphi_A = 180°$,此时 $|A| \approx 0$,不满足幅度条件。一般情况下不产生自激振荡。但是个别的两级放大电路中也会有自激振荡,这是多种附加因素造成的。

三级或大于三级电路中,附加相移最大可达 $\Delta\varphi_A = \pm 270°$,其中总会有在某一个频率 f_0 的信号,满足 $|\Delta\varphi_A| = 180°$,且 $|A\dot{F}| \geqslant 1$,产生自激振荡。

3. 产生自激的条件

由 $|1 + \dot{A}\dot{F}| = 0$ 得 $\qquad\qquad\qquad \dot{A}\dot{F} = -1$ $\qquad\qquad\qquad\qquad$ (5.43)

其幅值条件 $\qquad\qquad\qquad\qquad |\dot{A}\dot{F}| = 1$ $\qquad\qquad\qquad\qquad$ (5.44)

相位条件 $\qquad\qquad\qquad \Delta\varphi_A = \pm(2n+1)\pi \quad (n = 1, 2, \cdots)$ $\qquad$ (5.45)

满足上述条件,负反馈电路中产生自激振荡。

5.6.2　负反馈放大电路的稳定性和自激振荡的消除

1. 用波特图分析负反馈电路的稳定性

判断负反馈电路中能否产生自激振荡,用波特图分析一目了然。幅频特性纵坐标用 $dB(20\lg|\dot{A}\dot{F}|)$ 表示,相频特性纵坐标用 $\Delta\varphi_{AF}$ 表示,负反馈放大电路在三种情况下的波特图如图 5.13 所示。图中,f_c 为"临界频率";f_0 为"切割频率",含义是幅频特性曲线切割 f 轴;$\Delta\varphi_{AF}$ 为环路增益 $|\dot{A}\dot{F}|$ 的附加相移,因 $|\dot{F}|$ 是实数,$\Delta\varphi_F \equiv 0$,故 $\Delta\varphi_{AF} = \Delta\varphi_A$。

在图 5.13(a) 中,当 $f = f_0 = f_c$ 时,$20\lg|\dot{A}\dot{F}| = 0$,即 $|\dot{A}\dot{F}| = 1$,满足式(5.44)的条件;当 $f = f_0 = f_c$ 时,对应的附加相移 $|\Delta\varphi_{AF}| = 180°$,满足式(5.45)的条件。此时电路处于临界状态,很容易向自激振荡发展,因为满足自激条件。

在图 5.13(b) 中,当 $f = f_c$ 时,$|\Delta\varphi_{AF}| = 180°$,对应的 $20\lg|\dot{A}\dot{F}| > 0$,满足产生自激振荡条件。此时电路产生自激振荡,工作不稳定,必须设法消除。

在图 5.13(c) 中,当 $f = f_0$ 时,$20\lg|\dot{A}\dot{F}| = 0$,即 $|\dot{A}\dot{F}| = 1$;而对应的 $|\Delta\varphi_{AF}| < 180°$,不满足自激条件,故不产生自激,电路稳定工作。另一种情况,$f = f_c$ 时,$|\Delta\varphi_{AF}| = 180°$,对应的 $20\lg|\dot{A}\dot{F}| < 0$,也不满足自激条件,不产生自激。只要自激条件有一个不满足,就不能产生自激振荡,电路处于稳定工作状态,其稳定程度可用"幅值裕度"G_m 和"相位裕度"φ_m 来衡量。

(1) 幅值裕度 G_m

由图 5.13(c) 中看出,当 $f = f_c$ 时,$\Delta\varphi_{AF} = 180°$ 对应的负 dB 值 G_m 称为幅值裕度,即

$$G_m = -20\lg|\dot{A}\dot{F}|$$ $\qquad\qquad\qquad$ (5.46)

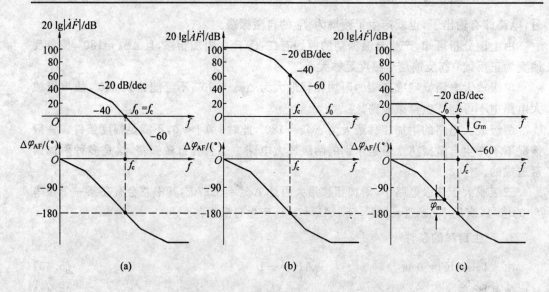

图 5.13　判断自激

（2）相位裕度 φ_m

由图 5.13（c）中看出，当 $f=f_0$ 时，$20\lg|\dot A\dot F|=0$，对应的附加相移与 180° 之差 φ_m 称为"相位裕度"，即

$$\varphi_m = 180° - |\Delta\varphi_{AF}| \tag{5.47}$$

一般要求 $\varphi_m \geqslant +45°$，电路就可以稳定工作了。

2. 消除自激振荡的方法

负反馈电路产生自激振荡时，不能正常工作，必须消除。办法是破坏式（5.44）和（5.45）的自激条件，多数情况是破坏产生自激的相位条件。消除自激的方法如下。

（1）滞后补偿

在多级放大电路中某两级间接入一个电容 C（或 R 与 C 串联网络），如图 5.14（a）所示，其等效电路如图 5.14（b）所示。其目的是使高频幅度衰减更快，以便当附加相移 $\Delta\varphi_{AF} = 180°$ 时，对应的 $|\dot A\dot F| < 1$，故不产生自激。未接电容前极点频率为

$$f_1 = \frac{1}{2\pi R_1 C_1} \tag{5.48}$$

式中，R_1 为等效电阻，是前级输出电阻与后级输入电阻的并联值；C_1 为等效电容。

当接入补偿电容 C 后，极点频率将下降至 f_1'，即

$$f_1' = \frac{1}{2\pi R_1 (C_1 + C)} \tag{5.49}$$

这样，使 $f_1' < f_1$，$f_0' < f_0$，如图 5.14（c）所示，而 $f_1 < f_0'$ 这段频率所对应的相位滞后（比 $\Delta\varphi_{AF} = 180°$），称滞后补偿。这个补偿使通频带变窄，也称窄带补偿。

（2）超前补偿

在反馈网络中加电容 C_f，如图 5.15（a）所示。其目的是将 0 dB 点对应的附加相移前移超前，使 $\Delta\varphi_{AF} \neq 180°$。故不产生自激。这种补偿称为超前补偿，如图 5.15（b）所示。

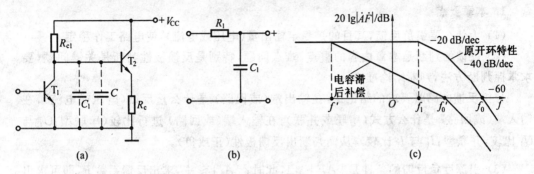

图 5.14　滞后补偿

补偿后频带变宽,因此,也称宽带补偿。在 R_f 并联 C_f 后的反馈系数 $\dot{F}$ 的表达式为

$$\dot{F} = \frac{\dot{U}_f}{\dot{U}_o} = \frac{R_1}{R_1 + R_f} \cdot \frac{1 + j\omega R_f C_f}{1 + j\omega R' C_f} = F_0 \frac{1 + j\dfrac{f}{f_1}}{1 + j\dfrac{f}{f_2}} \qquad (5.50)$$

式中,$R' = R_1 \mathbin{/\mkern-5mu/} R_f$,$F_0 = \dfrac{R_1}{R_1 + R_f}$ 为不接 C_f 时的反馈系数。

且令 $f_1 = \dfrac{1}{2\pi R_f C_f}$,$f_2 = \dfrac{1}{2\pi R' C_f} = \dfrac{R_1 + R_f}{R_1} \cdot f_1$。由于 $f_1 < f_2$,补偿后的反馈系数具有超前相移(可画出相频特性来证明,这里省略)。

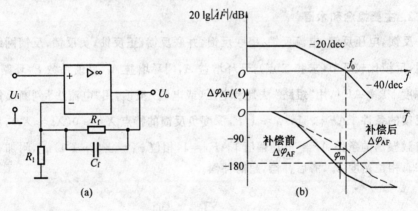

图 5.15　超前补偿

本章小结

　　本章主要讨论了反馈的基本概念、分类及判断,负反馈闭环增益的一般表达式,深度负反馈电路的分析和计算,引负反馈后对电路性能指标的改善和负反馈电路中的自激及消除等内容。

1. 本章要点

(1) 为什么要引负反馈,其目的是稳定输出量(电压或电流),使电路工作稳定。

(2) 反馈的判断是本章内容的重点、难点问题,特别是反馈极性判断是关键问题,要求掌握判断方法,判断结论准确。

分析反馈电路时要求的结论是:在输出端(或回路)是什么量反馈(电压或电流),在输入端(或回路)是什么方式(串联或并联);在输入端(或回路)进行比较(串联型:U_f 与 U_i 比较,并联型:I_f 与 I_i 比较),从而判断出反馈极性(正或负)。

(3) 引深度负反馈的条件是 $|\dot{A}\dot{F}| \gg 1$,此时,$|\dot{A}_f| \approx \dfrac{1}{\dot{F}}$,求出反馈系数 $\dot{F}$,即可求出 $\dot{A}_f$。深度负反馈的特点是 $\dot{X}_i' \approx 0, \dot{X}_i \approx \dot{X}_f$。在深度负反馈条件下,可利用 $\dot{X}_i \approx \dot{X}_f$ 来计算 $\dot{A}_f$。

(4) 要求会分析判断四种负反馈典型电路,会求 $\dot{F}$、$\dot{A}_f$、$\dot{A}_{uuf}$、r_{if} 和 r_{of}。

(5) 熟悉引入负反馈后对电路性能的改善,主要是稳定增益 $\dot{A}_f$,减小非线性失真,抑制干扰和噪声,扩展频带,改变 r_{if} 和 r_{of} 的大小。

(6) 正确掌握引入负反馈的原则,根据不同条件要求,引入对应的负反馈电路。

(7) 掌握产生自激振荡的条件,即 $\dot{A}\dot{F} = -1$,根据此条件会应用环路增益的波特图判断负反馈电路工作状态是否稳定。如果可能产生自激振荡,应会消除。

2. 主要概念和术语

反馈,电压反馈,电流反馈,串联反馈,并联反馈,正反馈,负反馈,反馈网络,反馈取样电阻,反馈比较环节(求和 Σ 点),开环增益 $\dot{A}$,闭环增益 $\dot{A}_f$,反馈系数 $\dot{F}$,环路增益 $\dot{A}\dot{F}$,反馈深度 $|1+\dot{A}\dot{F}|$,用"短路"法判断电压(或电流)反馈,用"电流法"判断反馈极性,深度负反馈的条件 $|\dot{A}\dot{F}| \gg 1$,$\dot{A}_f \approx 1/\dot{F}$,深度负反馈的特点 $\dot{X}_i' \approx 0 (\dot{X}_i \approx \dot{X}_f)$,自激振荡,产生自激振荡的条件 $\dot{A}\dot{F} = -1 [幅值 |\dot{A}\dot{F}| = 1,相位 \varphi_A = \pm(2n+1)\pi]$,附加相移,幅值裕度 G_m,相位裕度 φ_m,滞后补偿,超前补偿。

习　题

5.1　选择正确的答案填空(只填 a,b,c,… 以下类推)。

(1) 反馈放大电路的含义是_____。(a. 输出与输入之间有信号通路;b. 电路中存在反向传输的信号通路;c. 除放大电路以外还有信号通路)

(2) 构成反馈通路的元器件_____。(a. 只能是电阻、电容或电感等无源元件;b. 只能是晶体管、集成运放等有源器件;c. 可以是无源元件,也可以是有源器件)

(3) 反馈量是指_____。(a. 反馈网络从放大电路输出回路中取出的信号;b. 反馈到输入回路的信号;c. 反馈到输入回路的信号与反馈网络从放大电路输出回路中取出的信号之比)

（4）直流负反馈是指_____。（a. 反馈网络从放大电路输出回路中取出的信号；b. 直流 通路中的负反馈；c. 放大直流信号时才有的负反馈）

（5）交流负反馈是指_____。（a. 只存在于阻容耦合及变压器耦合电路中的负反馈；b. 交流通路中的负反馈；c. 放大正弦波信号时才有的负反馈）

5.2 分析图 5.16 中的电路存在的交流反馈，判断下列说法是否正确（在括号中画 √ 或 ×）。各电容的容量足够大，对交流视为短路。

（1）图 5.16(a) 电路为电流反馈（　　），串联反馈（　　），正反馈（　　）；

（2）图 5.16(b) 电路为电压反馈（　　），串联反馈（　　），负反馈（　　）；

（3）图 5.16(c) 电路为电流反馈（　　），并联反馈（　　），正反馈（　　）。

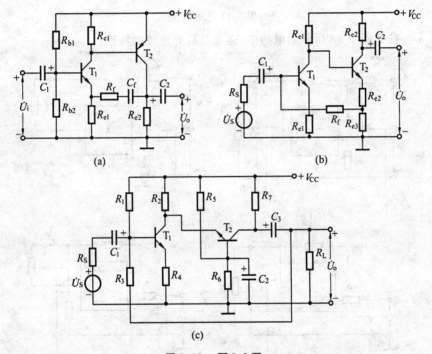

图 5.16　题 5.2 图

5.3 在图 5.17 所示的两个电路中，其级间交流反馈是什么类型？（选择正确的答案填空）

（1）图 5.17(a) 电路为_____；

（2）图 5.17(b) 电路为_____。

（a. 电压串联负反馈；b. 电流串联负反馈；c. 电压并联负反馈；d. 电流并联负反馈；e. 电压 串联正反馈；f. 电流串联正反馈；g. 电压并联正反馈；h. 电流并联正反馈）

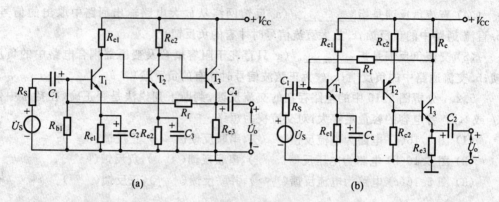

图 5.17　题 5.3 图

5.4　在如图 5.18 所示的电路中,运放都具有理想的特性。

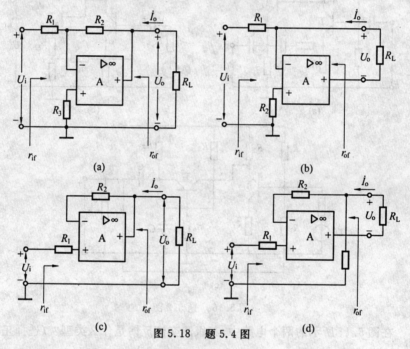

图 5.18　题 5.4 图

(1) 判断电路中的反馈是正反馈还是负反馈,并指出是何种组态;

(2) 说明这些反馈对电路的输入、输出电阻有何影响(增大或减小),并求出 r_{if} 和 r_{of} 的大小;

(3) 写出各电路闭环放大倍数的表达式(要求对电压反馈电路写 $\dfrac{U_o}{U_i}$,对电流反馈电路写 $\dfrac{I_o}{U_i}$)。

5.5　分析图 5.19 中两个电路的级间反馈。回答:

(1) 它们是正反馈还是负反馈?

(2) 是直流反馈、交流反馈,还是交、直流反馈兼有?

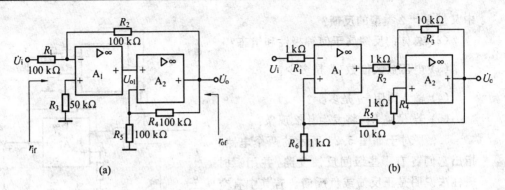

图 5.19 题 5.5 图

（3）它们属于何种组态？

（4）各自的电压放大倍数 $\dfrac{U_o}{U_i}$ 约是多少？

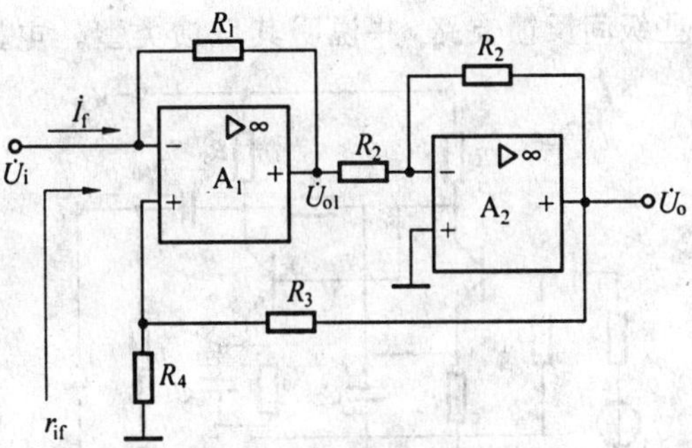

5.6 图 5.20 中的 A_1、A_2 为理想的集成运放。问：

（1）第一级与第二级在反馈接法上分别是什么极性和组态？

（2）从输出端引回到输入端的级间反馈是什么极性和组态？

（3）电压放大倍数 $\dfrac{U_o}{U_{o1}}=?$ $\dfrac{U_o}{U_i}=?$

（4）输入电阻 $r_{if}=?$

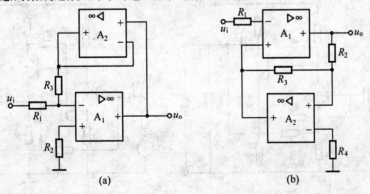

图 5.20 题 5.6 图

5.7 图 5.21 示出了两个反馈放大电路。试指出在这两个电路中，哪些元器件组成了放大通路？哪些组成了反馈通路？是正反馈还是负反馈？属于何种组态？设放大器 A_1、A_2 为理想的集成运放，试写出电压放大倍数的表达式。

图 5.21 题 5.7 图

5.8 反馈放大电路如图 5.22 所示，设 A_1、A_2 为理想的集成运放。试回答：

（1）哪些元器件组成放大通路？哪些元器件组成反馈通路？在放大通路和反馈通路

中又包含什么类型的反馈?

(2) 总体的反馈属于何种极性和组态?

(3) 电压放大倍数 $\dfrac{U_o}{U_i}$ 是多少?

(4) 输入电阻 r_{if} 是多少?

(5) 若 $R \ll R_1$,将发生什么现象?

5.9　对于如图 5.23 所示的两个电路,指出它们各有哪些级间反馈支路,并用瞬时极性法说明是正反馈或负反馈。若其中有交流反馈,则指出其组态类型。

5.10　指出如图 5.24 所示电路中有哪些级间反馈支路,并说明其反馈类型。电路

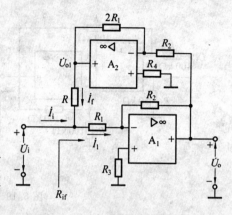

图 5.22　题 5.8 图

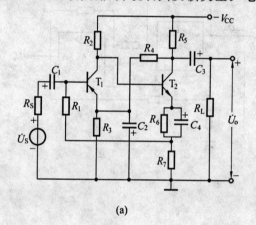

(a)

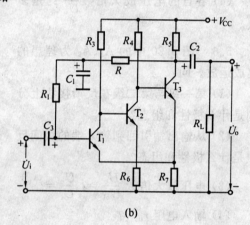

(b)

图 5.23　题 5.9 图

中各电容可视为对交流短路。

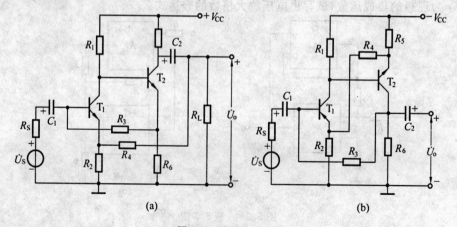

(a)　　　　　　　　　　　(b)

图 5.24　题 5.10 图

5.11　判断图 5.25 中各电路所引反馈的极性及交流反馈的组态。

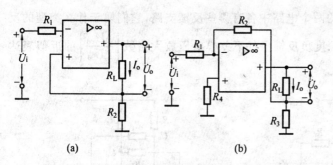
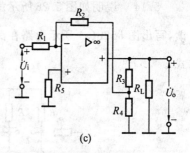

图 5.25 题 5.11 图

5.12 分析图 5.26 所示电路,选择正确的答案填空。

(1) 在 这 个 直 接 耦 合 的 反 馈 电 路 中, _____。(a. 只有直流反馈而无交流反馈;b. 只有交流反馈而无直流反馈;c. 既有直流反馈又有交流反馈;d. 不存在实际的反馈作用)

(2) 这个反馈的组态与极性是_____。(a. 电压并联负反馈;b. 电压正反馈;c. 电流并联负反馈;d. 电流串联负反馈;e. 电压串联负反馈;f. 无组态与极性可言)

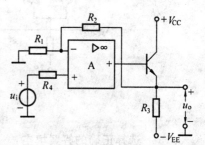

图 5.26 题 5.12 图

(3) 在深度负反馈条件下,电压放大倍数约为_____。

$$\left(\text{a.} -\frac{R_1}{R_1}; \quad \text{b.} -\frac{R_2}{R_4}; \quad \text{c.} \frac{R_1+R_2}{R_1}; \quad \text{d.} \frac{R_1+R_2+R_3}{R_1R_3}\right)$$

5.13 分析图 5.27 中的两个电路。

(1) 指出图 5.27(a) 电路的反馈类型,写出反馈系数表达式,并求电压增益 $\frac{U_o}{U_i}$,设集成运放 A 具有理想的特性;

(2) 在图 5.27(b) 电路中,运放 A 具有有限的增益,试指出该电路引入反馈的目的,设各电容的容抗均很小而可忽略不计。(从下列说法中选择一个正确的答案:a. 稳定输出交流电压幅度;b. 稳定输出静态电位;c. 二者均可稳定;d. 增大直流放大倍数)

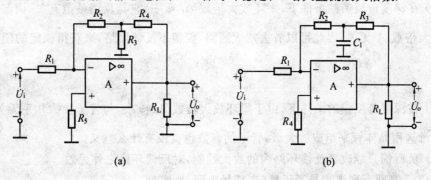

图 5.27 题 5.13 图

5.14　说明如图5.28所示的两个电路中各有哪些反馈支路,它们属于什么类型的反馈,写出图5.28(a)所示电路在深度负反馈条件下差模电压放大倍数$\left|\dfrac{\Delta U_{od}}{\Delta U_{id}}\right|$的近似表达式。

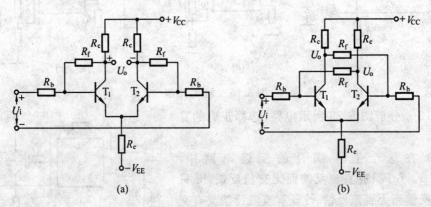

图5.28　题5.14图

5.15　选择正确的答案填空:

(1) 在放大电路中,为了稳定静态工作点,可以引入_____;若要稳定放大倍数,应引入_____;某些场合为了提高放大倍数,可适当引入_____;希望展宽频带,可以引入_____;如要改变输入或输出电阻,可以引入_____;为了抑制温漂,可以引入_____。(a.直流负反馈;b.交流负反馈;c.交流正反馈;d.直流负反馈和交流负反馈)

(2) 如希望减小放大电路从信号源索取的电流,则可采用_____;如希望取得较强的反馈作用而信号源内阻很大,则宜采用_____;如希望负载变化时输出电流稳定,则应引入_____;如希望负载变化时输出电压稳定,则应引入_____。(a.电压负反馈;b.电流负反馈;c.串联负反馈;d.并联负反馈)

5.16　判断下列说法是否正确(在括号中画 √ 或 ×):

(1) 在负反馈放大电路中,在反馈系数较大情况下,只有尽可能地增大开环放大倍数,才能有效地提高闭环放大倍数。(　　)

(2) 在负反馈放大电路中,放大器的放大倍数越大,闭环放大倍数就越稳定。(　　)

(3) 在深度负反馈的条件下,闭环放大倍数 $A_f \approx \dfrac{1}{F}$,它与反馈系数有关,而与放大器开环放大倍数 A 无关,因此可以省去放大通路,仅留下反馈网络,来获得稳定的闭环放大倍数。

(　　)

(4) 在深度负反馈的条件下,由于闭环放大倍数 $A_f \approx \dfrac{1}{F}$,与管子参数几乎无关,因此可以任意选用晶体管来组成放大级,管子的参数也就没有什么意义。(　　)

(5) 负反馈只能改善反馈环路内的放大性能,对反馈环路之外无效。(　　)

5.17　判断下列说法是否正确(在括号中画 √ 或 ×):

(1) 若放大电路的负载固定,为使其电压放大倍数稳定,可以引入电压负反馈,也可

以引入电流负反馈。(　　)

(2) 电压负反馈可以稳定输出电压,流过负载的电流也就必然稳定,因此电压负反馈和电流负反馈都可以稳定输出电流,在这一点上电压负反馈和电流负反馈没有区别。(　　)

(3) 串联负反馈不适用于理想电流信号源的情况,并联负反馈不适用于理想电压信号源的情况。(　　)

(4) 任何负反馈放大电路的增益带宽积都是一个常数。(　　)

(5) 由于负反馈可以展宽频带,所以只要负反馈足够深,就可以用低频管代替高频管组成放大电路来放大高频信号。(　　)

(6) 负反馈能减小放大电路的噪声,因此无论噪声是输入信号中混合的还是反馈环路内部产生的,都能使输出端的信噪比得到提高。(　　)

5.18　在交流负反馈的四种组态(a. 电压串联;b. 电压并联;c. 电流串联;d. 电流并联)中:

(1) 要求跨导增益 $A_{iuf} = \dfrac{I_o}{U_i}$ 稳定,应选用哪一种? (　　);

(2) 要求互阻增益 $A_{ui} = \dfrac{U_o}{I_i}$ 稳定,应选用哪一种? (　　);

(3) 要求电压增益 $A_{uuf} = \dfrac{U_o}{U_i}$ 稳定,应选用哪一种? (　　);

(4) 要求电流增益 $A_{iif} = \dfrac{I_o}{I_i}$ 稳定,应选用哪一种? (　　)。

5.19　判断下列说法是否正确,用 √ 或 × 在括号内表示出来。

(1) 负反馈放大电路的反馈系数 $|\dot{F}|$ 越大,越容易引起自激振荡。(　　)

(2) 当负反馈放大电路中的反馈量与净输入量之间满足 $\dot{X}_i = \dot{X}_f$ 的关系时,就产生自激振荡。(　　)

(3) 只要电路接成正反馈,就能产生振荡。(　　)

(4) 由运算放大器组成的电压跟随器的电压放大倍数最小(约为1),故最不容易产生自激振荡。(　　)

(5) 直接耦合放大电路在引入负反馈后不可能产生低频自激振荡,只可能产生高频自激振荡。(　　)

5.20　选择正确答案填空。

(1) 负反馈放大电路产生自激振荡的条件是_____。(a. $\dot{A}\dot{F} = 0$;b. $\dot{A}\dot{F} = 1$; c. $\dot{A}\dot{F} = -1$;d. $\dot{A}\dot{F} = \infty$)

(2) 多级负反馈放大电路在下述情况下容易引起自激振荡:_____。(a. 回路增益 $|\dot{A}\dot{F}|$ 大;b. 各级电路的参数很分散;c. 闭环放大倍数大;d. 放大器的级数少)

(3) 一个单管共射放大电路如果通过电阻引入负反馈,则_____。(a. 一定会产生高频自激振荡;b. 有可能产生高频自激振荡;c. 一定不会产生高频自激振荡)

5.21　一个反馈放大电路在 $\dot{F} = 0.1$ 时的对数幅频特性如图 5.29 所示。试回答:

（1）基本放大电路的放大倍数 $|\dot{A}|$ 是多大？接入反馈后 $|\dot{A}|=\left|\dfrac{\dot{U}_o}{\dot{U}_i}\right|$ 是多少？

（2）已知 $\dot{A}\dot{F}$ 在低频时为正数，当电路按负反馈连接时，若不加校正环节是否会产生自激？为什么？

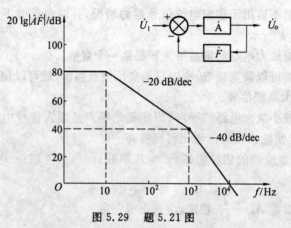

图 5.29　题 5.21 图

5.22　图 5.30 为某负反馈放大电路在 $\dot{F}=-0.1$ 时的回路增益波特图。要求：

（1）写出开环放大倍数 $\dot{A}$ 的表达式，并在幅频特性曲线上标明特性下降的斜率；

（2）判断该负反馈放大电路是否会产生自激振荡；

（3）若产生自激，则求出 $|\dot{F}|$ 应下降到多少才能使电路到达临界稳定状态；若不产生自激，则说明有多大的相位裕度。

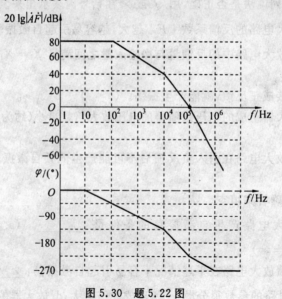

图 5.30　题 5.22 图

第6章 正弦波振荡电路

信号波形发生电路,也称信号发生器。它的特点是利用"自激振荡"原理工作,其实质是放大器引入正反馈的结果。

产生正弦波自激振荡的电路称正弦波振荡器,本章将详细介绍。产生非正弦波的自激振荡电路常见的有矩形波、三角波、锯齿波和其他脉冲波等,这些波形发生器将在后边介绍。波形发生电路在实验和科研工作中应用广泛,是本课重点学习内容之一。

6.1 产生正弦波振荡的条件

6.1.1 什么是自激振荡

"自激振荡"是指在不外加信号的条件下,电路内部能够产生某一频率和一定幅度的输出信号,这种现象称"自激振荡"。

在负反馈电路中,产生自激振荡是有害的,要设法消除。而在波形发生电路中,必须人为地引入正反馈,使之产生自激振荡。这种振荡必须在满足一定的条件下才能实现。

6.1.2 产生正弦波振荡的条件

引入正反馈电路的方框图如图 6.1(a) 所示。

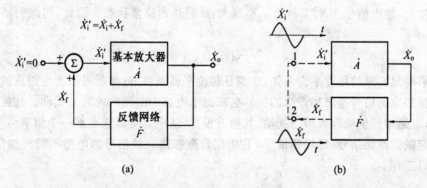

图 6.1 正反馈方框示意图

由图可知

$$\dot{X}'_i = \dot{X}_i + \dot{X}_f \tag{6.1}$$

$$\dot{X}_o = \dot{A}\dot{X}'_i \tag{6.2}$$

$$\dot{X}_f = \dot{F}\dot{X}_o \tag{6.3}$$

由式(6.1)～式(6.3)可导出正反馈一般表达式为

$$\dot{A}_{\mathrm{f}} = \frac{\dot{X}_{\mathrm{o}}}{\dot{X}_{\mathrm{i}}} = \frac{\dot{A}}{1 - \dot{A}\dot{F}} \tag{6.4}$$

当 $|1 - \dot{A}\dot{F}| = 0$ 时，$\dot{A}_{\mathrm{f}} \to \infty$，电路处于自激振荡状态。故把 $|1 - \dot{A}\dot{F}| = 0$ 即

$$\dot{A}\dot{F} = 1 \tag{6.5}$$

称为自激振荡条件。式(6.5)为复数式，也可用幅度平衡条件和相位平衡条件来表示，即

幅度条件 $\qquad\qquad\qquad |\dot{A}\dot{F}| = 1 \tag{6.6}$

相位条件 $\qquad\qquad \varphi_{\mathrm{A}} + \varphi_{\mathrm{F}} = 2n\pi \ (n = 1, 2, \cdots) \tag{6.7}$

式中，φ_{A} 为 $\dot{X}_{\mathrm{o}}$ 与 $\dot{X}_{\mathrm{i}}'$ 之间的相位差；φ_{F} 为 $\dot{X}_{\mathrm{f}}$ 与 $\dot{X}_{\mathrm{o}}$ 之间的相位差。

当满足相位条件时，$\dot{X}_{\mathrm{f}}$ 与 $\dot{X}_{\mathrm{i}}'$ 同相位如图 6.1(b) 所示。

由式(6.2)和式(6.3)可知

$$\dot{X}_{\mathrm{f}} = \dot{A}\dot{F}\dot{X}_{\mathrm{i}}' \tag{6.8}$$

当 $\dot{A}\dot{F} = 1$ 时 $\qquad\qquad\qquad \dot{X}_{\mathrm{i}}' = \dot{X}_{\mathrm{f}} \tag{6.9}$

环路增益为 1，这意味着不加输入信号($\dot{X}_{\mathrm{i}} = 0$)，净输入信号等于反馈信号，放大电路有输出信号，即产生振荡。

6.1.3　产生正弦波振荡的起振幅度条件

正弦波振荡由自行起振到稳幅状态需要有一个建立过程。起振开始瞬间，如果反馈信号 $\dot{X}_{\mathrm{f}}$ 很小(或等于零)，按 $|\dot{A}\dot{F}| = 1$ 的条件处理，输出信号 $|\dot{X}_{\mathrm{o}}|$ 也一定很小(或等于零)，这样就不可能起振。只有在 $|\dot{A}\dot{F}| > 1$ 的情况下，即 $|\dot{X}_{\mathrm{f}}| > |\dot{X}_{\mathrm{i}}'|$ 时经过多次循环放大，输出信号 $|\dot{X}_{\mathrm{o}}|$ 就会从小到大，最后达到稳幅状态。因此，起振的幅度条件是

$$|\dot{A}\dot{F}| > 1 \tag{6.10}$$

如果满足起振的幅度平衡条件，也满足相位平衡条件，电路就可以产生正弦波振荡。那么起振的原始信号是怎样产生的呢？它来源于电路中的噪声或瞬态扰动。在接通电源的瞬间，电路中产生噪声或瞬态扰动，其频谱很宽，从中总可以选出某一个频率为 f_{o} 的信号作为起振的原始信号(即振荡信号)使电路自激振荡。故信号源电路不需外加信号，自身就可以工作。

6.2　正弦波振荡电路的组成与分析方法

6.2.1　正弦波振荡电路的组成

正弦波振荡电路由基本放大电路、反馈网络、选频网络和稳幅电路等部分组成。其中我们只对选频网络和稳幅电路作介绍。

1. 选频网络

选频网络的功能是在很宽的频谱信号中选择其中一个单频 f_0 信号通过网络,且衰减量最小,未被选中的其他频率成分的信号幅度全都使其衰减到最小。通常,选频网络本身的固有频率为 f_0,当外来信号中有 $f=f_0$ 的信号输入时,选频网络产生谐振,此时,被选中的信号通过选频网络并有最大幅度输出。选频网络所确定的频率一般就是振荡电路的振荡频率 f。在多数正弦波振荡电路中,选频网络又兼反馈网络,即起选频又起反馈作用。

2. 稳幅电路

自激振荡一旦建立起来,它的振幅达到最大时要受到电路非线性因素(饱和)的限制,使其正弦波波形失真,这样就要引入负反馈网络,限制振幅增大,使其稳定在一定的大小。稳幅电路如与放大电路结合,利用非线性稳幅,称内稳幅;外加负反馈稳幅电路称外稳幅。总之,稳幅电路是正弦波振荡器中不可缺少的环节。

6.2.2　分析方法

判断能否产生正弦波振荡,要求熟悉电路结构,关键问题是掌握选频网络的特性,然后判断是否满足正弦波振荡条件。其步骤如下:

1. 判断相位平衡条件

判断方法与分析负反馈的方法相同,用瞬时极性法判断反馈极性。其具体做法是:

(1) 在电路中找到基本放大器的输入端,也是反馈信号的连接端。例如,共射电路,基极为输入端;共基电路,发射极为输入端;运放有同相和反相输入端。找到输入端后,"假设"在此处将反馈信号"断开",并加输入信号 $\dot{U}_i$(假设的),再标定极性。

(2) 用瞬时极性法传递信号 $\dot{U}_i$,遇到不同的选频网络其特性不同,分析方法各异。本节将介绍初学者容易接受的用"电阻法"分析反馈电压 $\dot{U}_f$ 极性,在实例中详细介绍。

(3) 将反馈信号引回到"断开"点处,与假设的 $\dot{U}_i$ 比较,如极性相同,则为"同相",即满足产生正弦波振荡的相位平衡条件。若相位条件不满足,则不必判断幅度条件,可否定电路不振荡。

2. 判断产生正反馈的幅度平衡条件

分析是否满足幅度平衡条件,有三种情况:

(1) 若 $|\dot{A}\dot{F}|<1$,则不起振。

(2) 若 $|\dot{A}\dot{F}|\gg1$,则能振荡。需加稳幅电路,否则,产生波形失真。

(3) 若 $|\dot{A}\dot{F}|$ 略大于1,则能振荡。振荡稳幅后,$|\dot{A}\dot{F}|=1$。

3. 求振荡频率和起振条件

如果电路能振荡,要计算振荡频率,一般选频网络的固有频率 f_0 即为电路的振荡频率。

起振条件由 $|\dot{A}\dot{F}| > 1$ 结合具体电路求得,通过实际电路调试均可满足起振条件,一般不必进行计算。

6.3　RC 正弦波振荡电路

RC 正弦波振荡电路可分为 RC 串并联式、移相式和双 T 式电路,最常见的、应用最广泛的是文氏桥振荡器(选频网络为 RC 串并联电路),电路如图 6.2 所示。$\dot{A}$ 为基本放大器,R_1C_1 和 R_2C_2 组成串并联选频兼反馈网络,R_f 和 R 组成负反馈稳幅电路。

6.3.1　RC 串并联网络的选频特性

电路如图 6.3 所示,R_1C_1 为串联支路,R_2C_2 组成并联支路,下面定量推导频率特性表达式并画出波特图。

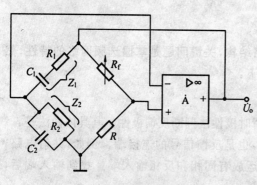
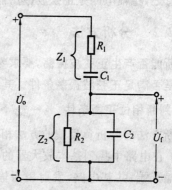

图 6.2　文氏桥振荡器　　　　　　　图 6.3　RC 串并联选频网络

由图 6.3 可知,串联阻抗为

$$Z_1 = R_1 + \frac{1}{\mathrm{j}\omega C_1} \tag{6.11}$$

并联阻抗为

$$Z_2 = R_2 /\!/ \frac{1}{\mathrm{j}\omega C_2} = \frac{R_2}{1 + \mathrm{j}\omega R_2 C_2} \tag{6.12}$$

RC 串并联电路的输出电压 $\dot{U}_f$ 与输入电压 $\dot{U}_o$ 的关系为

$$\dot{F} = \frac{\dot{U}_f}{\dot{U}_o} = \frac{Z_2}{Z_1 + Z_2} = \frac{R_2 / (1 + \mathrm{j}\omega R_2 C_2)}{R_1 + (1/\mathrm{j}\omega C_1) + R_2 / (1 + \mathrm{j}\omega R_2 C_2)} =$$

$$\frac{1}{\left(1 + \dfrac{R_1}{R_2} + \dfrac{C_2}{C_1}\right) + \mathrm{j}\left(\omega R_1 C_2 - \dfrac{1}{\omega R_2 C_1}\right)} \tag{6.13}$$

通常取 $R_1 = R_2 = R$,$C_1 = C_2 = C$,式(6.13)可简化为

$$\dot{F} = \frac{1}{3 + \mathrm{j}\left(\omega RC - \dfrac{1}{\omega RC}\right)} \tag{6.14}$$

令 $\omega_0 = \dfrac{1}{RC}$，则式(6.14)变为

$$\dot{F} = \frac{1}{3 + j\left(\dfrac{\omega}{\omega_0} - \dfrac{\omega_0}{\omega}\right)} \tag{6.15}$$

其幅频特性为

$$|\dot{F}| = \frac{1}{\sqrt{3^2 + \left(\dfrac{\omega}{\omega_0} - \dfrac{\omega_0}{\omega}\right)^2}} \tag{6.16}$$

相频特性为

$$\varphi_F = -\arctan\frac{\dfrac{\omega}{\omega_0} - \dfrac{\omega_0}{\omega}}{3} \tag{6.17}$$

当 $\omega = \omega_0$ 时，式(6.15)虚部为零，电路达到谐振，此时的特点是

$$|\dot{F}| = \frac{1}{3} \tag{6.18}$$

$$\varphi_F = 0° \tag{6.19}$$

此时的谐振频率 f_0 为

$$f_0 = \frac{1}{2\pi RC} \tag{6.20}$$

由式(6.16)和式(6.17)可画出 $\dot{F}$ 的波特图如图 6.4 所示。

综上所述，当 $\omega = \omega_0$ 时，产生谐振，电路特性呈"电阻性"，$\varphi_F = 0°$，不移相，且有最大输出，即 $\dot{U}_f = \dfrac{1}{3}\dot{U}_o$。

只有 $\omega = \omega_0$ 的信号被选中，其他信号被衰减，这就是选频网络的特点。

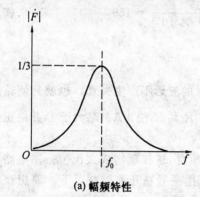

(a) 幅频特性

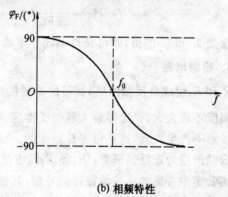

(b) 相频特性

图 6.4 波特图

6.3.2 文氏桥振荡电路分析

电路如图 6.1 所示，由 RC 串并联选频网络、同相放大器 $\dot{A}$ 和 R、R_f 负反馈稳幅电路组成。其中选频网络又兼正反馈网络。下面对电路工作原理进行分析。

1. 相位条件

$\dot{A}$ 为基本放大电路，将同相端断开并假设加输入信号 $\dot{U}_i$，极性为"+"。因同相输入，

故输出信号 $\dot{U}_o$ 的极性为"+"。 RC 串并联网络为反馈网络,又为选频网络,由它的特性可知,谐振时呈"电阻性", $\varphi_F = 0°$,不移相,故选频网络输出信号 $\dot{U}_f$ 与 $\dot{U}_i$ 同相,即满足自激振荡的相位平衡条件($\varphi_A + \varphi_F = 2n\pi$)。

2. 幅度条件

由同相放大电路可知
$$|\dot{A}| = 1 + \frac{R_f}{R} \tag{6.21}$$

由选频网络可知
$$|\dot{F}| = \frac{1}{3} \tag{6.22}$$

由起振条件 $|\dot{A}\dot{F}| > 1$,可推出
$$|\dot{A}| > 3 \tag{6.23}$$

而 $|\dot{A}| = 1 + \dfrac{R_f}{R} > 3$ 是很容易实现的。故此电路满足自激振荡的幅度平衡条件。

以上两个条件均满足,因此该电路能产生正弦波振荡。

3. 求振荡频率

运放的输出信号 $\dot{U}_o$ 的频谱很宽,其中只有一个 $f = f_0$ 的信号被选中,作为振荡信号。 f_0 为选频网络的固有频率,因此,振荡电路的振荡频率 f 为
$$f = f_0 = \frac{1}{2\pi RC} \tag{6.24}$$

只要已知 R 、C 值,就可估算其振荡频率值。例如, $R = 10\ \mathrm{k\Omega}$, $C = 0.1\ \mu\mathrm{F}$,则
$$f_0/\mathrm{Hz} = \frac{1}{2\pi RC} = \frac{1}{2\pi \times 10^4 \times 10^{-7}} = 159 \tag{6.25}$$

如果改变 R 和 C 的值,就可获得不同频率的信号。

4. 稳幅电路

R 和 R_f 组成负反馈网络,其目的是使振荡信号的波形不产生失真。也就是使输出信号的幅度不能太大,稳定在放大器的线性区。调整 R 和 R_f 使 $|\dot{A}|$ 略大于 3,并使正弦信号的波形不产生失真,这是很容易做到的。

选频网络为正反馈桥臂, R_1 和 R_f 组成负反馈桥臂,这样就构成文氏桥振荡电路了。它是实验室中常见的正弦波振荡信号源,其频率范围一般在几兆赫兹以下。要想获得较高的振荡频率的信号源,下边介绍 LC 正弦波振荡电路。

6.4　LC 正弦波振荡电路

LC 正弦波振荡电路产生的振荡频率较高,通常有变压器反馈式、电感三点式和电容三点式等。下边分别介绍。

6.4.1　LC 并联谐振回路的选频特性

LC 并联谐振网络如图 6.4 所示,由 L 和 C 组成并联回路。其中 R 表示回路损耗总

的等效电阻,其值很小。下边讨论该电路的频率特性。

1. 谐振频率

当信号频率变化时,LC 并联电路的总阻抗的大小和性质也发生变化。谐振时,阻抗最大,呈"电阻"性质。通过定量分析来求谐振时的频率和等效阻抗。

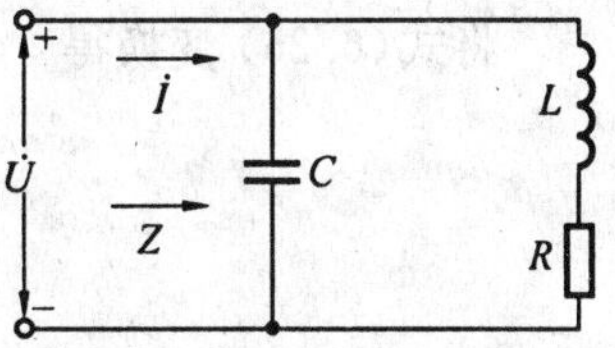

由图 6.5 可知,LC 并联电路总阻抗为

图 6.5 LC 并联谐振网络

$$Z = \frac{(1/j\omega C)(R+j\omega L)}{(1/j\omega C)+(R+j\omega L)} \approx \frac{(1/j\omega C)j\omega L}{R+j\left(\omega L - \frac{1}{\omega C}\right)} =$$

$$\frac{L/C}{R+j\left(\omega L - \frac{1}{\omega C}\right)} \tag{6.26}$$

当 $\omega = \omega_0$ 时,产生并联谐振。此时式(6.26)的虚部为零,即

$$\omega_0 L - \frac{1}{\omega_0 C} = 0 \tag{6.27}$$

解得

$$\omega_0 = \frac{1}{\sqrt{LC}} \tag{6.28}$$

因此,谐振频率为

$$f_0 = \frac{1}{2\pi\sqrt{LC}} \tag{6.29}$$

LC 并联谐振时的阻抗为

$$Z_0 = \frac{L}{RC} \tag{6.30}$$

令

$$Q = \frac{\omega_0 L}{R} \tag{6.31}$$

式中,Q 为谐振回路的品质因数,是 LC 并联回路的重要指标,其值为几十到几百。

将式(6.31)代入式(6.30)得

$$Z_0 = \frac{L}{RC} = \frac{Q}{\omega_0 C} = Q\omega_0 L = Q\sqrt{\frac{L}{C}} \tag{6.32}$$

由式(6.32)看出,Q 值越高 Z_0 越大。

2. 输入电流与回路电流的关系

$$\dot{i} = \frac{\dot{U}}{Z_0} = \frac{RC}{L}\dot{U} \tag{6.33}$$

谐振时电容电流为

$$\dot{I}_c = \dot{U} / \frac{1}{\omega_0 C} = \omega_0 C\dot{U} = Q\frac{RC}{L}\dot{U} \tag{6.34}$$

因此

$$|\dot{I}_c| = Q|\dot{i}| \tag{6.35}$$

当 $Q \gg 1$ 时,$|\dot{I}_c| \approx |\dot{I}_L| \gg |\dot{i}|$。故谐振时,LC 并联电路的回路电流比输入电流大很多,因输入电流很小,故对外界影响很小(可以忽略)。这点对于分析正弦波振荡电路十分重要。

3. 选频特性

将式(6.26)变换得

$$Z = \frac{\dfrac{L}{RC}}{1 + j\dfrac{\omega L}{R}\left(1 - \dfrac{1}{\omega^2 LC}\right)} \tag{6.36}$$

在 ω_0 附近时，$\omega \approx \omega_0$，$Q \approx \dfrac{\omega L}{R} = \dfrac{\omega_0 L}{R}$，则

$$Z = \frac{Z_0}{1 + jQ\left(1 - \dfrac{\omega_0^2}{\omega^2}\right)} \tag{6.37}$$

幅频特性为

$$|Z| = \frac{Z_0}{\sqrt{1 + Q^2\left(\dfrac{\omega_0^2}{\omega^2}\right)^2}} \tag{6.38}$$

相频特性为

$$\varphi = -\arctan Q\left(1 - \frac{\omega_0^2}{\omega^2}\right) \tag{6.39}$$

由式(6.38)和(6.39)可画出 LC 并联回路阻抗 Z 的频率特性，如图 6.6 所示。

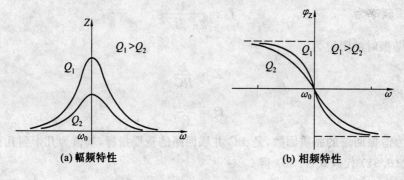

(a) 幅频特性　　　　　　(b) 相频特性

图 6.6　频率特性

综上所述，LC 并联电路产生谐振时，回路的阻抗值最大，并呈现电阻性质。品质因数 Q 值越大其阻抗值越大，相角随频率变化越陡，因此，选频特性越好。

注意：① 谐振时，LC 并联回路阻抗为电阻性，因此，分析振荡电路时，可把 LC 并联回路看做"等效电阻"来处理。

② 增大 Q 值，除设计上选取适当参数外还必须选择优质电容器和减少电感线圈本身的损耗。

6.4.2　变压器反馈式 LC 正弦波振荡器的分析

电路如图 6.7 所示，由放大电路、选频和反馈网络组成。用 LC 并联回路取代集电极负载电阻 R_L 并具有选频作用。反馈电压 U_f 是由变压器次级绕组引回的，因此，该电路称为变压器反馈式正弦波振荡器。判断这类振荡器能否振荡是初学者的难点。这里引出

"**电阻法**"①分析电路,比用"矢量法"简单,读者容易掌握。

所谓"**电阻法**"是指将谐振时的 LC 回路看做一个等效电阻,突出其"**电阻性**"的特点。在 LC 回路上取压降或在 L 或 C 上取分压,均按电阻压降来处理的方法。这样,不再考虑 L 或 C 的性质,分析步骤如下。

1. 分析电路是否满足自激振荡的相位平衡条件

(1) 找假设剪口处(放大电路输入端)

由图 6.7 可知,三极管组成共射电路,C_b 为耦合电容,故在 C_b 前端 A 点剪断(假设),剪口右端为输入端,左端为反馈端。

(2) 在剪口处加信号 $\dot{U}_i$

假设 $\dot{U}_i$ 极性为(+),因共射电路输出信号与输入信号"反相",故集电极信号极性为(−)。

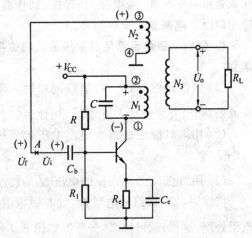

图 6.7　变压器反馈式振荡器

(3) 用"电阻法"判断 LC 回路的电压极性

将 LC 回路看做"等效电阻" R_c(此时谐振,其阻抗性质不是电感也不是电容性,而呈电阻性),由(2)点已知 LC 回路下端为(−),因此其电压降的方向已确定,故上端为"+",即变压器初级绕组的同名端"·"为"+"。

(4) 判断反馈电压 $\dot{U}_f$ 的极性

反馈电压 $\dot{U}_f$ 由次级绕组引出,由同名端可知,次级绕组 N_2 上端为"+"。

(5) 将反馈电压 $\dot{U}_f$ 引回输入端

引回的反馈电压的极性,由图可知,与假设的信号电压极性相同,故满足自激振荡的相位平衡条件。

2. 分析电路是否满足自激振荡的幅度平衡条件

该电路的起振条件要求 $|\dot{U}_f| > |\dot{U}_i|$。只要变压器的变比选择合适,三极管和变压器初次级绕组之间的互感 M 等参数选择合适,一般都能满足起振条件,在分析电路时,不必计算,可以认为满足自激振荡的幅度条件(通过调试都能实现)。

通过上述分析,该电路能产生正弦波振荡。

3. 求振荡频率

$$f = \frac{1}{2\pi\sqrt{LC}} \tag{6.40}$$

---

① "电阻法"是作者多年来教学法研究实践获得的成果。用来判断 LC 并联回路产生正弦波振荡的相位条件,十分方便,初学者容易理解。经同行专家鉴定认为,在低频情况下,此法原理正确,比"矢量法"简单易懂,是一种创新的教学法研究成果。

6.4.3　电感三点式正弦波振荡电路

电路如图 6.8 所示，LC 并联回路中的电感绕组采用中间抽头方式，有三个端点，故称电感三点式振荡器，也称哈特莱振荡器。该电路的优点是用一个线圈，紧耦合、易起振、制作简单、应用广泛。电路分析步骤如下。

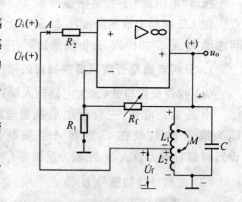

图 6.8　电感三点式振荡器

1. 分析电路是否满足自激振荡的相位平衡条件

（1）找假设剪口处。在运放同相输入端前 A 点处断开，并假设加入信号 $\dot{U}_i$，极性为（+）。

（2）用瞬时极性法判断输出电压信号极性为（+）。

（3）用"电阻法"判断反馈电压 $\dot{U}_f$ 的极性。

谐振时，LC 回路呈电阻性，就看做电阻。回路中的电感分两段，将这两段也按等效电阻处理，这样，就可以取"分压"，如图 6.7 所示，L_2 上的压降作为 $\dot{U}_f$。将其送回输入回路，L_2 上的压降 $\dot{U}_f$ 的极性为上"+"下"—"，进行比较，$\dot{U}_f$ 与 $\dot{U}_i$ 同相，即满足自激振荡的相位条件。

2. 判断是否满足自激振荡的幅度平衡条件

幅度条件很容易满足，只要运放有足够的放大倍数，可通过调节电感线圈抽头的位置来保证足够的 U_f 值。

通过上述分析，该电路能振荡。

3. 求振荡频率

电感三点式正弦波振荡器的振荡频率为

$$f_0 = \frac{1}{2\pi \sqrt{(L_1 + L_2 + 2M)C}} \tag{6.41}$$

式中，M 为绕组 N_1 与 N_2 间的互感。

电感三点式正弦波振荡器起振容易，采用可变电容器，可调节振荡频率。因此，在收音机、电视和信号发生器等电路中获得应用。该电路的缺点是输出波形较差（含高次谐波）。

6.4.4　电容三点式正弦波振荡电路

电路如图 6.9 所示。将 LC 并联回路中的电容改为 C_1 和 C_2，即构成电容三点式振荡器也称考毕兹振荡器。电路分析步骤如下。

1. 判断是否满足自激振荡的相位平衡条件

（1）由图 6.9(a) 可知，假设由运放同相端前 A 点处断开，并加信号电压 $\dot{U}_i$，极性为

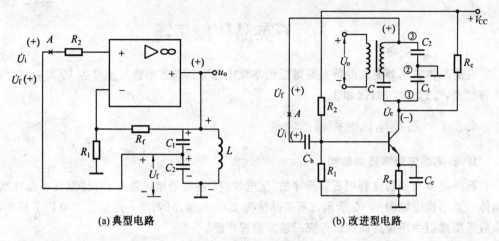

(a) 典型电路   (b) 改进型电路

图 6.9 电容三点式振荡器

(+)。用瞬时极性法判断输出电压的极性为(+)。

(2) 用"电阻法"分析反馈电压 $\dot{U}_f$ 的极性。

L 与 C_1 和 C_2 组成并联谐振回路,谐振时,其最大阻抗呈电阻性,故按电阻分压方式确定反馈电压极性。C_2 上压降即为反馈电压 $\dot{U}_f$,送回输入端。其极性为 C_2 上端为"+",而下端为"—"。经过比较,$\dot{U}_f$ 与 $\dot{U}_i$ 同相,即 $\varphi_A + \varphi_F = 2\pi$,满足自激振荡的相位平衡条件。

2. 判断是否满足幅度平衡条件

C_1 和 C_2 上的压降与电容量成反比分配,只要调节 C_1 和 C_2 的大小即可获得满足振荡需要的 U_f 值。因此该电路能满足自激振荡幅度平衡条件。

综上分析,该电路满足自激振荡的相位平衡条件和幅度平衡条件,故能振荡。

3. 求振荡频率

振荡频率近似 LC 回路的谐振频率,即

$$f_0 = \frac{1}{2\pi\sqrt{LC}} = \frac{1}{2\pi\sqrt{L\dfrac{C_1C_2}{C_1+C_2}}} \tag{6.42}$$

电容三点式振荡电路的特点是:① 反馈电压取自电容 C_2,高次谐波分量小,所以输出波形好。② C_1 和 C_2 容量小,振荡频率很高,一般可达到 100 MHz 以上。该电路的缺点是频率调节范围小,当 C_1、C_2 很小时会使振荡频率不稳定。

*6.4.5 电容反馈式改进型振荡电路

当 C_1 和 C_2 很小而接近三极管结电容时,由于结电容受温度影响将造成振荡频率不稳定。改进的办法是在电感支路串接一个小电容 C,如图 6.9(b) 所示。此电路的振荡频率为

$$f_0 = \frac{1}{2\pi\sqrt{L\dfrac{1}{\dfrac{1}{C}+\dfrac{1}{C_1}+\dfrac{1}{C_2}}}} \tag{6.43}$$

6.5　石英晶体振荡器

石英晶体振荡器突出的特点是谐振频率稳定性好。其频率稳定度可达 $10^{-6} \sim 10^{-9}$，频带较宽，可达 100 MHz 以上。

6.5.1　石英晶体谐振器的特性

1. 石英晶体谐振器的结构

石英晶体谐振器是利用石英晶体的"压电效应"制成的谐振器件，简称为石英晶体或晶体。其结构图如图 6.10 所示。石英晶体为 SiO_2 的结晶体，按一定的方位角切下晶片，涂敷银层接引线用金属或玻璃外壳封装即制成产品。

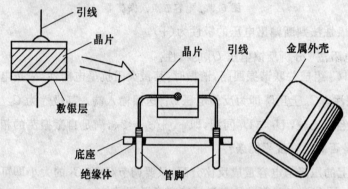

图 6.10　石英晶体谐振器的结构示意图

2. 石英晶体的压电效应

从物理学中知道，若在石英晶体的两个电极加一电场，晶片就会产生机械变形；反之，若在晶片的两侧施加机械力，则在晶片相应的方向上产生电场，这种物理现象称为压电效应。如果在晶片的两个电极间加交变电压，晶片就会产生机械振动，同时晶片的机械振动又会产生交变电场。一般来说，这种机械振动和交变电场的振幅很小，而且振动频率很稳定。当外加交变电压的频率与晶片的固有频率相等时，其振幅最大，这种现象称为"压电谐振"。因此，石英晶体又称为石英晶体谐振器。晶片的固有谐振频率与晶片的切割方式、几何形状和尺寸有关。

3. 石英晶体的等效电路和符号

石英晶体的压电谐振现象与 LC 回路的谐振现象十分相似，故可用 LC 回路的电参数来模拟。晶体不振动时，可看做平板电容器，用 C_0 表示，称晶体静电电容。晶体振动时，机械振动的"惯性"可用电感 L 来等效；晶片的"弹性"可用电容 C 来等效；晶片振动时的摩擦损耗用电阻 R 来等效。这样，石英晶体用 C_0、C、R、L 表示的等效电路、符号如图 6.11 所示。

由于晶片的等效电感 L 很大（几十毫亨 ～ 几十亨），而电容 C 很小（$10^{-2} \sim 10^{-4}$ pF），

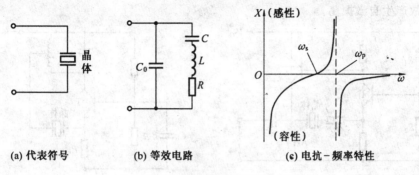

图 6.11　石英晶体谐振器

R 也很小(约 $100\ \Omega$),因此回路的品质因数 $Q = \dfrac{1}{R}\sqrt{\dfrac{L}{C}}$ 很大,可达 $10^4 \sim 10^6$。故其频率的稳定度很高。

4. 石英晶体的谐振频率

由等效电路定性画出的电抗－频率特性如图 6.11(c) 所示。由等效电路可知,它有两个谐振频率:

(1)串联谐振

其固有谐振频率为

$$f_s = \frac{1}{2\pi\sqrt{LC}} \tag{6.44}$$

因 C_0 很小(几个 pF ~ 几十 pF),其容抗 Z_{C_0} 很大,与小的等效电阻 R 并联,其作用可忽略,在串联谐振时,L、C、R 支路呈电阻性,阻抗最小。因此,组成串联振荡电路时,石英晶体只起选频作用,$\varphi_F = 0°$ 不移相。

(2)并联谐振

其固有谐振频率为

$$f_p = \frac{1}{2\pi\sqrt{L\dfrac{C_0 C}{C_0 + C}}} = f_s\sqrt{1 + \frac{C}{C_0}} \tag{6.45}$$

当 $f > f_s$ 时,L、C、R 支路呈电感性,该等效电感与 C_0 构成 LC 并联谐振,因 $C_0 \gg C$,故 f_p 与 f_s 非常接近。当 $f_p > f > f_s$ 时,电抗呈电感性,电感区很窄。因此,组成并联振荡电路时,石英晶体的等效电感与外接电容产生并联谐振,谐振时,电路呈电阻性,不移相,$\varphi_F = 0°$。

6.5.2　石英晶体振荡电路

石英晶体在振荡电路中的应用有两种方式,即串联型晶体振荡电路和并联型晶体振荡电路。

1. 串联型石英晶体正弦波振荡器

串联型石英晶体正弦波振荡器电路如图 6.12 所示,石英晶体串接在反馈回路中,当 $f = f_s$ 时,产生串联谐振,呈电阻性,而且阻抗最小,$\varphi_F = 0°$,反馈最强,满足振荡的平衡条件,故产生自激振荡。

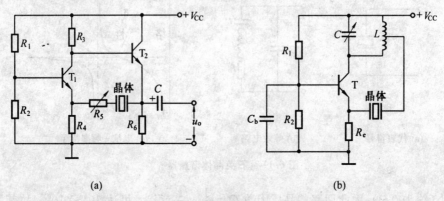

(a)　　　　　　　　　　　　　　　　　(b)

图 6.12　串联型石英晶体振荡器

本电路的分析判断方法同前,读者自行分析。晶体起反馈选频作用。其正弦波振荡频率为 f_s。

2. 并联型石英晶体正弦波振荡电路

并联型石英晶体正弦波振荡电路如图 6.13 所示。在图 6.13(a) 中石英晶体呈电感元件与外接电容构成电容三点式振荡器。在图 6.13(b) 中,晶体呈电感元件与外接电感、电容构成电感三点式振荡器。在图 6.13(c) 中 C_1、C_2 比 C、C_0 大得多,振荡频率由晶体的 L、C 和 C_s 决定。微调 C_s 可微调振荡频率。

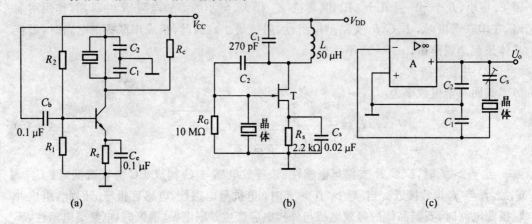

(a)　　　　　　　　　　(b)　　　　　　　　(c)

图 6.13　并联型石英晶体振荡器

本章小结

本章讨论了正弦波振荡电路,按选频网络的元件不同,重点介绍了 RC、LC 正弦波振荡器和石英晶体振荡器。

1. 本章要点

(1) 掌握产生正弦波振荡的条件,即 $\dot{A}\dot{F}=1$(幅度条件 $|\dot{A}\dot{F}|=1$,相位条件 $\varphi_A +$

$\varphi_F = 2n\pi$)，作为判断电路能否产生正弦波振荡的依据。

（2）判断产生正弦波振荡的相位平衡条件是本章的重点、难点问题，必须理解透彻。分析方法与负反馈相同，这里的关键问题是熟悉选频网络的特性，对于不同的选频网络，采用相应的判断方法，可解难为易，分析 LC 并联网络的振荡电路时，应用"电阻法"判断相位平衡条件，十分简捷。

（3）掌握 RC 串并联网络的特性，当 $\omega = \omega_0$ 时，产生谐振，回路的阻抗呈"电阻"性，$\varphi_F = 0°$，不移相，而有最大输出，即 $|\dot{F}| = \dfrac{1}{3}$。其谐振频率 $f_0 = \dfrac{1}{2\pi RC}$。

（4）掌握 LC 并联谐振网络的特性，当 $\omega = \omega_0$ 时，产生谐振，回路的阻抗呈电阻性，$\varphi_F = 0°$，不移相。谐振频率 $f_0 = \dfrac{1}{2\pi\sqrt{LC}}$。

（5）熟悉文氏桥、变压器式、电感三点式、电容三点式、石英晶体等振荡器的特点，并会求振荡频率。

2. 主要概念和术语

自激振荡，产生正弦波振荡的条件，幅度平衡条件，相位平衡条件，起振幅度条件，选频网络，稳幅电路，"电阻法"，RC 串并联网络，LC 并联谐振网络，品质因数 Q，文氏桥正弦波振荡器，变压器反馈式正弦波振荡器，电感、电容三点式正弦波振荡器，压电效应，压电谐振，串联、并联型石英晶体正弦波振荡器。

习　题

6.1　图 6.14 所示的两个电路中，集成运放都具有理想的特性。试分析电路中放大器的相移 $\varphi_A =?$　反馈网络的相移 $\varphi_F =?$　判断这两个电路是否可能产生正弦波振荡。

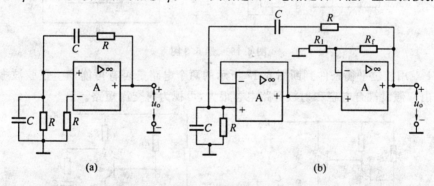

图 6.14　题 6.1 图

6.2　在图 6.15 所示的电路中，哪些能振荡？哪些不能振荡？能振荡的说出振荡电路的类型，并写出振荡频率的表达式。

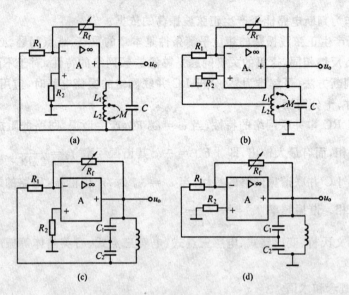

图 6.15　题 6.2 图

6.3　用相位平衡条件判断图 6.16 所示电路能否产生正弦波振荡。如能振荡，请简述理由；如不能振荡，则修改电路使之有可能振荡(元器件只能改接，不能更换或增减)。

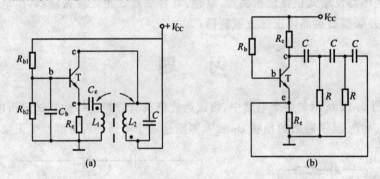

图 6.16　题 6.3 图

6.4　用相位平衡条件判断图 6.17 所示的两个电路是否有可能产生正弦波振荡，并简述理由。假设耦合电容和射极旁路电容很大，可视为对交流短路。

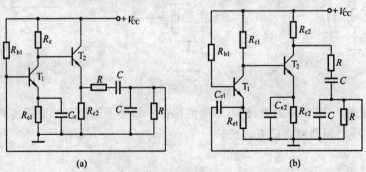

图 6.17　题 6.4 图

6.5　在图 6.18 所示的两个电路中,应如何进一步连接,才能成为正弦波振荡电路?

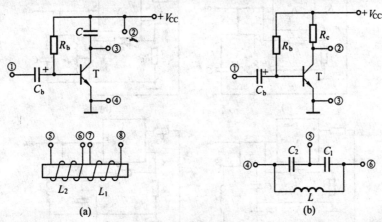

图 6.18　题 6.5 图

6.6　电路如图 6.19 所示,已知 A 为 F007 型运算放大器,且其最大输出电压为 ±12 V。设电阻 $R = 10\ \text{k}\Omega$, $C = 0.015\ \mu\text{F}$。试画出:

① 电路正常工作时的输出电压波形;

② 电阻 R_1 不慎开路时输出电压的波形,要求标明波形的振幅与周期。

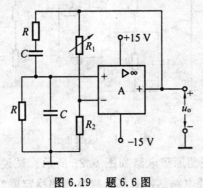

图 6.19　题 6.6 图

6.7　如图 6.20 所示的各三点式振荡器的交流通路(或电路),试用相位平衡条件判断哪个可能振荡? 哪个不能? 指出可能振荡的电路属于什么类型,有些电路应指出附加什么条件才能振荡?

6.8　电路如图 6.21 所示,试用相位平衡条件判断哪个能振荡? 哪个不能? 说明理由。

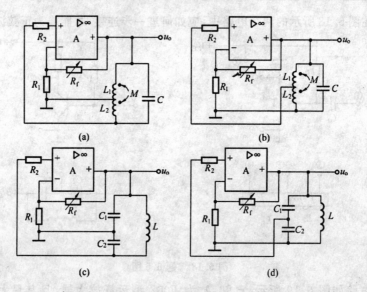

图 6.20　题 6.7 图

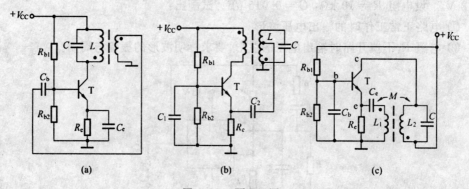

图 6.21　题 6.8 图

6.9　两种石英晶体振荡原理电路如图 6.22 所示。试说明它们是属于哪种类型的晶振电路？为什么说这两种电路结构有利于提高频率稳定度？

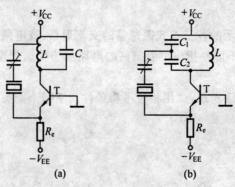

图 6.22　题 6.9 图

6.10　试用振荡平衡条件说明如图 6.23 所示正弦波振荡电路的工作原理，指出石英晶体工作在它的哪个谐振频率。

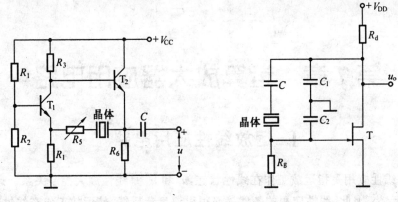

图 6.23 题 6.10 图

6.11 选择正确的答案填空。

(1)若石英晶体中的等效电感、动态电容及静态电容分别用 L、C 和 C_0 表示,则在损耗电阻 $R = 0$ 时,石英晶体的串联谐振频率 $f_s = $ _____,并联谐振频率 $f_p = $ _____。

$$\left[a.\ \frac{1}{2\pi\sqrt{L\dfrac{CC_0}{C+C_0}}}\ ;\ b.\ \frac{1}{2\pi\sqrt{LC}}\ ;\ c.\ \frac{1}{2\pi\sqrt{1+\dfrac{C}{C_0}}} \right]$$

(2)C_0 越大,f_p 与 f_s 的数值就越 _____。(a. 接近;b. 远离)

(3)当石英晶体作为正弦波振荡电路的一部分时,其工作频率范围是_____。
(a. $f < f_s$;b. $f_s \leqslant f < f_p$;c. $f > f_p$)

6.12 选择正确的答案填空。

(1)为了得到频率可调且稳定度较高的正弦波振荡电路,通常采用_____,若要求频率稳定度为 10^{-9},应采用_____。(a. 石英晶体振荡电路;b. 变压器反馈式振荡电路;c. 电感三点式振荡电路;d. 改进型电容三点式振荡电路)

(2)石英晶体振荡电路的振荡频率基本上取决于_____。(a. 电路中电抗元件的相移性质;b. 石英晶体的谐振频率;c. 放大管的静态工作点;d. 放大电路的增益)

6.13 填空(a. 电感;b. 电容;c. 电阻)。

(1)根据石英晶体的电抗频率特性,当 $f = f_s$ 时,石英晶体呈 _____性;在 $f_s < f < f_p$ 很窄范围内,石英晶体呈_____性;当 $f < f_s$,或 $f > f_p$ 时,石英晶体呈_____性。

(2)在串联型石英晶体振荡电路中,晶体等效为_____,而在并联型石英晶体振荡电路中,晶体等效为_____。

6.14 判断下列说法是否正确,在括号中用 √ 或 × 表示出来。

(1)在反馈电路中,只要安排有 LC 谐振回路,就一定能产生正弦波振荡。(   )

(2)对于 LC 正弦波振荡电路,若已满足相位平衡条件,则反馈系数越大,越容易起振。(   )

(3)由于普通集成运放的频带较窄,而高速集成运放又较贵,所以 LC 正弦波振荡电路一般用分立元件组成。(   )

(4)电容三点式振荡电路输出的谐波成分比电感三点式的大,因此波形较差。(   )

第7章 运算放大器应用电路

Ⅰ.运放线性应用电路

运放的线性应用是指运放工作在线性状态，u_i 和 u_o 是线性放大控制关系。运放的开环增益 $A_{ud} = \infty$，因此，线性应用的条件是必须引深度负反馈，使运放工作在线性区。

7.1 运放的三种基本输入比例运算电路

在 4.5 节对运放的三种基本输入电路已作介绍，这里只作复习，还要扩充电路功能和输入、输出电阻的估算。

7.1.1 反相输入比例运算电路

反相输入比例运算电路电路如图 7.1 所示。

1. 闭环电压增益

由 4.4.4 节分析结果为

$$A_{uf} = \frac{u_o}{u_i} = -\frac{R_f}{R_1} \qquad (7.1)$$

式(7.1)表明，输出电压与输入电压的相位相反，且成一定的比例关系。$\dot{A}_{uf}$ 与运放内部参数无关，只由外接比例电阻决定，故该电路工作非常稳定。

当 $R_f = R_1$ 时，$\dot{A}_{uf} = -1$，该电路即为反相器。

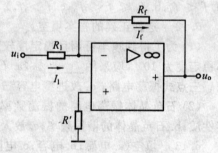

图 7.1 反相输入比例运算电路

2. 闭环输入电阻

由图 7.1 可知此电路存在"虚地"概念，由输入电阻定义得

$$r_{if} = \frac{u_i}{I_1} \approx R_1 \qquad (7.2)$$

3. 闭环输出电阻

由图 7.1 可知此电路存在电压并联负反馈，由深度负反馈原理分析可得

$$r_{of} = \frac{r_o}{1 + AF} \quad （很小） \qquad (7.3)$$

式中，r_o 为运放的输出电阻。

在图 7.1 中,R' 为平衡电阻。其值 $R' = R_1 /\!/ R_f$,使得运放两输入端对外的等效直流电阻相等,从而可减小偏置电流及温漂的影响,保证在 $u_i = 0$ 时,$u_o \approx 0$。该电阻 R' 对以后各具体应用电路也都适用。R_1 为电路输入电阻,可以把信号源内阻 R_S 考虑进去。

由上述分析,归纳如下特点:

(1) 在理想情况下,该电路具有虚短、虚断、虚地概念。因有"虚地",共模电压为零,故对共模抑制比要求低。

(2) $\dot{A}_{uf}$ 与运放内部参数无关,只由外接电阻决定,可以大于 1、等于 1 或小于 1,为电路设计提供方便。

(3) 由于存在电压负反馈,输出电阻 r_{of} 很小,因此,带负载能力强。

7.1.2　同相输入比例运算电路

同相输入比例运算电路如图 7.2 所示。

1. 闭环电压增益

由 4.4.4 节分析结果为

$$\dot{A}_{uf} = \frac{u_o}{u_i} = 1 + \frac{R_f}{R_1} \tag{7.4}$$

式(7.4)表明,u_o 与 u_i 同相。当 $R_f = 0$,$R_1 = \infty$ 时,则

$$\dot{A}_{uf} = \frac{u_o}{u_i} = 1 \tag{7.5}$$

式(7.5)表明,u_o 与 u_i 大小相等,相位相同,故称此电路为电压跟随器,如图 7.3 所示。该电路隔离性能好,可做缓冲级,具有 100% 的电压串联负反馈,$r_{if} \approx \infty$,$r_{of} \approx 0$。

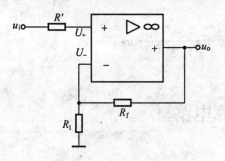

图 7.2　同相输入比例运算电路

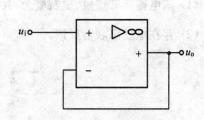

图 7.3　电压跟随器

2. 闭环输入电阻

由输入电阻定义,得

$$r_{if} = \frac{u_i}{I_i} \approx \frac{u_i}{i_{id}}$$

因

$$i_{id} \approx 0$$

则

$$r_{if} \approx \infty \tag{7.6}$$

3. 闭环输出电阻

分析结果同上,故

$$r_{of} \approx 0 \tag{7.7}$$

由上述分析,归纳如下特点:

(1) 该电路具有虚短、虚断概念,由于 $U_- = U_+ \approx u_i$,共模电压等于 u_i,因此对运放的共模抑制比要求较高,选用运放时,要考虑具有较高的允许共模输入电压。

(2) 存在电压串联负反馈, $r_{if} \approx \infty$, $r_{of} \approx 0$。

(3) 当 $A_{uf} = 1$ 时,可做隔离(电流)电压跟随器。

7.1.3　差动输入比例运算电路

差动输入比例运算电路如图 7.4 所示,图中设 $R_1 = R_1'$, $R_f = R_f'$。

1. 闭环电压增益

由 4.4.4 节分析结果为

$$A_{uf} = \frac{u_o}{u_{i1} - u_{i2}} = -\frac{R_f}{R_1} \qquad (7.8)$$

2. 闭环输入电阻

由虚短概念, $U_+ \approx U_-$,由输入电阻定义可求

$$r_{if} \approx R_1 + R_1' \approx 2R_1 \qquad (7.9)$$

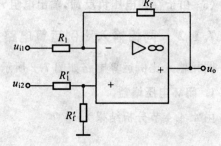

图 7.4　差动输入比例运算电路

该电路对电阻元件的对称性要求较高,如果失配,对 A_{uf} 计算误差较大,并将引起较大的附加共模输出电压。

3. 闭环输出电阻

$$r_{of} \approx 0 \qquad (7.10)$$

由上述分析,归纳如下特点:

(1) 该电路具有虚短、虚断概念、共模电压等于 $\dfrac{R_f'}{R_1' + R_f'} \cdot u_{i2}$。

(2) 存在电压串联负反馈。

7.2　运算电路

7.2.1　求和运算电路

1. 反相求和运算电路

反相求和运算电路如图 7.5 所示。由"虚地"概念可求

$$I_1 = \frac{u_{i1}}{R_1}$$

$$I_2 = \frac{u_{i2}}{R_2}$$

$$I_f = -\frac{u_o}{R_f}$$

因 $I_{B1} \approx 0$，则 $I_1 + I_2 = I_f$，$\dfrac{u_{i1}}{R_1} + \dfrac{u_{i2}}{R_2} = -\dfrac{u_o}{R_f}$，则

$$u_o = -R_f\left(\frac{u_{i1}}{R_1} + \frac{u_{i2}}{R_2}\right) \tag{7.11}$$

式(7.11) 表明，u_o 与 u_{i1} 和 u_{i2} 是反相求和的关系，输入端可扩大为三路或多路，调整某一路的输入端电阻不影响其他路输入与输出电压的比例关系，因而调节方便。

2. 同相求和运算电路

同相求和运算电路如图 7.6 所示。由图可知，

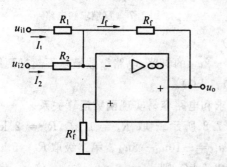

图 7.5　反相求和电路

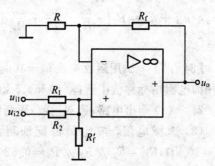

图 7.6　同相求和电路

$$U_- = u_o\,\frac{R}{R + R_f}$$

$$\frac{u_{i1} - U_+}{R_1} + \frac{u_{i2} - U_+}{R_2} = \frac{U_+}{R_f'}$$

即

$$U_+ = R_p\left(\frac{u_{i1}}{R_1} + \frac{u_{i2}}{R_2}\right)$$

式中

$$R_p = R_1 \parallel R_2 \parallel R_f$$

由"虚短"概念可知，$U_- \approx U_+$，故

$$u_o = \left(1 + \frac{R_f}{R}\right)R_p\left(\frac{u_{i1}}{R_1} + \frac{u_{i2}}{R_2}\right) \tag{7.12}$$

因 $R_n = R \parallel R_f$，则 $1 + \dfrac{R_f}{R} = \dfrac{R_f}{R_n}$ 代入式(7.12) 得

$$u_o = \frac{R_p}{R_n}R_f\left(\frac{u_{i1}}{R_1} + \frac{u_{i2}}{R_2}\right) \tag{7.13}$$

若 $R_p = R_n$ 时，则

$$u_o = R_f\left(\frac{u_{i1}}{R_1} + \frac{u_{i2}}{R_2}\right) \tag{7.14}$$

式(7.14) 表明，u_o 与 u_{i1} 和 u_{i2} 是同相求和关系，但 $R_p = R_n$ 必须精确，否则失配，引起共模输出电压较大。该电路输入电阻不便调整，不如反相求和调整方便。

3. 双端求和运算电路

双端求和运算电路如图 7.7 所示。

由"虚短"概念，考虑双端信号的双重作用，并令 $R_p = R_n$，用叠加原理可得 u_o 与 u_i 的

函数关系。

（1）令反相端输入信号为零，则

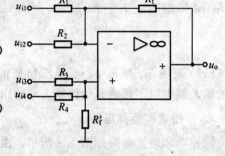

图 7.7　双端求和电路

$$u_{o1} = R_f \left(\frac{u_{i3}}{R_3} + \frac{u_{i4}}{R_4} \right) \qquad (7.15)$$

（2）令同相端输入信号为零，则

$$u_{o2} = -R_f \left(\frac{u_{i1}}{R_1} + \frac{u_{i2}}{R_2} \right) \qquad (7.16)$$

由叠加原理可得

$$u_o = u_{o1} + u_{o2} = R_f \left(-\frac{u_{i1}}{R_1} - \frac{u_{i2}}{R_2} + \frac{u_{i3}}{R_3} + \frac{u_{i4}}{R_4} \right) \qquad (7.17)$$

【例 7.1】　试用运放实现 $u_o = 10u_{i1} + 5u_{i2} - 2u_{i3}$ 的电路，电路级数最多不超过两级，使用的电阻由标称值中选择（10 kΩ、5 kΩ、2 kΩ、1 kΩ）。

解　（1）画出电路，选双运放，用两级反相求和电路容易实现函数运算关系。

（2）选择电阻，按比例搭配即可，如图 7.8 所示。取 $R_1 = 1$ kΩ，$R_2 = 2$ kΩ，$R_3 = 10$ kΩ，$R_7' = R_1 /\!/ R_2 /\!/ R_3 = 0.62$ kΩ，则 $u_{o1} = -10u_{i1} - 5u_{i2}$。第二级取 $R_5 = 5$ kΩ，$R_4 = 10$ kΩ，$R_6 = 10$ kΩ，$R_8 = R_4 /\!/ R_5 /\!/ R_6 = 2.5$ kΩ，则 $u_o = -u_{o1} - 2u_{i3}$。将 u_{o1} 代入 u_o 式中得

$$u_o = 10u_{i1} + 5u_{i2} - 2u_{i3}$$

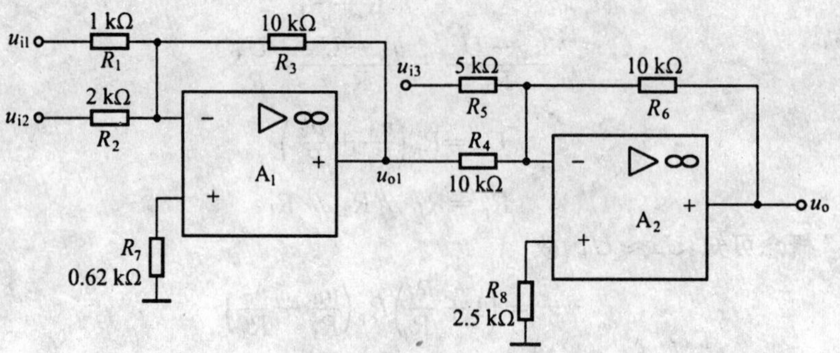

图 7.8　设计电路图

经校验正确，设计完毕。

7.2.2　积分和微分电路

1. 积分电路

电路如图 7.9 所示，由"虚地"和"虚断"概念，可求 I 和 i_C，且 $i_C = I$，则

$$I = \frac{u_i}{R} \qquad (7.18)$$

式中，I 为恒流，给电容充电，故电容电压 u_C 与时间 t 呈线性关系，则 u_o 的波形线性度好，即

$$u_o = -u_C = -\frac{1}{C}\int_{t_1}^{t_2} i_C dt + u_C(t_1) = \frac{1}{C}\int_{t_1}^{t_2}\frac{u_i}{R}dt + u_C(t_1) = -\frac{u_i t}{RC} + u_C(t_1) \quad (7.19)$$

式中，$t=t_2-t_1$ 为时间间隔；$u_C(t_1)$ 为电容电压初始

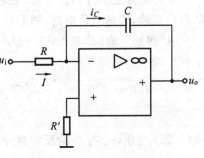

值。

式(7.19)表明，u_o 与 u_i 为反相线性积分关系，通常信号 u_i 为阶跃信号或方波。

积分电路具有波形变换（矩形波变三角波）、时间延迟，移相和电压转换等功能。

分析积分电路要求会画出 u_o 的积分波形图，下面通过实例说明其画图方法。

图 7.9　积分电路

【例 7.2】　积分电路如图 7.9 所示。图中 $R=10\ \text{k}\Omega$，$C=1\ \mu\text{F}$，若输入波形如图 7.10 所示，试画出 u_o 的波形，设 $t=0$ 时，$u_C=0\ \text{V}$，$u_o=0\ \text{V}$。

解　由输入电压波形特点，可分两部分积分，先计算电压值，后画波形图。

(1) $t=0\sim10\ \text{ms}$ 时，$u_i=+2\ \text{V}$，当 $t=10\ \text{ms}$ 时，

$$u_o/\text{V} = -\frac{u_i t}{RC} + u_C(t_1) = -\frac{2\times10\times10^{-3}}{10\times10^3\times10^{-6}} + 0 = -2$$

其中 u_o 的变化规律为由零开始随时间直线下降，其斜率为 $-0.2\ \text{V/ms}$，当 $t=t_1=10\ \text{ms}$ 时，$u_o=-2\ \text{V}$。画图，由 $t=0$ 点到 t_1 点画斜线，负向积分，其画出的波形图如图 7.10 所示。

(2) $t=t_1\sim t_2=10\sim20\ \text{ms}$ 时，$u_C(t_1)=-2\ \text{V}$，则

$$u_o/\text{V} = -\frac{u_i t}{RC} + u_C(t_1) = -\frac{-2\times10\times10^{-3}}{10\times10^3\times10^{-6}} + (-2) = 0$$

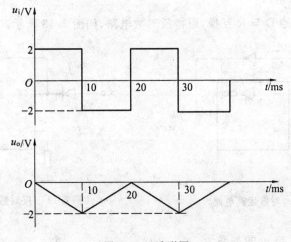

图 7.10　波形图

画图，由 t_1 点电压为 $-2\ \text{V}$ 到 t_2 点电压 $0\ \text{V}$ 画斜线，其斜率为 $+0.2\ \text{V/ms}$。画出的波形图如图 7.10 所示。

由图 7.10 看出积分电路将矩形波变换为三角波。

2. 微分电路

微分运算是积分的逆运算,在积分电路中将 R 和 C 互换,即得微分电路,如图 7.11 所示。

由"虚地""虚断"概念,$U_- = U_+ = 0$,$i_{id} \approx 0$,则 $i_C = I_R$,故

$$u_o = -I_R R = -Ri_C = -RC\frac{du_C}{dt} = -RC\frac{du_i}{dt}$$

(7.20)

式(7.20)说明,u_o 与 u_i 为反相微分关系。

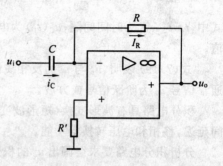

图 7.11　微分运算电路

7.2.3　对数和反对数运算电路

1. 对数运算电路

将反馈元件用二极管代替,可构成对数运算电路,如图 7.12 所示。由"虚地"和"虚断"概念,可得

$$I_R \approx \frac{u_i}{R} \approx I_D$$

$$I_D \approx I_S \exp\frac{U_D}{U_T}$$

而

$$u_o = -U_D$$

则

$$u_o = -U_T \ln\frac{u_i}{I_S R}$$

(7.21)

式(7.21)表明,u_o 与 u_i 为对数关系。其中 I_S 和 U_T 受温度影响,要加以补偿。

2. 反对数运算电路

将对数电路中的 D 与 R 互换,可得反对数电路,如图 7.13 所示。

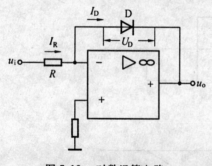

图 7.12　对数运算电路

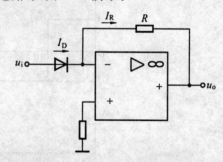

图 7.13　反对数运算电路

同理可写出 u_o 与 u_i 的关系为

$$u_o = -I_R R = -I_D R = -RI_S \exp\frac{u_i}{U_T}$$

(7.22)

或

$$u_o = -RI_S \ln^{-1}\frac{u_i}{U_T}$$

(7.23)

式(7.23) 表明，u_o 与 u_i 为反对数关系。

7.3　乘除法运算电路

7.3.1　模拟乘法器的基本概念

1. 基本概念

对两个以上互不相关的模拟信号实现相乘功能的非线性函数电路，称之为模拟乘法器。其电路符号如图 7.14 所示，图 7.14(a) 为标准符号。

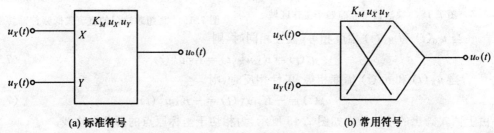

(a) 标准符号　　　　　　　　　　(b) 常用符号

图 7.14　乘法器代表符号

通常它有两个输入端，X 和 Y 输入端口，一个输出端口，是三端口非线性有源器件。乘法器的传输特性方程为

$$u_o(t) = K_M u_X(t) u_Y(t) \tag{7.24}$$

式中，K_M 为比例系数，称为乘法器的增益系数或标尺因子。

乘法器工作象限由信号 $u_X(t)$ 和 $u_Y(t)$ 的极性、幅度可确定 $u_o(t)$ 的极性及动态范围。在 $X-Y$ 坐标平面上有四个象限工作区。若 $u_X(t)$ 和 $u_Y(t)$ 必须分别被限定为某一种极性乘法器才能正常工作时，则该乘法器为一象限乘法器。若只允许 $u_X(t)$ 为一种极性，允许 $u_Y(t)$ 为两种极性，则该乘法器为二象限乘法器。$u_X(t)$ 和 $u_Y(t)$ 均为两种极性，则称为四象限乘法器。乘法器工作区域如图 7.15 所示。

2. 传输特性

由式(7.24) 看出，当 $u_X(t) = U_{REF}$ [或 $u_Y(t) = U_{REF}$] 时，则理想乘法器的 $u_o(t)$ 随 $u_Y(t)$ [或 $u_X(t)$] 线性变化，即

$$\begin{cases} U_o(t) = (K_M U_{REF}) U_Y(t) \\ U_o(t) = (K_M U_{REF}) U_X(t) \end{cases} \tag{7.25}$$

在上述特定条件下，非线性器件乘法器，具有线性放大特性，其电压增益为

$$\frac{U_o(t)}{U_Y(t)} = K_M U_{BEF} \quad \text{或} \quad \frac{U_o(t)}{U_X(t)} = K_M U_{BEF} \tag{7.26}$$

与式(7.16) 对应的传输特性如图 7.16 所示。实际的传输特性并非直线而是曲线，如图 7.17 所示。

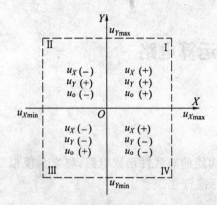

图 7.15　乘法器可能的四个工作区域

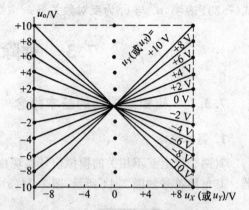

图 7.16　理想乘法器的直流或低频传输特性

当 $u_X(t)$ 和 $u_Y(t)$ 幅度相等、极性相同时,则

$$u_o(t) = K_M u_X^2(t) = K_M u_Y^2(t) \tag{7.27}$$

当 $u_X(t)$ 和 $u_Y(t)$ 幅度相等、极性相反时,则

$$u_o(t) = -K_M u_X^2(t) = -K_M u_Y^2(t) \tag{7.28}$$

由上两式画出的传输特性如图 7.18 所示,为相切于坐标原点的两条抛物线。

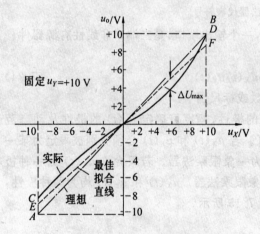

图 7.17　理想和实际传输特性

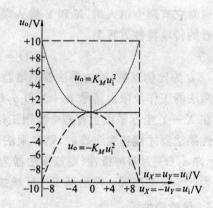

图 7.18　理想乘法器的平方律传输特性曲线

7.3.2　对数式乘法器

对数式乘法器电路方框图如图 7.19 所示,由对数运算电路、求和运算电路和反对数运算电路组成。将两个信号电压 u_X 和 u_Y 作为两个对数运算电路的输入电压,经求和运算电路变换再进行反对数运算,可得到输出电压 u_o 与输入电压 u_X 和 u_Y 的乘积关系。

由对数运算电路的函数关系可得

$$u_{o1} = -K_1 \ln \frac{u_X}{U_R} \tag{7.29}$$

$$u_{o2} = -K_1 \ln \frac{u_Y}{U_R} \tag{7.30}$$

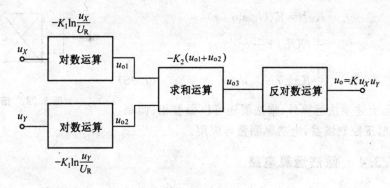

图 7.19　对数式乘法器方框示意图

式中, U_R 为参考电压; K_1 为系数。

$$u_{o3} = -K_2(u_{o1} + u_{o2}) = K_1 K_2 \left(\ln\frac{u_X}{U_R} + \ln\frac{u_Y}{U_R} \right) = K_1 K_2 \ln\frac{u_X u_Y}{U_R^2} \tag{7.31}$$

则

$$u_o = -K_3 \ln^{-1} u_{o3} = -\frac{K_3}{U_R^2} \ln^{-1} K_1 K_2 \cdot u_X u_Y = K u_X u_Y \tag{7.32}$$

式中, $K = -\dfrac{K_3}{U_R^2} \ln^{-1} K_1 K_2$ 为增益系数或标尺因子。

　　式(7.32)表明, u_o 与 u_X 和 u_Y 的乘积成比例, 故该电路可实现乘法运算。当求和电路为减法时, 可得除法器, 实现除法运算。

　　有关变跨导乘法器的特性参数不如电流模乘法器好, 故不进行讨论。电流模乘法器见 9.5 节。

7.3.3　乘法运算电路

1. 平方运算

由图 7.20 可知,

$$u_o = K u_i^2 \tag{7.33}$$

2. 立方运算

电路如图 7.21 所示, 由图可知

$$u_{o1} = K_1 u_i^2$$

则
$$u_o = K_1 K_2 u_i^3 \tag{7.34}$$

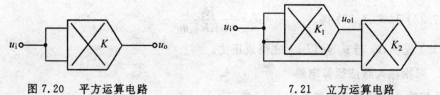

图 7.20　平方运算电路　　　　　　　7.21　立方运算电路

3. 正弦波倍频电路

电路如图 7.22 所示。设 $u_i = U_{im} \sin \omega t$, 则

$$u_o = Ku_i^2 = K(U_{im}\sin \omega t)^2 =$$

$$\frac{1}{2}KU_{im}^2(1 - \cos 2\omega t) =$$

$$\frac{1}{2}Ku_{im}^2\cos 2\omega t \qquad (7.35)$$

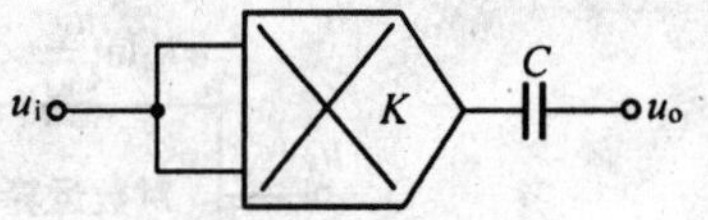

除上述乘法运算外,乘法器还可以做鉴相、调制、解调、电压控制增益,电功率测量等应用。

图 7.22　倍频电路

7.3.4　除法运算电路

模拟除法运算电路,简称除法器。其功能是输出电压与两个输入电压之商成正比。除法器与乘法器的特性相同。下边介绍应用乘法器和运放组合的除法运算电路。

1. 反相输入除法运算电路

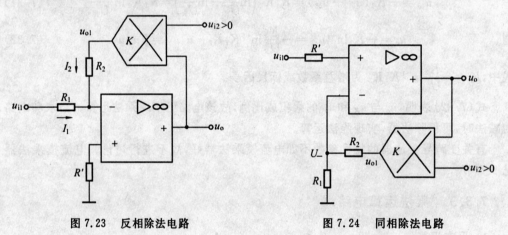

图 7.23　反相除法电路　　　　　　图 7.24　同相除法电路

反相输入除法运算电路如图 7.23 所示。由运放的虚短、虚断、虚地概念可得

$$I_1 = \frac{u_{i1}}{R_1}, \quad I_2 = \frac{u_{o1}}{R_2}$$

$$I_1 + I_2 \approx 0$$

则

$$u_{o1} = -\frac{R_2}{R_1}u_{i1} \qquad (7.36)$$

由乘法器得

$$u_{o1} = Ku_{i2}u_o \qquad (7.37)$$

由式(7.36) 和式(7.37) 得

$$u_o = -\frac{R_2}{KR_1}\frac{u_{i1}}{u_{i2}} \qquad (7.38)$$

式(7.38) 说明,u_o 与 u_{i1} 除以 u_{i2} 之商成正比。

2. 同相输入除法运算电路

同相输入除法运算电路如图 7.24 所示。

$$u_{o1} = Ku_{i2}u_o \qquad (7.39)$$

$$U_- = \frac{R_1}{R_1 + R_2}u_{o1} \qquad (7.40)$$

因 $U_+ \approx U_{i1}$,则
$$u_o = \frac{1}{K}\left(1 + \frac{R_2}{R_1}\right)\frac{u_{i1}}{u_{i2}} \tag{7.41}$$

式(7.41)表明,u_o 与 u_{i1} 除以 u_{i2} 之商成正比。

3. 开平方运算电路

开平方运算电路如图 7.25 所示。
$$u_{o1} = Ku_o^2$$
$$u_{o2} = -u_{o1} = -Ku_o^2$$

由虚断概念,得
$$\frac{u_i}{R_1} = -\frac{u_{o2}}{R_2}$$

则
$$u_o = \sqrt{\frac{R_2}{KR_1}u_i} \tag{7.42}$$

式(7.42)表明,u_o 与 u_i 的开平方根成正比。

4. 开立方运算电路

在开平方运算电路后再级联一级乘法器,即构成开立方运算电路,如图 7.26 所示。
$$u_{o1} = Ku_o^2$$
$$u_{o2} = Ku_{o1}u_o = K^2 u_o^3$$
$$\frac{u_i}{R_1} = -\frac{u_{o2}}{R_2}$$

则
$$u_o = \sqrt[3]{-\frac{R_2 u_i}{R_1 K^2}} \tag{7.43}$$

当 u_i 为正值时,u_o 为负,否则为正。

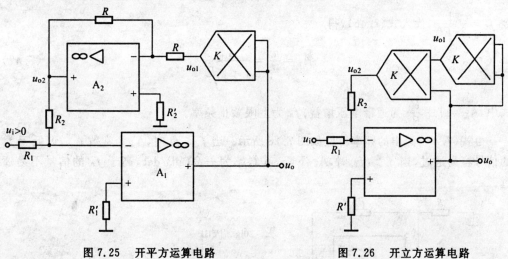

图 7.25 开平方运算电路   图 7.26 开立方运算电路

*7.4 有源滤波电路

滤波电路的功能主要是防干扰和鉴别有用信号。实际电路系统工作时,外来干扰信

号多种多样,应滤除或抑制到最小限度。另一种情况是有用信号掺杂在其他信号中,应该设法挑选出来,可用滤波电路来完成。通常滤波电路放置在主系统前级,是一种独立的电路或系统。

滤波电路分无源和有源两大类。后者性能优良。有源滤波电路,由幅频特性不同可分为低通、高通、带通、带阻和全通等种类。本节分析低通、高通有源滤波电路,以便了解其特性和分析方法。

7.4.1　低通滤波电路(LPF)

以上限截止频率 f_0 为界限,当信号频率 $f < f_0$ 时可以通过,当 $f > f_0$ 时信号全衰减不通过。

1. 一阶低通滤波电路

一阶低通滤波电路由简单 RC 网络和运放构成,如图 7.27 所示。该电路具有滤波功能,还有放大作用,带负载能力较强。由图 7.27 可知,

$$U_- = u_o \frac{R_1}{R_1 + R_f} \tag{7.44}$$

$$U_+ = u_i \frac{\dfrac{1}{\mathrm{j}\omega C}}{R + \dfrac{1}{\mathrm{j}\omega C}} = u_i \frac{1}{1 + \mathrm{j}\omega RC} \tag{7.45}$$

由虚短概念,得

$$u_o = \left(1 + \frac{R_f}{R_1}\right) \frac{u_i}{1 + \mathrm{j}\omega RC} \tag{7.46}$$

令 $f_0 = \dfrac{1}{2\pi RC}$,代入式(7.46),得

$$A_u = \frac{u_o}{u_i} = \frac{A_{up}}{1 + \mathrm{j}\dfrac{f}{f_0}} \tag{7.47}$$

式中, $A_{up} = 1 + \dfrac{R_f}{R_1}$ 为通带电压增益; f_0 为上限截止频率。

由式(7.47)画出的频率特性如图 7.28 所示。当 $f < f_0$ 时, $\dot{A}_u$ 为常数 A_{up},即低于 f_0 的信号容易通过,当 $f > f_0$ 时, $\dot{A}_u$ 下降,其斜率为 $-20\ \mathrm{dB/dec}$,高于 f_0 的信号不易通过。

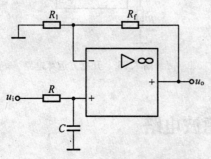

图 7.27　一阶低通滤波电路

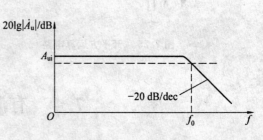

图 7.28　频率特性

2. 二阶低通滤波器

一阶 LPF 电路简单,幅频特性衰减斜率只有 $-20\ \text{dB/dec}$,因此,在 f_0 处附近选择性差,希望衰减斜率越陡越好,只有增加滤波网络的阶数来实现。

二阶 LPF 电路如图 7.29 所示。

$$u_{o1} = u_i \frac{\dfrac{1}{j\omega C} \text{ // } \left(R + \dfrac{1}{j\omega C}\right)}{R + \dfrac{1}{j\omega C} \text{ // } \left(R + \dfrac{1}{j\omega C}\right)} = u_i \frac{1 + j\omega RC}{1 + 3j\omega RC + (j\omega RC)^2} \quad (7.48)$$

$$U_+ = u_{o1} \frac{\dfrac{1}{j\omega C}}{R + \dfrac{1}{j\omega C}} = u_{o1} \frac{1}{1 + j\omega RC} \quad (7.49)$$

$$U_- = u_o \frac{R_1}{R_1 + R_f} \quad (7.50)$$

以上三式联立求解,得

$$A_u = \frac{u_o}{u_i} = \frac{A_{up}}{1 + 3j\omega RC + (j\omega RC)^2} \quad (7.51)$$

令 $f_0 = \dfrac{1}{2\pi RC}$,代入式(7.51)得

$$\dot{A}_u = \frac{A_{up}}{1 - \left(\dfrac{f}{f_0}\right)^2 + j3\dfrac{f}{f_0}} \quad (7.52)$$

当 $f = f_p$ 时,式(7.52)分母之模等于 $\sqrt{2}$,可求 f_p,即

$$\left| 1 - \left(\frac{f}{f_0}\right)^2 + j3\frac{f}{f_0} \right| = \sqrt{2}$$

解得

$$f_p = 0.37 f_0 \quad (7.53)$$

由式(7.52)和式(7.53)画出幅频特性,如图 7.30 所示。由图可知,二阶 LPF 在 $f \geqslant f_p$ 时的衰减斜率为 $-40\ \text{dB/dec}$,比一阶 LPF 高一倍。

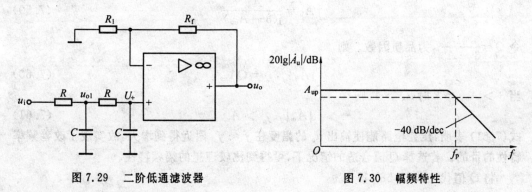

图 7.29　二阶低通滤波器　　　　图 7.30　幅频特性

7.4.2　二阶压控电压源低通滤波器

电路如图 7.31 所示,将图 7.31 中的第一个电容 C 的地端改接到输出端,构成电压控制的电压源滤波电路,其特点是改善 f_0 附近的幅频特性,使 f_0 附近的幅度增大而不自激。该电路很有实用价值,下面进行定性分析。

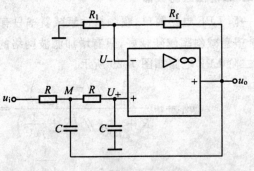

图 7.31　二阶压控电压源低通滤波器

M 点电流方程为

$$\frac{u_i - u_M}{R} - (u_M - u_o)j\omega C - \frac{u_M - U_+}{R} = 0 \tag{7.54}$$

$$U_+ = \frac{u_M}{1 + j\omega RC} \tag{7.55}$$

$$u_o = \left(1 + \frac{R_f}{R_1}\right)U_+ = A_{up}U_+ \tag{7.56}$$

将以上三式联立求解,可得该电路的传递函数为

$$A_u = \frac{A_{up}}{1 + (3 - A_{up})j\omega RC + (j\omega RC)^2} \tag{7.57}$$

式(7.57)表明,$A_{up} < 3$,否则电路不能稳定工作。

令 $f_0 = \dfrac{1}{2\pi RC}$,则

$$A_u = \frac{A_{up}}{1 - \left(\dfrac{f}{f_0}\right)^2 + j(3 - A_{up})\dfrac{f}{f_0}} \tag{7.58}$$

当 $f \ll f_0$ 或 $f \gg f_0$ 时,式(7.58)与式(7.52)近似相等,说明两电路的幅频特性基本相同。但在 $f = f_0$ 处及附近特性增大,如图 7.32 所示。

当 $f = f_0$ 时,式(7.58)改为

$$A_u = \frac{A_{up}}{j(3 - A_{up})} \tag{7.59}$$

令 $Q = \dfrac{1}{3 - A_{up}}$,为品质因数。则

$$|A_u|_{f=f_0} = QA_{up} \tag{7.60}$$

当 $3 > A_{up} > 2$ 时,$Q > 1$,则

$$|A_u|_{f=f_0} > A_{up} \tag{7.61}$$

式(7.61)表明,压控电路能使输出 u_o 的幅度在 $f \approx f_0$ 附近得到增大,故实现了改善频率特性的目的。若选择 Q 值合适的情况下,可得到比较理想的幅频特性。

将 Q 值代入式(7.58)得

$$A_u = \frac{A_{up}}{1 - \left(\dfrac{f}{f_0}\right)^2 + j\dfrac{1}{Q}\dfrac{f}{f_0}} \tag{7.62}$$

式(7.62)表明,Q 值取值不同,可获不同的幅频特性,画出的幅频特性如图 7.32 所示。

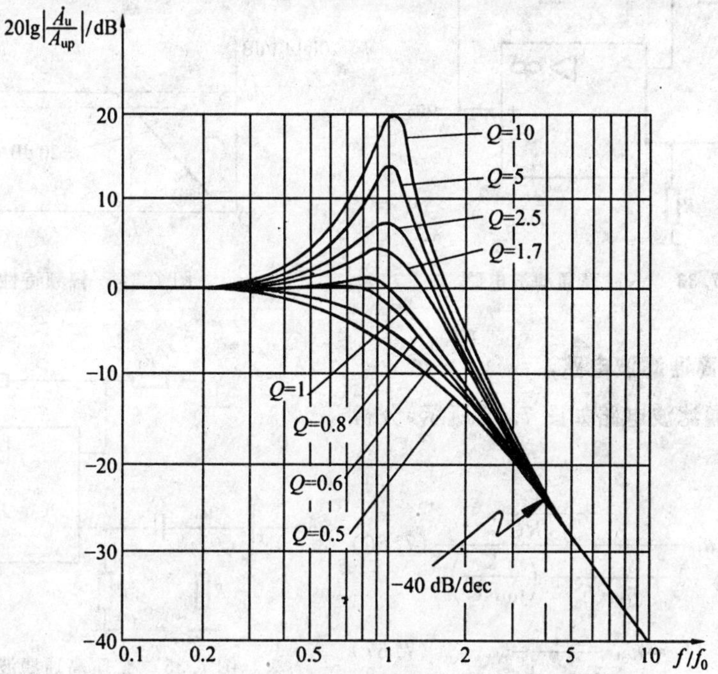

图 7.32　二阶压控电压源 LPF 的幅频特性

7.4.3　高通滤波电路(HPF)

高通滤波电路允许 $f > f_0$ 的高频信号通过,而 $f < f_0$ 的低频信号不通过。

1. 一阶高通滤波器

电路如图 7.33 所示,分析方法同前,得

$$U_- = u_o \frac{R_1}{R_1 + R_f} \tag{7.63}$$

$$U_+ = u_i \frac{R}{\frac{1}{j\omega C} + R} = \frac{u_i}{1 - j\frac{1}{\omega RC}} \tag{7.64}$$

故

$$\dot{A}_u = \frac{u_o}{u_i} = \frac{A_{up}}{1 - j\frac{f_0}{f}} \tag{7.65}$$

式中,f_0 为截止频率 $f_0 = \frac{1}{2\pi RC}$;A_{up} 为通带电压增益,$A_{up} = 1 + \frac{R_f}{R_1}$。画出的频率特性如图 7.34 所示。

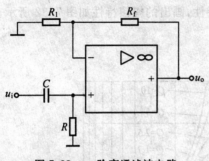

图 7.33　一阶高通滤波电路

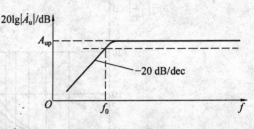

图 7.34　幅频特性

2. 二阶高通滤波电路

二阶高通滤波电路如图 7.35 所示,分析同前,得

$$u_{o1} = u_i \frac{1 + \dfrac{1}{j\omega RC}}{1 + \dfrac{3}{j\omega RC} + \left(\dfrac{1}{j\omega RC}\right)^2} \qquad (7.66)$$

$$U_+ = u_{o1} \frac{1}{1 + \dfrac{1}{j\omega C}} \qquad (7.67)$$

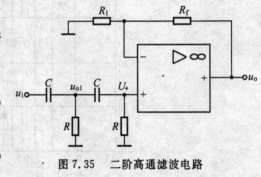

图 7.35　二阶高通滤波电路

故

$$A_u = \frac{u_o}{u_i} = \frac{A_{up}}{1 + \dfrac{3}{j\omega RC} + \left(\dfrac{1}{j\omega RC}\right)^2} \qquad (7.68)$$

令 $f_0 = \dfrac{2}{2\pi RC}$,代入式(7.68)得

$$A_u = \frac{u_o}{u_i} = \frac{A_{up}}{1 - \left(\dfrac{f_0}{f}\right)^2 - j3\dfrac{f_0}{f}} \qquad (7.69)$$

当 $f = f_p$ 时,式(7.69)分母之模等于 $\sqrt{2}$,可解得

$$f_p \approx 2.67 f_0 \qquad (7.70)$$

由式(7.69)和式(7.70)画出的幅频特性与图 7.34 相似,而斜率变为 40 dB/dec。

*7.5　开关电容滤波器(SCF)

开关电容滤波器(简称 SCF)的滤波特性好,可实现高精度和高稳定性,是 RC 有源滤波器远不及的。在 20 世纪 70 年代末已有商品问世,目前已有系列化产品。这些产品不但滤波特性好,且具有采样保持功能,故应用广泛。

7.5.1　开关电容电路的基本概念

MOS 开关配接 MOS 电容构成开关电容,由开关电容组成的电路称为开关电容电路,简称 SC。

开关电容电路是基于电容器的电荷存储和转移原理,由 MOS 电容、MOS 开关和 MOS 运放等组成。这里主要介绍 MOS 电容及等效电阻特性,以便分析 SCF 时应用。

1. MOS 电容

MOS 电容有两种型式,一是接地 MOS 电容,二是浮地 MOS 电容,均以 SiO_2 为介质,构成极板电容 C,如图 7.36 所示。浮地 MOS 电容的等效电容如图 7.36(c) 所示,图中 C 为极板电容,D 为 PN 结,C_m' 表示下极板与衬底之间的寄生电容,其中 $C_m' = (0.05 \sim 0.2)C$;C_m'' 表示上极板与衬底之间的寄生电容,其中 $C_m'' = (0.001 \sim 0.01)C$。在实际 SC 中,$C_m''$ 可忽略。

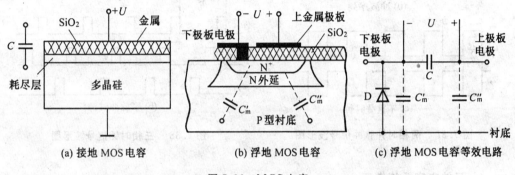

(a) 接地 MOS 电容　　　(b) 浮地 MOS 电容　　　(c) 浮地 MOS 电容等效电路

图 7.36　MOS 电容

MOS 电容量约 $1 \sim 40$ pF,其绝对精度 5%,相对精度可高达 0.01%。

2. MOS 开关

MOS 开关作为 SC 中的开关元件,要求 R_{on} 小、R_{off} 大、寄生电容 C_{DG} 越小越好,一般 $R_{on} < 50\ \Omega$,$R_{off} > (50 \sim 100)M\Omega$,$C_{DG} \leqslant 0.05$ pF。为简化分析,按理想元件处理,即 $R_{on} \approx 0$,$R_{off} = \infty$,无寄生电容。

MOS 开关已有集成电路,例如四路双向开关 CD4016、CD4066 等,多路开关 CD4051、CD4052、CD4053 等,可选用。

3. SC 的时钟信号

在 SC 中控制 MOS 开关的时钟信号有两相时钟信号和多相时钟信号,如图 7.37 和图 7.38 所示。

(1) 两相时钟信号

在图 7.37 中,图 7.37(a) 为两相窄脉冲时钟,u_φ 简称 φ 相时钟,$\bar{u}_\varphi$ 简称 $\bar{\varphi}$ 相时钟,脉宽为 τ_c,T_c 为周期。在一个周期内含有四个时间间隔的脉冲。当窄脉冲 $\tau_c \to 0$ 时,变为冲激序列,如图 7.37(b) 所示,它是分析 SC 时的工具,实际电路不能实现。图 7.37(c) 为两相不重叠时钟。

(2) 多相时钟信号

在图 7.38 中,图 7.38(a) 为三相不重叠时钟,图 7.38(b) 为三相窄脉冲。分析 SC 时,将上述时钟理想化,认为脉冲沿的上升和下降时间为零。

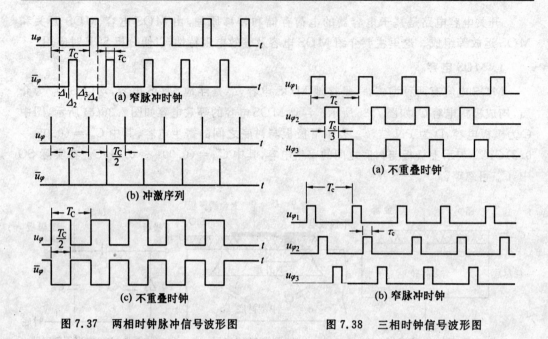

图 7.37　两相时钟脉冲信号波形图　　　图 7.38　三相时钟信号波形图

4. 开关电容模拟电阻

开关电容的基本原理是对电荷的存储和释放来实现信号的传输,这要由开关的闭合或关断来实现的。而控制开关的时钟频率 f_c 很高,通常为信号 $u_i(t)$ 最高频率的 $50 \sim 150$ 倍。开关电容技术的重要特性是用"开关电容"模拟"电阻"。下面讨论并联、串联型开关电容的等效电阻。

（1）并联开关电容单元

电路如图 7.39 所示,设 C 为无损耗线性时不变的 MOS 电容。当开关 SW 一旦闭合, C 立刻与 $u_1(t)$ 或 $u_2(t)$ 接通, C 充电,存储电荷。当 SW 全关断时, C 两端电压保持不变。图 7.39 电路的工作波形如图 7.40 所示,图 7.40(a) 为冲激序列时钟波形, φ 与 $\bar{\varphi}$ 相互延迟 $\frac{1}{2}T_c$, φ 控制 SW_1 , $\bar{\varphi}$ 控制 SW_2 ;图 7.40(b) 所示为两模拟信号电压 $u_1(t)$ 和 $u_2(t)$;图 7.40(c) 中虚线表示 C 上电荷存储和释放波形,实线表示 C 两端电压波形。开关电容单元的工作过程如下:

在 $(n-1)T_c$ 瞬间, φ 驱动 SW_1 闭合, $\bar{\varphi}$ 驱动 SW_2 断开, C 对 $u_1[(n-1)T_c]$ 采样。存储电荷量为

$$q_C(t) = Cu_1[(n-1)T_c]$$

从 $(n-1)T_c$ 到 $\left(n-\frac{1}{2}\right)T_c$ 期间, SW_1 和 SW_2 均断开, $u_C(t)$ 和 $q_C(t)$ 保持不变。

在到 $t = \left(n-\frac{1}{2}\right)T_c$ 时刻, SW_1 断开, SW_2 闭合, C 上将立即建立起电压为

$$u_C(t) = u_C\left[\left(n-\frac{1}{2}\right)T_c\right] = u_2\left[\left(n-\frac{1}{2}\right)T_c\right] \tag{7.71}$$

C 上的电荷量为

$$q_C\left[\left(n-\frac{1}{2}\right)T_C\right]=Cu_2\left[\left(n-\frac{1}{2}\right)T_C\right] \tag{7.72}$$

电容 C 将释放电荷量为

$$q_C\left[(n-1)T_C\right]-q_C\left[\left(n-\frac{1}{2}\right)T_C\right] \tag{7.73}$$

从图 7.40 可以看出，在每个时钟周期 T_C 内，$u_C(t)$ 和 $q_C(t)$ 仅变化一次，电荷变化量为

$$\Delta q_C(t)=C\left\{u_1\left[(n-1)T_C\right]-u_2\left[\left(n-\frac{1}{2}\right)T_C\right]\right\} \tag{7.74}$$

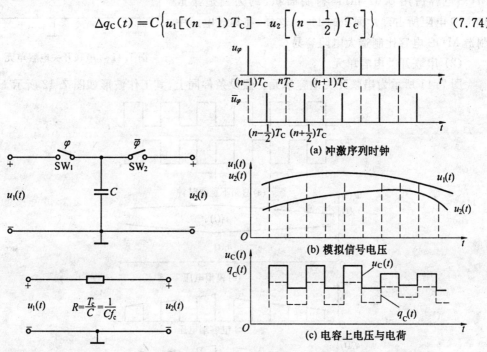

图 7.39　并联开关电容单元及其等效电阻　　　图 7.40　并联开关电容的工作波形

式 (7.74) 说明，在从 $\left(n-\frac{1}{2}\right)T_C$ 到 $(n-1)T_C$ 期间，开关电容从 $u_1(t)$ 端向 $u_2(t)$ 端转移的电荷量与 C 的值、$(n-1)T_C$ 时刻的 $u_1(t)$ 值、$\left(n-\frac{1}{2}\right)T_C$ 时刻的 $u_2(t)$ 值有关。分析并指出，在开关电容两端口之间流动的是电荷，而非电流；开关电容转移的电荷量决定于两端口不同时刻的电压值，而非两端口同一时刻的电压值；在时钟驱动下，经开关电容对电荷的存储和释放，能实现电荷转移和信号传输。

因 T_C 远远小于 $u_1(t)$ 和 $u_2(t)$ 的周期，在 T_C 内可认为 $u_1(t)$ 和 $u_2(t)$ 不变，从近似平均的观点，可把一个 T_C 内由 $u_1(t)$ 送往 $u_2(t)$ 中的 $\Delta q_C(t)$ 等效为一个平均电流 $i_C(t)$ 从 $u_1(t)$ 流向 $u_2(t)$，即

$$i_C(t)=\frac{\Delta q_C(t)}{T_C}=\frac{C}{T_C}\left\{u_1\left[(n-1)T_C\right]-u_2\left[\left(n-\frac{1}{2}\right)T_C\right]\right\}=$$

$$\frac{C}{T_C}\left[u_1(t)-u_2(t)\right]=\frac{1}{R_{SC}}\left[u_1(t)-u_2(t)\right] \tag{7.75}$$

式中，R_{SC} 为开关电容模拟电阻或开关电容等效电阻，其值为

$$R_{SC} = \frac{T_C}{C} = \frac{1}{Cf_C} \tag{7.76}$$

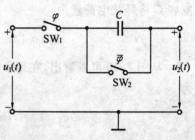

开关电容能模拟并取代电阻，这就使以往应用常
规（集成）电阻的各种模拟电路相对应地演变成各种开
关电容电路。

若 $C=1$ pF，$f_C=100$ kHz，则 $R_{SC}=10$ MΩ，1 pF 的
MOS 电容占用 0.01 mm² 衬底面积，约为制造集成
10 MΩ 电阻所占硅片面积的 1%。这样，在集成电路中
制造 MOS 电容比制造大电阻容易。

图 7.41　串联开关电容单元

（2）串联开关电容单元

图 7.41 所示为串联开关电容单元。假设条件同上，其工作波形如图 7.42 所示。

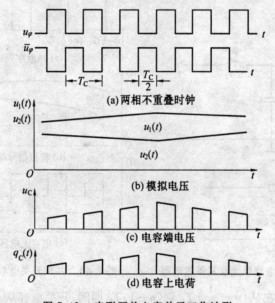

图 7.42　串联开关电容单元工作波形

当 $\bar{\varphi}$ 相时钟驱动 SW₂ 闭合时，C 上 $q_C=0$；当 φ 相时钟使 SW₁ 闭合时，C 上存储电荷
量为

$$q_C(t) = C[u_1(t) - u_2(t)] \tag{7.77}$$

在一个 T_C 内，从 $u_1(t)$ 向 $u_2(t)$ 传送的相应电荷量为

$$\Delta q_C(t) = q_C(t) = C[u_1(t) - u_2(t)] \tag{7.78}$$

利用近似平均电流的方法 $i_C(t) = \dfrac{\Delta q_C(t)}{T_C}$，得

$$R_{SC} = \frac{T_C}{C} = \frac{1}{f_C C} \tag{7.79}$$

开关电容单元等效电阻 R_{SC} 的概念很重要，但是要注意等效是有条件的、近似的。利
用开关电容等效电阻原理可把有源 RC 滤波器转换成开关电容滤波器。

7.5.2 一阶开关电容低通滤波器(SCF)

1. 一阶 RC 低通开关电容滤波器电路

电路如图 7.43 所示,用开关电容等效电阻来置换一阶 RC 低通滤波器的电阻,就得到一阶开关电容低通滤波器,工作状态波形如图 7.44 所示,假设 C_1 和 C_2 初始电压为零,其工作过程分析如下:

在 $t = 0$ 时,SW_1 闭合,SW_2 关断,$u_i(t)$ 对 C_1 充电,$u_{C1}(0) = U_m$,$u_{C2}(0) = 0$。

在 $0 < t < \dfrac{T_C}{2}$ 期间,SW_1、SW_2 全断开,则 C_1 和 C_2 上电压保持,$u_{C1}(t) = U_m$,$u_{C2}(t) = 0$。

在 $t = \dfrac{T_C}{2}$ 时,SW_1 断开,SW_2 闭合,C_1

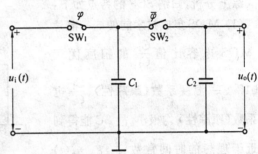

图 7.43 一阶低通 SCF

存储的电荷 $C_1 U_m$ 向 C_2 转移,并由 C_1 和 C_2 对 $C_1 U_m$ 分配,使

$$u_{C1}\left(\frac{T_C}{2}\right) = u_o\left(\frac{T_C}{2}\right)$$

且令 $a = \dfrac{C_1}{C_1 + C_2}$,则有

$$u_o\left(\frac{T_C}{2}\right) = \frac{C_1}{C_1 + C_2} U_m = a U_m \tag{7.80}$$

在 $\dfrac{T_C}{2} < t < T_C$ 期间,SW_1 和 SW_2 均断开,C_1 和 C_2 上电压保持,均为 $\dfrac{C_1}{C_1 + C_2} U_m$。

在 $t = T_C$ 时,SW_1 闭合,SW_2 断开,C_1 被 U_m 充电,$u_{C1}(T_C) = U_m$,而 C_2 上电压保持,仍为

$$u_{C2}(T_C) = u_o(T_C) = a U_m$$

在 $T_C < t < \dfrac{3}{2} T_C$ 期间,SW_1 和 SW_2 断开,C_1 和 C_2 上电压保持,$u_{C1}(t) = U_m$,$u_{C2}(t) = a U_m$。

在 $t = \dfrac{3}{2} T_C$ 时,SW_1 断开,SW_2 闭合,C_1 上的电荷 $C_1 U_m$ 向 C_2 转移,并与 C_2 上保持的电荷量 $C_2 \dfrac{C_1}{C_1 + C_2} U_m$ 再分配,使 $u_{C1}\left(\dfrac{3}{2} T_C\right) = u_{C2}\left(\dfrac{3}{2} T_C\right)$,令 $b = \dfrac{C_2}{C_1 + C_2}$,则得

$$u_o\left(\frac{3 T_C}{2}\right) = \frac{C_1}{C_1 + C_2}\left(1 + \frac{C_2}{C_1 + C_2}\right) U_m = a(1 + b) U_m \tag{7.81}$$

由以上分析看出,在阶跃 $u_i(t)$ 作用下,$u_o(t)$ 以阶梯波向终值 U_m 逼近,并在 $\left(n \dfrac{T_C}{2}\right)$ $(n = 1, 3, 5, \cdots)$ 处跳变,$u_o(t)$ 跳变值 $\Delta u_o\left(n \dfrac{T_C}{2}\right)$ 为

$$\Delta u_o\left(n \frac{T_C}{2}\right) = U_m \frac{C_1}{C_1 + C_2} \sum_{i=0}^{n-1} \frac{C_2}{C_1 + C_2} = U_m a \sum_{i=0}^{n-1} b \tag{7.82}$$

分析表明，$u_o(t)$ 的每一次跳变都由 C_1 和 C_2 的比值确定，输出波形的准确和稳定性亦就决定于 C_1 和 C_2 比值以及 T_c 的准确和稳定性。一阶低通 SCF 的时间常数为

$$R_{SC}C_2 = T_c \frac{C_2}{C_1} = \frac{C_2}{f_C C_1} \tag{7.83}$$

式(7.83)表明，SCF 的时间常数也由 T_c 和 C_2/C_1 决定。

综上分析，归纳 SCF 的特点如下：

（1）MOS 集成技术能使同一硅片上 MOS 电容比值 $\dfrac{C_1}{C_2}$ 的精度优于 0.01%、$\dfrac{C_1}{C_2}$ 温度系数（跟踪性）、$\dfrac{C_1}{C_2}$ 电压系数（跟踪性）均很小，故 SC 能得到接近于理想的时间常数 $\dfrac{C_2}{C_1}T_c$。$u_o(t)$ 的跳变以及时间常数只取决于电容比值而与绝对值无关。这个概念奠定 SC 集成化基础。

（2）开关电容电路实质上是一种有源时变网络，可以看成双相或多相时变网络。决定开关电容电路的本质行为是各个电容器中的电荷转移。正是通过严格控制开关电容网络中各节点的电荷转移特性，才能使开关电容电路具有严格控制的、准确而稳定的时域特性、频率特性和传输特性，从而实现模拟采样数据信号的处理要求。

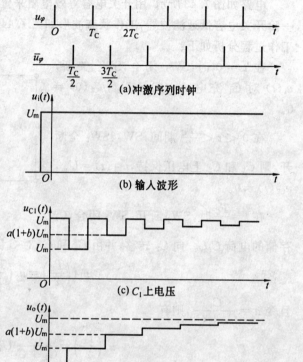

图 7.44　一阶低通 SCF 工作波形

2. 一阶 RC 有源低通滤波器

7.45 为一阶有源低通滤波器及其对应 SCF。图 7.45(a) 为一阶 RC 有源滤波器，其传输函数为

$$A(s) = \frac{u_o(s)}{u_i(s)} = -\frac{R_f}{R_1} \frac{1}{1+sR_fC} \tag{7.84}$$

用开关电容的等效电阻 $\dfrac{T_c}{C_1}$ 去置换 R_1，用 $\dfrac{T_c}{C_2}$ 去置换 R_f，便可得图 7.45(b) 所示的 SCF。其传输函数为

$$A(s) = \frac{U_o(s)}{U_i(s)} = -\frac{C_1}{C_2} \cdot \frac{1}{1+s\dfrac{CT_c}{C_2}} \tag{7.85}$$

式(7.85)表明，$A(s)$ 只取决于 $\dfrac{C_1}{C_2}$、$\dfrac{C}{C_2}$ 和 T_c，故精确度和稳定性比 RC 有源滤波器好得

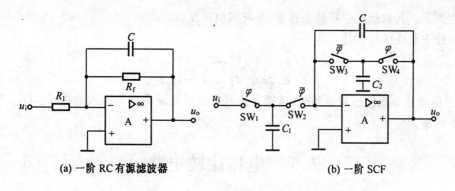

(a) 一阶 RC 有源滤波器　　　　　　　(b) 一阶 SCF

图 7.45　一阶 RC 有源滤波器及其对应 SCF

多。

同理可实现二阶或多阶的 SCF。有关性能好、频率和相位特性最佳的集成开关电容滤波器的产品应有尽有,可供选用。

图 7.46 所示为 R5609 的低通滤波特性曲线。其转折频率 f_0 为时钟频率 f_{cp} 的 $\frac{1}{100}$,f_0 的可变范围为 $0.1\,Hz \sim 25\,kHz$,它具有陡峭的衰减特性,约为 $-100\,dB/dec$,带内波动只有 $0.2\,dB$,插入损耗在 $\pm 0.4\,dB$ 以下。

图 7.47 所示是 R5604 的典型滤波特性曲线。它有三个带通信道,中心频率分别为 f_{01}、f_{02}、f_{03},并分别为时钟频率 f_{cp} 的 $\frac{1}{135}$、$\frac{1}{108}$、$\frac{1}{86.5}$。调节 f_{cp} 可以调节 $f_{01} \sim f_{03}$。R5604 的三个信道输入是彼此独立的,可以各自输入不同信号。

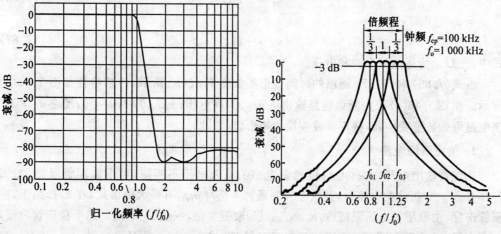

图 7.46　R5609 的低通滤波特性曲线　　　　图 7.47　R5604 的典型滤波特性曲线

Ⅱ　运放非线性应用电路

运放非线性应用是指运放工作在饱和状态和过渡状态,u_o 与 u_i 是状态转换控制,即非线性关系。其非线性应用的条件是：开环或引正反馈。

运放非线性应用的特点是：

$$当\ u_+ \geqslant u_-\ 时，u_o = +U_{om}$$
$$当\ u_- \geqslant u_+\ 时，u_o = -U_{om}$$

分析运放非线性应用电路时，遵循上述两条原则处理输出与输入的关系。U_{om} 为运放输出的最大饱和电压。

7.6　电压比较电路

电压比较电路主要功能是能对两个电压进行比较，并可判断出其大小。在运放的两个输入端中，一个是模拟信号，另一个是做基准的参考电压，也可以两个都是模拟信号。这样，由输出电压的高低可以判断模拟信号与参考电压的关系，即是大于还是小于。

比较电路在电子测量，自动控制以及波形变换等方面应用广泛。下边讨论电压比较电路和滞回比较电路。

7.6.1　零电压比较电路

1. 基本电路

图 7.48(a) 为零电压比较电路，运放处于开环工作状态，同相端接地，$U_+ = 0\ \mathrm{V}$，为基准参考电压，反相端加被比较信号 u_i。其工作原理如下：

当 $u_i \geqslant 0$ 时，

$$u_o = -U_{om} \tag{7.86}$$

当 $u_i \leqslant 0$ 时，

$$u_o = +U_{om} \tag{7.87}$$

式中，$\pm U_{om}$ 为运放输出饱和电压。

由式(7.86)和(7.87)画出的时间波形图如图 7.86(b) 所示，传输特性如图 7.48(c) 所示。由图 7.48(c) 可判断该电路输出电压 u_o 为高电压($+U_{om}$)时，$u_i < 0$；反之 $u_i > 0$。该电路可做波形变换器，将正弦波变换为矩形波(方波)。

2. 输出限幅电路

比较器输出电压太高，与后级控制电路的输入电压不匹配，可用稳压管限幅，如图 7.49 所示。分析这类电路时，其状态控制是加入信号 u_i 后有最大输出 u_o，在 u_o 作用下，稳压管击穿，由稳压管电压限幅后，$u_o = U_Z$。U_Z 取值方便，一般 $U_Z \ll u_o$。两个稳压管对接，一个击穿，一个正向导通，导通的按二极管处理，取 $U_D \approx 0.7\ \mathrm{V}$。这样，$u_o = \pm(U_Z + U_D)$。画出传输特性曲线时，$\pm u_o = \pm(U_Z + U_D)$。

在图 7.49(b) 所示电路中，考虑"虚地"概念，在稳压效果上看与图 7.49(a) 是相同的。

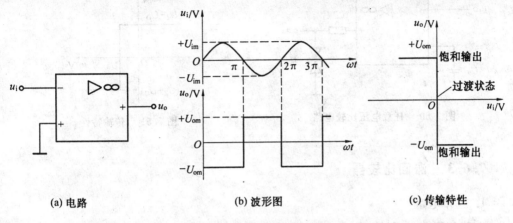

(a) 电路   (b) 波形图   (c) 传输特性

图 7.48　零电压比较电路

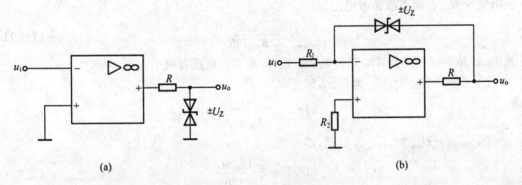

(a)   (b)

图 7.49　限幅电路

7.6.2　任意电压比较电路

任意电压比较电路如图 7.50 所示。同相端接参考电压 U_R，被比较电压加在反相输入端。工作原理同上，分析可得

当 $u_i \geqslant U_R$ 时，

$$u_o = -(U_Z + U_D) \tag{7.88}$$

当 $u_i \leqslant U_R$ 时，

$$u_o = +(U_Z + U_D) \tag{7.89}$$

画出的传输特性如图 7.51 所示。输出电压 u_o 在输入电压等于 U_R 处跳变，由 u_o 的电压高低可判断 $u_i \leqslant U_R$ 或 $u_i \geqslant U_R$。可见，零电压比较电路是任意电压比较电路的一种特例。

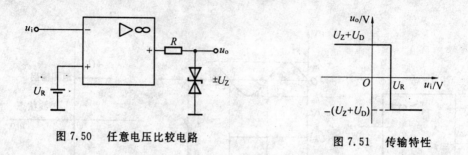

图 7.50　任意电压比较电路　　　　　　图 7.51　传输特性

7.6.3　滞回比较器

1. 基本电路

电路如图 7.52 所示,由 R_f 和 R_1 引入正反馈环节,运放工作在非线性状态,u_o 有两个极限值 $\pm U_{om}$。而基准参考电压为

$$U_+ = \frac{u_o R_1}{R_1 + R_f} \tag{7.90}$$

式中,u_o 取值极性不同,U_+ 随同跳变。这样,参考点电压有两个:

① $u_o = +U_{om}$ 时,U_+ 为 $U_+{}'$,即

$$U_+{}' = \frac{+U_{om} R_1}{R_1 + R_f} \tag{7.91}$$

② $u_o = -U_{om}$ 时,U_+ 为 $U_+{}''$,即

$$U_+{}'' = \frac{-U_{om} R_1}{R_1 + R_f} \tag{7.92}$$

输出电压 u_o 在 $U_+{}'$ 和 $U_+{}''$ 处发生状态跳变,但是 u_o 跳变后,比较点电压 U_+ 跳变转移,这是分析滞回电路的关键。按输入 u_i 为正弦信号画出输出波形如图 7.53 所示。画出的传输特性如图 7.54 所示。其工作过程分析如下:

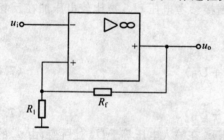

图 7.52　滞回比较器

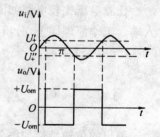

图 7.53　波形图

假设 $t=0$ 时,u_o 初始状态为 $+U_{om}$,则 U_+' 为"+",当信号电压增大到 $u_i \geqslant U_+'$ 时,u_o 跳变为 $-U_{om}$,同时比较点电压由 U_+' 变为 U_+'' 处;当 $u_i \leqslant U_+''$ 时,u_o 跳变为 $+U_{om}$,而比较点电压由 U_+'' 变回到 U_+' 处,以后周期性变化。

图 7.54 所示传输特性与磁滞回线类似,故称为滞回比较器(又称施密特比较器)。两个比较电压称为阈值电压。两比较电压之差称为回差电压,即

$$\Delta U = U_+{'} - U_+{''} = \frac{2U_{om}R_1}{R_1 + R_f} \tag{7.93}$$

改变回差电压的大小,可提高抗干扰能力。该电路还具有波形变换功能。

2. 典型的滞回电压比较器

典型的滞回电压比较器电路如图 7.55 所示,U_R 为参考电压,输出端有限幅电路。工作原理与上相同,只是阈值电压不同。用叠加原理可求得

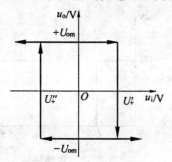

图 7.54　传输特性

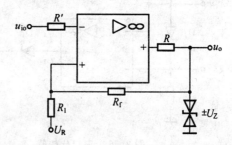

图 7.55　典型滞回电压比较器

$$U_+' = \frac{U_R R_f}{R_1 + R_f} + \frac{+U_Z R_1}{R_1 + R_f} \tag{7.94}$$

$$U_+'' = \frac{U_R R_f}{R_1 + R_f} + \frac{-U_Z R_1}{R_1 + R_f} \tag{7.95}$$

可以通过改变 U_R 之值方便地改变阈值。参照前面原理读者自行分析,不再重复。

7.6.4　窗口比较器

电路如图 7.56 所示,传输特性如图 7.57 所示。设 $R_1 = R_2$,则

$$U_L = \frac{(V_{CC} - 2U_D)R_2}{R_1 + R_2} = \frac{1}{2}(V_{CC} - 2U_D) \tag{7.96}$$

$$U_H = U_L + 2U_D \tag{7.97}$$

当 $u_i > U_H$ 时,u_{o1} 为高电平,D_3 导通,u_o 有输出。此时 u_{o2} 为低电平,D_4 不导通。

当 $u_i < U_L$ 时,u_{o2} 为高电平,D_4 导通,u_o 有输出。此时 u_{o1} 为低电平,D_3 不导通。当 $U_H > u_i > U_L$ 时,u_o 无输出为低电平。这样,窗口比较器有两个阈值和两个状态,即

① 当 $u_i > U_H$,$u_i < U_L$ 时,u_o 为高电平。

② 当 $U_H > u_i > U_L$ 时,u_o 为低电平。

窗口电压 $\Delta U = 2U_D$,改变 ΔU,可改变阈值。因此,做检测和控制电路非常方便。

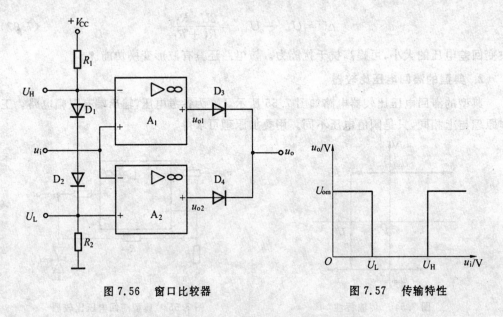

图 7.56　窗口比较器　　　　　　　图 7.57　传输特性

7.7　非正弦波形发生器

非正弦波形发生器由开关电路,反馈网络,延迟环节或积分环节等电路组成。其振荡条件比较简单,只要能使开关电路的状态改变,即能产生周期性的振荡。本节主要讨论矩形波,三角波和锯齿波等发生电路。

7.7.1　矩形波发生器

图 7.58 所示电路由 RC 电路和滞回比较器组成,RC 电路起延迟兼反馈作用,滞回比较器起开关作用。

1. 电路工作原理

设 $t=0$ 时,$u_C=0$,$u_o=+U_Z$,故 U_+ 为 U'_+ 即

$$U'_+ = \frac{+U_Z R_1}{R_1 + R_2} \tag{7.98}$$

此时, $u_o=+U_Z$,通过 R 向 C 充电,u_C 呈指数规律增加,当 $t=t_1$,$u_C \geqslant U'_+$ 时,u_o 跳变为 $-U_Z$,则 U_+ 为 U''_+,即

$$U''_+ = \frac{-U_Z R_1}{R_1 + R_2} \tag{7.99}$$

此时,在 $-U_Z$ 作用下,使 C 放电(或反充电),u_C 呈指数规律下降。当 $t=t_2$,$u_C \leqslant U''_+$ 时,u_o 跳变为 $+U_Z$。以后周期性重复产生如图 7.59 所示的矩形波。

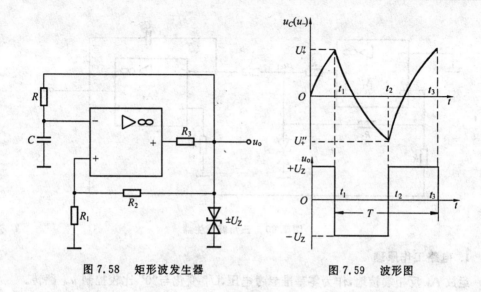

图 7.58　矩形波发生器　　　　　　　　　　图 7.59　波形图

2. 计算振荡周期

由图 7.59 可知，$t_2 - t_1 = \dfrac{T}{2}$，按照电容充放电的规律可求周期 T。这里 RC 充放电的三要素是：

（1）时间常数 $\tau = RC$。

（2）在 t_1 时刻 u_C 的初始值为 $u_C(t_1) = \dfrac{R_1}{R_1 + R_2} U_Z$。

（3）当 $t = \infty$ 时，u_C 的终了值为 $-U_Z$。

（4）根据三要素法则可得

$$u_C(t) = \left(-U_Z - \frac{R_1}{R_1 + R_2} U_Z \right)\left(1 - \exp \frac{-t}{RC} \right) + \frac{R_1}{R_1 + R_2} U_Z \tag{7.100}$$

当 $t = \dfrac{T}{2}$ 时，$u_C(t) = -\dfrac{R_1}{R_1 + R_2} U_Z$，代入式（7.100）得

$$-\frac{R_1}{R_1 + R_2} U_Z = \left(-U_2 - \frac{R_1}{R_1 + R_2} U_Z \right)\left[1 - \exp \frac{-\dfrac{T}{2}}{RC} \right] + \frac{R_1}{R_1 + R_2} U_Z \tag{7.101}$$

解得，振荡周期
$$T = 2RC\ln\left(1 + \frac{2R_1}{R_2} \right) \tag{7.102}$$

振荡频率
$$f = \frac{1}{T}$$

7.7.2　三角波发生器

三角波发生器电路如图 7.60 所示，由滞回比较器和积分电路组成，只要 R_1、R_2 和稳压管电压 U_Z 不变，输出电压 u_o 的幅度不变。图中有限幅，通过 R_1、R_2 引压控反馈。

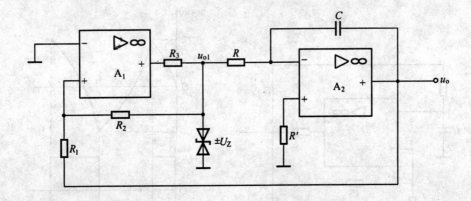

图 7.60　三角波发生器

1. 电路工作原理

运放 A_1 反相端接地,作为零基准参考电压,U_+ 变化与"0" 比较控制 u_{o1} 翻转。

设 $t=0$ 时,$u_C=0$ V,$u_{o1}=+U_Z$,则

$$U'_+ = \frac{+U_Z R_1}{R_1+R_2} + \frac{u_o R_2}{R_1+R_2} \tag{7.103}$$

此时,积分器输出 u_o 负向变化,u_{o1} 翻转条件是 $U'_+ \leqslant 0$,当 $t=t_1$ 时,由式(7.103)等于零可解得 u_o 最大值为 $u_{om}=\dfrac{-R_1}{R_2}U_Z$,$u_{o1}$ 跳变到 $-U_Z$,则

$$U''_+ = \frac{-U_Z R_1}{R_1+R_2} + \frac{u_o R_2}{R_1+R_2} \tag{7.104}$$

当 $u_{o1}=-U_Z$ 时,u_o 正向积分,在 $t=t_2$ 时,$U''_+ \geqslant 0$ 时,由式(7.104)等于零解得 u_o 最大值为 $u_{om}=\dfrac{R_1}{R_2}U_Z$,$u_{o1}$ 跳变到 $+U_Z$。以后循环。这样,u_o 输出三角波,由 u_{o1} 也可输出方波,如图 7.61 所示。

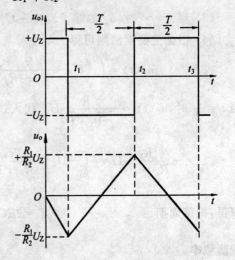

图 7.61　波形图

2. 计算振荡周期

由图 7.61 所示的波形可知,积分电路由 $-u_{om}$ 上升至 $+u_{om}$ 所需的时间即为振荡周期的一半,即 $t_2-t_1=\dfrac{T}{2}$,当 $t=t_1$ 时,$u_{o1}=-U_Z$,

$u_o=-\dfrac{R_1}{R_2}U_Z$,则

$$u_o(t) = -\frac{1}{C}\int_{t_1}^{t_2} \frac{u_{o1}}{R}\mathrm{d}t + u_o(t_1) =$$

$$-\frac{t}{RC}(-U_Z) - \frac{R_1}{R_2}U_Z \tag{7.105}$$

当 $t=t_2=\dfrac{T}{2}$ 时，$u_o(t_2)=\dfrac{R_1}{R_2}U_z$，代入式(7.105)得

$$\frac{R_1}{R_2}U_z=\frac{T}{2RC}U_z-\frac{R_1}{R_2}U_z$$

则振荡周期
$$T=4RC\frac{R_1}{R_2} \tag{7.106}$$

振荡频率
$$f=\frac{1}{T}=\frac{R_2}{4RCR_1} \tag{7.107}$$

7.7.3　锯齿波发生器

电路如图 7.62 所示，将积分电阻并联 D 和 R_4 支路，即成为锯齿波电路。当 u_{o1} 为 $+U_z$ 时，二极管导通，$R \parallel R_4$ 变小，则积分时间短。其当 u_{o1} 为 $-U_z$ 时，积分时间同前，故得到不对称三角波形，即锯齿波，如图 7.63 所示。

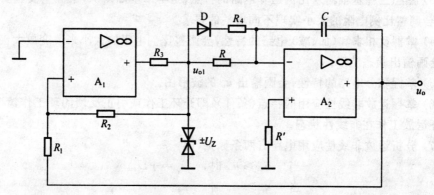

图 7.62　锯齿波发生器

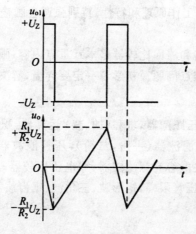

图 7.63　波形图

本章小结

　　本章主要讨论了集成运放的线性应用和非线性应用电路,其中包括基本应用电路(反相输入、同相输入、差动输入比例放大电路)、运算电路和 RC 有源滤波电路;另外还讨论了比较器、非正弦波波形发生器等电路。

　　1. 本章要点

　　(1)掌握运放线性应用的特点(条件),即引入深度负反馈闭环工作,由此来保证运放工作在线性区。

　　(2)掌握理想运放特性,充分运用"虚短"、"虚断"和"虚地"概念,是分析运放线性应用电路的一种基本方法。

　　(3)熟悉三种基本输入比例运算电路的特点,是本章基础知识,十分重要。要求熟记结果,会调整比例电阻的大小实现不同增益的要求。

　　(4)掌握反相求和(加、减)电路的特性,会调整比例电阻的大小来改变放大倍数的要求。会画输出状态波形。

　　(5)掌握积分电路的特性,会画输出 u_o 的波形图。

　　(6)掌握运放非线性应用的特点(条件),即开环工作或引正反馈闭环工作情况,由此来保证运放工作在非线性状态。

　　(7)分析运放非线性应用电路有两条原则,即

$$当\quad u_+ \geqslant u_- \ 时,\quad u_o = +U_{om}$$
$$当\quad u_- \geqslant u_+ \ 时,\quad u_o = -U_{om}$$

与线性应用电路分析方法不同,不能混淆。

　　(8)掌握滞回比较器的工作原理和特性,特别强调会画输出 u_o 的状态波形和传输特性图。

　　注:反相求和、积分电路和滞回比较器是本章重点内容;画积分波形、滞回比较器输出波形和传输特性是本章的难点问题。初学者一定要弄懂,解决透彻。

　　2. 主要概念和术语

　　反相器(变号电路),电压跟随器,求和(加、减)运算器,积分、微分器,对数、反对数运算器,乘法器,除法器,有源滤波器(一阶,二阶),压控滤波器,MOS 电容,MOS 开关电容,开关电容等效电阻,开关电容有源滤波器,零电压比较器,滞回电压比较器,窗口比较器,回差电压,传输特性,稳压管限幅,矩形波、三角波、锯齿波发生器。

习　题

7.1　判断下列说法是否正确(在括号中画 √ 或 ×)：

(1) 处于线性工作状态下的集成运放,反相输入端可按"虚地"来处理。(　　)

(2) 反相比例运算电路属于电压串联负反馈,同相比例运算电路属于电压并联负反馈。(　　)

(3) 处于线性工作状态的实际集成运放,在实现信号运算时,两个输入端对地的直流电阻必须相等,才能防止输入偏置电流 I_B 带来运算误差。(　　)

(4) 在反相求和电路中,集成运放的反相输入端为虚地点,流过反馈电阻的电流基本上等于各输入电流之代数和。(　　)

(5) 同相求和电路跟同相比例电路一样,各输入信号的电流几乎等于零。(　　)

7.2　在图 7.64 中,各集成运算放大器均是理想的,试写出各输出电压 u_o 的值。

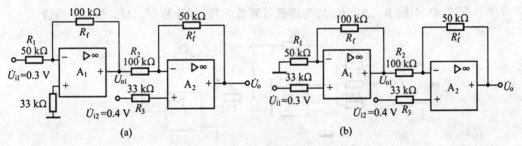

图 7.64　题 7.2 图

7.3　请画出如图 7.65 所示电路的电压传输特性,即 $u_o = f(u_i)$ 曲线,标出有关的电压数值,假设所用集成运放为理想器件。

7.4　指出如图 7.66 所示电路中,集成运放 A_1 是否带有反馈回路。如有,请说明反馈类型,并求 $A_u = \dfrac{u_o}{u_i}$;设 A_1、A_2 均为理想运算放大器。

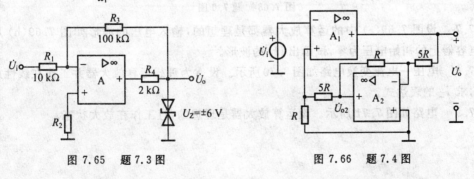

图 7.65　题 7.3 图　　　　　　　图 7.66　题 7.4 图

7.5　应用运算放大器可构成测量电压、电流、电阻的三用表,其原理图分别如图 7.67(a)、(b)、(c) 所示。设所用集成运算放大器具有理想的特性,输出端所接电压表为

5 V 满量程,取电流 500 μA。

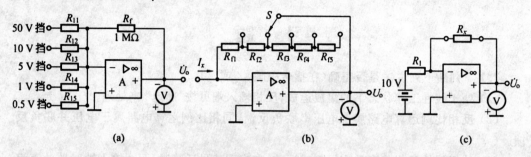

图 7.67　题 7.5 图

　　(1) 在图 7.67(a)中,若要得到 50 V、10 V、5 V、1 V、0.5 V 五种电压量程,电阻 $R_{11} \sim R_{15}$,应各为多少?

　　(2) 在图 7.67(b)中,若要在电流 I_x 为 5 mA、0.5 mA、0.1 mA、50 μA、10 μA 时,分别使电压表满量程,电阻 $R_{f1} \sim R_{f5}$ 应如何选取?

　　(3) 在图 7.67(c)中,若输出电压表指示 5 V,问被测电阻 R_x 是多大?

　　7.6　图 7.68 中的 A_1、A_2、A_3 均为理想运算放大器,试计算 U_{o1}、U_{o2} 和 U_{o3} 的值。

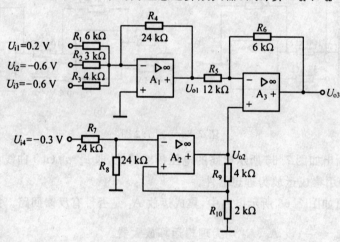

图 7.68　题 7.6 图

　　7.7　设图 7.69(a)中的运算放大器都是理想的,输入电压的波形如图 7.69(b)所示,电容器上的初始电压为零,试画出 U_o 的波形。

　　7.8　电压—电流变换电路如图 7.70 所示。设 A 为理想运算放大器并工作在线性放大区,求 I_L 的表达式。

　　7.9　电路如图 7.71 所示。设运算放大器是理想的,且工作在放大状态。

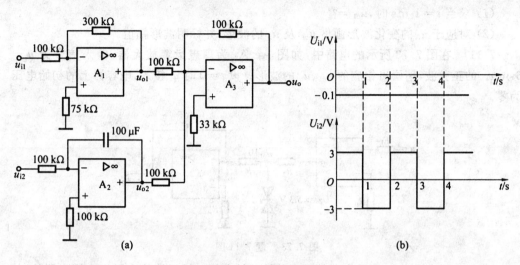

图 7.69　题 7.7 图

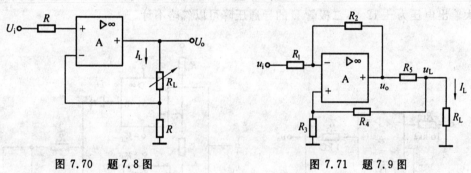

图 7.70　题 7.8 图　　　　　　　　　　图 7.71　题 7.9 图

(1) 证明：$I_L = \dfrac{-\dfrac{R_2}{R_1}u_1}{R_5 + R_L + \dfrac{R_L}{R_3 + R_4}\left[R_5 - \left(1 + \dfrac{R_2}{R_1}\right)R_3\right]}$

(2) 说明这种电路有何功能。

7.10　图 7.72(a) 中的矩形波电压是图 7.72(b) 电路的输入信号，假设 A_1、A_2 为理想运算放大电路，且其最大输出电压幅度为 ±10 V，当 $t=0$ 时，电容 C 的初始电压为零。

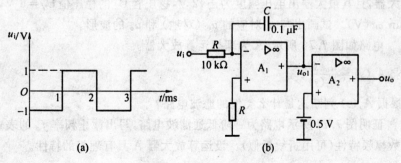

图 7.72　题 7.10 图

（1）求当 $t=1$ ms 时，$u_{o1}=?$

（2）对应于 u_i 的变化波形画出 u_{o1} 及 u_o 的波形，并标明波形幅值。

7.11　在图 7.73 所示的电路中，如图 A_1、A_2 为理想运算放大器，输入信号为 $u_i=6\sin \omega t$ 的正弦波，请画出相应的 u_{o1}、u_o 的波形。设 $t=0$ 时 u_i 接入，电容器上的初始电压为零。

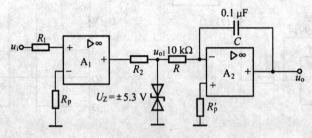

图 7.73　题 7.11 图

7.12　画出图 7.74 所示电路的电压传输特性曲线。设运算放大器 A 为理想器件，其最大输出电压为 ± 12 V，二极管 D 的导通压降可以忽略不计。

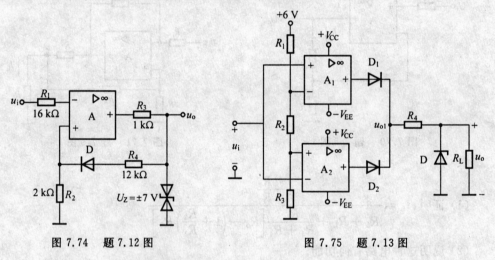

图 7.74　题 7.12 图　　　　　　　图 7.75　题 7.13 图

7.13　在图 7.75 所示的电路中，$R_1=R_2=R_3=R$，D_1、D_2 为理想二极管，A_1、A_2 为理想运算放大器，且其最大输出电压幅度为 ± 12 V，稳压管 D_Z 的稳压值 $U_Z=6$ V，输入电压为 $u_i=6\sin \omega t(V)$。试画出与 u_i 对应的 u_{o1}（对地）和 u_o 的波形。

7.14　电路如图 7.76 所示，A 为理想运算放大器。

（1）求 $A_u(s)=\dfrac{u_o(s)}{u_i(s)}$；

（2）根据 $A_u(s)$ 判断这是什么类型的滤波电路？

7.15　证明图 7.77 所示电路为一阶低通滤波电路，写出截止频率 f_p 的表达式，画出电路的对数幅频特性（可用折线近似）。设运算放大器 A 具有理想的特性。

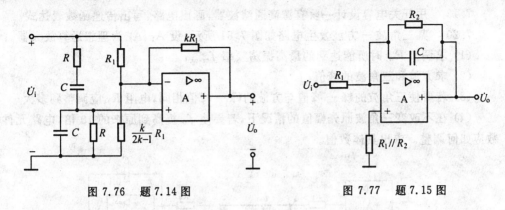

图 7.76 题 7.14 图   图 7.77 题 7.15 图

7.16 写出图 7.78 所示电路的传递函数,指出这是一个什么类型的滤波电路。A 为理想运算放大器。

7.17 在图 7.79 所示的方波发生器电路中,设运算放大器 A 具有理想的特性,$R_1 = R_2 = R = 100\ \text{k}\Omega$,$R_3 = 1\ \text{k}\Omega$,$C = 0.01\ \mu\text{F}$,$U_z = \pm 5\ \text{V}$。

(1) 指出电路各组成部分的作用;

(2) 画出输出电压 u_o 和电容器上的电压 u_C 的波形;

(3) 写出振荡周期 T 的表达式,并求出具体数值。

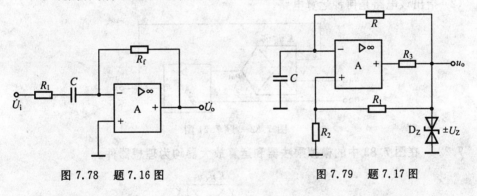

图 7.78 题 7.16 图   图 7.79 题 7.17 图

7.18 电路如图 7.80 所示,设时钟信号为两相不重叠脉冲,分析它的工作过程并导出其等效电阻表达式。

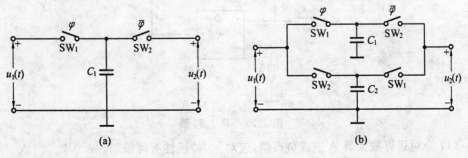

(a)   (b)

图 7.80 题 7.18 图

7.19　用开关电容设计一阶有源高通滤波器,画出电路,写出传递函数表达式。

7.20　某三角波－方波发生电路如图 7.81 所示,设 A_1、A_2 为理想运算放大器。

(1) 求调节 R_W 时所能达到的最高振荡频率 f_{omax};

(2) 求方波和三角波的峰值;

(3) 若要使三角波的峰－峰值与方波的峰－峰值相同,电阻 R_3 应调整到多大;

(4) 在不改变三角波原先幅值的情况下,若要使 f_0 提高到原来的 10 倍,电路元件参数应如何调整。求出具体数值。

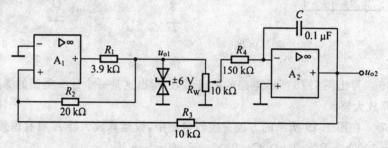

图 7.81　题 7.20 图

7.21　图 7.82 所示的电路中,设所用器件均具有理想的特性 $u_{i1} > 0$。

(1) 分别写出 u_{o1} 和 u_o 的表达式。

(2) 指出该电路是何种运算电路。

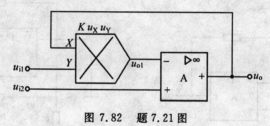

图 7.82　题 7.21 图

7.22　在图 7.83 中的模拟乘法器和运算放大器均为理想器件。

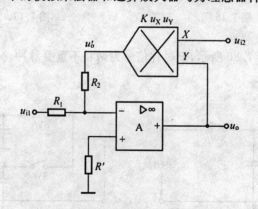

图 7.83　题 7.22 图

(1) 为对运算放大器 A 形成负反馈,应对 u_{i2} 的极性有何限制。

(2) 推导 u_o 与 u_{i1}、u_{i2} 之间的关系式,指出该电路具有何种运算功能。

(3) 设 $K=0.1\ \text{V}^{-1}$，$R_1=10\ \text{k}\Omega$，$R_2=1\ \text{k}\Omega$，u_{i1} 与 u_{i2} 极性相同且绝对值均为 10 V，问输出电压 $u_o=?$

7.23　选择正确的答案填空。

电路如图 7.84 所示，所用的各种器件均具有理想的特性，输入电压 $u_i > 0$，电阻 $R_3 = R_4$，则 u_o 与 u_i 的函数关系为 _____。

$$\left(\text{a. } u_o=\frac{KR_2u_i^2}{R_1};\quad \text{b. } u_o=-\frac{KR_2u_i^2}{R_1};\quad \text{c. } u_o=\sqrt{\frac{KR_2(-u_i)}{R_1}};\quad \text{d. } u_o=\sqrt{\frac{R_2u_i}{KR_1}}\right)$$

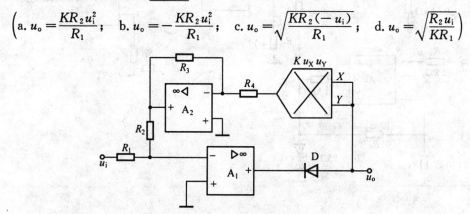

图 7.84　题 7.23 图

7.24　电路如图 7.85 所示，设模拟乘法器和运算放大器都是理想器件，电容器 C 上的初始电压为零，试写出 u_{o1}、u_{o2} 和 u_o 的表达式。

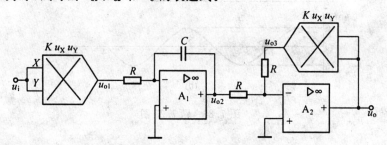

图 7.85　题 7.24 图

7.25　电路如图 7.86(a) 所示，A_1、A_2、A_3、A_4 均为理想运放，且最大输出饱和电压为 ±12 V。稳压管 $U_Z=5.3\ \text{V}$，输入信号 u_{i1} 和 u_{i2} 的波形如图 7.86(b) 所示。设 $t=0$ 时，电容器 C 上电压 $u_C(0)=0$ V，u_{o2} 输出为"+"。求：

(1) 画出对应 u_{i1} 和 u_{i2} 的 u_{o1}、u_{o2}、u_{o3}、u_{o4} 的波形图。

(2) 对应 $t=1$ ms 时的 u_{o1}、u_{o2}、u_{o3}、u_{o4} 的电压值。

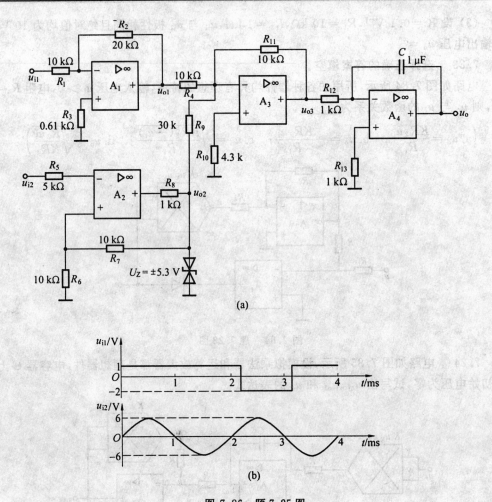

(a)

(b)

图 7.86　题 7.25 图

第8章 直流稳压电源

各种电子电路及系统均需直流电源供电,大多数直流电源是利用电网的交流电源经过变换而获得的。其特点是需要给出额定的输出电压和电流(额定输出功率),并提供与应用要求相适应的稳定度,精度和效率。

直流稳压电源一般由整流、滤波、稳压等环节组成,如图8.1所示。图中各部分功能如下:

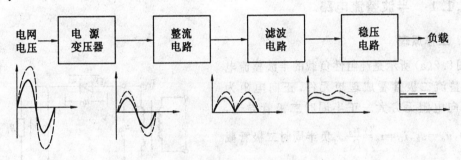

图 8.1　直流电源的组成

(1) 电源变压器:将电网交流电压(220 V 或 380 V)变换成符合需要的交流电压,此交流电压经过整流后可获得电子设备所需的直流电压。

(2) 整流电路:利用具有单向导电性的元件,将正负交替的正弦波交流电压变换成单方向的脉动电压。

(3) 滤波电路:利用储能元件,尽可能地将单向脉动电压中的脉动成分滤掉使输出电压成为比较平滑的直流电压。

(4) 稳压电路:采取某种措施,使输出的直流电压在电网电压或负载电流变化时保持稳定。

本章先讨论整流、滤波电路,后分析直流稳压电路,并对集成稳压电路的应用、高效率的开关稳压电源的原理进行分析。

8.1　整流电路

利用二极管的单向导电性可组成整流电路,将交流电压变成单向脉动电压。整流电路的主要技术指标有以下几个。

(1) 输出直流电压平均值 $U_{O(AV)}$

$U_{O(AV)}$ 定义为整流输出电压 u_O 在一个周期内的平均值,即

$$U_{O(AV)} = \frac{1}{2\pi} \int_0^{2\pi} u_O \mathrm{d}(\omega t)$$

（2）输出电压脉动系数 S

S 定义为整流输出电压的基波峰值 U_{O1M} 与平均值 $U_{O(AV)}$ 之比，即

$$S = \frac{U_{O1M}}{U_{O(AV)}}$$

式中，U_{O1M} 为输出电压的基波最大值。

（3）整流二极管正向平均电流 $I_{D(AV)}$

在一个周期内通过二极管的平均电流。由二极管允许温升决定，可由器件手册中查到。

（4）最大反向峰值电压 U_{RM}

整流二极管不导通时，在它两端承受的最大反向电压。

8.1.1　半波整流电路

1. 工作原理

图 8.2(a) 所示是纯阻性负载的半波整流电路，把整流二极管看成理想元件，正向电阻为零，反向电阻无穷大。正半周时二极管导通，$u_D = 0$，$u_o = u_2$，$i_D = i_o = \dfrac{u_o}{R_L}$。负半周时二极管截止，$u_o = 0$，$u_D = u_2$，$i_D = i_o = 0$。

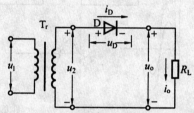

(a)电路图

2. 半波整流参数

（1）整流输出电压平均值 $U_{o(AV)}$

$$U_{O(AV)} = \frac{1}{2\pi}\int_0^\pi \sqrt{2}U_2 \sin \omega t\, \mathrm{d}(\omega t) =$$

$$\frac{\sqrt{2}}{\pi}U_2 \approx 0.45U_2 \qquad (8.1)$$

式中，U_2 为变压器次级电压有效值。

（2）整流输出电压的脉动系数 S

$$S = \frac{U_{O1M}}{U_o} = \frac{\dfrac{U_2}{\sqrt{2}}}{\dfrac{\sqrt{2}}{\pi}U_2} = \frac{\pi}{2} \approx 1.57 \quad (8.2)$$

式中，$U_{O1M} = \dfrac{1}{\pi}\displaystyle\int_{-\frac{\pi}{2}}^{\frac{\pi}{2}} \sqrt{2}U_2 \cos^2 \omega t\, \mathrm{d}(\omega t) = \dfrac{U_2}{\sqrt{2}}$。

（3）整流输出的平均电流 $I_{O(AV)}$

$$I_{O(AV)} = \frac{U_{O(AV)}}{R_L} = 0.45\frac{U_2}{R_L} \qquad (8.3)$$

而二极管平均电流 $I_{D(AV)} = I_{O(AV)}$。

（4）整流管承受的最大反向电压 U_{RM}

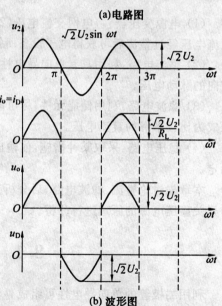

(b) 波形图

图 8.2　单相半波整流电路

$$U_{RM} = \sqrt{2}U_2 \qquad (8.4)$$

半波整流电路结构简单，但输出波形脉动系数大，直流成分低，变压器电流含直流成分，易饱和，变压器利用率低。

8.1.2　全波整流电路

1. 工作原理

图 8.3 是纯阻性负载全波整流电路，变压器的两个副边电压大小相等，同名端如图 8.3 所示，二极管看成理想元件。正半周时，D_1 导通，D_2 截止，u_o 上"＋"，下"－"；负半周时，D_1 截止，D_2 导通，u_o 上"＋"，下"－"。负载上是单向脉动电压，其波形如图 8.4 所示。

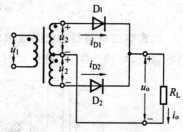

2. 全波整流电路参数

（1）整流输出电压平均值 $U_{o(AV)}$

因全波输出波形面积为半波的两倍，故

图 8.3　全波整流电路

$$U_{o(AV)} = 2 \times 0.45U_2 = 0.9U_2 \quad (8.5)$$

（2）脉动系数 S 在全波整流电路中，基波的频率为 2ω，则

$$U_{O1M} = \frac{2}{\pi}\int_{-\frac{\pi}{2}}^{\frac{\pi}{2}}\sqrt{2}U_2 \cos\omega t \cos2\omega t\, d(\omega t) = \frac{2}{3} \times \frac{2\sqrt{2}}{\pi}U_2$$

故

$$S = \frac{U_{O1M}}{U_{O(AV)}} = \frac{\frac{2}{3}\frac{2\sqrt{2}}{\pi}U_2}{\frac{2\sqrt{2}}{\pi}U_2} = \frac{2}{3} \approx 0.67 \quad (8.6)$$

（3）整流输出的平均电流 $I_{O(AV)}$

$$I_{O(AV)} = \frac{U_{O(AV)}}{R_L} = \frac{0.9U_2}{R_L} \quad (8.7)$$

而二极管平均电流应为

$$I_{D(AV)} = \frac{I_{O(AV)}}{2}$$

（4）整流管承受的最大反压 U_{RM}

$$U_{RM} = 2\sqrt{2}U_2 \qquad (8.8)$$

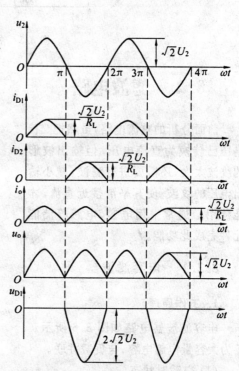

图 8.4　全波整流电路波形图

全波整流电路输出电压直流成分提高，脉动系数减小，但变压器每个线圈只有半个周期有电流，利用率不高。桥式整流是理想的整流电路。

8.1.3　桥式整流电路

桥式整流电路如图 8.5 所示。线圈匝数与半波电路相同,只是二极管增加为 4 只,工作原理与全波电路相同。正半周时,D_1 和 D_3 导通,D_2 和 D_4 截止;负半周时,D_2 和 D_4 导通,D_1 和 D_3 截止。在负载上得到全波整流输出波形。桥式整流电路的参数与全波电路相同,即

$$U_{O(AV)} = 0.9U_2, \quad S = 0.67, \quad I_{O(AV)} = 0.9\frac{U_2}{R_L}, \quad U_{RM} = U_{2M} = \sqrt{2}U_2$$

桥式整流电路目前已做成模块,称为整流桥,其整流输出电流和耐反压等指标有系列的标称值,可供选用,其符号如图 8.5(b) 所示。

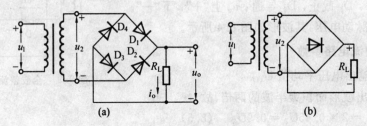

(a)　　　　　　　　　　　　　　　(b)

图 8.5　桥式整流电路

8.2　滤波电路

前面分析的整流电路,虽然把交流电压已转换为直流电压,但输出波形的纹波太大,还需要进行滤波,减小输出电压的纹波,使其平滑接近直流,才能使用。通常采用电容、电感等储能元件完成此功能。

8.2.1　电容滤波器

1. 工作原理

电容滤波器电路如图 8.6 所示。C 为大容量电解电容,与负载并联。

（1）空载时状态

空载时,负载开路,设初始 $u_C = 0$,当接通电源后,u_2 通过整流桥给电容充电,$u_C = \sqrt{2}U_2$,因无放电通路,故 $u_o = u_C = \sqrt{2}U_2$,且保持不变,无脉动。若电源不是在 $t = t_0$ 时刻接通,则瞬间

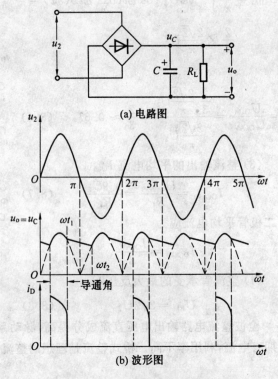

(a) 电路图

(b) 波形图

图 8.6　桥式整流电容滤波电路

冲击尖峰电流很大,对二极管不利。

(2) 带电阻负载状态

u_C 放电按指数规律下降,时间常数 $\tau = R_L C$。接上负载后,u_2 给电容充电同时,也给负载提供电流,而电容充电最大到峰值后,u_2 按正弦规律下降,u_C 放电按指数规律下降,指数下降初始速度高于正弦下降速度,二极管仍然导通,u_C 电压仍按正弦规律下降。随后,指数下降速度低于正弦下降速度。当在 ωt_1 后,$u_2 < u_C$,二极管截止,仅由电容给负载供电,即电容放电。电容充电时很快(忽略二极管内阻),而放电时很慢($\tau = R_L C$),当放电电压下降到 ωt_2 时,$u_2 \geqslant u_C$,二极管导通,u_2 又给电容 C 充电。这样,充放电周期循环,输出电压波形如图 8.6(b) 所示。输出波形纹波大大减小,接近直流状态。

由图 8.6(b) 看出,二极管导通时间(导通角)短(小),而二极管开启瞬间电流大,滤波电容 C 越大,冲击电流越大。二极管导通角小,工作寿命长。由图 8.7(b) 看出,滤波电容 C 越大,纹波越小,越平滑。

2. 电容滤波电路参数估算

(1) 输出电压平均值 $U_{O(AV)}$

由图 8.7(c),采取近似估算法。电容充电最高电压为 U_{Omax},放电最小电压为 U_{Omin},则输出电压平均值 $U_{O(AV)}$ 为

$$U_{O(AV)} = \frac{U_{Omax} + U_{Omin}}{2} \quad (8.9)$$

用三角形相近法求 $U_{Omax} - U_{Omin}$,将放电初始斜线延长交横坐标轴,由 $R_L C$、U_{Omax} 构成大三角形,以 $T/2$、$U_{Omax} - U_{Omin}$ 构成小三角形,两个三角形相似,则

$$\frac{U_{Omax} - U_{Omin}}{U_{Omax}} = \frac{T/2}{R_L C} \quad (8.10)$$

将式(8.9) 变换后,再将式(8.10) 代入得

$$U_{O(AV)} = \frac{U_{Omax} + U_{Omin}}{2} =$$

$$U_{Omax} - \frac{U_{Omax} - U_{Omin}}{2} =$$

$$\left(1 - \frac{T}{4R_L C}\right)U_{Omax} =$$

$$\sqrt{2}U_2\left(1 - \frac{T}{4R_L C}\right) \quad (8.11)$$

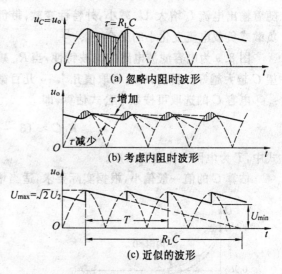

图 8.7　桥式整流电容滤波电路的波形图

式中,T 为电网交流电压周期。

当 $R_L = \infty$ 时,$U_{O(AV)} \approx 1.4U_2$,当 $C = 0$ 时,$U_{O(AV)} \approx 0.9U_2$,一般取

$$U_{O(AV)} \approx 1.2U_2 \quad (8.12)$$

(2) 脉动系数 S

以 $U_{Omax} - U_{Omin}$ 作为基波的峰－峰值,则

$$\frac{U_{Omax} - U_{Omin}}{2} = \frac{1}{4} \frac{T}{R_L C} U_{Omax} \tag{8.13}$$

故

$$S = \frac{\frac{1}{4} \frac{T}{R_L C} U_{Omax}}{\left(1 - \frac{T}{4R_L C}\right) U_{Omax}} = \frac{T}{4R_L C - T}$$

或

$$S = \frac{1}{\frac{4R_L C}{T} - 1} \tag{8.14}$$

(3) 整流管电流

电容滤波二极管导通角小,但峰值电流必然大,在接通电源瞬间存在冲击尖峰电流,故选择二极管时,要求二极管工作电流 $I_D \geqslant (2 \sim 3) \dfrac{U_o}{2R_L}$。

(4) 电容滤波电路的外特性和滤波特性

图 8.8 为电容滤波电路的外特性,当 $R_L = \infty$ 时,$U_o = 1.4 U_2$,当 $C = 0$ 时,$U_o = 0.9 U_2$。随着输出电流 I_o 增大,U_o 减小,外特性变软,带负载能力差。故电容滤波电路适合于固定负载或负载电流变化小的场合。

图 8.9 为电容滤波电路的滤波特性,当 R_L 减小,I_o 增大时,S 增大;C 减小,S 增大,希望 C 越大越好。目前,C 通常取值几十 ～ 几百微法。

电容 C 的选取可按如下公式估算,即

$$R_L C \approx (3 \sim 5) \frac{T}{2} \tag{8.15}$$

式中,T 为电网交流电压周期。

估算 C 的值一般偏小,根据实际要求,适当增大容量。

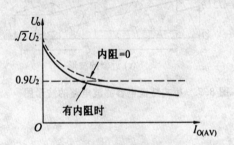
图 8.8　电容滤波电路的外特性

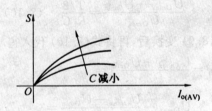
图 8.9　电容滤波特性

8.2.2　电感滤波器

电感滤波电路如图 8.10 所示。电感特性是交流感抗大,直流感抗小,近似为零。当电流变化时,电感线圈产生反电势阻止其变化。因此电感滤波的效果比电容好。

由图 8.10 可知,桥式整流输出平均电压 U_i 为

$$U_i = \frac{1}{\pi} \int_0^\pi \sqrt{2} U_2 \sin \omega t\, d(\omega t) = \frac{2\sqrt{2}}{\pi} U_2 \approx 0.9 U_2 \tag{8.16}$$

在一个周期内,电感上交流电压平均值为零,即

$$U_L = \frac{1}{T}\int_0^T L\frac{di_L}{dt}dt = L\int_0^T di_L = L[i_L(T) - i_L(0)] = 0 \qquad (8.17)$$

式(8.17)说明,电感电压平均值为零,则

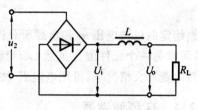

$$U_o = U_i - U_L \approx 0.9U_2 \qquad (8.18)$$

式(8.18)说明,输出电压平均值 U_o 与电感大小无关,电感的作用是抑制纹波,当 $\omega L \gg R_L$ 时,$S \approx 0$。

另外,电源启动时无冲击电流产生,但有反电势产生。二极管的导通角与电容滤波相比未减小,仍为 $180°$。因 $U_i = 0.9U_2$,所以整流桥必须输出完整的正弦半波波形,即二极管导通角为 $180°$。

图 8.10 电感滤波电路

图 8.11(a)为电感滤波电路外特性,电流 I_o 增加时,U_o 减小,其斜率小,说明带负载能力强,适合负载电流较大的场合。

图 8.12(b)为电感滤波的滤波特性,随 I_o 增大,S 减小,滤波效果最好。

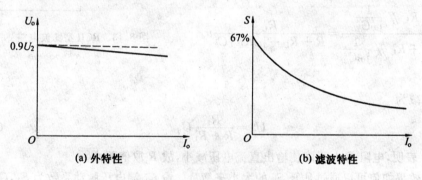

图 8.11 桥式整流电感滤波的特性

8.2.3 电感电容滤波器

电感滤波器适用于负载电流大的场合,而电容滤波器适合于负载电流小的场合,若二者合起来,可满足不同负载的要求。

在图 8.12 中,若忽略电感 L 的直流电阻,则输出纹波电压 $\tilde{u}_o$ 与输入纹波电压 $\tilde{u}_i$ 的关系为

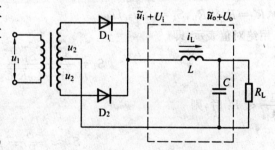

$$\tilde{u}_o = \tilde{u}_i \frac{R_L \parallel \frac{1}{j\omega' C}}{j\omega' L + R_L \parallel \frac{1}{j\omega' C}}$$

$$(8.19)$$

式中,ω' 为 2ω。

图 8.12 LC 滤波电路

当 $\omega'L \gg \dfrac{1}{\omega'C}$,且 $\dfrac{1}{\omega'C} \ll R_L$ 时,式

(8.19)简化为

$$\tilde{u}_o = \tilde{u}_i \frac{1}{\omega'^2 LC} \tag{8.20}$$

　　根据给定的纹波电压 $\tilde{u}_i$ 和负载所允许的纹波电压 $\tilde{u}_o$，可确定 LC，先选择其中一个元件数值，可求另一个元件值。虽然 LC 滤波器效果较好，但电感体积较大，使用不方便。若在负载电流不大情况下，可用电阻 R 取代 L，故引出 RCΠ 型滤波器。

8.2.4　Π 型滤波器

　　Π 型滤波器电路如图 8.13 所示。用两只电容与电阻组成两级滤波器，称 Π 型滤波器，也称复式滤波器。电容 C_1 上电压为 u_{C1}，直流平均值为 U_d，交流成分为 $\tilde{u}_d$，经过 RC_2 滤波后，输出电压为 u_o，直流平均值为 U_o，交流成分为 $\tilde{u}_o$。其 $\tilde{u}_o$ 减小约为

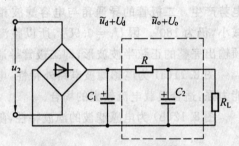

图 8.13　RCΠ 型滤波电路

$$\tilde{u}_o = \tilde{u}_d \frac{R_L // \dfrac{1}{j\omega C_1}}{R + R_L // \dfrac{1}{j\omega C_2}} = \frac{R_L}{R + R_L + j\omega R R_L C_2}\tilde{u}_d \tag{8.21}$$

而直流衰减为

$$U_o = \frac{R_L}{R + R_L} U_d \tag{8.22}$$

式(8.22)表明，电阻 R 上压降使输出直流电压减小，故 R 取值要小。

　　滤波效果如何可以通过估算 S_2 的大小来衡量。设 C_1 端电压脉动系数为 S_1，C_2 端电压脉系数为 S_2，输出端基波有效值近似 $\sqrt{2}\tilde{u}_o$，则

$$S_2 = \frac{\sqrt{2}\tilde{u}_o}{U_o} = \frac{\sqrt{2}\dfrac{R_L}{R + R_L + j\omega R R_L C_2}\tilde{u}_d}{\dfrac{R_L}{R + R_L}U_d} = \frac{\sqrt{2}\tilde{u}_d}{U_d}\frac{1}{1 + j\omega R'C_2} = \frac{S_1}{1 + j\omega R'C_2} \tag{8.23}$$

式中，$R' = R // R_L$，$S_1 = \sqrt{2}\tilde{u}_d/U_d$。

用绝对值表示，即

$$S_2 = \frac{S_1}{\sqrt{1 + (\omega R'C_2)^2}} \tag{8.24}$$

当 $\dfrac{1}{\omega C_2} \ll R'$ 时，则

$$S_2 \approx \frac{S_1}{\omega R'C_2} \tag{8.25}$$

式(8.25)表明，$\omega R'C_2$ 越大，S_2 越小。式中 ω 为桥式整流输出角频率，在电网频率为 50 Hz 时，$\omega \approx 628$ rad/s。

　　如果负载电流不是很大情况下，复式滤波器使用很方便。

8.2.5　线滤波器

线滤波器电路如图 8.14 所示，L_{01}、L_{02} 和 C_{01} 组成简单的线滤波器，其功能是抑制共模杂波干扰，允许 50 Hz、60 Hz 和 400 Hz 低频电压无衰减通过。

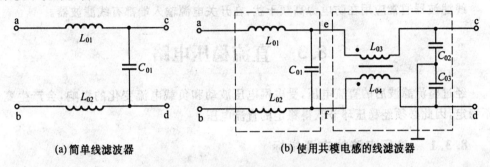

(a) 简单线滤波器　　　　　　　(b) 使用共模电感的线滤波器

图 8.14　两种常用线滤波器电路

图 8.14(b) 中的 L_{03} 和 L_{04} 为共模电感，其绕线方式如图 8.15(a) 所示，在同一个磁芯上绕两个匝数相等的对称绕组，由于电源相线往返电流产生的磁通方向相反，互相抵消，故不起电感作用。但对于相线和地线之间的共模杂波，呈现大电感，高阻抗。图 8.15(c) 为共模信号的等效电路，R_{NB} 为不平衡电阻，u_c 表示共模杂波，电网电压 $u_\sim$ 无衰减地传给负载 R_L，在 R_L 上的杂波可由下式求出

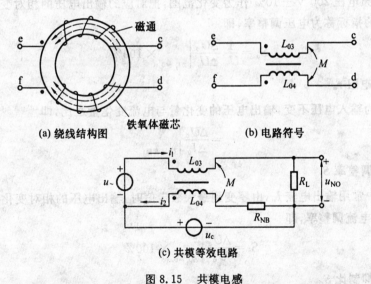

(a) 绕线结构图　　　　　　　　(b) 电路符号

(c) 共模等效电路

图 8.15　共模电感

$$u_c = j\omega L_{03} i_1 + j\omega M i_2 + i_1 R_L$$
$$u_c = j\omega L_{04} i_2 + j\omega M i_1 + i_2 R_{NB}$$

设 $L_{03} = L_{04} = M = L$，$u_{NO} = i_1 R_L$，在 $\dfrac{R_{NB}}{R_L} \ll 1$ 时，可求出

$$\left| \frac{u_{NO}}{u_c} \right| = \frac{R_{NB}}{\sqrt{R_{NB}^2 + (\omega L)^2}} \tag{8.26}$$

当 $\omega L \gg R_{NB}$ 时,则

$$\left| \frac{u_{NO}}{u_c} \right| \approx \frac{R_{NB}}{\omega L} \to 0 \qquad (8.27)$$

式(8.27)说明,共模电感对杂波干扰无放大能力,抑制效果最好,衰减为零。

线滤波器通常应用在防电源高频干扰,在开关电源输入端都有线滤波器。

8.3　直流稳压电路

经过整流滤波后的直流电压,受电网电压波动和负载电流变化的影响,会产生变化,不稳定,因此必须经稳压环节获得稳定的直流电压。

8.3.1　稳压电路的主要指标

1. 稳压系数 S_r

S_r 定义为在负载不变时输出电压的相对变化量与输入电压的相对变量之比,即

$$S_r = \frac{\Delta U_o / U_o}{\Delta U_i / U_i} \bigg|_{R_L = 常数} \qquad (8.28)$$

2. 电压调整率 S_u

通常工频电压 200 V ± 10% 作为变化范围,把对应的输出电压的相对变化量的百分比作为衡量的指标称为电压调整率,即

$$S_u = \frac{1}{U_o} \frac{\Delta U_o}{\Delta U_i} \bigg|_{\Delta I_L = 0} \times 100\% \qquad (8.29)$$

3. 输出电阻 r_o

r_o 定义为输入电压不变,输出电压的变化量与电流变化量之比,即

$$r_o = \frac{\Delta U_o}{\Delta I_o} \bigg|_{U_i = 常数} \qquad (8.30)$$

4. 电流调整率 S_i

在工程中常用输出电流 I_o 由零变到最大额定值时,输出电压的相对变化量来表征这个性能,称为电流调整率,即

$$S_i = \frac{\Delta U_o}{U_o} \bigg|_{\Delta U_i = 0} \times 100\% \qquad (8.31)$$

5. 纹波抑制比 S_{rip}

S_{rip} 定义为输入纹波电压(峰—峰值)与输出纹波电压(峰—峰值)之比的分贝数,即

$$S_{rip} = 20 \lg \frac{\tilde{u}_i}{\tilde{u}_o} \qquad (8.32)$$

6. 输出电压的温度系数 S_T

S_T 定义为在规定温度范围及 $\Delta U_i = 0$,$\Delta I_L = 0$ 时,单位温度变化所引起的输出电压相对变化量的百分比,即

$$S_T = \frac{1}{U_o} \frac{\Delta U_o}{\Delta T}\bigg|_{\Delta I_L=0,\Delta U_i=0} \times 100\% \tag{8.33}$$

除上述指标外,还有输出噪声电压 U_{NF} 和工作极限参数等。

8.3.2　稳压管稳压电路

稳压管稳压电路如图 8.16 所示。稳压管的击穿特性如图 8.17 所示,反向击穿时,电流变化很大,电压基本不变。靠稳压管的电流变化补偿负载电流变化,使输出电压稳定。

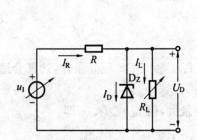

图 8.16　硅稳压管稳压电路

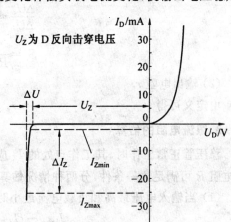

图 8.17　稳压管伏安特性

1. 稳压原理

(1) 设输入电压 U_i 不变,负载电阻减小使 I_L 增大,此时 I_R 增大,使 U_R 增大,使 U_Z 降低,I_Z 变小,使 U_R 减小,故输出电压基本不变。上述稳压过程用循环调节过程表示,即

$$R_L \downarrow \rightarrow U_o \downarrow \rightarrow U_Z \downarrow \rightarrow I_Z \downarrow$$
$$U_o \uparrow \leftarrow U_R \uparrow \leftarrow I_R \uparrow$$

(2) 设 R_L 不变,输入 U_i 增大,使 U_Z 增大,则 I_Z 增大,使 U_R 增大,以此来抵消 U_i 的增大,故使输出不变化。用循环调节过程表示如下:

$$U_i \uparrow \rightarrow U_o \uparrow \rightarrow U_Z \uparrow \rightarrow I_Z \uparrow$$
$$U_o \downarrow \leftarrow U_R \uparrow \leftarrow I_R \uparrow$$

以上两种情况说明,不论是 R_L 变化或是 U_i 变化,靠稳压管两端电压微小变化调整其电流 I_Z 变化,来控制电阻 R 上电压的变化,使输出电压维持稳定,这就是稳压管稳定电压的原理。

2. 估算稳压系数和输出电阻

将如图 8.16 所示电路改画成只考虑交流的等效电路如图 8.18 所示,由图可求稳压系数和输出电阻。

(1) 稳压系数 S_r

由定义有

$$S_r = \frac{\Delta U_o}{\Delta U_i} \frac{U_i}{U_o} \qquad (8.34)$$

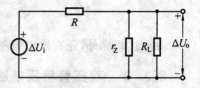

由图 8.18 得

$$\frac{\Delta U_o}{\Delta U_i} = \frac{r_Z \,/\!/\, R_L}{R + r_Z \,/\!/\, R_L} \qquad (8.35)$$

图 8.18　交流通路

式中，r_Z 为稳压管内阻（很小），当 $r_Z \ll R_L$ 时，式(8.35)简化为

$$\frac{\Delta U_o}{\Delta U_i} \approx \frac{r_Z}{R + r_Z} \qquad (8.36)$$

故

$$S_r = \frac{r_Z}{R + r_Z} \frac{U_i}{U_o} \qquad (8.37)$$

（2）输出电阻 r_o

由定义可得

$$r_o = r_Z \,/\!/\, R \approx r_Z \qquad (8.38)$$

3. 限流电阻的估算

稳压管正常工作时，其工作点处的 I_Z 应满足：$I_{Zmax} \geqslant I_Z \geqslant I_{Zmin}$ 条件，选择合适的限流电阻 R 可满足这一条件，分两种情况估算。

（1）当输入电压最高和负载电流最小时，I_Z 应最大，但 $I_Z \leqslant I_{Zmax}$，即

$$\frac{U_{Imax} - U_Z}{R} - I_{Lmin} \leqslant I_{Zmax}$$

改写为

$$R > \frac{U_{Imax} - U_Z}{I_{Zmax} + I_{Lmin}} = R_{min} \qquad (8.39)$$

（2）当输入电压最低和负载电流最大时，I_Z 应最小，但 $I_Z \geqslant I_{Zmin}$，即

$$\frac{U_{Imin} - U_Z}{R} - I_{Lmax} > I_{Zmin}$$

改写为

$$R < \frac{U_{Imin} - U_Z}{I_{Zmin} + I_{Lmax}} = R_{max} \qquad (8.40)$$

则

$$R_{max} > R > R_{min} \qquad (8.41)$$

按式(8.41)选择限流电阻 R 即可。

8.3.3　串联型稳压电路

电路如图 8.19 所示。它由调整管 T、取样电路($R_1 \sim R_3$)、误差放大器 A 和基准电压 U_{REF} 组成。因 T 与负载串接，故称串联型稳压器。

1. 工作原理

（1）稳压原理

在如图 8.19 所示电路中，设 $R_2 = 0$，A 为电压串联负反馈放大器，则

$$U_o \approx u_{o1} = \left(1 + \frac{R_1}{R_3}\right) U_{REF} \qquad (8.42)$$

式(8.42)表明，U_{REF} 恒定，U_o 稳定。实际上该电路能够稳压是负反馈调整过程的结果，分析如下：

① 设 $\Delta I_L = 0$，U_i 升高，U_o 升高，则 U_f 增大，与 U_{REF} 比较，使 A 输出误差电压 u_{o1} 减小，故 U_{BE} 减小，U_{CE} 增大，以抵消 U_i 的升高，使 U_o 不变。可用循环调节过程表示，一目了然。

$$U_o \uparrow \rightarrow U_f \uparrow \rightarrow u_{o1} \downarrow \rightarrow U_{BE} \downarrow$$
$$U_o \downarrow \leftarrow U_{CE} \uparrow \leftarrow I_C \downarrow$$

② 设 $\Delta U_i = 0$，I_L 增大，使 U_o 减小，则 U_f 减小，与 U_{REF} 比较，使 A 输出误差信号电压 u_{o1} 增大，U_{BE} 增大，I_C 增大，U_{CE} 减小，在 U_i 不变时，U_o 增大，故经过负反馈调节，使 U_o 恒定，调节过程如下：

$$U_o \downarrow \rightarrow U_f \downarrow \rightarrow u_{o1} \uparrow \rightarrow U_{BE} \uparrow$$
$$U_o \uparrow \leftarrow U_{CE} \downarrow \leftarrow I_C \uparrow$$

通过分析，串联调整稳压器能够稳压是由闭环误差自动调整系统来实现的，调整管 T 的调整作用是由误差信号来控制的，U_f 与 U_{REF} 有差则调整，使输出电压维持基本不变。

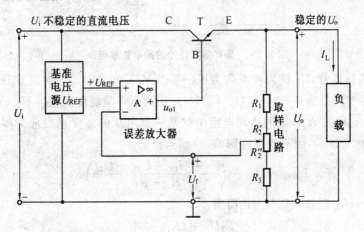

图 8.19　串联调整式稳压器的基本结构图

(2)输出电压调节范围

在如图 8.19 所示电路中，设 $R_2 \neq 0$，则

$$U_o \frac{R_2'' + R_3}{R_1 + R_2 + R_3} = U_f = U_{REF} \tag{8.43}$$

改写为

$$U_o = U_{REF} \frac{R_1 + R_2 + R_3}{R_2'' + R_3} \tag{8.44}$$

当调整 R_2 阻值时，可调整 U_o 的大小，由式(8.44)可知，当 $R_2'' = R_2$ 时(动点上滑至 R_2 上端)，U_o 为 U_{omin}，当 $R_2'' = 0$ 时(动点下滑至 R_2 下端)，U_o 为 U_{omax}，故可调整输出电压范围。

8.3.4　高精度基准电源

基准电源是稳压电路中的电压基准，十分重要。此外，它还用做标准电池、仪器表头的刻度标准和精密电流源等。

1. 温度补偿简单基准电源

图 8.20 电路为具有温度补偿的简单基准电源,其工作原理如下。

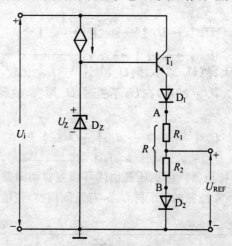

图 8.20　具有温度补偿的简单基准电源

D_Z 为普通稳压管,U_Z 的温度系数为正($+2$ mV/℃)。U_{BE1} 和 D_1 正向压降随温度变化,使 U_A 的温度系数为 $+6$ mV/℃。同理,D_2 正向压降随温度变化使 U_B 的温度系数为 -2 mV/℃。这样在 A、B 之间串联电阻中的某一点电压的温度系数应为零。找出零温漂点,做基准电压 U_{REF},因不受温度影响,故相当稳定。

$$U_{REF} = U_{D2} + \left(\frac{U_Z - U_{BE} - U_{D1} - U_{D2}}{R_1 + R_2} \right) R_2 \tag{8.45}$$

当 $U_{BE} = U_{D1} = U_{D2}$ 时,式(8.45) 化简为

$$U_{REF} = \frac{R_2 U_Z + (R_1 - 2R_2) U_{BE}}{R_1 + R_2} \tag{8.46}$$

设置电阻比值满足

$$\frac{R_1 - 2R_2}{R_2} = -\frac{\partial U_Z}{\partial T} \Big/ \frac{\partial U_{BE}}{\partial T} \tag{8.47}$$

则 U_{REF} 的温度系数可以得到精确补偿,故 U_{REF} 稳定。

2. 高精度基准电源

电路如图 8.21 所示,D_Z 为埋层齐纳稳压管,其特点是温漂最小(温度系数可做到近似为零),噪声电压最低,是理想的基准电源。

图 8.21 中,R_0 在给电源电压时,向 D_Z 提供初始击穿电流,确定一个稳压状态。R_3 的作用是正反馈,U_o 经 R_3 给 D_Z 提供稳定电流,$I_Z = \dfrac{U_o - U_Z}{R_3}$。正反馈系数为

$$F_P = \frac{r_Z}{R_3 + r_Z} \tag{8.48}$$

式中,r_Z 为 D_Z 内阻。

R_1 和 R_2 构成负反馈,负反馈系数为

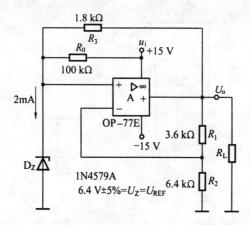

图 8.21　埋层齐纳管构成的基准电源

$$F_N = \frac{R_2}{R_1 + R_2} \tag{8.49}$$

显然应该 $F_N \gg F_P$，以保证闭环稳定，U_o 稳定。

设运放为理想的，则

$$U_o/\text{V} = U_z\left(1 + \frac{R_1}{R_2}\right) = U_{\text{REF}}\left(1 + \frac{R_1}{R_2}\right) = 10 \tag{8.50}$$

运放对 U_o 所产生的误差可忽略，影响电路输出电压 U_o 的温漂和精度的原因主要有两个：① D_z 的温度系数；② R_1 和 R_2 的精度及其温度系数跟踪性。

而埋层齐纳稳压管的温度系数很小，理想情况下近似为零，故 U_{REF} 不受温度影响，R_1/R_2 的温度系数匹配好可基本抵消，则该电路可做高精度基准电源。

8.4　三端集成稳压器

前面介绍的串联型线性稳压器，高精度基准电压源，加上过流、过热保护及调整管安全保护等电路，做成集成芯片，即构成三端集成稳压器。三端稳压器有输入端、输出端和公用端三个引脚，所需外接元件少，使用方便，工作可靠，因此在电子电路中被用做电源。按输出电压是否可调，三端集成稳压器分为固定式和可调式两种。

8.4.1　三端固定电压稳压器

1. 正电压稳压器

常用的三端固定正电压稳压器有 7800 系列，按输出电流大小不同，又分为 CW7800 系列，输出最大电流为 1～1.5 A；CW78M00 系列，输出最大电流约 0.5 A；CW78L00 系列，输出最大电流约 100 mA。输出电压的标称值用"7800"后两位有效数字表示，例如 7805，输出电压为 5 V，7812，输出电压为 12 V 等。

7800 系列三端稳压器的外部引脚图如图 8.22 所示。图中，TO－220 封装，1 脚为输入，2 脚为公用端，3 脚为输出端。典型应用电路如图 8.23 所示，图中，C_1 和 C_2 为高频旁路电容器，容量一般取 0.1 μF 左右。7800 系列稳压器的主要参数见表 8.1 所示。

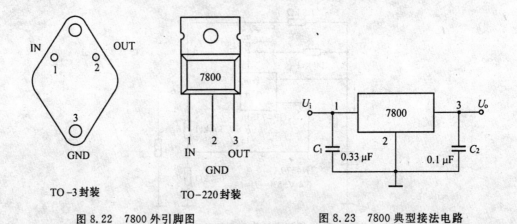

TO-3 封装　　　　TO-220 封装

图 8.22　7800 外引脚图　　　　图 8.23　7800 典型接法电路

表 8.4.1　7800 系列稳压器主要参数表

参数名称	符号	单位	7805	7806	7808	7812	7815	7820	7824
输出电压	U_o	V	5±5%	6±5%	8±5%	12±5%	15±5%	20±5%	24±5%
输入电压	U_i	V	10	11	14	19	23	28	33
电压调整率（最大值）	S_u	mV	50	60	80	120	150	200	240
电流调整率（最大值）	S_i	mV	80	100	120	140	160	200	240
纹波抑制比（典型值）	S_{rip}	dB	68	65	62	61	60	58	56
静态工作电流	I_o	mA	6	6	6	6	6	6	6
输出噪声电压（典型值）	U_{NO}	μV	40	50	60	80	90	160	200
输出电压温漂（典型值）	S_T	mV/℃	0.6	0.7	1	1.5	1.8	2.5	3
最小输入电压	U_{imin}	V	7.5	8.5	10.5	14.5	17.5	22.5	26.5
最大输入电压	U_{imax}	V	35	35	35	35	35	35	40
最大输出电流	I_{omax}	A	1.5	1.5	1.5	1.5	1.5	1.5	1.5

2. 负电压稳压器

　　常用的负电压三端稳压器有 7900 系列，按输出电流不同又分为 CW7900 系列、CW79M00 系列和 CW79L00 系列。管脚图如图 8.24 所示。图 8.27(b) 为 TO-220 封装，1 脚为公共端，2 脚为输入端，3 脚为输出端。典型接法电路同图 8.22。但输入、输出均为负电压。7900 系列稳压器的主要参数见表 8.2。

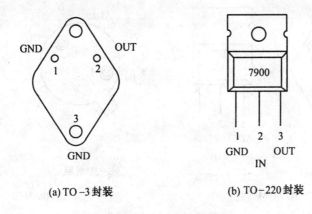

(a) TO−3 封装　　　　　　　(b) TO−220 封装

图 8.24　7900 外引线图

表 8.2　7900 系列稳压器主要参数表

参数名称	符号	单位	7905	7906	7908	7912	7915	7920	7924
输出电压	U_o	V	$-5 \pm 5\%$	$-6 \pm 5\%$	$-8 \pm 5\%$	$-12 \pm 5\%$	$-15 \pm 5\%$	$-20 \pm 5\%$	$-24 \pm 5\%$
输入电压	U_i	V	-10	-11	-14	-19	-23	-28	-33
电压调整率（最大值）	S_u	mV	50	60	80	120	150	200	240
电流调整率（最大值）	S_i	mV	80	100	120	140	160	200	240
纹波抑制比（典型值）	S_{rip}	dB	54	54	54	54	54	54	54
静态工作电流	I_o	mA	6	6	6	6	6	6	6
输出噪声电压（典型值）	U_{NO}	μV	40	50	60	80	90	160	200
输出电压温漂（典型值）	S_T	mV/℃	-0.4	-0.5	-0.6	-0.8	-0.9	-1	-1.1
最小输入电压	U_{imin}	V	-7	-8	-10	-14	-17	-22	-26
最大输入电压	U_{imax}	V	-35	-35	-35	-35	-35	-35	-40
最大输出电流	I_{omax}	A	1.5	1.5	1.5	1.5	1.5	1.5	1.5

8.4.2　三端可调集成稳压器

1. 可调正电压稳压器

常用的可调正电压稳压器有 CW317 系列，CW317M 系列及 CW317L 系列等，图 8.25 为其外引脚图，图 8.26 则是其典型应用电路接法，其输出电压为

$$U_o = (1 + R_2/R_1) \times 1.25 + I_A R_2 \tag{8.51}$$

式中，1.25 为芯片内部基本电压；I_A 为调整端电流，见表 8.3。

在使用时需注意的是，$U_i - U_o$ 应满足 $I_o(U_i - U_o) \leqslant P_{max}$，在加散热片时，TO−3 封装的 $P_{max} \geqslant 15W$，TO−220 封装的 $P_{max} \geqslant 7.5$ W，而小功率的可调稳压器 $P_{max} \geqslant$

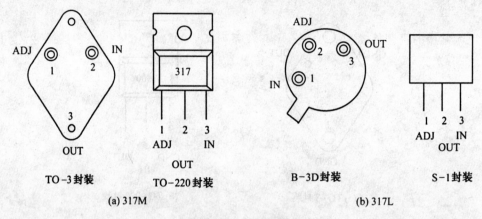

图 8.25　外引脚图

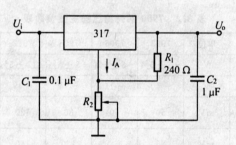

图 8.26　三端可调整稳压器典型接法

0.5 W。

除 CW317 系列外,还有 CW117 和 CW217 系列,其主要参数见表 8.3。

表 8.3 为满足 $I_o(U_i - U_o) \leqslant P_{\max}$,在加散热片时,TO－3 封装的 $P_{\max} \geqslant 15$ W,TO－220 封装的 $P_{\max} \geqslant 7.5$ W,而小功率的可调稳压器 $P_{\max} \geqslant 0.5$ W。

表 8.3　117/217/317 主要参数表

参数名称	称号	单位	测试条件	117/217			317		
				最小值	典型值	最大值	最小值	典型值	最大值
电压调整率	S_u	%/V	$3V \leqslant U_i - U_o \leqslant 40$ V		0.02	0.05		0.02	0.07
电流调整率	S_i	%	$10 \text{ mA} \leqslant I_o \leqslant I_{o\max}$		0.3	1		0.3	1.5
调整端电流	I_A	μA			50	100		50	100
最小负载电流	$I_{o\min}$	mA	$U_i - U_o = 40V$		3.5	5		3.5	10
纹波抑制比	S_{rip}	dB		66	80		66	80	
输出电压温漂	S_T	%/℃			0.7			0.7	
最大输出电流	$I_{o\max}$	A	$U_i - U_o \leqslant 15V$	1.5			1.5		
			$U_i - U_o \leqslant 40V$	0.4			0.4		

2. 可调负电压稳压器

常用的可调负电压稳压器有 CW337 系列, CW337M 及 CW337L 等, 图 8.27 为其外引脚图, 图 8.28 则是其典型应用电路接法。在使用这类稳压器时, 也需注意 $I_o(U_i-U_o) \leqslant P_{max}$。除 CW337 系列外, 还有 CW137 和 237 系列, 其主要参数见表 8.4。

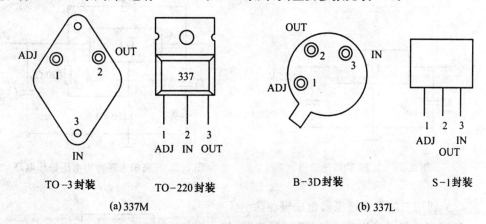

TO-3封装 　　　　TO-220封装 　　　　B-3D封装 　　　　S-1封装

(a) 337M 　　　　　　　　　　(b) 337L

图 8.27　三端可调负电压集成稳压器外引脚图

表 8.4　137/237/337 主要参数表

参数名称	称号	单位	测试条件	137/237			337		
				最小值	典型值	最大值	最小值	典型值	最大值
电压调整率	S_u	%/V	$3\ V \leqslant \lvert U_i-U_o \rvert \leqslant 40\ V$		0.02	0.05		0.02	0.07
电流调整率	S_i	%	$10\ mA \leqslant I_o \leqslant I_{omax}$		0.3	1		0.3	1.5
调整端电流	I_A	μA			65	100		65	100
最小负载电流	I_{omin}	mA	$\lvert U_i-U_o \rvert = 40\ V$		3.5	5		3.5	10
纹波抑制比	S_{riP}	dB	$U_o = -10\ V\ C_{ADJ} \geqslant 10\ \mu F$		70			76	
输出电压温漂	S_T	%/℃			0.7			0.7	
最大输出电流	I_{omax}	A	$\lvert U_i-U_o \rvert \leqslant 15\ V$	1.5			1.5		
			$\lvert U_i-U_o \rvert \leqslant 40\ V$	0.25	0.4		0.25	0.4	

3. 三端可调稳压器的应用

(1) 实现输出电压可调典型应用电路如图 8.26 所示, 调整 R_2 即调整 U_o 的大小。三端可调式稳压器可利用其外围电路比较容易地实现, 这是因为它属于悬浮式稳压电路, 只要工作时没有启动和输出短路现象, 加在它上面的输入输出电压差一般小于 40 V, 即可使输出电压变化范围在 37.5 V 以上。

(2) 图 8.29 是将三端可调式稳压器的可调端直接接地, 可得到低输出电压 $U_o = 1.25$ V。

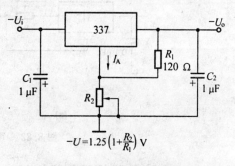

$$-U = 1.25 \left(1 + \frac{R_2}{R_1}\right) V$$

图 8.28　337 典型接法电路

　　（3）图 8.30 则是一种运用于高输入高输出电压的稳压电路，稳压管 D_Z 主要用于保护稳压器，一般要求其稳压值 U_Z 约为 3.5 V（视稳压情况而定），且要能够承受启动瞬时电流和过载式短路能力。

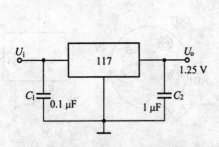

图 8.29　1.25 V 低压输出

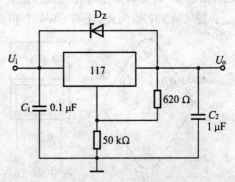

图 8.30　高输入高输出电压稳压电路

　　（4）利用三端集成稳压器组成恒流源

　　利用三端集成稳压器，可以组成恒流源，如图 8.31 所示，是用固定电压稳压器组成的恒流源。该恒流源在输出电流较大（$I_o > 0.5$ A）情况下有较高的恒流精度，R_L 上最大压降为 28 V。

　　如果利用图 8.32(a) 所示的电路，则可得到输出电流大于 10 mA 的高精度恒流源，其中电阻 R 的值在 0.8 Ω 到 12 Ω 之间；如果使用另一

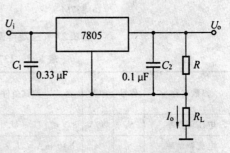

图 8.31　固定输出电流稳流源

个 317 分流，则可实现 0～1.5 A 输出可调，接负载时，负载 R_L 上的最大压降为 36 V，电路如图 8.32(b) 所示。

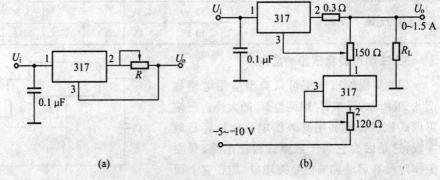

(a)　　　　　　　　　　(b)

图 8.32　可调高精度恒流源

8.4.3　高效率低压差线性集成稳压器

　　串联型稳压器，调整管都是射极输出，其压差大（U_{CE} 大）、管耗大、效率低。如果将调

整管的压差减小到饱和临界值,又能起线性调整作用,这就是低压差稳压器,其效率可提高到 95% 以上。但是,调整管的接法与上不同,对误差信号而言,不管是 NPN 型,还是 PNP 型的调整管都接成共射放大器。

典型的低压差线性集成稳压器原理图如图 8.33 所示。3 个三极管 $T_1 \sim T_3$ 组成复合调整管,接成共射电路,其 T_3 为特殊制造双发射极管。误差放大器为互导放大器,其稳压原理与前面的相同。电路中推动管 T_1 和 T_2 的集电极接向 U_i 的正端(地),与负载 R_L 串联的调整管只有 T_3,当在 $I_o = I_{Lmax}$ 时,T_3 进入临界饱和状态,其压降最小,故

$$\Delta U = U_i - U_O = U_{CE(sat)} \tag{8.52}$$

式(8.53) 说明,压差小,$U_{CE(sat)}$ 越小越好,效率越高。

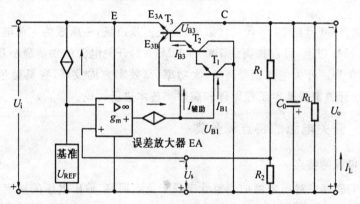

图 8.33　具有抗饱和电路的低压差线性集成稳压器简化原理电路

如何防止 T_3 饱和,是关键问题。T_1 和 T_2 的驱动电流回路中无限流电阻,当 U_i 低于 U_o 最小数值时,若 $|U_s| < |U_{REF}|$,互导放大器输出电流增大,T_1 基流增大,T_3 饱和,失去稳压能力。为了克服上述缺点,在 T_1 和 T_2 的集电极回路中串接限流电阻,但不能大,应足够小,以便在 U_{1min} 和 I_{Lmax} 的最坏工作条件下,给 T_3 提供足够的基极电流。在图8.33 中,采用另一种抗饱和措施,在 T_3 引出一个辅助发射极 E_{3B},组成抗饱和电路。其工作原理是压差 $\Delta U = U_i - U_o$ 低到 T_3 临界饱和时,因 U_o 减小,$|U_s| < |U_o|$,互导放大器输出电流增大,此时,辅助发射极与 T_3 基极为反偏 PN 结,可看为 T_3 的另一个反偏集电结,其电流 $I_{辅助}$ 可对 I_{B1} 分流,故避免了 T_3 饱和。当 U_i 足够高或 ΔU 足够大到 T_3 脱离开饱和时,$I_{辅助}$ 为零,不影响 T_3 线性工作。

用 T_3 辅助发射极构成的驱动限流反馈回路,能自动调节 T_1 的驱动电流 I_{B1} 及 T_3 的驱动电流 I_{B3},使 T_3 处于临界饱和而不深饱和,从而达到低压差的效果。这是制造高效线性集成稳压器的成功技术。

现在三端固定或可调的低压差线性集成稳压器已有系列产品,仅把在额定输出电流下的压差数值列出,见表 8.5,以供选用参考。

表 8.5　低压差线性集成稳压器的 ΔU 一览表

参数 \ 型号	LT1083	LT1084	LT1085	LT1086	LT1087	LT1117	LT1185	CW2940	CW2990
额定电流 I_{Lmax}/A	7.5	5	3	1.5	5	0.8	3.6	1	—1
在 I_{Lmax} 下的 $\Delta U/V$	1.3	1.3	1.3	1.3	1.0	1.0	0.8	0.7	—0.7

8.5　高效率开关稳压电源

开关电源自 20 世纪 70 年代问世以来,很快占领市场,一跃成为主流电源。开关管的工作频率 20 kHz 以上,目前提高到 $100 \sim 1\,MHz$。开关电源的功率最小几十瓦,最大达到 $5\,000 \sim 10^4\,W$。开关电源朝着高频、大功率、高效率方向发展,独具特色,因此被广泛应用。本节对开关电源基本工作原理和高效率技术进行讨论。

8.5.1　开关电源的特点和分类

1. 开关电源的特点

(1) 效率高:串联稳压电源的调整管串联于负载回路,输出电压的稳定是依靠调节调整管的管压降 U_{CE} 来实现的,调整管工作在放大区,功耗为 $P=U_{CE}I$。造成电源效率低,一般只有 50% 左右。开关稳压电源的开关管工作在开关状态(截止、饱和导通),截止期间无电流,不消耗功率,饱和导通时,功耗为饱和压降乘以电流,电源功耗很小,效率明显高于串联稳压电源,通常可达 90% 左右。

(2) 体积小、质量轻:高压型开关稳压电源将电网电压直接整流,省去笨重的电源变压器(工频变压器),从而使体积缩小,质量减轻。另外工作频率高,对滤波元件参数要求可降低。

(3) 稳压范围宽:由于开关电源的输出电压是由脉冲波形的占空比来调节的,受输入电压幅度变化的影响较小,所以它的稳压范围很宽或者说对电网电压的要求较低。

(4) 纹波和噪声较大:开关电源的调整元件工作于开关状态,其电源纹波系数较大,会产生尖峰干扰和谐波干扰,随着开关电源工作频率越来越高,开关电源的高频干扰也较严重。

(5) 电路形式复杂:与串联稳压电源相比,开关电源电路结构明显复杂,但现在有许多用于开关电源控制的集成电路(如 CS494、CS3524)出现,以及新型单片开关电源(TOP、TNY、TEA、NCP 等系列产品)的出现,使电源外围电路大为简化,功能齐全,设计十分方便。

2. 开关电源分类

(1) 按开关管连接方式分为:串联型、并联型和脉冲变压器(高频变压器)耦合型。
(2) 按启动方式分有:他激式和自激式的。

① **他激式**，即附加振荡器，振荡器产生的开关脉冲来控制开关晶体管。

② **自激式**，由开关管和脉冲变压器构成正反馈电路，形成自激振荡来控制开关晶体管。

（3）按稳压控制方式分为：脉冲宽度调制方式（PWM）和频率调制方式（PFM）。

① **脉宽调制方式（PWM）**，周期恒定、改变占空比。

② **频率调制方式（PFM）**，导通脉宽恒定，改变工作频率。

两种方式统称时间比率控制方式，也称占空比控制。

（4）对开关晶体管的控制分电压型和电流型两类。

8.5.2　开关稳压电源原理及电路分析

1. 开关稳压电源组成

开关稳压电源电路组成的方框图如图 8.34 所示。它由高频开关转换器、脉冲宽度调制器（PWM）、输入整流滤波器和输出整流滤波器等部分组成。当外界条件如输入电压 U_i、负载电流 I_L 及温度变化，使输出电压 U_o 变化时，脉宽调制器输出宽度受控的驱动脉冲，调整开关管的导通与截止时间，保证输出电压 U_o 稳定。例如，当 U_o 升高时，脉宽调制器输出脉冲宽度变窄，由于输出电压 U_o 与脉宽成正比，故 U_o 降低。反之，当 U_o 降低时，脉宽变宽，调整 U_o 升高。这样，使 U_o 稳定。

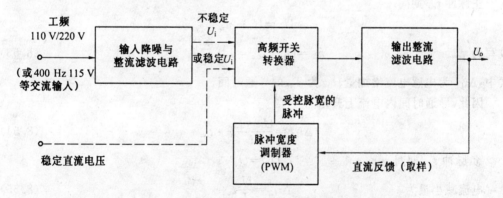

图 8.34　开关稳压电源基本组成方框图

脉宽调制器或脉冲频率调制器已有集成电路，并且性能日趋完善，使外接元件更为简单，这里不作讨论。而开关变换器是开关电源的重要部分，对其工作原理进行讨论。

2. 开关转换器原理及分析

（1）串联开关转换器

电路如图 8.35 所示，开关管 T_1 串联在输入电压与负载之间，故称串联开关电路。在其基极输入开关脉冲信号。T_1 被周期性地开关而近于饱和导通或截止状态。

续流二极管 D 与开关管 T_1 处于相反的工作状态，T_1 导通，D 截止；T_1 截止，D 导通；保证负载电路中有连续的电流流通。

① 工作原理

a. T_1 基极加正脉冲：T_1 饱和导通，假定饱和压降为零，输入电压加到 D 的负极，D 截

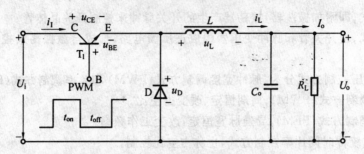

图 8.35　串联型高频开关变换器原理电路

止；输入电压经 T_1、L、C_o 和 R_L 形成回路，回路电流经 L 向电容 C_o 充电，并向负载供电，电感中的电流 i_L 基本上是线性上升的，在电感两端产生感应电压为 $U_L = L \dfrac{\mathrm{d}i_L}{\mathrm{d}t}$，感应电压极性阻止电流 i_L 变化。

b. 输入负脉冲：T_1 截止，电感中电流不能跃变，则在电感上产生反电势使 D 导通，储存在电感中的能量通过 D 继续向 C_o 充电，同时供给负载电流，这时 L、C_o 组成良好的滤波电路，滤除输出直流电压中的开关脉冲频率的纹波及其谐波。

② 稳态特性分析

开关电路的稳态特性是指在连续工作方式（模式）下的情况。

正脉冲 t_{on} 期间

$$U_o = U_i - u_L$$

改写为
$$u_L = U_i - U_o = L \cdot \frac{\Delta i_{L1}}{t_{on}} \tag{8.53}$$

式中，Δi_{L1} 为电感电流增加量；t_{on} 为 T_1 的导通时间。

因此，导通时间内电流上升量为

$$\Delta i_{L1} = \frac{U_i - U_o}{L} \cdot t_{on} \tag{8.54}$$

负脉冲 t_{off} 期间
$$U_L = U_o$$

电流减小量为
$$\Delta i_{L2} = \frac{U_o}{L} t_{off} \tag{8.55}$$

平衡状态，导通期间电流增加量 Δi_{L1}，截止期间电流减少量 Δi_{L2}，应遵循伏 — 秒平衡规律，即在每个开关周期中电感的电流增加量应等于电流减少量，即

$$\Delta i_{L1} = \Delta i_{L2}$$

故
$$\frac{U_i - U_o}{L} t_{on} = \frac{U_o}{L} t_{off}$$

$$U_o = U_i \frac{t_{on}}{t_{on} + t_{off}} = U_i \cdot \frac{t_{on}}{T} = U_i d \tag{8.56}$$

式中，T 为脉冲信号的周期；d 为脉冲信号的占空比；t_{off} 为 T_1 的截止时间。

式（8.56）表明，控制 T_1 导通时间 t_{on}，可改变占空比 d，可控制电感电流变化，从而可调整输出电压 U_o，也可改变电流纹波峰值。式中还表明 U_o 总是小于 U_i 的。

(2) 并联型开关转换器

电路如图 8.36 所示,开关管 T_1 与负载并联,故称并联型开关电路。它可以实现升压变换。

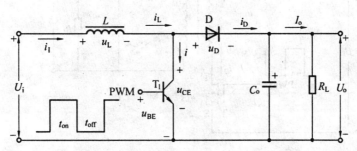

图 8.36　并联型开关变换器的原理电路

① 工作原理

在脉冲周期的 t_{on} 期间,T_1 导通,U_i 加在电感 L 两端,i_L 线性增长,L 储能,D 截止,由滤波电容 C_o 向负载 R_L 提供电流。在 t_{off} 期间,T_1 截止,电感 L 上产生反电势,D 导通,电感 L 中的储能向 R_L 释放,同时 U_i 经 L、D 向 R_L 供电和向电容 C_o 充电。

② 稳态特性分析

在 t_{on} 期间

$$u_L = L\frac{di_L}{dt} = U_i$$

则

$$\Delta i_{L1} = \frac{U_i}{L}t_{on} \tag{8.57}$$

在 t_{off} 期间

$$u_L = L\frac{\Delta i_{L2}}{t_{off}}$$

而

$$u_o = U_i + u_L = U_i + L\frac{\Delta i_{L2}}{t_{off}} \tag{8.58}$$

按着稳态条件下电感 L 的伏－秒平衡规律,有

$$\Delta i_{L1} = \Delta i_{L2} \tag{8.59}$$

将式(8.57) 代入式(8.58) 得

$$U_o = U_i\left(1 + \frac{t_{on}}{t_{off}}\right) \tag{8.60}$$

式(8.60) 表明,并联型开关电路的 U_o 总是大于 U_i,且 t_{on} 越长,电感 L 中储能越多,在 t_{off} 内向负载提供能量越多,输出电压 U_o 越高。

(3) 高频变压器耦合开关转换器

电路如图 8.37 所示,图中,T 为高压大功率开关管(MOSFET),$U_{(BR)DS} > 700$ V。D 为高频整流二极管,选用高速肖特基二极管,C_o 为滤波电容。T_r 为高频变压器(或称脉冲变压器),采用高频磁芯,铁损耗很小,变换频率 MHz 以上。

变压器次级线圈同名端与初级线圈同名端极性相同,这种接法的变换器称正激式变换器。与上相反,变压器次级线圈同名端与初级线圈同名端极性相反,这种接法的变换器称反激式变换器,如图 8.37 所示。

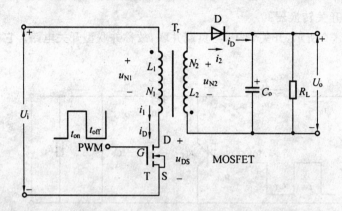

图 8.37　反激式高频变压器耦合型变换器原理电路

高频变压器的作用：① 起变压作用，② 起隔离作用，③ 起电感作用。

将电网高压与用电器、低压隔离，使用安全，应用广泛。当开关管截止（关断）时，次级线圈起电感作用，与 C_o 构成电感滤波器，效果好，波形非常平滑。

反激式变换器在应用电路中广为采用，了解工作原理十分重要。

① 反激式变换器工作原理

反激式变换器处于连接工作模式时，每个工作周期可分为两个时段，图 8.38 是这两个时段的等效工作示意图。图中 S 代表开关管 T 的工作状态，图 8.38(a) 为 T 导通 t_{on} 时段，图 8.38(b) 为 T 截止时 t_{off} 时段。

在脉冲 t_{on} 期间，T 导通，$u_{N1} = U_i$，L_1 的电流线性增长，$u_{L1} = L_1 \dfrac{\mathrm{d}i_{L1}}{\mathrm{d}t}$，变压器储能。由线圈同名端可知，D 截止，$C_o$ 向负载供电。在脉冲 t_{off} 期间，T 截止，i_{L1} 为零，产生反电动势，使 D 导通，L_2 储能释放，通过 D 给负载供电，给电容充电。

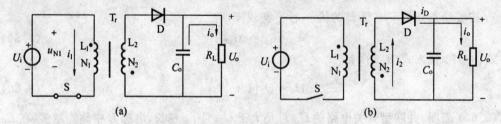

图 8.38　反激式变换器连续工作模式

② 稳态特性分析

线圈两端感应电压与磁通随时间变化率为

$$u_L = -N \frac{\mathrm{d}\varphi}{\mathrm{d}t} \tag{8.61}$$

式中，N 为线圈匝数。

在 t_{on} 期间

$$U_i = N_1 \frac{\mathrm{d}\varphi_1}{\mathrm{d}t}$$

故

$$\Delta\varphi_1 = \frac{U_i}{N_1} t_{on} \tag{8.62}$$

在 t_{off} 期间 $\qquad\qquad\qquad U_o = N_2 \dfrac{d\varphi_2}{dt}$

故 $\qquad\qquad\qquad\qquad\qquad \Delta\varphi_2 = \dfrac{U_o}{N_2} t_{off}$ $\qquad\qquad\qquad$ (8.63)

在一个周期内，由磁通的伏－秒平衡规律，有

$$\Delta\varphi_1 = \Delta\varphi_2$$

故 $\qquad\qquad\qquad\qquad U_o = U_i \dfrac{N_2}{N_1} \dfrac{t_{on}}{t_{off}}$ $\qquad\qquad\qquad$ (8.64)

式(8.64)表明，改变匝数比，可调整输出电压 U_o 的大小，可获得不同标称的直流输出电压。

连续工作模式下，i_1，i_2，φ 的波形图如图 8.39 所示。副边电流 I_2 下降不到零，变压器有剩余能量，开关管再次导通时，原边电流 I_1 从一个台阶上升。在一个周期内，变压器的磁通 φ 的变化量相等。

综上分析，反激式变换器有很多特点，因此，在单片开关电源设计中广为使用，具体实例在下节介绍。

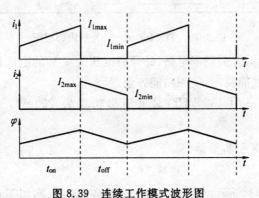

图 8.39　连续工作模式波形图

8.6　单片开关电源及应用

单片开关电源是高效率节能产品，问世以来迅速发展，目前，几乎各种电子产品都在应用单片开关电源。集成芯片有几百种型号，下面介绍 PI（美）公司第 4 代产品 TOPSwitch－GX 芯片的功能及特点，供设计实际电路时应用。

8.6.1　TOPSwitch－GX 芯片介绍

1.内部框图

TOPSwitch－GX 芯片内部电路框图如图 8.40 所示。

图中共有 18 部分电路：①高压大功率开关管（MOSFET），②脉宽调制器（含 PWM 比较器和触发器），③振荡器，④并联调制器、误差放大器，⑤控制电压源，⑥带隙基准电压源（内部偏置电路），⑦高压电流源，⑧欠压比较器，⑨过流比较器，⑩滞后过热保护电路，⑪软启动电路，⑫电流极限调节器，⑬线路检测器，⑭停止逻辑电路，⑮关断/自动重启动

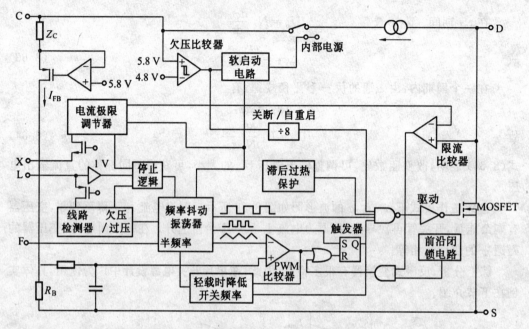

图 8.40　TOPSwitch－GX 的内部框图

电路,⑯轻载时自动降低开关频率电路,⑰开启电压为 1 V 的电压比较器,⑱主控门电路等。各部分电路工作性能良好,使用功能齐全。

该芯片的开关频率为 132 kHz,最大输出功率为 290 W,开关管最大击穿电压 $U_{(BR)DS} \geqslant 700$ V。

2. TOPSwitch－GX 引脚功能

(1)引脚名称

芯片引脚如图 8.41 所示,为六端集成电路,各引脚名称如下:①引脚 C 为控制端,②引脚 L 为线路检测端,③引脚 X 为极限电流设定端,④引脚 S 为开关管源极端,⑤引脚 F 为开关频率选择端,⑥引脚 D 为开关管漏极端。

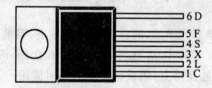

图 8.41　TOPSwitch－GX 的引脚排列图
(TO－220－7C(Y)封装)

(2)引脚功能

①控制端 C。有 4 种作用:

a. 改变控制端电流 I_c 的大小来调节占空比 D 的大小,实现脉宽调制作用。该芯片 I_c 调节范围为 2~6 mA,占空比 D 的调节范围为 1.7%~67%,故脉宽调制增益 K 为

$$K = \frac{\Delta D}{\Delta I_c} = \frac{1.7\% - 67\%}{6 - 2} = -\frac{16.3\%}{\text{mA}}$$

b. 为芯片提供偏置电流。

c. 控制端要外接旁路电容,用来确定自动重启动的频率。

d. 对控制回路进行补偿。

控制端电压 $U_c = 5.7$ V(典型值),极限电压 $U_{cm} = 9$ V,最大允许电流 $I_{cm} = 100$ mA。

②线路检测端 L。有 5 种功能:

a. 过电压保护。

b. 欠电压保护。

c. 电压前馈(当输入电网电压过低时降低最大占空比)。

d. 远程通/断控制。

e. 同步控制。

③极限电流设定端 X。从外部设定芯片的极限电流。

④开关频率选择端 F。可选择不同工作状态模式的开关频率。

⑤开关管漏极端 D。接高频隔离变压器的初级绕组。

⑥开关管源极端 S。接电路公用地,内部与散热片相连。

3. TOPSwitch－GX 主要特点

(1)将高压功率管、脉宽调制器、控制系统、保护功能电路全部集成在芯片中,功耗小、效率高。

(2)利用控制电流 I_c 调节占空比 D,实现稳压,属于电流控制型的芯片。

(3)输入交流电压宽范围为 85～265 V,输入交流电压的频率为 47～440 Hz。采用光耦反馈电路时,其电压、电流调整率 S_u、S_i 可达 0.2%。

(4)无需工频变压器,采用高频隔离变压器,可设计各种反激式开关电源。

(5)开关频率为 132 kHz,效率为 90%,最大功率为 290 W,工作温度范围为 0～70℃,芯片结温最高为 $T_{jM} = 135$℃。

(6)改变控制端和频率选择端的外部接线方式,可实现多种功能控制,如全频(132 kHz)、半频(65 kHz)、半频待机、三端工作、过压、欠压、软启动、电源通/断、极限电流设定、线路检测遥控等。

(7)有线路检测端 L 和外部设定极限电流端 X,使用方便、灵活。

(8)采用节能新技术、降低功耗。

8.6.2　TOPSwitch－GX 使用方法

以芯片为核心,外围电路要接 EMI 滤波器、整流滤波器、高频隔离变压器、开关管漏极钳位保护电路,反馈取样电路和输出电路等。

采用光耦反馈式电路,再配用精密稳压源(TL431)构成的误差放大器,可设计出各种反激式高效率的大、中功率实用的开关电路。

8.6.3　应用电路实例分析

【实例 1】　基于 TOP244Y 构成 30 W 精密开关电源电路

该电源电路图如图 8.42 所示。下面介绍电路的组成及各元器件的作用。

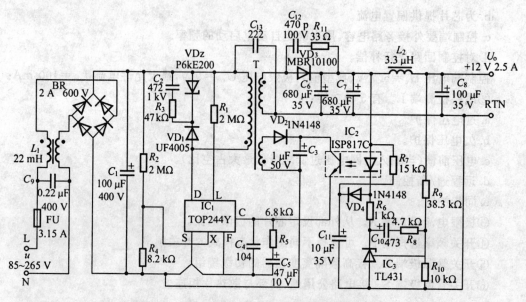

图 8.42　基于 TOP244Y 30 W 精密开关电源电路

（1）EMI 滤波器

由 L_1 共模电感和 C_9 组成，其作用是抑制电磁干扰。输入交流电压为 85～265 V，FU 为 3 A 熔断丝。

（2）整流滤波电路

BR，2 A/600 V 整流桥为整流电路，C_1 为滤波电路，输出为直流高压送到高频变压器的一次绕组。

（3）TOP244Y 芯片 IC_1

各引脚连接的电路及其功能如下：

开关管源极 S 接公用地，漏极 D 接高频变压器初级绕组同名端，由 VD_z、VD_1、R_3、C_2 组成钳位保护电路，VD_2 为瞬态电压抑制器，VD_1 为超快恢复二极管，R_3、C_2 为吸收回路。其作用是吸收泄漏电感能量，将开关管漏极电压钳制在安全值，不被击穿，从而起到保护开关管的作用。

X 端外接 R_4=8.2 kΩ，将极限电流减小到 1 A。R_2 可限制电源的最大输出功率。L 端接 R_1 可实现输入过电压、欠电压保护，当 R_1 = 2 MΩ 时，其设定的过电压值为 450 V，欠电压值为 100 V。

F 端接地，芯片工作在全频工作方式。

C 端接反馈回路的光耦输出端，C_5 为旁路电容并与 R_5 组成控制环路补偿回路，C_5 还决定自动重启动的频率。C_4 也为控制端旁路电容，也是补偿元件。

（4）高频变压器 T

T 的功能是进行电压变换和起隔离作用。

初级绕组与开关管组成开关电路，次级绕组与 VD_3、C_6、C_7、C_8、L_2 组成输出整流滤波电路。输出电压 12 V，输出电流 2.5 A。VD_3 采用肖特基二极管（10 A/100 V），L_2 选用 3.4 μH 的电感。C_6、C_7 为滤波电容，并联使用可降低等效电感。C_8 为输出滤波电路，

C_{13}为安全电容,抑制开关噪声干扰。C_{12}与R_{11}并联在VD_3两端,其作用抑制振铃干扰,防止VD_3产生自激。

辅助绕组电压经VD_2整流、C_3滤波、光耦输出送到芯片控制端,提供偏置电压U_c。

高频变压器采用 EF25 磁芯,初级绕组$N_1 = 58$匝($\phi0.4$ mm 漆包线),次级绕组$N_2 = 6$匝(4 股$\phi0.45$ mm 漆包线并绕),辅助绕组$N_3 = 2$匝($\phi0.4$ mm 漆包线)。

(5)反馈电路

由光耦IC_2和基准电压源IC_3组成,R_9和R_{10}组成取样电路,R_{10}上取样电压与TL431 内部基准电压比较产生误差电压,经光耦送到IC_1芯片控制端,调节占空比,实现PWM 控制,达到输出电压稳定状态。C_{10}和R_8为频率补偿网络,R_6为环路直流增益电阻。VD_4和C_{11}组成软启动电路,上电时,防止冲击电流过载;断电时,C_{11}通过R_7放电。

【实例 2】 基于 TNY279LED 恒流开关电源

电路图如图 8.43 所示,IC_1采用微型单片开关电源 TNY279 为核心,构成反激式LED 恒流驱动开关电源。TNY297 芯片的功能不如 TOP 型芯片功能齐全,但也有多项保护及恒流和恒压控制特性,使用非常方便。其主要特点是采用开/关控制器代替 PWM控制器,相当于脉冲频率调制器(PFM),实现恒流恒压控制。TNY279 为 4 管脚芯片,D、S 为片内开关管的漏极、源极,EN/UV 为使能端,BP/M 为旁路端,需接 0.1 μF 旁路电容。

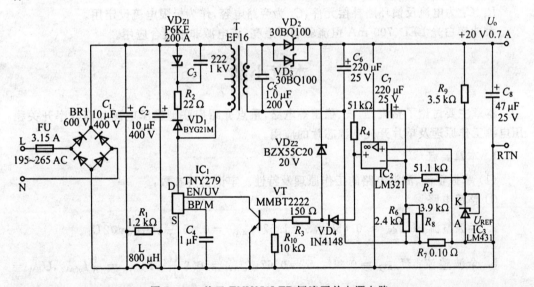

图 8.43 基于 TNY279LED 恒流开关电源电路

电路输入交流电压范围为 195～256 V,输出电压为＋20 V,输出电流为 700 mA,效率可达 86%。

电路组成部分及元器件作用如下:

(1)整流滤波电路

整流桥 BR,0.5 A/600 V。FU 为熔断丝,3.15 A。C_1、C_2、L 组成 EMI 滤波器,抑制高频电磁干扰,R_1为泄放电阻。

（2）高频隔离变压器 T

磁芯为 EF16 型，初级绕组 $N_1=61$ 匝，φ0.23 mm 漆包线双股并绕两层。次级绕组 $N_2=20$ 匝，φ0.35 mm 漆包线夹放初级绕组中间层。

（3）钳位电路

由 VD_{Z1}、VD_1、R_2、C_3 组成，VD_{Z1} 为瞬态电压抑制器，VD_1 为快速恢复二极管，R_2 与 C_3 构成吸收回路。该电路作用是保护 TNY279 内部开关管不被击穿损坏。

（4）输出整流滤波驱动电路

VD_2、VD_3 并联使用为整流二极管，整流电流 $I_D=3$ A，反压 $U_{RM}=100$ V。C_5 为高频滤波电容，C_6、C_8 为输出滤波电容。

（5）恒压调节电路

由稳压管 VD_{Z2} 组成，在空载时输出电压不大于 21 V。

（6）恒流调节电路

由 IC_2、IC_3、VT、R_7 等构成，IC_2 为精密运放比较器，IC_3 为精密稳压源，VT 为开关管，R_7 为电流检测取样电阻。由 K 极提供 2.5 V 基准电压 U_{REF}，经 R_5、R_6、R_8 分压得 0.07 V加到 IC_2 的反相输入端，做参考电压。当 R_7 上电流为 0.7 A 时，其压降为 0.07 V，此时 IC_2 输出为零，VD_4 截止，VT 截止。当 R_7 压降大于 0.7 V 时，IC_2 输出电压升高，VD_4、VT 导通，TNY279 的 EN/UV 端被分流，有电流拉出，超过 115 μA 时，可控制开关管工作方式，电流反馈环路实现恒流控制，即恒流调节功能。

R_4、C_7 为电流反馈环路补偿元件，C_4 为旁路电容，作为极限电流设定用。

大功率白光 LED、700 mA 恒流驱动时最亮，该电源非常适合应用。

本章小结

本章主要讨论了整流、滤波、稳压等电路，重点介绍串联型稳压电源和高效率开关稳压电源工作原理及单片开关电源芯片的应用。

1. 本章要点

（1）掌握整流、滤波电路的工作原理及特性。牢记主要参数：

① 整流电路

a. 半波整流：$U_{o(AV)} \approx 0.45U_2$，$S=1.57$，$I_{o(AV)}=0.45\dfrac{U_2}{R_L}$，$U_{RM}=\sqrt{2}U_2$。

b. 全波整流：$U_{o(AV)}=0.9U_2$，$S=0.67$，$I_{o(AV)}=0.9\dfrac{U_2}{R_L}$，$I_{D(AV)}=\dfrac{1}{2}I_{o(AV)}$，$U_{RM}=2\sqrt{2}U_2$。

c. 桥式整流：$U_{RM}=\sqrt{2}U_2$，其他参数与全波整流相同。

② 滤波电路

a. 电容滤波：$U_{o(AV)} \approx 1.2U_2$（带负载），$S=\dfrac{T}{4R_LC-T}$，外特性软，适合负载电流变化小的场合。二极管导通角小于 π。有尖峰电流。

b. 电感滤波：$U_{o(AV)}=0.9U_2$，纹波小，外特性硬。适合负载电流变化较大的场合，冲击电流小，有反电势。导通角等于 π。

　　c. LC 滤波：可满足不同负载电流的要求。

　　d. 线滤波器：抑制共模杂波干扰。

　　(2) 熟悉稳压管稳压电路工作原理和特性,会求限流电阻,熟悉埋层齐纳稳压管特性及构成的基准电源特点。

　　(3) 掌握串联型稳压器工作原理,会计算输出电压调整范围。

　　(4) 掌握集成稳压器的特性及应用,熟悉高效率低压差集成稳压器的特点,会应用。

　　(5) 掌握高效率开关稳压器的工作原理及特点,熟悉串联型、并联型和高频变压器耦合型变换器的特性。

　　(6) 掌握高频隔离变压器的正激式和反激式概念。

　　(7) 掌握单片开关电源芯片的特性及功能,并会以集成芯片为核心设计应用电路。

2. 主要概念和术语

　　输出直流电压平均值 $U_{o(AV)}$,输出电压脉动系数 S,整流管正向平均电流 $I_{D(AV)}$,整流管承受的最大反向峰值电压 U_{RM},半波整流,全波整流,桥式整流,电容滤波,电感滤波,Π型滤波器,线滤波器(EMI),共模电感,稳压系数 S_r,电压调整率 S_u,电流调整率 S_i,串联型稳压器,基准电源,埋层齐纳稳压管基准电源,三端集成稳压器,7800 系列稳压器,7900 系列稳压器,三端可调集成稳压器,低压差集成稳压器,开关电源,串联型开关变换器,并联型开关变换器,大功率高压开关管(MOSFET),脉宽调制器(PWM),频率调制器(PFM),高频隔离变压器,正激式变换器,反激式变换器,单片开关电源,钳位保护电路,恒压取样电路,恒流取样电路。

习　题

　　8.1　在括号内选择合适的内容填空:

　　(1) 在直流电源中,变压器次级电压相同的条件下,若希望二极管承受的反向电压较小,而输出直流电压较高,则应采用_____整流电路;若负载电流为 200 mA,则宜采用_____滤波电路;若负载电流较小的电子设备中,为了得到稳定的但不需要调节的直流输出电压,则可采用_____稳压电路或集成稳压器电路;为了适应电网电压和负载电流变化较大的情况,且要求输出电压可以调节,则可采用_____晶体管稳压电路或可调的集成稳压器电路。(半波,桥式,电容型,电感型,稳压管,串联型)

　　(2) 具有放大环节的串联型稳压电路在正常工作时,调整管处于_____工作状态。若要求输出电压为 18 V,调整管压降为 6 V,整流电路采用电容滤波,则电源变压器次级电压有效值应选_____ V。(放大,开关,饱和,18,20,24)

　　8.2　单相桥式整流电路中,若某一整流管发生开路、短路,或反接三种情况,电路中将会发生什么问题?

　　8.3　在电容滤波的整流电路中,二极管的导电角为什么小于 π?

　　8.4　稳压管的特性曲线有什么特点?利用其正向特性,是否也可以稳压?

　　8.5　有两个 2CW15 型稳压管,其稳定电压分别是 8 V 和 5.5 V,正向压降均为 0.7 V,如果把两个稳压管进行适当的连接,试问可能得到几种不同的稳压值,并画出相应的电路加以表示。

8.6　图 8.44 中的各个元器件应如何连接才能得到对地为 ±15 V 的直流稳定电压。

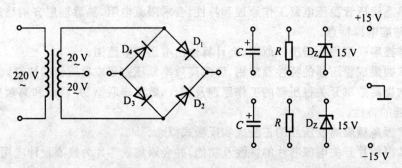

图 8.44　题 8.6 图

8.7　串联型稳压电路如图 8.45 所示,稳压管 D_Z 的稳定电压为 5.3 V,电阻 $R_1 = R_2 = 200\ \Omega$,晶体管的 $U_{BE} = 0.7$ V。

(1) 试说明电路的如下四个部分分别由哪些元器件构成(填在空格内):

① 调整管_____;

② 放大环节_____;

③ 基准环节_____;

④ 取样环节_____。

(2) 当 R_W 的滑动端在最下端时 $U_o = 15$ V,求 R_W 的值。

(3) 当 R_W 的滑动端移至最上端时,问 $U_o = ?$

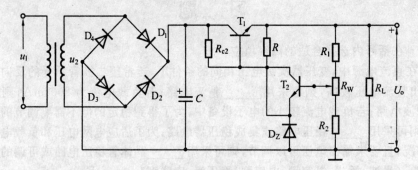

图 8.45　题 8.7 图

8.8　在如图 8.46 所示的稳压电源电路中,A 为理想运算放大器,试给下列小题填空:

(1) 若电容器 C_1 两端的直流电压 $U_{i(AV)} = 18$ V,则表明 U_2(有效值)$\approx$_____V;若 U_2 的数值不变,而电容 C_1 脱焊,则 $U_{i(AV)} =$_____V;若有一只整流二极管断开,且电容 C_1 脱焊,则 $U_{i(AV)} =$_____V。

(2) 要使 R_W 的滑动端在最下端时 $U_o = 18$ V,则 R_W 的值为_____kΩ,在此值下,当 R_W 的滑动端在最上端时,$U_o =$_____V。

(3) 设 $U_{i(AV)} = 24$ V,设调整管 T 的饱和压降 $U_{CE(sat)} \leqslant 3$ V,在上题条件下,T 能否对整个输出电压范围都起到调整作用?　答:_____,理由是

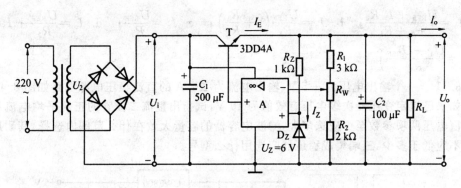

图 8.46　题 8.8 图

（4）在 $U_{i(AV)} = 24$ V 的情况下，当 $I_E = 500$ mA 时，R_W 的滑动端处于什么位置（上或下）则 T 的耗散功率最大？答：_____，它的数值是_____。

8.9　图 8.47 是一个用三端集成稳压器组成的直流稳压电路，试说明各元器件的作用，并指出电路在正常工作时的输出电压。

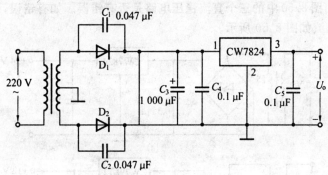

图 8.47　题 8.9 图

8.10　选择正确的答案填空。

若图 8.48 中的 A 为理想运算放大器，三端集成稳压器 CW7824 的 2、3 端间电压用 U_{REF} 表示，则电路的输出电流 I_o 可表示为_____。

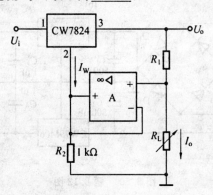

图 8.48　题 8.10 图

$$\left(\text{a. } I_o = \frac{U_{REF} + I_W R_2}{R_1 + R_L}; \quad \text{b. } I_o = \frac{U_{REF}}{R_1}\left(1 + \frac{R_1}{R_L}\right); \quad \text{c. } I_o = \frac{U_{REF}}{R_1}; \quad \text{d. } I_o = \frac{U_{REF}}{R_1} + I_W;\right.$$

$$\left.\text{e. } I_o = \frac{U_1 - U_{REF}}{R_L}\right)$$

8.11　一个输出电压为 +5 V、输出电流为 1.2 A 的直流稳压电源电路如图 8.49 所示。如果已选定变压器次级电压有效值为 10 V,试指出整流二极管的正向平均电流和反向峰值电压两项参数至少应选多大,滤波电容器的容量大致在什么范围内选择,其耐压值至少不应低于多少,三端集成稳压器应选用什么型号。

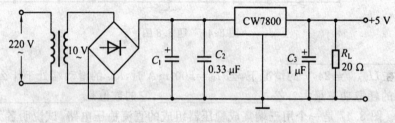

图 8.49　题 8.11 图

8.12　指出图 8.50 中的三个直流稳压电路是否有错误。如有错误,请加以改正。要求输出电压和电流如图 8.50 所示。

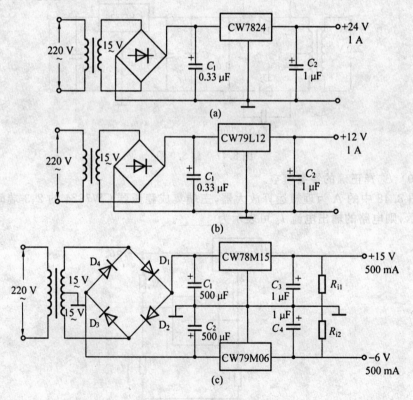

图 8.50　题 8.12 图

8.13　在图 8.51 中画出了两个用三端集成稳压器组成的电路,已知电流 $I_w = 5$ mA。

(1) 写出图 8.51(a) 中 I_o 的表达式,并算出其具体数值。

(2) 写出图 8.51(b) 中 U_o 的表达式,并算出当 $R_2 = 5$ Ω 时的具体数值。

(3) 指出这两个电路分别具有什么功能。

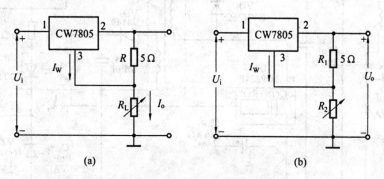

图 8.51　题 8.13 图

8.14　电路如图 8.52 所示,简述工作原理,说明元器件的作用。

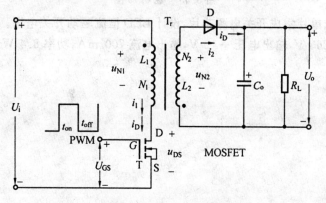

图 8.52　题 8.14 图

8.15　开关电源电路如图 8.53 所示。分析开关变换器的类型,电路组成,工作原理及各元器件的作用。

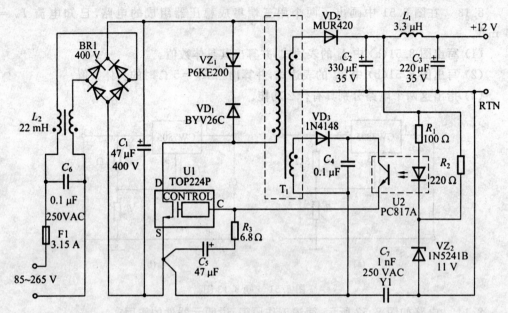

图 8.53　题 8.15 图

8.16　自选单片集成开关电源芯片,设计 LED 恒流驱动开关电源。技术指标:输入工频电压 90 ～ 265 V,输出电压 + 12 V,输出电流 700 mA,功率 8.4 W。

第9章 电流模技术基础

9.1 电流模电路的一般概念

9.1.1 什么是电流模技术

电流模技术是指电流模集成电路的原理基础、电路设计技术、实现方法和制造工艺技术以及应用技术。它是与日益成熟和快速发展的高速集成工艺[①]相伴发展的新兴电路技术。它是对当代及今后各种高速、宽带、高精度线性和非线性模拟集成电路与系统的发展具有重要意义的关键技术。可以不夸张地说,它使模拟电子技术发展达到了一个新的里程碑。

电流模电路理论、方法和实践在当代模拟电子学中已形成一个相当完善的体系。用电流模方法处理模拟信号、设计和制作模拟集成电路,近年来发展很快,相继出现了有实用价值的高新产品并且已大量上市。采用互补双极工艺和电流模方法制造的集成运放,其带宽已达到了 $BW > 400\text{ MHz}$,转换速率 $S_R > 5\,000\text{ V}/\mu s$。例如,OPA 600 的 $BW = 850\text{ MHz}$, AD8001 的 $BW = 800\text{ MHz}$。乘法器 AD734 达到了 $BW_P = 10\text{ MHz}$, $S_R \geqslant 450\text{ V}/\mu s$ 和超精度($\pm 0.01\%$)的高标准。由于电流模电路及应用技术具有很多优点,故获得快速发展,值得推广和普及。

9.1.2 什么叫电流模电路

以电流为参量来处理模拟信号的电路,一般称为电流模电路。在电路中,输入和输出信号均是电流量,除含有晶体管"结电压"外,再无其他电压参量的电路,称为"严格的"电流模电路。

例如,电流源(电流镜)、基本共射差放、甲乙类推挽电路、变跨导乘法器和电流反馈集成运放等均为电流模电路。这些电流模电路读者并不陌生,只是在前面的学习中,是以传统的观点和方法把电路的输入和输出参量用电压来标定的结果。用电压为参量来处理模拟信号的电路,称为电压模电路。电流模电路与电压模电路比较,容易获得超宽频、超高速、超高精度等指标,故在制造模拟集成电路中获得应用。

本章重点阐述电流模电路的理论基础,并讨论简单的电流模电路。

---

① 高速集成工艺是指互补双极(complementary Bipolar)工艺,简称 CB 工艺;线性兼容(Linear Compatible)CMOS工艺,简称 LC²MOS 工艺;GaAs 金属半导体肖特基势垒场效应管 MESFET 工艺。

9.2　跨导线性(TL)的基本概念和回路原理

9.2.1　跨导线性(TL)的基本概念

跨导线性电路如图 9.1 所示,由图可知晶体管的 i_C 与 u_{BE} 的关系可用下式表示,即

$$i_C = I_S \exp \frac{u_{BE}}{U_T} \tag{9.1}$$

若将 i_C 视为激励信号电流,u_{BE} 看做响应信号电压,用输入电流为零的隔离放大器隔离 i_B 的影响,则式(9.1)改写为

$$u_{BE} = U_T \ln \frac{i_C}{I_S} \tag{9.2}$$

与式(9.2)对应的特性曲线如图 9.2 所示,在半对数平面坐标系中,u_{BE} 与 i_C 是理想的线性关系。

对式(9.1)微分,求出跨导 g_m,即

$$\frac{di_C}{du_{BE}} = g_m = \frac{I_C}{U_T} \tag{9.3}$$

式(9.3)表明:**理想的晶体管的跨导 g_m 是集电极静态工作电流 I_C 的线性函数。**

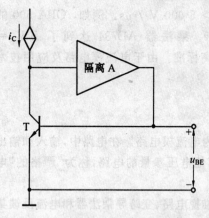

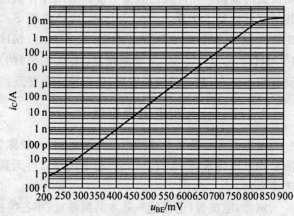

图 9.1　将 BJT 的 u_{BE} 看做受 i_C 激励而产生的电压　　　图 9.2　理想 BJT 的 u_{BE} 与 i_C 呈理想对数关系

所有跨导线性电流都遵循这个原理,即晶体管的跨导(Trans Conductance)与其集电极静态工作电流 I_C 呈线性(Linearly)比例关系,简写 TL。这就是跨导线性概念。

9.2.2　跨导线性(TL)回路原理

跨导线性(TL)回路电路如图 9.3 所示,图中含有 n 个晶体管基—射(PN)结的闭环电流模 TL 原理电路,并设发射结均为正向偏置,写出闭环 TL 回路正向电压方程,即

$$u_{BE2} + u_{BE4} - u_{BE3} - u_{BE1} = 0 \tag{9.4}$$

用 u_{BEj} 代表 TL 回路中每个发射结的正向电压,用 i_{Cj} 代表流过正向结的电流,将式(9.2)

代入式(9.4)中,可得到 n 个正向结组成的 TL 回路的电路方程为

$$\sum_{j=1}^{n} U_{Tj}\ln\frac{i_{Cj}}{I_{Sj}} = 0 \qquad (9.5)$$

式中,I_{Sj} 为每个结的反向饱和电流。

　　在图 9.3 中,每个结可能对应不同的发射区面积或不同极性的发射结,但可以假设每个结的热力学电压 U_{Tj} 是相同的,故可消掉。则式(9.5)可改写为

$$\sum_{j=1}^{n} \ln\frac{i_{Cj}}{I_{Sj}} = 0 \qquad (9.6)$$

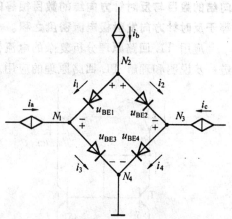

图 9.3　简化 TL 原理回路

　　由 TL 回路构成的各种功能的线性和非线性电流模电路时,必须满足如下两个条件:

　　① 在 TL 回路中必须有偶数个(至少两个)正偏发射结;

　　② 顺时针方向(CW)排列的正偏结的数目与反时针方向(CCW)排列的正偏结数目必须相等。

　　根据这两个条件,可将式(9.5)和式(9.6)改写为

$$\left(\sum_{k=1}^{\frac{1}{2}n} U_{Tk}\ln\frac{i_{Ck}}{I_{Sk}}\right)_{CW} = \left(\sum_{k=1}^{\frac{1}{2}n} U_{Tk}\ln\frac{i_{Ck}}{I_{Sk}}\right)_{CCW} \qquad (9.7)$$

$$\left(\sum_{k=1}^{\frac{1}{2}n} \ln\frac{i_{Ck}}{I_{Sk}}\right)_{CW} = \left(\sum_{k=1}^{\frac{1}{2}n} \ln\frac{i_{Ck}}{I_{Sk}}\right)_{CCW} \qquad (9.8)$$

将 TL 回路中的结按顺时针和反时针方向排列来分,因需要对称,故式(9.8)可表示为

$$\left(\prod_{k=1}^{\frac{1}{2}n} \frac{i_{Ck}}{I_{Sk}}\right)_{CW} = \left(\prod_{k=1}^{\frac{1}{2}n} \frac{i_{Ck}}{I_{Sk}}\right)_{CCW} \qquad (9.9)$$

　　由于 TL 回路中发射结反向饱和电流 I_{Sk} 与发射区的面积成正比,在制造工艺中可控制发射区的几何尺寸来实现所需的发射区面积之比,因此,式(9.9)中的 I_{Sk} 表示为

$$I_{Sk} = A_k J_{Sk} \qquad (9.10)$$

式中,A_k 为第 k 个结的发射区面积;J_{Sk} 是由几何尺寸决定的发射结反向饱和电流密度。

　　将式(9.10)代入式(9.9),并设 J_{Sk} 相等,消掉,则

$$\left(\prod_{k=1}^{\frac{1}{2}n} \frac{i_{Ck}}{A_k}\right)_{CW} = \left(\prod_{k=1}^{\frac{1}{2}n} \frac{i_{Ck}}{A_k}\right)_{CCW} \qquad (9.11)$$

式中,$\dfrac{i_{Ck}}{A_k}$ 为发射极电流密度。

　　式(9.11)改为

$$\left(\prod J\right)_{CW} = \left(\prod J\right)_{CCW} \qquad (9.12)$$

　　式(9.12)即为 TL **回路原理**。

综上所述,跨导线性(TL)回路原理表述如下:**在含有偶数个正偏发射结且顺时针方向结的数目与反时针方向结的数目相等的闭环回路中,顺时针方向发射极电流密度之积等于反时针方向发射极电流密度之积。**

应用 TL 回路原理分析复杂的电流模电路十分简便。下边以图9.4 和图9.5 为例来进一步说明和理解 TL 回路原理的应用。

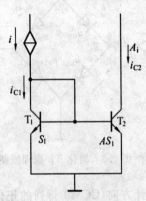

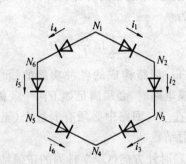

图9.4　电流镜——最
简单的 TL 回路

图9.5　在 $\lambda = 1$ 时精确和
温度稳定的 TL 回路

在图 9.4 中,成对器件之间发射区面积之比很重要。控制发射区面积之比能降低或消除结电阻所产生的误差。在 TL 回路中,

$$\frac{i_{C2}}{i_{C1}} = A = \frac{AS_1}{S_1} \tag{9.13}$$

式中,S_1 是单位发射区面积。

通过控制 T_1 和 T_2 的发射区面积之比实现比例电流源关系。当考虑 TL 回路中发射区面积之比时,可将式(9.11)和式(9.12)分别表示如下:

$$\left(\prod \frac{1}{A_k} \prod i_{Ck} \right)_{\mathrm{CW}} = \left(\prod \frac{1}{A_k} \prod i_{Ck} \right)_{\mathrm{CCW}} \tag{9.14}$$

$$\left(\prod J \right)_{\mathrm{CW}} = \lambda \left(\prod J \right)_{\mathrm{CCW}} \tag{9.15}$$

式中,λ 为发射区面积比例系数,即

$$\lambda = \frac{\left(\prod A_k \right)_{\mathrm{CW}}}{\left(\prod A_k \right)_{\mathrm{CCW}}} \tag{9.16}$$

在图 9.5 中,有六个结,相应有六个电流值(结的数目与电流数目相同),顺时针方向发射区面积为 A_1、A_2 和 A_3,反时针方向发射区面积为 A_4、A_5 和 A_6,按式(9.16)可得

$$\lambda = \frac{A_1 A_2 A_3}{A_4 A_5 A_6} \tag{9.17}$$

在 TL 回路的设计与制造中,$A_1 \sim A_6$ 可为不同数值,但 λ 必须尽可能保证为 1。这样,能提高精度和温度稳定性。

9.3　严格的电流模电路

9.3.1　甲乙类推挽电流模电路

甲乙类推挽电流模电路如图 9.6 所示，由 TL 回路组成。晶体管 $T_1 \sim T_4$ 具有相同的发射区面积、相同的结温，按 TL 回路原理可得

$$I_B^2 = i_{C1} \cdot i_{C2} \qquad (9.18)$$

当 $i_i = 0$ 时，T_1 和 T_2 的工作电流

$$I_{C1} = I_{C2} = I_{B+} = I_{B-} = I_B \qquad (9.19)$$

式中，I_{B+} 和 I_{B-} 为 T_3 和 T_4 中的偏置电流。

当 $i_i \neq 0$ 时，电路中的电流为

$$i_{C2} = i_{C1} + i_i \qquad (9.20)$$

当 $i_i > 0$ 时，由式(9.18)和式(9.20)可解出

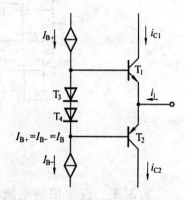

图 9.6　甲乙类互补电流模单元

$$i_{C2} = \frac{1}{2} i_i + I_B \left[\left(\frac{i_i}{2I_B} \right)^2 + 1 \right]^{\frac{1}{2}} \qquad (9.21)$$

$$i_{C1} = -\frac{1}{2} i_i + I_B \left[\left(\frac{i_i}{2I_B} \right)^2 + 1 \right]^{\frac{1}{2}} \qquad (9.22)$$

当 $|i_i| \ll I_B$ 时，该电路工作在甲类状态。

而 $|i_i| \gg I_B$，由式(9.21)和式(9.22)可得

$$\begin{cases} i_{C1} \approx 0 & (9.23) \\ i_{C2} \approx i_i & (9.24) \end{cases}$$

则该电路工作在乙类状态。故 TL 回路构成甲乙类互补单元。

9.3.2　甲乙类电流模放大器

甲乙类电流模放大器电路如图 9.7 所示，是由 TL 回路和恒流源组成的，其工作原理如下：$T_1 \sim T_4$ 组成 TL 回路，两个恒流源的 I_0 为 $T_1 \sim T_4$ 发射结提供合适的偏置。运放 A 构成深度负反馈，反相输入端为虚地，故 $R_{if} \approx 0$。四个电流镜 $CM_1 \sim CM_4$ 构成同相放大器，将 T_3 和 T_4 的输出电流 $i_{C3} \sim i_{C4}$ 传递到输出端，该电路为恒流输出，故输出电阻很大。由图可求电流增益如下：

$$I_0 = i_{E1} + i_{B3} = i_{E2} + i_{B4}$$

$$i_i = i_{E2} - i_{E1}, \quad i_o = i_{C3} - i_{C4}$$

故

$$A_i = \frac{i_o}{i_i} = \frac{i_{C3} - i_{C4}}{i_{B3} - i_{B4}} = \beta \quad (\beta = \beta_3 = \beta_4) \qquad (9.25)$$

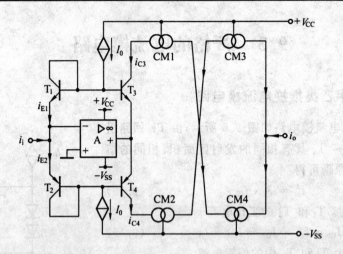

图 9.7　甲乙类电流模放大器

9.3.3　吉尔伯特电流增益单元

吉尔伯特电流增益单元电路如图 9.8 所示，T_2 和 T_4 的发射结为顺时针方向，T_1 和 T_3 为反时针方向，而且两对管的集电极电流均为同相相加，其差模输入电流为

$$i_{id} = (1 - x) I - (1 + x) I = -2xI \tag{9.26}$$

式中，x 为输入信号电流调制指数（$x = i_S/I$），当线性工作时，x 的变化范围从 $-0.1 \sim +0.9$ 之间。

差模输出电流为

$$i_{od} = (1 - x)(I + I_E) - (1 + x)(I + I_E) = -2x\,(I + I_E) \tag{9.27}$$

则差模电流增益为

$$A_{id} = \frac{i_{od}}{i_{id}} = \frac{I + I_E}{I} = 1 + \frac{I_E}{I} \tag{9.28}$$

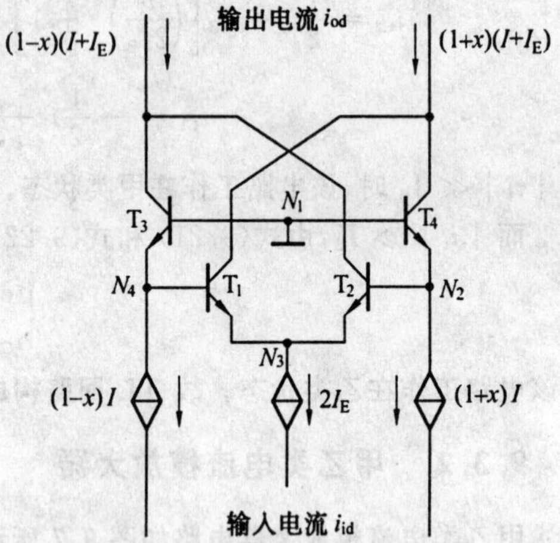

图 9.8　由 TL 回路组成的吉尔伯特电流增益单元

式中，I 为外边对管的每管偏置电流；$2I_E$ 为内对管的偏置电流之和。

由式(9.28)看出，已知 I 和 I_E 可求 A_{id}，改变其大小，可改变增益，每级增益可达到 $1 \sim 10$ 倍。

该电路为著名的吉尔伯特(Gilbert)增益单元，在超高速、超高频集成电路中应用广泛，可以被级联成 n 级高增益放大器，而每一级的偏置电压差仅为正向结 0.7 V，故称为**严格的电流模电路。**

9.3.4　多级电流放大器

多级电流放大器电路如图 9.9 所示,由吉尔伯特单元级联,输入和输出电流如图 9.9 所示,其电流增益为

$$A_{id} = \frac{(1-x)(I + I_{E1} + I_{E2}) - (1+x)(I + I_{E1} + I_{E2})}{(1-x)I - (1+x)I} =$$

$$1 + \frac{I_{E1}}{I} + \frac{I_{E2}}{I} \tag{9.29}$$

n 级电流单元级联时的总电流增益为

$$A_{id} = \sum_{j=1}^{n} \frac{I_{Ej}}{I} \tag{9.30}$$

9.3.5　一象限乘法器

一象限乘法器电路如图 9.10 所示。按 TL 回路原理可求输出电流与输入电流关系式,即

$$i_Z i_Y = i_X i_o \tag{9.31}$$

所以

$$i_o = \frac{i_Z i_Y}{i_X} \tag{9.32}$$

式中,i_X,i_Y,i_Z 均不能为负,故称为一象限乘法器。

9.3.6　二象限乘法器

二象限乘法器电路如图 9.11 所示。在图中,从节点 $N_1 \sim N_4$ 或($N_4 \sim N_1$)发射结排列方向为 CW — CCW — CW — CCW,由 TL 回路原理得

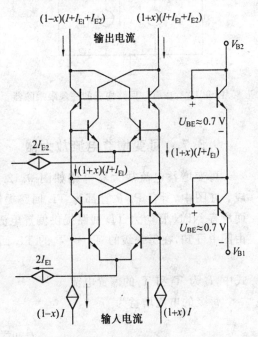

图 9.9　两级电流放大器

$$i_{C1} i_{C4} = i_{C2} i_{C3} \tag{9.33}$$

故

$$(1+w)I_E \cdot (1-x)I = (1-w)I_E \cdot (1+x)I \tag{9.34}$$

由式(9.34)解得

$$w \equiv x \tag{9.35}$$

当输入信号电流调制指数 x 从 -1 变到 $+1$ 时,在相同的结温下,由式(9.35)表明**里边一对管子的电流总是准确地线性地重现外边一对管子的电流。**

该电路的差模电流增益为

$$A_{id} = \frac{(1+w)I_E - (1-w)I_E}{(1+x)I - (1-x)I} = \frac{I_E}{I} \tag{9.36}$$

由式(9.36)看出,改变偏流 I 或 I_E 即可改变 A_{id},故本电路为一个可变电流增益单元。

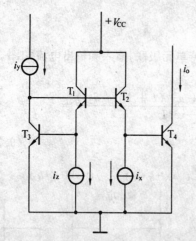
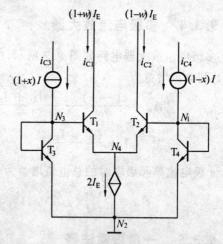

图 9.10　由 TL 回路构成的一象限乘除器　　　图 9.11　由 TL 回路构成的二象限乘法器

9.3.7　可变增益电流放大器

可变增益电流放大器电路如图 9.12 所示,由两级可变增益电流放大单元级联而成。在图中,所有 PNP 管都为 TL 回路提供偏置电流 I_0,且 PNP 管发射区面积全相等;而所有 NPN 管均为 TL 回路提供偏置电流 I_E 和 $2I_E$(对应发射区的面积为 S_1 和 $2S_1$)。由图中可知,在每一级的 $T_1 \sim T_4$ 的 TL 回路中,T_3 和 T_4 的偏置电流为

$$I = I_0 - I_E \tag{9.37}$$

式中,I_E 为 T_1 和 T_2 的偏置电流。

每级的电流增益为

$$A_{idj} = \frac{I_E}{I_0 - I_E} \tag{9.38}$$

n 级的总电流增益为

$$A_{idn} = \left(\frac{I_E}{I_0 - I_E}\right)^n \tag{9.39}$$

当 $I_E = \frac{1}{2} I_0$ 时,$A_{idj} = 1$;若 $T_1 \sim T_4$ 的 β 取100,每级增益取值 $\frac{1}{10}\beta$ 比较合适,这样可取 $I_E = \frac{10}{11} I_0$,$A_{idj} = 10$,若 $n = 5$,则总电流增益可达 100 dB。

在图 9.12 中,改变 PNP 管偏压可改变偏置电流 I_0,改变 NPN 管偏压,可改变偏置电流 I_E。只要改变 I_0(或 I_E)就可改变 A_{id}。因此,该电路不但级联方便,而且增益调节也十分简单,推荐广泛应用。这种电路的偏置电压很低,约在 + 1.4 V 和 - 0.7 V 的电源电压下正常工作。对微功耗放大器的设计提供了方便。

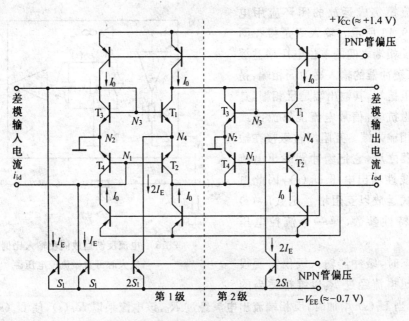

图 9.12　两级可变增益电流放大器

综上所述的电流放大电路中,从输入端到输出端,整个电路除 TL 回路中管子发射结电压随信号电流变化而有不大的变化(电流变化 10 倍,u_{BE} 变 60 mV)外,再无其他影响电路传输特性的电压参量。因此,这些电路均为严格的电流模电路。基本上是无电压摆幅的高速和宽频带的放大电路。其工作频率可达到 TL 回路中管子的特征频率 f_T 值。

应用互补双极(CB)工艺可使 NPN 管的特征频率 $f_T \geqslant$ 10 GHz ,$\beta_N = 110$; PNP管,$f_T \geqslant 4.5$ GHz, $\beta_P = 80$。

高速宽带工艺和电流模电路技术相结合,是近年来各种功能超高速和超高频单片集成电路大量问世的基石。

9.4　电流模运算放大器及应用

9.4.1　电流反馈超高速集成运放的基本概念

1. 超高速集成运放

转换速率 $S_R \geqslant 1\,000 \sim 3\,500$ V/μs 的单片集成运放,均称为超高速运放。

2. 电流模集成运放

采用电流反馈方式的单片超高速($S_R \geqslant 1\,000$ V/μs)电路,称之为电流反馈集成运放,也称电流模集成运放。

3. 电流模集成运放的特点及频率特性

(1)电流模集成运放的特点

电流模集成运放的闭环应用电路如图 9.13 所示。输入级是接在同相端与反相端之间的单位电压增益缓冲器，该缓冲器的输入端为同相端，是高输入阻抗端，其输出端是反相端，是低输入阻抗端，信号电流能够流出或流入反相输入端。互阻增益级接在输入缓冲器之后，它把缓冲器输出电流转换成线性输出电压 $U_o(s)$，因此电流反馈式运放以互阻增益函数 $R_T(s)$ 为传输特性参数，是一个流控电压源。

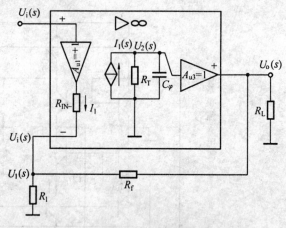

9.13 电流反馈运放同相输入比例放大时可看做流控电压源

静态时，缓冲器输入级仅需要很小的输出电流经过 R_1 以维持适当的 $U_o(s)$。当 $U_i(s)$ 增加时，反相端流出电流经过 R_1，该电流乘以 $R_T(s)$，使 $U_o(s)$ 增加，直到由 $U_o(s)$ 反馈经 R_F 而流过 R_1 的电流来代替缓冲器的输出电流。因反相端输入电阻很低（几欧 ~ 几十欧），$U_o(s)$ 经 R_F 反馈到其反相输入端的电流，可理解为向该低阻抗端注入一个电流，故称电流反馈。该电路的闭环电压增益为

$$A_{uf} = 1 + \frac{R_f}{R_1} \tag{9.40}$$

(2) 同相输入电流模运放的闭环频率特性

图 9.14 为电压反馈运放同相输入电路，为压控电压源。其频率特性画在图 9.15 中，通常是闭环通频带随着增益减小而加宽，如图中虚线所示。然而电流模运放的闭环带宽主要决定于负反馈电阻 R_F。下面定性说明。

由图 9.13 电路可写出方程为

$$
\begin{cases}
U_1(s) = \dfrac{U_i(s)\dfrac{R_F}{R_{IN-}} + U_o(s)}{1 + \dfrac{R_F}{R_1} + \dfrac{R_F}{R_{IN-}}} & (9.41) \\[4mm]
U_o(s) = \dfrac{R_T I_1(s)}{1 + sR_T C_\varphi} = U_2(s) & (9.42) \\[4mm]
I_1(s) = \dfrac{U_i(s) - U_1(s)}{R_{IN-}} = U_1(s)\left(\dfrac{1}{R_1} + \dfrac{1}{R_F}\right) - \dfrac{U_o(s)}{R_F} & (9.43)
\end{cases}
$$

式中，R_{IN-} 为反相端输入电阻，对于 AD844 的典型值，$R_{IN-} = 50\ \Omega$；OP — 160，$R_{IN-} = 60\ \Omega$；C_φ 为运放内部相位补偿电容，对多数运放，其典型值为 3 ~ 5 pF；R_T 为低频互阻增益，对于 AD844 和 OP — 160，典型值 $R_T = 3\ \text{M}\Omega$。

若用开环差模电压增益 A_{ud} 来表示，则

$$A_{ud} = \frac{U_o(0)}{U_{id}(0)} = \frac{I_1(0)R_T}{I_1(0)R_{IN-}} = \frac{R_T}{R_{IN-}} \tag{9.44}$$

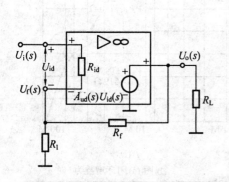

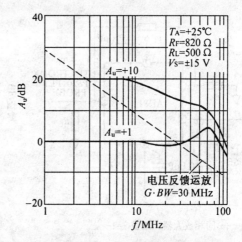

图 9.14　电压反馈运放同相输入比例　　图 9.15　电压反馈与电流反馈运放闭环频率
　　　　　放大时为压控电压源　　　　　　　　　　　特性比较

由式 (9.41) ～ (9.43) 联立求解,可得

$$U_o(s) = \left[\frac{U_i(s)\dfrac{R_F}{R_{IN-}} + U_o(s)}{1 + \dfrac{R_F}{R_1} + \dfrac{R_F}{R_{IN-}}} \left(\frac{1}{R_1} + \frac{1}{R_F}\right) - \frac{U_o(s)}{R_F} \right] \frac{R_T}{1 + sR_T C_\varphi} \tag{9.45}$$

若 $R_T \gg R_F$,$R_T \gg R_{IN-}$,则

$$A_{uf} = \frac{U_o(s)}{U_i(s)} = \frac{1 + R_F/R_1}{1 + s\left[R_F + \left(1 + \dfrac{R_F}{R_1}\right) R_{IN-}\right] C_\varphi} \tag{9.46}$$

令 $A_{uf} = A_{uf}(0) = 1 + \dfrac{R_F}{R_1}$,表示同相输入低频电压增益,则

$$A_{uf}(s) = \frac{A_{uf}}{1 + s\left[R_F + A_{uf} R_{IN-}\right] C_\varphi} \tag{9.47}$$

当 $A_{uf} = 1 \sim 2$ 时,$R_F \gg A_{uf} R_{IN-}$,则式 (9.47) 化简为

$$A_{uf}(s) = \frac{A_{uf}}{1 + sR_F C_\varphi} \tag{9.48}$$

式 (9.46) ～ (9.48) 三式都说明电流模运放的闭环极点与负反馈电阻 R_F 有关,这是与电压反馈运放的重要区别之一。其电流模运放闭环频率特性如图 9.15 所示。以 AD811 为例,组成同相放大器时的频域和时域特性如图 9.16(a) ～ (f) 所示。

　　(3) 反相输入电流模运放的闭环频率特性

　　反相输入电流模运放电路如图 9.17 所示。其电路方程为

$$\begin{cases} U_o(s) = -A_{ud}(s)U_\Sigma(s) & (9.49) \\ \dfrac{U_\Sigma(s) - U_i(s)}{R_1} + \dfrac{U_\Sigma(s)}{R_{IN-}} + \dfrac{U_\Sigma(s) - U_o(s)}{R_F} = 0 & (9.50) \end{cases}$$

式 (9.49)、(9.50) 联立求解,得电压增益为

$$A_{uf}(s) = \frac{U_o(s)}{U_i(s)} = \frac{-A_{ud}(s)R_F R_{IN-}/(R_{IN-}R_F + R_1 R_F + R_1 R_{IN-})}{1 + A_{ud}(s)R_1 R_{IN-}/(R_{IN-}R_F + R_1 R_F + R_1 R_{IN-})} \tag{9.51}$$

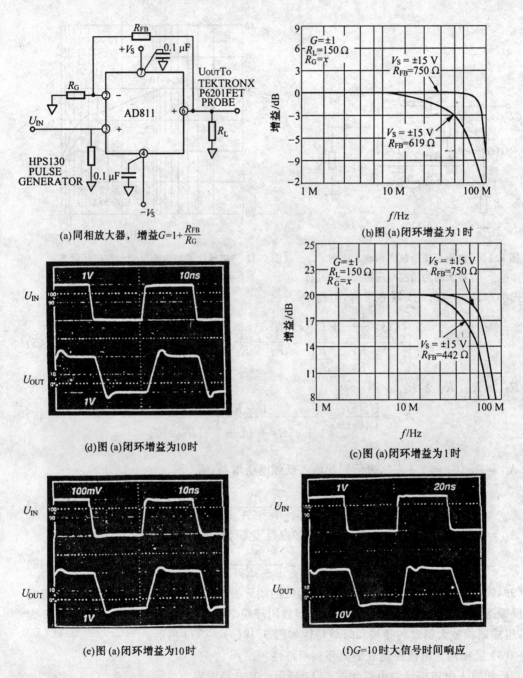

(a)同相放大器，增益$G=1+\dfrac{R_{FB}}{R_G}$

(b)图(a)闭环增益为1时

(d)图(a)闭环增益为10时

(c)图(a)闭环增益为1时

(e)图(a)闭环增益为10时

(f)$G=10$时大信号时间响应

图 9.16　AD811 组成同相放大器的频域和时域特性

式中

$$A_{ud}(s) = \frac{R_T(s)I_1(s)}{R_{IN}-I_1(s)} = \frac{A_{ud}}{1+sR_TC_\varphi} \tag{9.52}$$

因此式(9.51)可写为

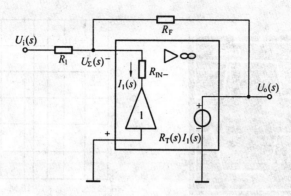

图 9.17　电流反馈运放接成反相比例放大电路

$$A_{uf}(s) = \frac{A_{ud}R_{IN-}R_F/(R_{IN-}R_F + R_1R_F + R_1R_{IN-})}{1 + sR_TC_\varphi + [A_{ud}R_1R_{IN-}/(R_{IN-}R_F + R_1R_F + R_1R_{IN-})]} \tag{9.53}$$

若上式分母中第三项远大于 1，并令 $A_{uf} = -\dfrac{R_F}{R_1}$，则式（9.53）可简化为

$$A_{uf}(s) = \frac{U_o(s)}{U_i(s)} = \frac{-R_F/R_1}{1 + sR_TC_\varphi \dfrac{R_F}{A_{ud}}\left(\dfrac{1}{R_1} + \dfrac{1}{R_F} + \dfrac{1}{R_{IN-}}\right)} \tag{9.54}$$

将 $A_{ud} = \dfrac{R_T}{R_{IN-}}$ 代入式（9.54），得

$$A_{uf}(s) = -\frac{A_{uf}}{1 + sR_FC_\varphi} \tag{9.55}$$

　　上述分析说明，在一定增益范围内，电流模超高速运放的高频响应与反馈电阻 R_F 有关，R_F 不可任选，要采用推荐值。以 AD811 为例，组成反相放大器时，观察其频域和时域特性如图 9.18(a) ～ (f) 所示。

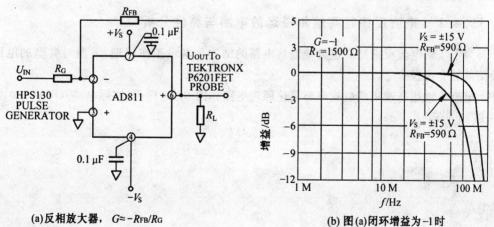

(a)反相放大器，$G \approx -R_{FB}/R_G$ 　　　　　　　　(b) 图(a)闭环增益为-1时

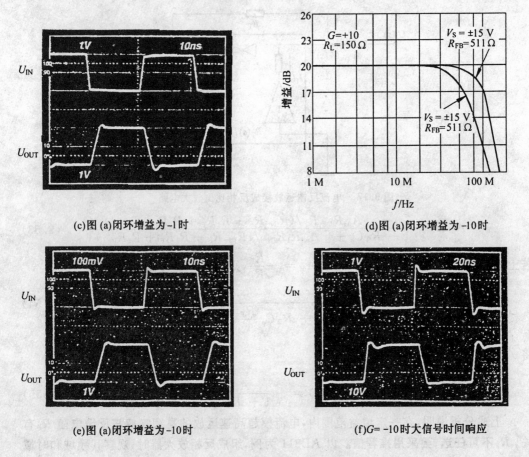

(c)图 (a)闭环增益为-1时　　　　　　　(d)图 (a)闭环增益为-10时

(e)图 (a)闭环增益为-10时　　　　　　(f)G= -10时大信号时间响应

图 9.18　AD811 组成反相放大器的频域和时域特性

9.4.2　电流反馈超高速集成运放电路与特性分析

为了了解电流反馈超高速集成运放电路的结构和基本工作原理,下面对典型的电路做简单的介绍。

电流反馈超高速集成运放典型简化原理电路如图 9.19 所示,实际电路 OP－160 如图 9.20 所示。

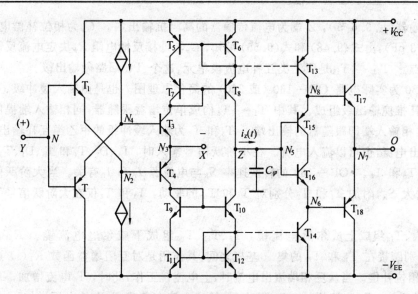

图 9.19　电流反馈集成运放典型原理电路

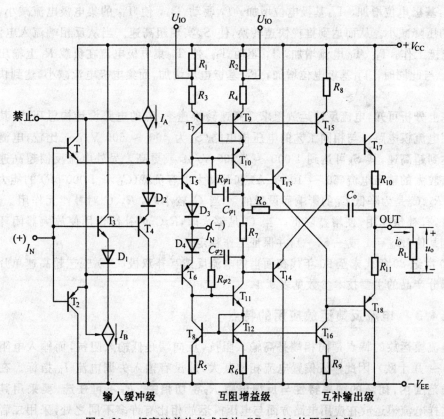

图 9.20　超高速单片集成运放 OP - 160 的原理电路

在图 9.19 电路中，$T_1 \sim T_4$ 为跨导线性（TL）回路，构成差动输入级（缓冲器），Y 为高输入阻抗同相端，X 为低输入阻抗反相端（也是缓冲器的低输出阻抗端）。$T_5 \sim T_8$ 为 PNP 管威尔逊电流镜，$T_9 \sim T_{12}$ 为 NPN 管威尔逊电流镜。这两个电流镜与 TL 回路组成电流传输器(见 9.6 节)，Z 端为电流传输器的高阻抗输出端。 C_φ 为相位补偿电容(一般为 $2 \sim 3$ pF)，由式(9.48)和式(9.55)可知，C_φ 与外接反馈电阻 R_F 决定电流反馈运放的高频极点。 $T_{15} \sim T_{18}$ 是甲乙类互补电流模单元，这个 TL 回路做输出级。

图 9.20 为实际电路 OP－160 (或 260) 的简化原理图。也是由输入缓冲级、互阻增益级和互补推挽输出级组成。其中 $T_1 \sim T_6$ 构成单位增益跟随器，同相输入端提供高输入阻抗，反相输入端即跟随器的输出端。 T_5 和 T_6 为输入缓冲级的甲乙类互补输出电路，既可以流出电流，也可以流入电流。在小阶跃信号输入时，I_A、D_2、T_4 和 I_B、D_1、T_3 工作，分别驱动 T_5 和 T_6。 OP－160 的转换速率 S_R 与电流源 I_A 和 I_B 有关。当大阶跃信号输入时，为增大 S_R，附加 T_1 和 T_2 分别对 T_5 和 T_6 的驱动，T_1 和 T_2 仅在大阶跃信号下才导通。

T_7、T_9、T_{10} 组成上威尔逊电流镜，T_8、T_{11}、T_{12} 组成下威尔逊电流镜。 $R_{\varphi1}$、$C_{\varphi1}$ 和 $R_{\varphi2}$、$C_{\varphi2}$ 分别跨接在 T_{10} 和 T_{11} 的集－基极之间，其作用是对互阻增益函数 $R_T(s)$ 进行极点分离和相位补偿。当从反相端流出电流时，上电流镜工作，此时，T_5 电流增加，T_9 电流与 T_5 等量增加，T_{15} 电流增加，T_{15} 驱动 T_{17} 输出电流在负载 R_L 上的电压增加。 与此同时，T_{13} 基极电位增加，T_{18} 基极电位增加，T_{13} 驱动 T_{18}，使 T_{18} 的集电极电流减小，故在 R_L 上的压降减小。从而达到推挽快速转换，使 S_R 实现超高速。当从反相端流入电流时，下电流镜工作，T_{12}、T_{16} 电流增加，T_{16} 驱动 T_{18}，使 T_{18} 集电极电流在负载 R_L 上输出电压增加。 与此同时，T_{14} 基极电位增加，T_{17} 基极电压增加，而集电极电流减小，达到快速转换。

综上分析可知，电流反馈运放追求超高速转换速率 S_R 的电路设计构思巧妙，其关键是采用电流模电路。与相同工艺的电压模电路(S_R 为 $400 \sim 600$ V/μs)比较，电流模电路可达到超高速，其 S_R 可达到 $1\,000 \sim 3\,500$ V/μs 或更高。另外电流反馈超高速运放都具有较大的输出电流($50 \sim 100$ mA)和驱动大电容负载($C_L \approx 1\,000$ pF)的能力。在图中，R_o、C_o 是为降低 C_L 的影响而设置的。 当 C_L 较小时，R_o、C_o 对补偿无作用。当 C_L 较大时，有补偿作用，使增益降低。当 C_L 足够大时，R_oC_o 的补偿作用使放大器闭环增益降低到某值($A_{uf} = 1$ 或 -5，…)，并保证工作稳定。

20 世纪 80 年代末至 90 年代初面世的电流反馈互补双极(CB)工艺超高速单片集成运放部分产品的主要技术参数见表 9.1。

9.4.3　电流反馈运放应用的特点

电流模运放的特点是同相端是高输入阻抗，反向端是低输入阻抗，而输入电阻很低(几欧 ～ 几十欧)；因此输入偏置电流相差甚大，故没有输入失调电流 I_{IO} 指标。在一定的增益范围内，闭环的频率特性与反馈电阻 R_F 密切相关，R_F 不可任选，要采用其推荐值。这样电流模运放在应用电路方面与电压模运放相比有许多不同之处，采用二者对比方式讨论电流模运放应用的特点，很有实用价值。

1. 同相输入 A_{uf} 调整不同

电路如图 9.21 所示，图 9.21(a) 为电压模运放（VOA），图 9.21(b) 为电流模运放（CFOA）。其电压增益均为

$$A_{uf} = 1 + \frac{R_F}{R_G} \tag{9.56}$$

但改变 A_{uf} 时，电压模调 R_F，电流模调 R_G。电压模运放，有偏流补偿要求，即 $R_r = R_G \parallel R_F$，R_G 小，R_F 大，调电压增益时，不能说 R_G 不能调，一般调大电阻 R_F（特殊情况除外）。电流模运放，R_F 不可任选，只能采用推荐值，只能调 R_G 改变增益，无偏流补偿电阻 R_r。

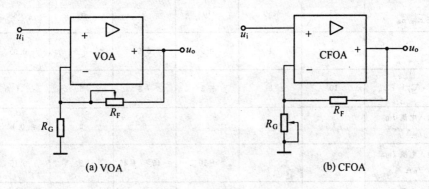

图 9.21

2. 同相输入电容 C_φ 的接法不同

电路如图 9.22 所示，在电压模运放电路中，用 C_φ 与 R_F 并联来限制带宽 BW。但在电流模运放电路中，不能从其反相端到任何地方，**特别不能到输出端接入小电容 C_φ**，否则会引起较大频响尖峰或自激。C_φ 应接在同相端到地之间。

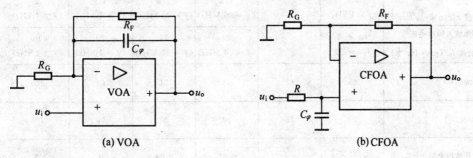

图 9.22

3. 电流模积分器必须重新设置 Σ 点

电流模积分器电路如图 9.23 (b) 所示，在电流模运放电路中，因反相端阻抗低，**必须重新设置 Σ 点**，其电阻 R 约 1 kΩ。可输出大电流 50 ～ 100 mA，并具有精密相位特性和高频响应。

表 9.1　电流反馈 CB 工艺单片集

主要参数 ＼ 型号	OP-160	OP-260 (双)	AD9617	AD9618	AD811	AD844
$S_R/(\text{V} \cdot \mu\text{s}^{-1})$	1 300 ($R_F = 820\ \Omega$)	1 000 ($R_F = 2.5\ \text{k}\Omega$)	1 400 ($R_F = 400\ \Omega$)	1 800 ($R_F = 1\ \text{k}\Omega$)	2 500 ($R_F = 649\ \Omega$)	2 000 ($R_F = 0.5 \sim 1\ \text{k}\Omega$)
带宽 /MHz	$BW = 90$ ($G = +1$) $BW = 55$ ($G = -1$)	$BW = 90$ ($G = +1$) $BW = 55$ ($G = -1$)	$BW = 190$ $G \cdot BW = 570$	$BW = 160$ $G \cdot BW = 8\,000$	$BW = 140$ $G \cdot BW = 1\,000$	$BW = 60$ $G \cdot BW = 900$
到 0.1% 建立时间 t_{set}/ns	75	250	10	9	50	100
U_{IO}/mV	2	1	0.5	0.5	0.5	0.05
$\alpha U_{IO}/\mu\text{V} \cdot \text{℃}^{-1}$	10	8	+3	+3	5	1
同相端输入电流 I_{IB+}/μA	1	0.2	5	5	2	0.1
反相端输入电流 I_{IB-}/μA	10	3	±50	$-45 \sim +45$	2	0.15
同相端输入电阻 R_{IN+}/MΩ	17		60kΩ	75kΩ	1.5	10
反相端输入电阻 R_{IN-}/Ω	60	100	25	32	14	50
低频互阻增益(MΩ)	($R_L = 500\ \Omega$) 3.0	($R_L = 1\ \text{k}\Omega$) 7.0	($R_L = 100\ \Omega$) 0.5	($R_L = 100\ \Omega$) 3.0	($R_L = 200\ \Omega$) 0.75	($R_L = 500\ \Omega$) 3.0
等效输入噪声电压 密度 $e_n/(\text{nV} \cdot \sqrt{\text{Hz}^{-\frac{1}{2}}})$	5.5 ($f \geqslant 1\ \text{kHz}$)		1.2 ($f = 10\ \text{MHz}$)	1.2 ($f = 10\ \text{MHz}$)	1.9 ($f = 1\ \text{kHz}$)	2 ($f \geqslant 1\ \text{kHz}$)
等效输入噪声电流 密度 $i_n/(\text{pA} \cdot \text{Hz}^{-\frac{1}{2}})$	$i_{n+} = 5$ $i_{n-} = 20$		29 ($f = 10\ \text{MHz}$)	24 ($f = 10\ \text{MHz}$)	20 ($f = 1\ \text{kHz}$)	10 ($f \geqslant 1\ \text{kHz}$)
K_{CMR}/dB	65	62	53	54	66	100
K_{SUR}/dB	80	72	60	60	70	108
开环输出电阻 r_o/Ω			0.07	0.08	9	15
输出电流 I_{om}/mA	+60/−45	±20	±60(min)	±60(min)	±100	±60

注：G 为闭环增益。

成超高速运放主要参数表(典型值)

AD9610	缓冲器 AD9620	缓冲器 AD9630	LT1223	LT1227	LT1228	LT1229(双) LT1230(四)
$3\,500$ ($R_F = 15\ \text{k}\Omega$)	$2\,200$	$1\,200$	$1\,300$ ($R_F = 1.5\ \text{k}\Omega$)	$1\,100$ ($R_F = 1\ \text{k}\Omega$)	$3\,500$ ($R_F = 750\ \Omega$)	$2\,500$ ($R_F = 750\ \Omega$)
$BW = 80$ ($G = -10$)	$BW = 600$ ($U_O \leqslant 0.7\text{V}_{\text{p-p}}$)	$BW = 750$ ($U_O \leqslant 0.7\text{V}_{\text{p-p}}$)	$BW = 100$	$BW = 140$	$BW = 100$	$BW = 100$
18	6	6	75	50	45	45
± 0.3	输出失调 $U_{OO} = \pm 2$	输出失调 $U_{OO} = \pm 3$	± 1	± 3	± 3	± 3
± 5	$aU_{OO} = \pm 5$	$aU_{OO} = \pm 8$	10	10	10	
± 15	单端输入 ± 6	单端输入 ± 2	± 1	± 0.3	± 0.3	± 0.3
± 5	单端输入 ± 6	单端输入 ± 2	± 1	± 10	± 10	± 10
$200\ \text{k}\Omega$	单端输入 $r_i = 800\ \text{k}\Omega$	单端输入 $r_i = 450\ \text{k}\Omega$	10M	$14\ \Omega$	25	25
20	单端输入 $r_i = 800\ \text{k}\Omega$	单端输入 $r_i = 450\ \text{k}\Omega$				
($R_L = 200\ \Omega$) 1.5	电压增益 $A_u \approx 0.994$	电压增益 $A_u \approx 0.99$	($R_L = 400\ \Omega$) 5.0	($R_L = 1\ \text{k}\Omega$) $270\ \text{k}\Omega$	($R_L = 1\ \text{k}\Omega$) $200\ \text{k}\Omega$	($R_L = 1\ \text{k}\Omega$) $200\ \text{k}\Omega$
0.7 ($5 \sim 50\ \text{MHz}$)	2.0 ($f = 10\ \text{MHz}$)	2.4 ($f = 10\ \text{MHz}$)	3.3 ($f = 1\ \text{kHz}$)	3.2 ($f = 1\ \text{kHz}$)	6 ($f = 1\ \text{kHz}$)	6 ($f = 1\ \text{kHz}$)
23 ($5 \sim 150\ \text{MHz}$)			2.2 ($f = 1\ \text{kHz}$)	1.2 ($f = 1\ \text{kHz}$)	1.4 ($f = 1\ \text{kHz}$)	1.4 ($f = 1\ \text{kHz}$)
60			63	62	69	69
60			80	80	80	80
0.05	0.4	0.6				
± 50	$\pm 40(\text{min})$	± 50	± 60	± 60	± 65	± 65

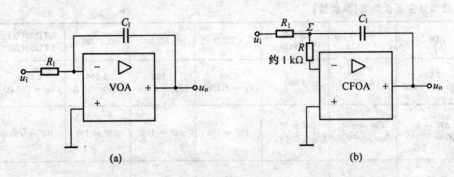

图 9.23

4. 反相加法器偏流补偿电阻不同

电路如图 9.24 所示,在电压模运放电路中,偏流补偿电阻为

$$R_r = R_1 \mathbin{/\mkern-5mu/} R_2 \mathbin{/\mkern-5mu/} R_F \tag{9.57}$$

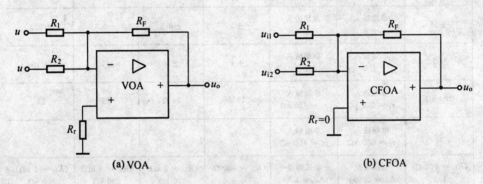

图 9.24

而在电流模运放电路中,两输入端偏流没有相关性,无 I_{IO} 指标,故不需要在同相端接偏流补偿电阻 R_r 来改善 DC 精度(也不能改善)。

5. 数据放大器

(1) 双运放组成的数据放大器

双运放组成的数据放大器电路如图 9.25 所示,差模电压增益为

$$A_{uf} = \frac{u_o}{u_{i2} - u_{i1}} \tag{9.58}$$

通常调节 R_{G2} 改变 A_{uf},然后调节 R_{G1} 实现尽可能高的 K_{CMR}。

采用**电压模运放**时,设计方程为 $R_{F1} = R_{G2}$,$R_{F2} = (A_{uf} - 1)R_{G2}$,$R_{G1} = R_{F2}$,$A_{uf} = 1 + \dfrac{R_{F2}}{R_{G2}}$。采用**电流模运放**时,设计方程为 $R_{F1} = R_{F2}$,$R_{G1} = (A_{uf} - 1)R_{F2}$,$R_{G2} = R_{F2} / (A_{uf} - 1)$。

(2) 三个运放组成的数据放大器

三个运放组成的数据放大器电路如图 9.26 所示,第一级为差模输入 — 差模输出必须采用**电流模运放**,R_F 需要采用推荐值。而第二级差模输入 — 单端输出必须采用**电压模**

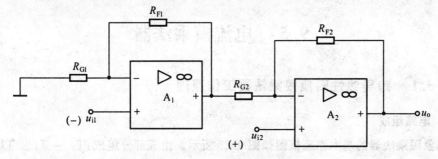

图 9.25 双运放数据放大器

运放。

在 $R_1 = R_2 = R_3 = R_4$，$R_{F1} = R_{F2}$ 时，则

$$A_{uf} = \frac{u_o}{u_{id}} = 1 + \frac{2R_F}{R_G} \tag{9.59}$$

在 $R_1 = R_2$，$R_3 = R_4$ 时，

$$A_{uf} = -\frac{R_3}{R_1}\left(1 + \frac{2R_F}{R_G}\right) \tag{9.60}$$

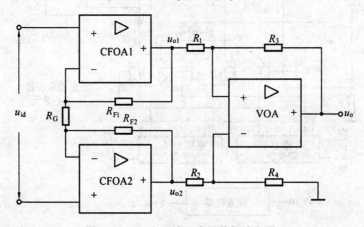

图 9.26 三个运放组成的数据放大器

6. 驱动电缆电路

驱动电缆电路如图 9.27 所示。电流模运放能输出 $50 \sim 100$ mA 的输出电流，可驱动电缆，但必须考虑阻抗匹配，以使电路具有最大频带。电缆特性阻抗为 50 Ω 时，则 R_o 也取 50 Ω。

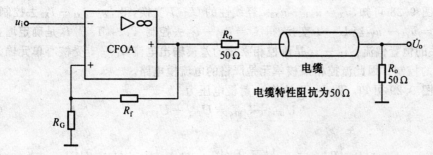

图 9.27 驱动电缆电路

9.5　电流模乘法器

9.5.1　跨导线性四象限乘法器工作原理

1. 电路组成

四象限乘法器的基本原理框图如图 9.28 所示。由五部分组成：$T_1 \sim T_6$ 为 TL 回路电流模电路核心单元，也称流控吉尔伯特乘法器核心单元；X 和 Y 输入的差模电压－电流$(U-I)$ 变换器；差模电流－单端输出电压变换器和偏置电路。下面讨论各部分电路的工作原理。

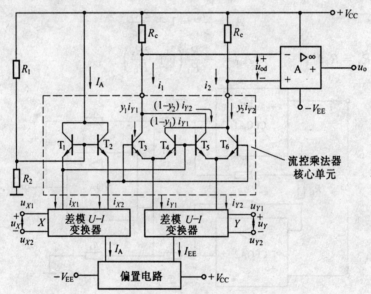

图 9.28　跨导线性四象限乘法器基本电路原理框图

2. 跨导线性(TL) 乘法器单元电路的原理及分析

跨导线性(TL) 乘法器单元电路如图 9.29 所示，该电路简称**流控相乘核**。是由基本电流增益单元组合而成，在晶体管 $f_T = 1.5 \sim 2.5\ \mathrm{GHz}$ 条件下具有超高速和超高频传输特性。现对其传输特性进行分析。

由图 9.28 可知，$u_X = u_{X1} - u_{X2}$，经线性的 $U-I$ 变换，得 $i_X = i_{X1} - i_{X2}$ 去控制 $T_1 \sim T_6$；$u_Y = u_{Y1} - u_{Y2}$ 经 $U-I$ 变换，得 $i_Y = i_{Y1} - i_{Y2}$ 去控制 $T_3 \sim T_6$。I_A 是确定增益系数K_M 有关的恒置偏流。$i_1 - i_2$ 是流控相乘核的差模输出电流，$i_1 - i_2$ 受核心单元输入电流i_X 和 i_Y 的控制。因此流控相乘核单元是严格的电流模电路。

由图 9.29 可知，$T_1 \sim T_4$ 的基－射极电压为

$$U_{BE1} + U_{BE4} = U_{BE2} + U_{BE3} \tag{9.61}$$

故得

$$U_T \ln \frac{i_{X1}}{I_{S1}} + U_T \ln \frac{(1-y_1)i_{Y1}}{I_{S4}} = U_T \ln \frac{i_{X2}}{I_{S2}} + U_T \ln \frac{y_1 i_{Y1}}{I_{S3}} \tag{9.62}$$

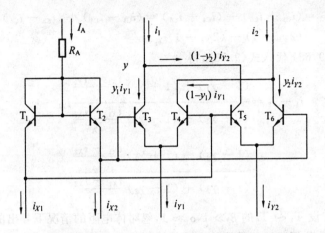

图 9.29 跨导线性电流模乘法器电路

用 γ_1 表示 $T_1 \sim T_4$ 的发射结反向饱和电流 I_{S1}、I_{S2}、I_{S3}、I_{S4} 的失配系数,则

$$\gamma_1 = \frac{I_{S1} I_{S4}}{I_{S2} I_{S3}} \tag{9.63}$$

将式(9.63)代入式(9.62)得

$$\frac{(1 - y_1) i_{Y1}}{y_1 i_{Y1}} = \frac{1 - y_1}{y_1} = \gamma_1 \frac{i_{X2}}{i_{X1}} \tag{9.64}$$

由式(9.64)可求出电流系数 y_1,即

$$y_1 = \frac{i_{X1}}{i_{X1} + \gamma_1 i_{X2}} \tag{9.65}$$

$$2y_1 - 1 = \frac{i_{X1} - \gamma_1 i_{X2}}{i_{X1} + \gamma_1 i_{X2}} \tag{9.66}$$

由于 $i_{X1} + i_{X2} = I_A$,故可导出 T_3 和 T_4 的差模输出电流为

$$i_{C3} - i_{C4} = y_1 i_{Y1} - (1 - y_1) i_{Y1} = (2y_1 - 1) i_{Y1} = \frac{i_{X1} - \gamma_1 i_{X2}}{i_{X1} + \gamma_1 i_{X2}} i_{Y1} =$$

$$i_{Y1} \frac{(1 - \gamma_1) + (1 + \gamma_1) \dfrac{i_{X1} - i_{X2}}{I_A}}{(1 + \gamma_1) + (1 - \gamma_1) \dfrac{i_{X1} - i_{X2}}{I_A}} \tag{9.67}$$

在 T_1、T_2 和 T_5、T_6 组合时,$U_{BE1} + U_{BE5} = U_{BE2} + U_{BE6}$。按前述推导思路,同理可得 T_5 和 T_6 的差模输出电流为

$$i_{C5} - i_{C6} = -[y_2 i_{Y2} - (1 - y_2) i_{Y2}] = -(2y_2 - 1) i_{Y2} =$$

$$-i_{Y2} \frac{i_{X1} - \gamma_2 i_{X2}}{i_{X1} + \gamma_2 i_{X2}} = -i_{Y2} \frac{(1 - \gamma_2) + (1 + \gamma_2) \dfrac{i_{X1} - i_{X2}}{I_A}}{(1 + \gamma_2) + (1 - \gamma_2) \dfrac{i_{X1} - i_{X2}}{I_A}} \tag{9.68}$$

式中,γ_2 为 T_1、T_2 和 T_5、T_6 之间发射结反向饱和电流 I_{S1}、I_{S2}、I_{S5}、I_{S6} 的失配系数,即

$$\gamma_2 = \frac{I_{S1} I_{S5}}{I_{S2} I_{S6}} \tag{9.69}$$

由图 9.29 可求出流控相乘核的差模输出电流

$$i_1 - i_2 = (i_{C3} + i_{C5}) - (i_{C4} + i_{C6}) = (i_{C3} - i_{C4}) + (i_{C5} - i_{C6}) =$$
$$(2y_1 - 1) - (2y_2 - 1)i_{Y_2} \tag{9.70}$$

将式(9.67)和式(9.68)代入式(9.70),得

$$i_1 - i_2 = \frac{(1 - \gamma_1) + (1 + \gamma_1)\dfrac{i_{X1} - i_{X2}}{I_A}}{(1 + \gamma_1) + (1 - \gamma_1)\dfrac{i_{X1} - i_{X2}}{I_A}} i_{Y1} -$$

$$\frac{(1 - \gamma_2) + (1 + \gamma_2)\dfrac{i_{X1} - i_{X2}}{I_A}}{(1 + \gamma_2) + (1 - \gamma_2)\dfrac{i_{X1} - i_{X2}}{I_A}} i_{Y2} \tag{9.71}$$

式(9.71)是在设 $T_1 \sim T_6$ 的 $\beta \gg 1, \alpha \approx 1$,忽略体电阻的情况下导出的,它是表征流控相乘核传输特性,分析流控相乘核的误差的重要理论公式。

若进一步假设 $T_1 \sim T_6$ 的发射区几何尺寸完全相同,掺杂浓度均匀且深度一致,$T_1 \sim T_6$ 彼此靠近,处在内部版图的等温度梯度线上,结温相同,则会有

$$\gamma_1 = 1, \quad \gamma_2 = 1 \tag{9.72}$$

于是将式(9.71)简化为

$$i_1 - i_2 = \frac{i_{X1} - i_{X2}}{I_A}(i_{Y1} - i_{Y2}) = \frac{i_X i_Y}{I_A} \tag{9.73}$$

式(9.73)表明,在理想情况下流控相乘核的差模输出电流 $(i_1 - i_2)$ 与 $T_1 \sim T_6$ 的差模控制电流 i_X 和 i_Y 之积成比例,比例系数即增益系数为 $\dfrac{1}{I_A}$;$i_1 - i_2$ 与 i_X 或 i_Y 可呈线性关系。流控相乘核单元电路是基于双极型晶体管的跨导线性原理,故称之为跨导线性电流模乘法器电路。

3. 差模电压 — 电流变换器原理及分析

差模电压 — 电流变换器电路如图 9.30 所示。当 $R_e = 0$ 时,设 T_9 和 T_{10} 的 $\alpha \approx 1$,$\beta \gg 1$,则

$$i_Y = i_{Y1} - i_{Y2} = I_{EE}\tanh\frac{u_Y}{2U_T} \tag{9.74}$$

与式(9.74)相对应的差模传输特性曲线如图 9.31 中的曲线 ① 所示,是双曲正切函数曲线,其中 $u_Y - i_Y$ 的线性范围大约为 $|u_Y| \ll 2U_T \approx 52 \text{ mV}(T_A = 25℃)$。

在 $R_e \neq 0$ 时,R_e 起电流负反馈作用,$i_Y - u_Y$ 的关系不能用式(9.74)表示,不再是双曲正切函数关系。

在假设 T_9 和 T_{10} 匹配时,由图 9.30 可得

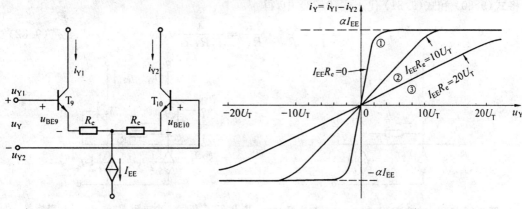

图 9.30　$u_Y - i_Y$ 变换器　　　　　　图 9.31　$u_Y - i_Y$ 变换器的差模传输特性

$$u_Y = (u_{BE9} + i_{Y1}R'_e) - (u_{BE10} + i_{Y2}R'_e) =$$
$$(u_{BE9} - u_{BE10}) + (i_{Y1} - i_{Y2})R'_e \tag{9.75}$$

式中，$R'_e = R_e + (r_e + r_{bb'}) / (1 + \beta)$ 为等效射极电阻，在实现 $u_Y - i_Y$ 线性变换时，R_e 选得足够大，故一般 $R_e \gg \dfrac{r_{be}}{1 + \beta}$，即 $R'_e \approx R_e$，以下各式用 R_e 代替 R'_e。

因　　　　　　　　$i_Y = i_{Y1} - i_{Y2}$，　$i_{Y1} + i_{Y2} = I_{EE}$ \tag{9.76}

故式(9.75)可写为　　　　　$u_Y = U_T \ln \dfrac{i_{Y1}}{i_{Y2}} + i_Y R_e$ \tag{9.77}

$$\frac{u_Y}{U_T} = \ln \frac{1 + \dfrac{i_Y}{I_{EE}}}{1 - \dfrac{i_Y}{I_{EE}}} + \frac{R_e I_{EE}}{U_T} \cdot \frac{i_Y}{I_{EE}} \tag{9.78}$$

式(9.77) 和式(9.78)的非线性函数 $i_Y = f(u_Y)$ 的曲线如图 9.31 所示。当选取 R_e 足够大时，例如 $I_{EE}R_e = 10U_T$ 时，$i_Y - u_Y$ 的线性范围如图 9.31 中曲线 ② 所示，接近 $10U_T$；若 $I_{EE}R_e = 200U_T$ 时，线性范围接近 $20U_T$。可见，当 R_e 足够大到使 $i_Y R_e \gg (U_{BE9} - U_{BE10}) = U_T \ln \dfrac{i_{Y1}}{i_{Y2}}$ 时，则可得

$$\frac{i_Y}{I_{EE}} \approx \frac{u_Y}{I_{EE}R_e} \tag{9.79}$$

在实际电路中，用一个电阻接差动对管的两射极间，以实现电流负反馈，如图 9.32 示。

对该电路用 $\dfrac{1}{2}R_Y$ 代替 R_e，代入式(9.79)中，得

$$\frac{i_Y}{I_{EE}} \approx \frac{2u_Y}{I_{EE}R_Y} \tag{9.80}$$

同理，分析图 9.33 所示的 $u_X - i_X$ 变换器，可得

$$\frac{i_X}{I_{EE}} \approx \frac{2u_X}{I_{EE}R_X} \tag{9.81}$$

将式(9.80)和式(9.81)代入式(9.73)中,得

$$i_1 - i_2 = \frac{1}{I_A} \cdot \frac{2u_X}{R_X} \cdot \frac{2u_Y}{R_Y} = \frac{4}{I_A R_X R_Y} u_X u_Y \tag{9.82}$$

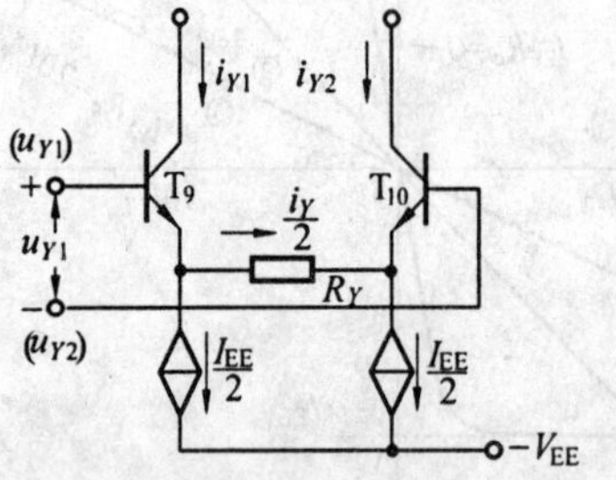

图 9.32 仅用一个电阻 R_Y 的 $u_Y - i_Y$ 变换器 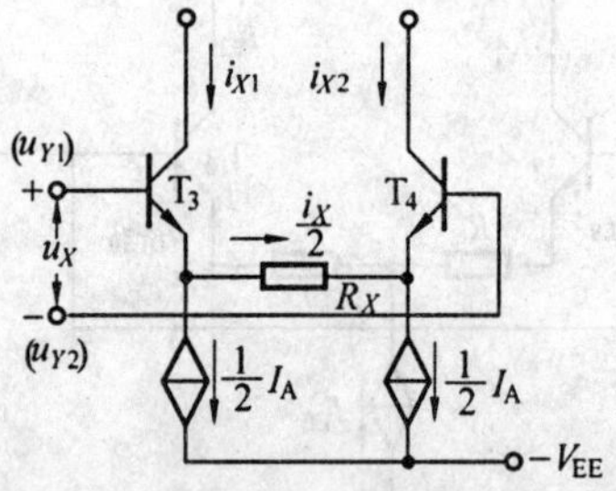　　图 9.33　仅用一个电阻 R_X 的 $u_X - i_X$ 变换器

由式(9.82)可见,流控相乘核的差模输出电流 $i_1 - i_2$ 与 u_X 和 u_Y 之积成比例,在相当大的动态范围内(如 $-10\text{ V} \sim +10\text{ V}$)呈线性关系;改变 I_A 可改变传输跨导,故称跨导线性乘法器。

4. 差模输出电流 — 单端输出电压变换器

在图 9.28 中,运放 A 的闭环电压增益为 A_{uf},R_C 为差模输出电流 $i_1 - i_2$ 的取样电阻,因而得差模输出电压为

$$u_{od} = -(i_1 - i_2)R_C = -\frac{4R_C}{I_A R_X R_Y} u_X u_Y \tag{9.83}$$

经单端化放大器放大($A_{uf} = -1$)后,得

$$u_{od} = -(i_1 - i_2)R_C A_{uf} = \frac{4R_C \mid A_{uf} \mid}{I_A R_X R_Y} u_X u_Y = K_M u_X u_Y \tag{9.84}$$

式中

$$K_M = \frac{4R_C \mid A_{uf} \mid}{I_A R_X R_Y} \tag{9.85}$$

9.5.2　典型通用跨导线性单片集成四象限乘法器电路

图 9.34 所示的电路是具有代表性的通用跨导线性式单片集成四象限乘法器实际电路之一。

该电路由 28 只晶体管,32 只电阻和一个电容(相位补偿)组成。其中 T_1、T_2、T_7、T_8、T_{14}、T_{15} 构成流控相乘核。差模输入电压 $u_X = u_{X1} - u_{X2}$,经 T_3、T_4、R_X 及 T_5、T_6、T_7、T_8 构成的线性变换器,变为差模电流 $i_X = i_{X1} - i_{X2}$,T_5 和 T_6 是 T_3、T_4 的偏置电流源 $\frac{I_A}{2}$。同理 T_9、T_{10}、R_Y 及 T_{11}、T_{12}、T_{15}、T_{16} 构成 $u_Y - i_Y$ 变换器,T_9 和 T_{10} 的静态电流各为 $\frac{1}{2} I_{EE}$,R_9 和 $T_{17}(R_9 = R_{17} = R_C)$ 对 $i_1 \sim i_2$ 取样,得 $u_{od} = -(i_1 - i_2)R_C$。由 $T_{16} \sim T_{27}$ 和 $T_{18} \sim T_{30}$ 构成单端化输出放大器:其中 $T_{16} \sim T_{20}$ 构成有源负载差动放大级,其电压增益在 60 dB 以上,并有电平移动和单端一双端输出转换功能,$T_{21} \sim T_{24}$ 构成有源负载(T_{24})射随级,在 T_{21} 射极路中的 T_{22} 和 T_{23} 为互补输出级 T_{25} 和 T_{27} 提供静态偏置,以消

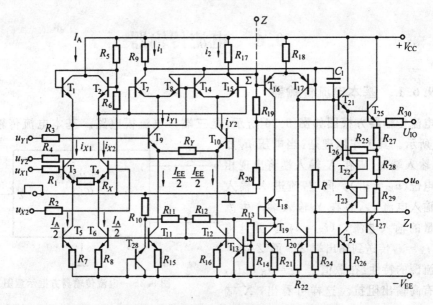

图 9.34　典型通用跨导线性四象限乘法器原理电路图

除交越失真。 R_{28} 和 T_{26}、R_{25} 是 T_{25} 的保护电
路。 $R_{10} \sim R_{14}$ 和 T_{28}、T_{13} 构成偏置电路,为 T_5、
T_6 和 T_{11}、T_{12} 提供基流。

产品 AD530、AD532、AD633、BB4203、
BB4205 等跨导线性四象限乘法器的原理电路就
是图 9.35 所示的电路。

在使用时,按图 9.36 连接,其中 20 kΩ 电阻
为调零电位器,并将 Z_1 接至输出端,电源端要加
滤波电容。

采用电流模技术和互补双极(CB)工艺研制
的乘法器还有高精度、高速超高精度、超宽频带
[DC ~ (0.5 ~ 1)GHz] 等单片集成四象限乘法
器,可供选用。

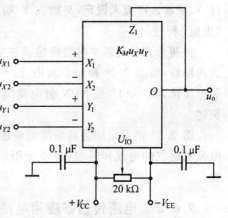

图 9.35　相乘连接图

综上所述,电流模乘法器在技术上具有先进性,优点很多,广泛应用于:模拟运算电
路,可实现乘、除、平方、平方根、平方差等运算。模拟信号产生电路,可组成正弦、余弦和
反正切函数发生器,低失真正弦波发生器,压控方波和三角波发生器,正交振荡器等电
路。变换电路,有坐标变换,精密整流,RMS-DC 变换等电路。处理电路,可构成压控放
大器、压控滤波器、精密推动增益控制放大器等电路。测量电路,测量时间常数、单相功
率、三相功率、功率因数等。频率变换电路,可实现调制、解调、混频和倍频等功能电路。
还有专门用于频率变换的乘法器,如 MC159L,AD630 等产品,可选用。

9.6　电流传输器

9.6.1　基本电流传输器

电流传输器方框图如图 9.36 所示,是三端口电流模电路。基本电流传输器如图
9.37 所示。其工作原理是:当电压 u_Y 加
在 Y 输入端时,则在 X 输入端将出现相
等的电位($u_X = u_Y$)。同理,流进 X 输入
端的输入电流 i_X,将在 Y 输入端产生流
进等量的输入电流 i_Y($i_X = i_Y$)。并且将
电流 $i_X = i_Y$ 传送到输出端 Z。而 Z 端具
有恒流源的特性:在数值上 $i_Z = i_X = i_Y$,
且具有高输出阻抗。这样可看出,X 端

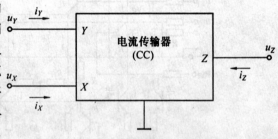

图 9.36　电流传输器方框示意图

的电位可通过 Y 端的电位来设定,与流进 X 端的电流无关。同样,流过 Y 端的电流可通
过 X 端输入电流来设定,与加在 Y 端的电压无关。故 X 端电位相对于 Y 端电位具有
"虚短"特性。

将两个互补的基本电流传输器连接起来,就构成了用于双极性输入信号的甲乙类电
流传输器,如图 9.38 所示。其中 $T_1 \sim T_4$ 可看为 TL(跨导线性) 回路,$T_5 \sim T_7$ 是 PNP
管电流镜,$T_8 \sim T_{10}$ 是 NPN 管电流镜。有关甲乙类互补电路的工作原理同前,这里不再
赘述。

图 9.39 所示电路为高精度宽频带电流传输器。其中 $T_1 \sim T_4$ 为 TL 回路和威尔逊
电流镜组成的电流传输器,有 6 个引出端,通过不同连接方式可实现各种不同的电路功
能。

9.6.2　电流传输器应用电路

1. 反相放大器

将图 9.39 用方框图表示,外接三个电阻,就构成高精度宽频带反相放大器。电路如
图 9.40 所示。当电阻 R_3 接在 1 和 2 端之间,3 和 4 连接并接地时,由传输器"虚短"特
性可知 1 端为虚地。图 9.39 中的静态电流 I_R 为

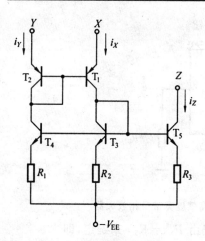

图 9.37　基本电流传输器

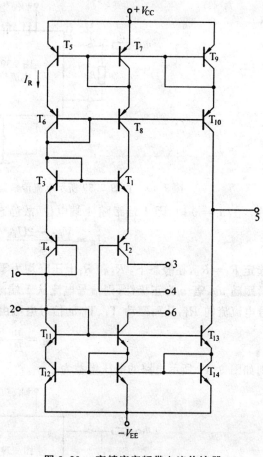

图 9.39　高精度宽频带电流传输器

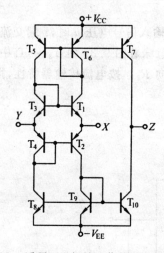

图 9.38　适用于双极性工作的电流传输器

$$I_R = \frac{0 - (-V_{EE} - 2U_{BE})}{R_3} = \frac{V_{EE} - 1.4}{R_3} \tag{9.86}$$

式中，$V_{EE} = 15$ V，$R_3 = 13.6$ kΩ，则 $I_R = 1$ mA。

当 u_i 为正极性信号时，信号电流为

$$i_i = \frac{u_i}{R_1} \qquad （虚地） \tag{9.87}$$

该电流流进 1 端，引起 T_{11} 和 T_{12} 电流（从静态）增加，T_{13}、T_{14} 电流也增加，信号电流流进 5 端，在 $R_2 = R_L$ 上产生负向信号电压为

$$u_o = -i_o R_L \tag{9.88}$$

由电流传输器特性可知，$i_o = i_i$，故如图 9.40 所示电路的电压增益 A_u 为

$$A_u = \frac{u_o}{u_i} = -\frac{R_2}{R_1} \tag{9.89}$$

2. 同相放大器

同相放大器电路如图 9.41 所示，外接 5 只精密电阻，就构成高精度宽频带同相放大器。

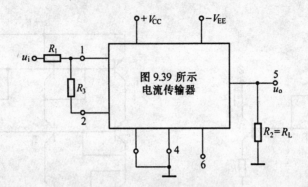

图 9.40　由图 9.39 所示电流传输器连成的高精度宽带反相放大器

在 $u_i = 0$ 时,因 1 端跟随 4 端电位,故静态电流仍由 $R_3(=R_5)$ 来确定,即

$$I_R = \frac{V_{EE} - 2U_{BE}}{R_3} = \frac{V_{EE} - 1.4}{R_5} \tag{9.90}$$

选定 $R_4 = R_1$,在静态下,R_4 和 R_1 上压降均为零。 当加输入信号电压 u_i 时,1 端交流电位紧跟随 u_i,若 u_i 为正极性,则信号电流从 1 端流进 R_1,意味着图 9.39 中 $T_3 \sim T_6$ 中的信号电流流向 R_1,从而驱动 T_9、T_{10} 的信号电流由 5 端流向 R_2。按电流传输器特性,得

$$i_{R1} = \frac{u_i}{R_1} = \frac{u_o}{R_2} \tag{9.91}$$

则如图 9.41 所示电路的电压增益为

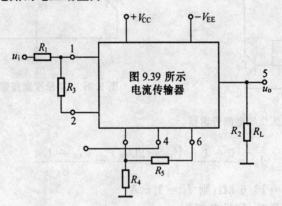

图 9.41　由图 9.39 所示电流传输器构成的高精度宽带同相放大器

$$A_u = \frac{u_o}{u_i} = \frac{R_2}{R_1} \tag{9.92}$$

当 $R_1 \sim R_5$ 采用高精度电阻,并使 $R_3 = R_5$,$R_1 = R_4$ 时,电流传输器采用高精度高速工艺,同相放大器的带宽可达到 1 GHz 以上。因同相放大器输入端为图 9.40 中 T_2 基极,故具有较高的输入阻抗。

3. 半波整流器

半波整流器电路如图 9.42 所示,外接 3 只精密电阻和 2 只肖特基二极管,就构成精密宽频带半波整流器。当 u_i 为正极性时,输出信号电流经 D_1 从 5 端流进电流传输器,D_2 截止,R_L 中的信号电流为零,$u_o = 0$。当 u_i 为负极性时,输出信号电流从 5 端流出,D_1 截

止，D_2 导通，经 D_2 流过负载 R_L，则

$$u_o = \frac{R_2}{R_1} \mid u_1 \mid \tag{9.93}$$

采用肖特基势垒二极管，正向压降小，仅 0.1 V，工作频率很高（结电容小），D_1 和 D_2 对输出电流仅起导向作用，对整流不产生误差，因此图 9.42 电路可对高达几百 MHz ～ 1 GHz 的交流信号进行精密整流。其精度和带宽在目前是由集成运放和普通二极管组成的整流电路所无可比拟的。

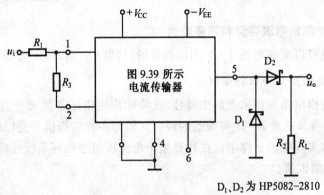

D_1、D_2 为 HP5082-2810

图 9.42　精密宽带半波整流器

9.7　电流模电路的特点

以上讨论的电流模电路与电压模电路比较，有以下特点。

1. 阻抗电平的区别

用电流模方法和电压模方法处理的电路实际区别仅表现在阻抗电平的高低上。理想的电压放大器应具有无穷大的输入阻抗和零输出阻抗，理想的电流放大器应具有零输入阻抗和无穷大输出阻抗。**电流模电路为电流放大器，输入阻抗低，输出阻抗高。**

2. 动态范围大

不论是电压还是电流，输入信号的最小值都将受到等效输入噪声电压、输入失调及温漂电压的限制。在电压电路中的最大输出电压最终受到电源电压的限制，特别是在模数混合超大规模集成电路系统中，为了降低功耗，电源电压必须相应降低到 3.3 V，在这种情况下，电压模电路输出动态范围受到的限制非常突出。而在电流模电路中，电源电压在 0.7 ～ 1.5 V 范围内均可正常工作，其输出动态范围可在 nA ～ mA 的数量级内变化，从而显示出电流输出的优越性。电流模电路最大输出电流最终受到管子的限制。

3. 速度快、频带宽

严格的电流模电路，无电压摆幅，仅有很大动态范围的电流摆幅。而电流增益可以高速改变，故其频带很宽。因为影响速度和带宽的晶体管结电容（C_π 和 C_μ）都处于低阻抗的结点上，由这些电容和低结点电阻所决定的极点频率都很高，几乎接近晶体管的特征频率 f_T。由于 C_π 和 C_μ 都处在低阻抗结点上，向电容充电的时间常数极小，因而转换速率

很高,电流增益 $A_{id}(s)$ 的极点频率很高,接近 f_T。与电压模电路相比,电流量变化引起 u_{BE} 变化很小,因此在电流模电路中达到平衡所需的建立时间也很小,从而提高了速度。

4. 传输特性非线性误差小,非线性失真小

在电流模电路中,传送的是电流,指数规律的伏安特性通常不影响电流传输的线性度。由电流镜、电流传输器等电路的传输特性一直保持线性,直到过载。另外电流模电路的传输特性对温度不敏感,所以非线性失真要比电压模电路小许多。从而提高了处理信号的精度。

5. 动态电流镜的电流存储和转移功能

动态电流镜可以实现电流 $1:1$ 的比例传输(拷贝)关系,故 i_o 可精确再现 i_i。

6. 电流模电路技术特长的限制

严格的电流模电路在技术上的优越性,在实际应用中还不能充分发挥出来。主要受前置 $U-I$ 变换器和后置 $I-U$ 变换器的限制。因为各种模拟信号是以电压量来标定的,所以电流模技术实现中的支撑电路往往是整个电流模信号处理系统性能(高速、宽带和高精度)的主要限制因素。

本章小结

本章主要讨论了电流模电路的基本概念,严格的电流模电路,电流模运放,电流模乘法器,电流传输器及电流模电路的特点等内容。

1. 本章要点

(1) 掌握跨导线性(TL)回路原理,应用 TL 回路原理分析复杂的电流模电路十分简便。

(2) 熟悉严格的电流模电路的工作原理,掌握吉尔伯特电流增益单元的特点。

(3) 熟悉电流模运放、乘法器、电流传输器的工作原理及特性,以便应用。

(4) 掌握电流模电路的特点,与电压模比较,突出电流模新技术的优点。

2. 本章主要概念和术语

电流模技术,电流模电路,跨导线性(TL),TL 回路原理,严格的电流模电路,吉尔伯特单元,电流放大器,电流模运放,电流模乘法器,流控相乘核,电流传输器。

习　题

9.1　解释如下术语的含义:

跨导线性(TL),跨导线性(TL) 回路原理,电流模电路,严格的电流模电路,吉尔伯特电流增益单元。

9.2　由吉尔伯特单元组成的两级电流放大器如图 9.43 所示。试写出该电路的电流放大倍数表达式。

9.3 电路如图 9.44 所示,图中环 1 为恒流源,$I_{C3}=I_{C2}$;e 表示发射区面积,利用 TL 回路原理分析 I_W 与 I_X 和 I_Y 的关系,写出表达式。

9.4 二极管桥式电路如图 9.45 所示,利用 TL 原理计算电流调制指数 x 为多少? 如果 $I_a=1$ mA, $I_b=2$ mA, $I_c=2$ mA,检验 CW 和 CCW 方向电流积是否相等?

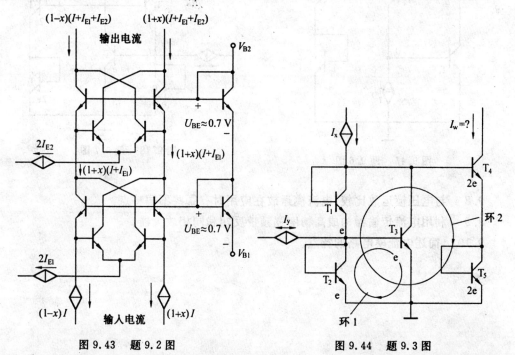

图 9.43 题 9.2 图 图 9.44 题 9.3 图

9.5 电路如图 9.46 所示,利用 TLP 分析 I_4 与 I_x 和 I_u 的关系,并说明该电路的功能。

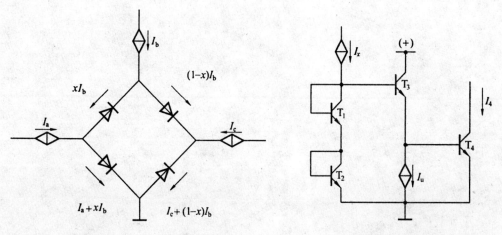

图 9.45 题 9.4 图 图 9.46 题 9.5 图

9.6 电路如图 9.47 所示,分析电路的功能,分析 I_W 与 I_x 和 I_y 的关系。

9.7 电路如图 9.48 所示,分析电路的功能,分析 I_W 与 I_x 和 I_y 的关系,阐述电路的功能。

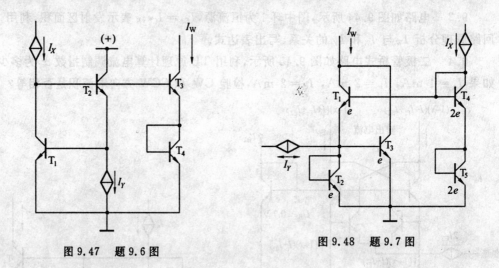

图 9.47　题 9.6 图　　　　　　　　图 9.48　题 9.7 图

9.8　与电压模运放比较,电流模运放在应用时有哪些不同特点?

9.9　利用电流传输器构成高精度宽频带反相和同相放大器。

9.10　简述电流模电路的特点。

第 10 章　电子电路绘图及印刷电路板设计

学完模拟、数字电子技术课之后,要进行课程设计,毕业时要进行毕业论文系统设计。采用 EDA 技术软件进行电子电路设计、仿真、编程、绘图和 PCB 设计是非常先进的。在设计过程中,可以进行仿真、修改电路结构、调整电路参数、更换选择电子元器件、绘制电气原理图、生成材料表、画出印刷电路板图,是设计电子产品最佳的工具,要求与电子有关专业学生必须掌握此项技能。

仿真软件、编程软件有多种资料介绍,本章由于篇幅所限,重点介绍电子电路绘图及印刷电路板设计。

10.1　Altium Designer 软件介绍

Altium Designer 是 Altium 公司(澳大利亚)继 Protel 系列产品(Tango(1988)、Protel for DOS、Protel forWindows 、Protel 98、Protel 99、Protel 99 SE、Protel DXP、Protel DXP 2004)之后推出的高端设计软件。Altium Designer Winter 09 提供了电子产品一体化开发所需的技术和功能。Altium Designer Winter 09 在单一设计环境中集成板级和 FPGA 系统设计、基于 FPGA 和分立处理器的嵌入式软件开发以及 PCB 版图设计、编辑和制造。并集成了现代设计数据管理功能,使得 Altium Designer Winter 09 成为电子产品开发完整解决方案的后起之秀。

Altium Designer 09 的主要特点:

(1) 通过设计档包的方式,将原理图编辑、电路仿真、PCB 设计、FPGA 设计及打印等功能有机地结合在一起,提供了一个集成开发环境。

(2) 提供了混合电路仿真功能,为设计实验原理图电路中某些功能模块布线前后信号传输的正确与否提供分析判断功能。

(3) 提供了丰富的原理图元器件库和 PCB 封装库,并且为设计新的器件提供了封装向导程序,能够简化封装设计过程。

(4) 提供了多层次原理图设计方法,支持"自上向下"的设计思想,使大型电路设计、开发成为可能。

(5) 提供了强大的查错功能。原理图中的 ERC(电气规则检查)工具和 PCB 的 DRC(设计规则检查)工具能帮助设计者更快地查出错误及改正。

(6) 完全兼容 Protel 98、Protel 99、Protel 99 se、Protel DXP,并提供对 Protel 99 se 下创建的 DDB 文件导入功能及 OrCAD 格式文件的转换功能。

(7) 提供了全新的 FPGA 设计的功能,这是以前的版本所没有提供的功能。

(8) 完整的板级系统设计平台。Altium Designer 是业界第一款先进完整的板级设计解决方案。

（9）提供了对高密度封装（如 BGA）的交互布线功能。

（10）允许用户交互式地执行并调试验证基于逻辑可编程芯片的系统设计。

10.2　绘制和编辑电路原理图

10.2.1　创建一个新的电气原理图

通过下面的步骤来新建电路原理图。

（1）选择 File→New→Schematic，或者在 Files 面板里的 New 选项中单击 Schematic Sheet。在设计窗口中将出现了一个命名为 Sheet1. SchDoc 的空白电路原理图并且该电路原理图将自动被添加到工程当中。该电路原理图会在工程的 Source Documents 目录下。

（2）通过文件 File→Save As 可以对新建的电路原理图进行重命名，可以通过文件保存导航保存到用户所需要的硬盘位置，如输入文件名字 Multivibrator. SchDoc 并且点击保存，如图 10.1 所示。

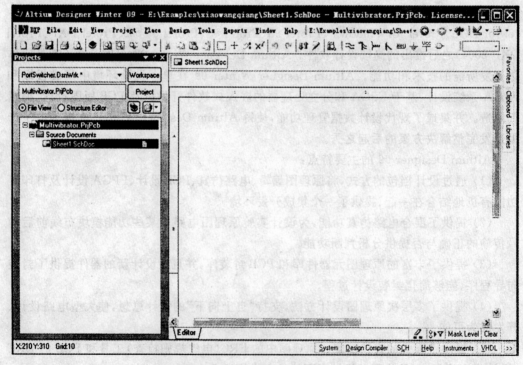

图 10.1　新建电路原理图

10.2.2　设置原理图选项

在绘制电路原理图之前要设置合适的文档选项。完成下面步骤：

从 menus 菜单中选择 Design→Document Options，文档选项设置对话框就会出现。通过向导设置，可以进行原理图图纸的属性设置，下面将介绍电路原理图的总体设置。

(1)选择 Tools→Schematic Preferences，打开电路原理图优先设置对话框，这个对话框允许用户设置适用于所有原理图设定的全局配置参数的优先设置，适用于全部原理图。

(2)在对话框左边的树形选项中单击 Schematic－Default Primitives，激活并使能 Permanent 选项。单击 OK 以关闭该对话框。

(3)在开始设计原理图前，保存此原理图，选择 File→Save〔快捷键：F，S〕。

10.2.3　画电路原理图

接下来可以开始画电路原理图。本节将使用如图 10.2 所示的电路图为例进行讲解。这个电路是由多个电阻和运放组成的带电桥的精密测量放大器。

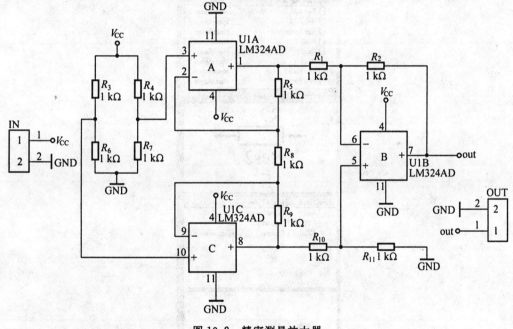

图 10.2　精密测量放大器

10.2.4　加载元件和库

为了管理数量巨大的电路标识，Altium Designer 电路原理图编辑器提供了强大的库搜索功能。虽然元件都在默认的安装库中，但是还应知道如何在库中搜索元件。按照下面的步骤来加载和添加图 10.2 电路所需的库。

首先查找一个 1 kΩ 的电阻。

(1)点击 Libraries 标签显示 Library 面板，如图 10.3 所示。

(2)在 Library 面板中点击 Search in 按钮，或者通过选择 Tools→Find Component，打开 Libraries Search 对话框，如图 10.4 所示。

(3)对于这个例子必须确定在 Options 设置中，Search in 设置为 Components。对于库搜索存在不同的情况,使用不同的选项。

(4)必须确保 Scope 设置为 Libraries on Path,并且 Path 包含了正确的连接到库的路径。如果在安装软件的时候使用了默认的路径,路径将会是 Library。可以通过点击文件浏览按钮来改变库文件夹的路径。对于这个例子还需确保 Include Subdirectories 复选项框已经勾选。

(5)为了搜索所有电阻的所有索引,在库搜索对话框的搜索栏输入 * Res *。使用 * 标记来代替不同的生产商所使用的不同前缀和后缀。

(6)点击 Search 按钮开始搜索。搜索启动后,搜索结果将在库面板中显示。

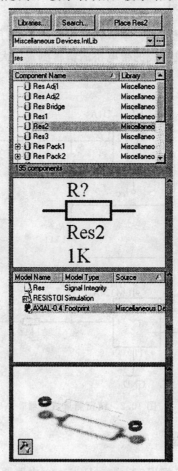

图 10.3　库面板

(7)点击 Miscellaneous Devices. IntLib 库中的名为 Res2 的元件并添加它。

(8)如果选择了一个没有在库里安装的元件,在使用该元件绘制电路图前,会出现安装库的提示。由于 Miscellaneous Devices 已经默认安装了,所以该元件可以使用。在库面板的最上面的下拉列表中有添加库这个选项。当点击在列表中一个库的名字时,在库里的所有元件将在下面显示。可以通过元器件过滤器快速加载元件。

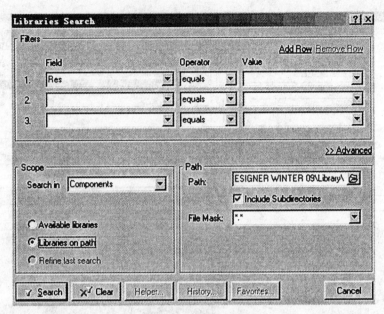

图 10.4　库搜索对话框

10.2.5　在电路原理图中放置元件

(1)选择 View→Fit Document 让原理图表层全屏显示。

(2)通过 Libraries 快捷键显示库面板。

(3)从 Libraries 面板顶部的库下拉列表中选择 Miscellaneous Devices. IntLib 库激活当前库。

(4)使用 filter 快速加载所需要的元件。默认的星号 * 可以列出所有能在库里找到的元件。设置 filter 为 * Res2 * ,将会列出所有包含文本 Res2 的元件。

(5)Res2 将选择该元件 Res2,然后点击 Place 按钮。或者,直接双击该元件的文件名。光标会变成十字准线叉丝状态并且一个三极管紧贴着光标。现在正处于放置状态,如果移动光标,电阻将跟着移动。

(6)在原理图上放置器件之前,应该先设置其属性。当电阻贴着光标,点击 TAB 键,将打开 Component Properties 属性框。该属性对话框设置如图 10.5 所示。

(7)在 Properties 对话框中,在 Designator 栏输入 R_1。

(8)接下来,必须检查元件封装是否符合 PCB 的要求。在这里,使用的集成库中已经包含了封装的模型和仿真模型电路。确认调用了封装 AXIAL－0.4 封装模型包含在模块中。保持其他选项为默认设置,并点击 OK 按钮关闭对话框。

现在已经放置完所有的元件。元件的摆放如图 10.6 所示。

如果想移动元件,点击该元件,并保持,拖动元件到想要的位置。

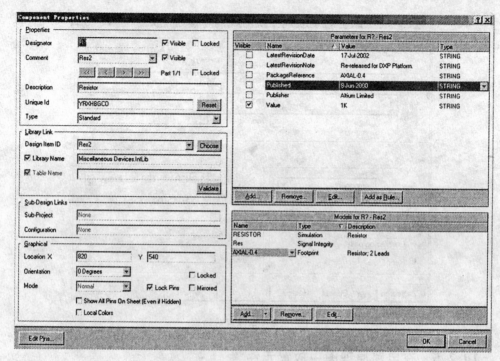

图 10.5　Component Properties 属性框

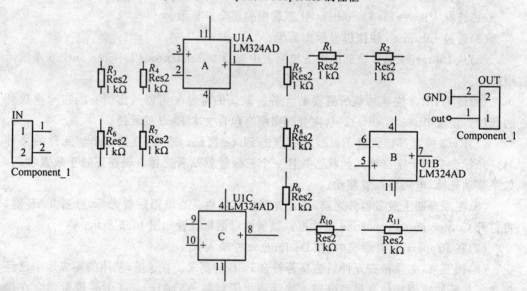

图 10.6　所有元器件放置完成的原理图

10.2.6　电路连线

连线是处理电路中不同元件的连接。按照图 10.2 连接电路原理图,完成下面的步骤。

(1)为了使电路图层美观,可以使用 PAGE UP 来放大,或 PAGE DOWN 来缩小。

保持 CTRL 按下,使用鼠标的滑轮可以放大或缩小图层。

(2)首先连接电阻 R_3 的连线。在菜单中选择 Place→Wire 或者在连线工具条中点击 Wire 进入绘线模式。光标会变成十字准线模式。

(3)把光标移动到 R_3 的最上端,当位置正确时,一个红色的连接标记会出现在光标的位置。这说明光标正处于元件电气连接点的位置。

(4)单击或者按下 ENTER 键确定第一个连线点。移动光标,会出现一个从连接点到光标位置,随着光标延伸的线。

(5)在 R_3 的上方与 R_4 的电气连接点的位置放置第二个连接点,这样第一根连线就快画好了。

(6)把光标移动到 R_4 的最上面,当位置正确时,一个红色的连接标记会出现在光标的位置。单击或者按下 ENTER 键来连接 R_4 的上端点。

(7)光标又重新回到了十字准线状态,这说明可以继续画第二根线了。可以通过点击右键或者按下 ESC 来完全退出绘线状态,现在还不要退出。

(8)再连接 R_3、R_4、R_6、R_7。把光标放在 U1A 左边的 3 号连接点上,单击或者按下 ENTER,开始绘制一个新的连线。水平移动光标到 R_4 与 R_7 所处直线的位置,电气连接点将会出现,单击或按下 ENTER 连接该点。这样两点便直接自动连接在一起了。

(9)按照图 10.2 绘制电路剩下的部分,如图 10.7 所示。

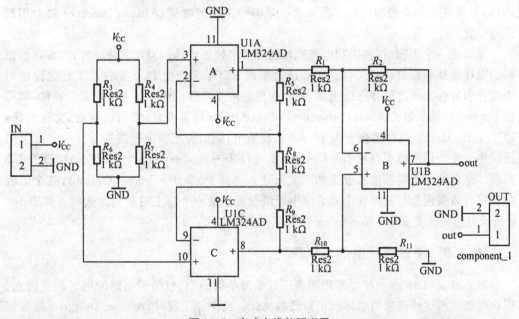

图 10.7 完成布线的原理图

每个元件的管脚连接的点都形成一个网络。例如一个网络包括了 U1A 的 3 脚,R_4 的一个脚和 R_7 的一个脚。

接下来放置网络标号:

(1)选择 Place→Net Label。一个带点的框将贴着光标。

(2)在放置前,通过 TAB 键打开 Net Label dialog。

（3）在 Net 栏输入 OUT，点击 OK 关闭。

（4）在电路图中，在电源 OUT 插座的 1 脚引出一段导线把网络标记放置在引出的导线上，当网络标记跟连线接触时，光标会变成红色十字准线。如果是一个灰白十字准线，则说明放置的是管脚。

（5）当完成第一个网络标记的绘制时，仍处于网络标记模式，在放置第二个网络标记前，可以按下 TAB 键，编辑第二个网络。

（6）在 U1B 的 7 脚上引出一段导线，在 Net 栏输入 OUT，点击 OK 关闭。然后放置标记。

（7）在电路图中，把网络标记放置在连线的上面，当网络标记跟连线接触时，光标会变成红色十字准线。单击右键或按下 ESC 退出绘制网络标记模式。

（8）选择 File→Save，保存电路图同时保存项目。在把原理图变成电路板之前，必须设置项目的选项。

10.2.7　设置工程选项

工程选项包括：error checking parameters，Error Reporting，a Connectivity Matrix，Class Generator，the Comparator setup，ECO Generation，output paths and netlist Options（输出路径和网表），Multi-Channel naming formats，Default Print setups，Search Paths 以及任何用户想制定的工程元素。当编译工程的时候，Altium Designer 将会用到这些设置。

当编译一个工程时，将用到电气完整性规则来校正设计。当没有错误时，重编译的原理图设计将被装载进目标文件。例如通过生成 ECOs 来产生 PCB 文件。工程允许比对源文件和目标文件之间存在的差异，并同步更新两个文件。所有与工程相关的操作，都可在 Project 对话框的 Options（Project→Project Options）里设置，如错误检查，文件对比，ECO generation。具体请参看图 10.8。工程输出，例如装配输出和报告可以在 File 菜单选项中设置。用户也可以在 Job Options 文件（File→New→Output Job File）中设置 Job 选项。更多关于工程输出的设置如下文所述。选择 Project→Project Options，某个工程的选项对话框便会打开在这个对话框中可以设置任意一个与工程相关的选项。如图 10.8 所示为怎样改变 Error Reporting 中各项的报告方式。

10.2.8　检查原理图的电气属性

在 Altium Designer 中原理图图表不仅是简单的图，它包括了电路的电气连接信息。用户可以运用这些连接信息来校正自己的设计。当编译工程时，Altium Designer 将根据所有对话框中用户所设置的规则来检查错误。

10.2.9　设置 Error Reporting

Error Reporting 用于设置设计原理图检查。Report Mode 设置当前选项提示的错误级别。级别分为 No Report，Warning，Error，Fatal Error，点击下拉框选择即可，如图 10.8 所示。

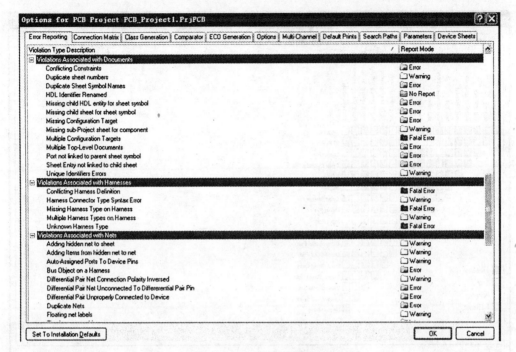

图 10.8　工程选项的设置

10.2.10　设置 Connection Matrix

Connection Matrix 界面显示了运行错误报告时需要设置的电气连接,如各个引脚之间的连接,可以设置为四种允许类型。如图 10.9 所示的矩阵给出了一个原理图中不同类型连接点的图形的描绘,并显示了它们之间的连接是否设置为允许。

如图 10.9 所示的矩阵图表,先找出 Output Pin,在 Output Pin 那行找到 Open Collector Pin 列,行列相交的小方块呈橘黄色,这说明在编译工程时,Output Pin 与 Open Collector Pin 相连接会是产生错误的条件。

可以根据自己的要求设置任意一个类型的错误等级,从 no report 到 fatal error 均可。右键可以通过菜单选项控制整个矩阵。改变 Connection Matrix 的设置、点击 Connection Matrix 界面、点击两种连接类型的交点位置,例如 Output Sheet Entry 和 Open Collector Pin 的交点位置。点击直到改变错误等级。

10.2.11　设置 Comparator

Comparator 界面用于设置工程编译时,文件之间的差异是被报告还是被忽略。选择的时候请注意不要选择了临近的选项,例如不要将 Extra Component Classes 选择成了 Extra Component。

点击 comparator 界面,在 Asscoiated with Component 部分找到 Changed Room Definitions,Extra Room Definitions 和 Extra Component Classes 选项。

将上述选项的方式通过下拉菜单设置为 Ignore Differences,如图 10.10 所示。

现在便可以开始编译工程并检查所有错误了。

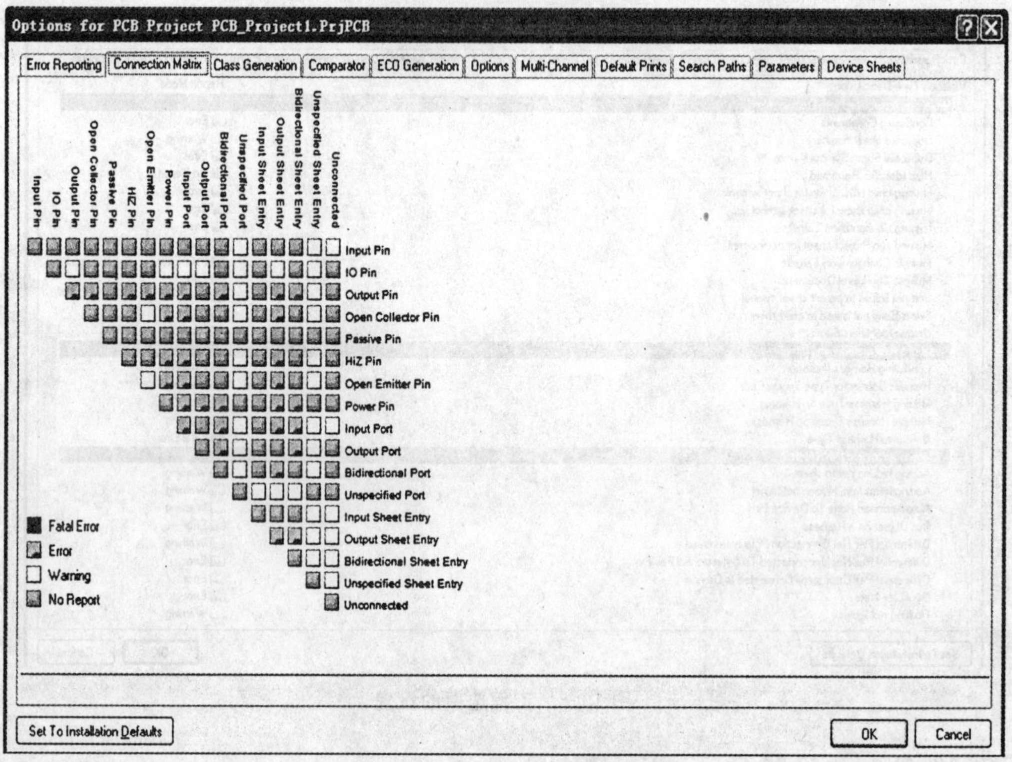

图 10.9　设置 Connection Matrix

10.2.12　编译工程

　　编译工程可以检查设计文件中的设计草图和电气规则的错误,并提供给用户一个排除错误的环境。我们已经在 Project 对话框中设置了 Error Checking 和 Connection Matrix 选项,要编译多频振荡器工程,只需选择 Project→Compile PCB Project。

　　当工程被编译后,任何错误都将显示在 Messages 上,点击 Messages 查看错误(View→Workspace Panels→System→Messages)。工程已经编译完后的文件,在 Navigator 面板中将和可浏览的平衡层次(flattened hierarchy)、元器件、网络表和连接模型一起,在 Navigator 中被列出所有对象的连接关系。如果电路设计得完全正确,Messages 中不会显示任何错误。如果报告中显示有错误,则需要检查电路并纠正,确保所有的连线都正确。现在故意在电路中引入一个错误,再编译一次工程。在设计窗口的顶部点击激活 Multivibrator. SchDoc。选中 R_3 与 R_4 之间的连线,点击 DELETE 键删除此线。再一次编译工程(Project→Compile PCB Project)来检查错误。Messages 中显示警告信息,提示用户电路中存在未连接的引脚。如果 Messages 窗口没有弹出,选择 View→Workspace-Panels→System→Messages。双击 Messages 中的错误或者警告,编译错误窗口会显示错误的详细信息。从这个窗口,用户可以点击错误直接跳转到原理图相应的位置去检查或者改正错误。下面将修正上文所述的原理图中的错误。点击激活 Multivibrator. SchDoc,在菜单中选择 Edit→Undo,或者使用快捷键 Ctrl+Z,原先被删除的线将恢复原

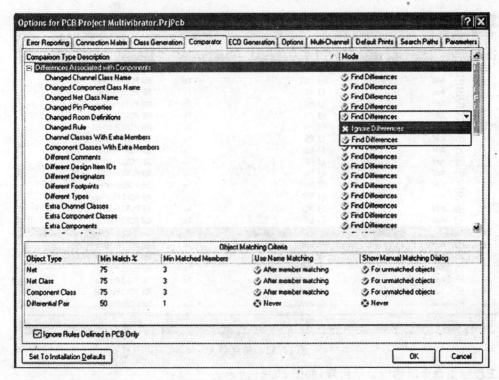

图 10.10　设置 Comparator

状。检查 Undo 操作是否成功,重新编译工程(Project→Compile PCB Project)来检查错误。这时 Messages 中便会显示没有错误。在菜单中选择 View→Fit All Objects,或者使用快捷键 V,F,来恢复原理图预览并保存没有错误的原理图。

保存工程文件。现在已经完成了设计并且检查过了原理图,可以开始创建 PCB 了。

10.3　印刷电路板设计

10.3.1　创建一个新的 PCB 文件

在工程中添加一个新的 PCB。导入设计,在将原理图的信息导入到新的 PCB 之前,应确保所有与原理图和 PCB 相关的库是可用的。因为只有默认安装的集成库被用到,所以封装已经被包括在内。如果工程已经编译并且原理图没有任何错误,则可以使用 Update PCB 命令来产生 ECOs(Engineering Change Orders 工程变更命令),它将把原理图的信息导入到目标 PCB 文件。

10.3.2　更新 PCB

将原理图的信息转移到目标 PCB 文件:

(1) 打开原理图文件,multivibrator. schdoc。

(2) 选择 Design→Update PCB Document(multivibrator. pcbdoc)。该工程被编译并

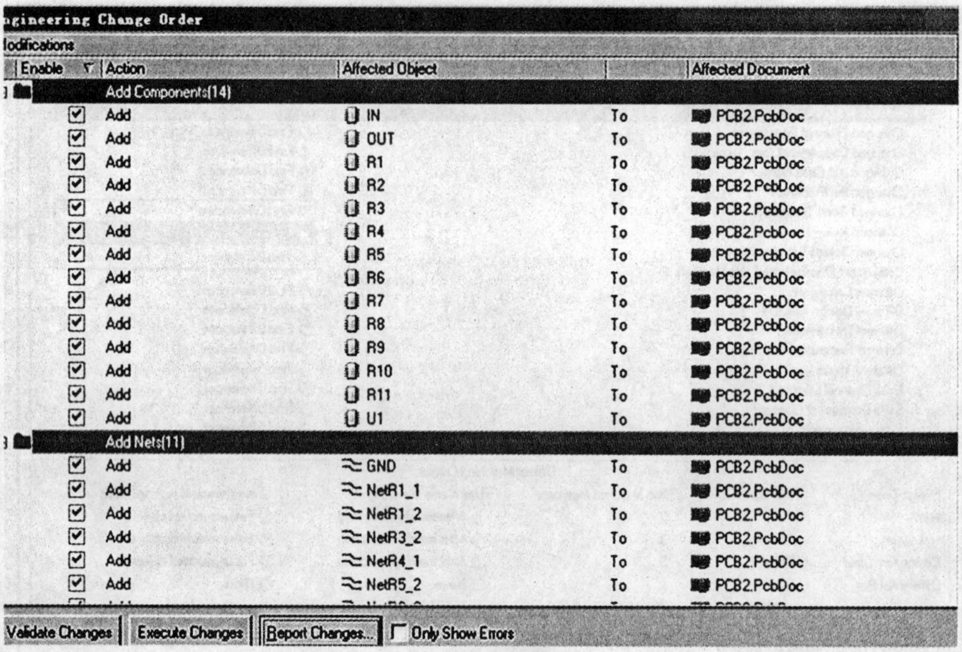

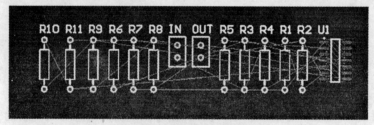

图 10.11　信息导入

且工程变更命令对话框显示出来,如图 10.11 所示。

（3）点击 Validate Changes。如果所有的更改被验证,状态列表（Status list）中将会出现绿色标记。如果更改未进行验证,则关闭对话框,并检查 Messages 框更正所有错误。

（4）点击 Execute Changes,将更改发送给 PCB。完成后,Done 那一列将被标记。

（5）单击 Close,目标 PCB 文件打开,并且已经放置好元器件,结果如图 10.12 所示。如果用户无法看到自己电路上的元器件,可使用快捷键 V,D(View→Document)。

图 10.12　元器件封装放置完成

10.3.3　在 PCB 上摆放元器件

现在开始摆放元器件到正确的地方。

（1）按下快捷键 V,D(View)放置元器件。

（2）摆放排针 R_3,将光标移到 connector 的轮廓的中间,点击并按住鼠标左键。光标将变更为一个十字交叉瞄准线并跳转到附件的参考点。同时继续按住鼠标按钮,移动鼠标拖动的元器件。

（3）向着板的左手边放置封装(确保整个元器件保持在板的边界内),如图 10.13 所示。

　　(4) 当确定了元器件的位置后,释放鼠标按键让它落进当前区域。注意元器件的飞线随着元件被拖动的情况。

　　(5) 以图 10.13 为范例,重新摆放其余元器件。当用户拖动元器件的时候可用空格键进行必要的旋转(每次向逆时针方向转 90°)。不要忘记,当用户在摆放每个元器件的时候要重新优化飞线。

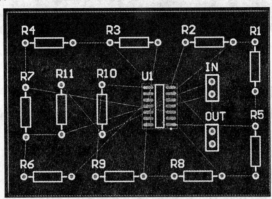

图 10.13　元器件放置在板上

10.3.4　手动布线

　　布线是在板上通过走线和过孔以连接组件的过程。Altium Designer 通过提供先进的交互式式布线工具以及 Situs 拓扑自动布线器来简化这项工作,只需轻触一个按钮就能对整个板或其中的部分进行最优化走线。而自动布线提供了一种简单而有力的布线方式。如果需要精确地控制排布的线,或者想享受一下手动布线的乐趣可以手动为部分或整个板子布线。在本节将手动对单面板进行布线,将所有线都放在板的底部。交互式布线工具可以以一个更直观的方式,提供最大限度的布线效率和灵活性,包括放置导线时的光标导航、接点的单击走线、推挤或绕开障碍、自动跟踪已存在连接等,这些操作都是基于可用的设计规则进行的。现在在"ratsnest"连接线的引导下在板子底层放置导线。在PCB 上的线是由一系列的直线段组成的。每次改变方向即是一条新线段的开始。此外,默认情况下,Altium Designer 会限制走线为纵向、横向或 45°的方向,让设计更专业。这种限制可以进行设定,以满足用户的需要,本章将使用默认值。

　　(1) 用快捷键 L 显示 View Configurations 对话框,其中可以使能及显示 Bottom Layer。在 Signal Layers 区域中选择在 Bottom Layer 旁边的 Show 选项。单击 OK,底层标签将显示在设计窗口的底部。

　　(2) 在菜单中选择 Place→Interactive Routing [快捷键:P,T]或者点击 Interactive Routing 按键。光标将变为十字准线,显示用户是在线放置模式中。

　　(3) 将光标定位在排针 R_4 较低的焊盘。点击或按下 ENTER,以确定线的第一点起点。将游标移向电阻 R_3 左边的焊盘。注意线段是如何跟随光标路径在检查模式中显示的(图 10.14)。检查的模式表明它们还没被放置。如果用户沿光标路径拉回,未连接线

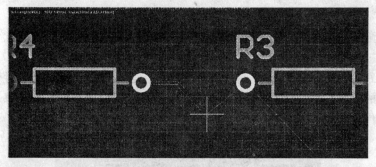

图 10.14　手动布线检查文档工作区底部的层标签

路也会随之缩回。

（4）未被放置的线用虚线表示，被放置的线用实线表示。

（5）保存设计[快捷键：F，S 或者 Ctrl ＋ S]。

10.3.5　自动布线

完成以下步骤，用户会发现使用 Altium Designer 软件很方便。

（1）首先，选择取消布线，Tools→Un−Route→All，[快捷键：U，A]。

（2）选择 Auto Route→All。Situs Routing Strategies 对话框弹出。按一下 Route All。Messages 显示自动布线的过程。Situs autorouter 提供的结果可以与一名经验丰富的设计师相比，如图 10.15 所示，因为它直接在 PCB 的编辑窗口下布线，而不用考虑输入和输出布线文件。

（3）选择 File→Save [快捷键：F，S]来储存用户设计的板。

注：线的放置由 autorouter 通过两种颜色来呈现：红色表明该线在顶端的信号层；蓝色表明该线在底部的信号层。要用于自动布线的层在 PCB Board Wizard 中的 Routing Layers 设计规则中指定。此外，注意电源线和地线要设置得宽一些。

如果设计中的布线与图 10.15 所示的不完全一样，也是正确的，因为元器件摆放位置不完全相同，布线也会不完全相同。

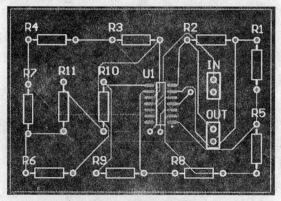

图 10.15　自动布线

因为最初在 PCB Board Wizard 中确定的板是双面印刷电路板，用户可以使用顶层和底层进行手工布线。为此,从菜单中选择 Tools→Un－Route→All[快捷键:U,A]来取消布线。和以前一样开始布线,在放置线的时候使用 ∗ 键来切换层。Altium Designer 软件在切换层的时候会自动插入必要的过孔。

　　注:由自动布线器完成的布线将显示两种颜色:红色表示顶部信号层布线;蓝色表示底层信号层布线。可用于自动布线的信号层定义符合 PCB Board Wizard 中的布线层设计规则约束。还要注意两个电源网络布线更宽的间隔符合两种线宽规则约束。

10.3.6　检验 PCB 板设计

　　Altium Designer 提供了一个规则驱动设计环境,在这里能够设计 PCB,并且允许定义很多类型的设计规则来保证 PCB 设计的完整性。典型地,在设计过程开始时建立设计规则,再在设计过程结束后用这些规则来校验修正设计标准。在较早的教程指南中,检查了布线设计的规则和增添了一个新的宽度约束规则。还应注意,已经有一些由 PCB Board EizardWizard 创建的规则。为了核实已经布好的电路板遵守设计规则,下面执行设计规则检查(DRC):

　　(1) 选择 Design→Board Layers & Colors(快捷键:L),保证在 System Colors 部分中的 DRC Error Markers 选项中的 Show 按钮已经使能(打钩),以保证显示 DRC 错误标记。

　　(2) 选择 Tools － Design Rule Check(快捷键:T,D),保证在 Design Rule Checker 对话框的实时和批处理设计规则检测都被配置好。在其中一个类上单击,比如:Electrical,可以看到属于那个种类的所有规则。

　　(3) 保持所有选项为默认值,点击 Run Design Rule Check 按钮,DRC 就开始运行,报告文件 Multivibrator. DRC 就打开了。错误结果也会显示在信息面板。点击进入 PCB 文件,将会看到该晶体管的焊盘是以绿色突出显示的,显示违反设计规则。

　　(4) 在信息面板中的错误报告清单列出发生在 PCB 设计的任何违反规则情况。注意有四种列出在清除约束规则中的违反规则。细节表明,晶体管 R_3 和 R_4 违反 13mil 的最小安全距离规则。

10.4　模拟电子实训

　　下面通过灯控开关电路重点介绍电路原理图及 PCB 设计的基本过程。

　　灯控开关电路如图 10.16 所示。

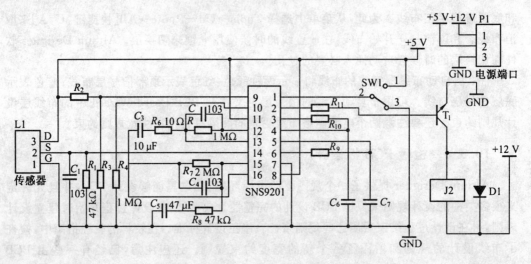

图 10.16　灯控开关电路

10.4.1　绘制原理图

1. 创建项目

(1)启动 Altium Designer 系统。

(2)执行菜单命令 File→New→PCB Project,弹出项目面板。

(3)执行菜单命令 File→Save Project,在弹出的保存文件的对话框中输入文件名。

2. 创建原理图文件

(1)执行菜单命令 File→New→Schematic,在项目中创建一个新原理图文件,如图 10.17 所示。

(2)执行菜单命令 File→Save,在弹出的保存文件对话框中输入文件名,对原理图文件进行命名。

3. 放置元件

(1)打开库文件面板(Libraries)

①选择 Tools-Design Rule Check(快捷键:T,D)。保证在 Design Rule Checker 对话框的实时和批处理设计规则检测都被配置好。在其中一个类上单击,比如 Electrical,可以看到属于那个种类的所有规则。

②保持所有选项为默认值,点击 Run Design Rule Check 按钮。DRC 就开始运行,报告文件 Multivibrator. DRC 就打开了。错误结果也会显示在信息面板。点击进入 PCB 文件,将会看到该晶体管的焊盘是以绿色突出显示的,显示违反设计规则。

图 10.17　创建原理图

③通过在信息面板中看错误报告清单,它列出发生在 PCB 设计的任何违反规则情况。注意有四种列出在清除约束规则中的违反规则。细节表明,晶体管 V_3 和 V_4 违反 13mil 的最小安全距离规则。

在面板中选择 Miscellaneous Devices. Intlib 库,将其设置为当前元件库。

(2)放置元件

从相应的库中取出全部元件放置在原理图工作区内,如图 10.18 所示。

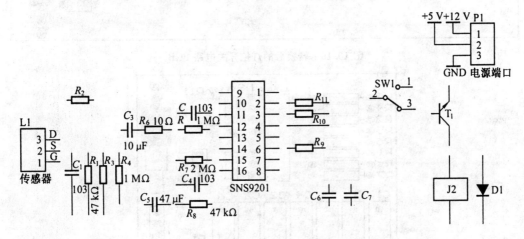

图 10.18　灯控开关电路元件

4. 放置导线

元件在工作区摆放好以后,下一步进行连线。放置导线的步骤如下:

(1)执行菜单命令 Place→Wire 或单击布线工具栏的按钮。

(2)光标“ * ”字形符号,表示导线的端点移动到元件的引脚端(电气点)时,光标中心的“×”号变为红色,表示与元件引脚的电气点可以正确连接。

(3)单击,导线的起点就与元件的引脚连接在一起。

绘制好的原理图如图 10.16 所示。

10.4.2　设计印制电路板

(1)原理图设计完成后,点击 Design 菜单下的 Update PCB Document 灯控开关电路. PcbDoc 转换到 PCB 文件。转换后的灯控开关电路 PCB 如图 10.19 所示。

(2)布局

元件的布局有自动布局和手工布局两种方式,根据设计需要可以选择自动布局,也可以选择手工布局,本设计采用手工布局,调整后的布局图如图 10.20 所示。

(3)布线

布线方法有自动布线和手工布线两种,通常情况下,采用自动布线手工调整。本例采用手工布线,布线效果如图 10.21 所示。

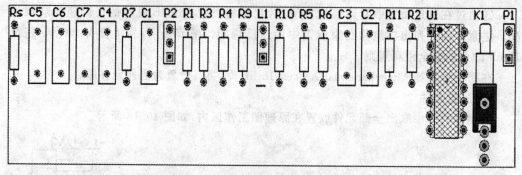

图 10.19　转换后的灯控开关电路 PCB

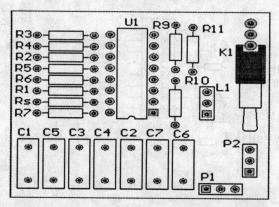

图 10.20　调整后的布局图

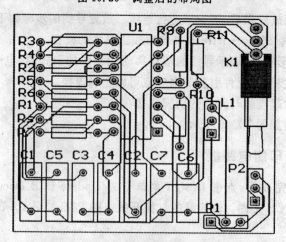

图 10.21　布线效果

布线以后 PCB 设计完成。

10.5　数字电子实训

　　下面通过单片机显示系统重点讲解电路原理图及 PCB 设计的基本过程。单片机显示系统原理图如图 10.22 所示,原理图及 PCB 具体步骤与 10.4 节灯控开关电路一致。

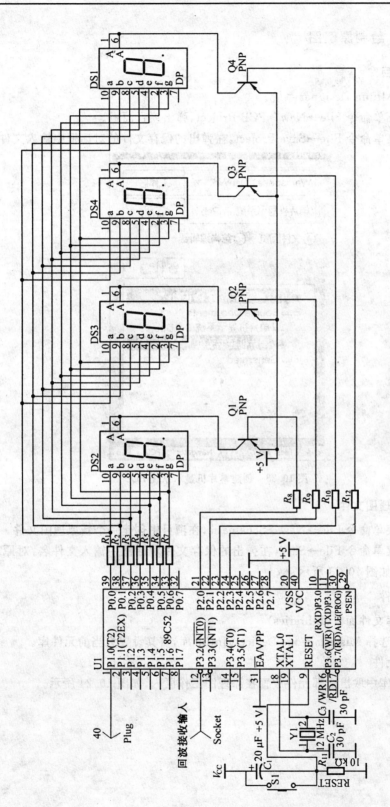

图 10.22 单片机显示系统原理图

10.5.1　绘制原理图

1. 创建项目

(1)启动 Altium Designer 系统。

(2)执行菜单命令 File→New→PCB Project，弹出项目面板。

(3)执行菜单命令 File→Save Project，在弹出的保存文件的对话框中输入文件名。

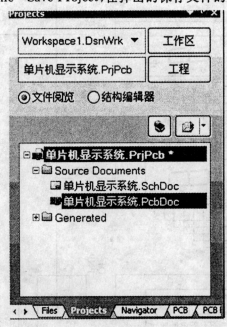

图 10.23　创建单片机显示系统 PCB

2. 创建原理图文件

(1)执行菜单命令 File→New→Schematic，在项目中创建一个新原理图文件。

(2)执行菜单命令 File→Save，在弹出的保存文件对话框中输入文件名，对原理图文件进行命名。如图 10.23 所示。

3. 放置元件

(1)打开库文件面板(Libraries)

在面板中选择 Miscellaneous Devices. Intlib 库，将其设置为当前元件库。

(2)放置元件

从相应的库中取出全部元件放置在原理图工作区内，如图 10.24 所示。

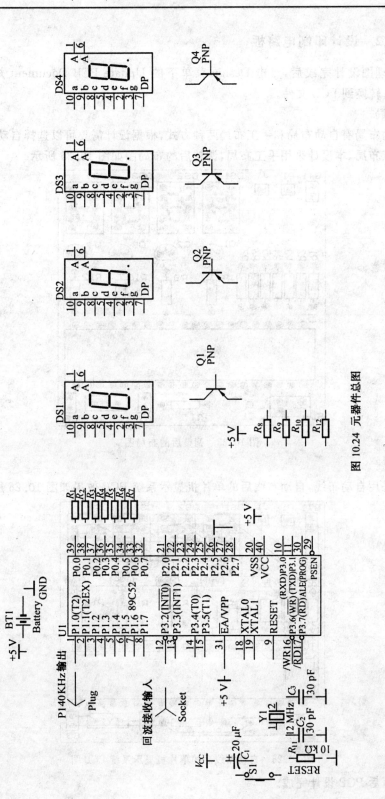

图 10.24　元器件总图

10.5.2　设计印制电路板

(1)原理图设计完成后,点击 Design 菜单下的 Update PCB Document 灯控开关电路.PcbDoc 转换到 PCB 文件。

(2)布局

元件的布局有自动布局和手工布局两种方式,根据设计需要可以选择自动布局,也可以选择手工布局,本设计采用手工布局,调整后的布局图如图 10.25 所示。

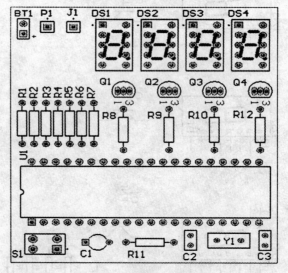

图 10.25　调整后的布局图

(3)布线

本例采用自动布线,自动布线后的单片机显示系统 PCB 效果如图 10.26 所示。

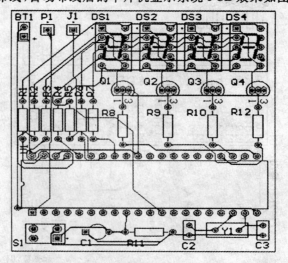

图 10.26　自动布线后的单片机显示系统 PCB 图

布线以后 PCB 设计完成。

附　录

附录 1　Altium Designer 绘制电路原理图常用命令

序　号	常用命令	功　能
1	File→New→Design…	新建设计数据库
2	File→New→Schematic	新建原理图文件
3	File→Open	打开已建设计文档
4	Edit→Undo	取消当前操作
5	Edit→Clear	清除选定区域
6	Edit→Select	选择区域
7	Edit→Deselect	取消选择的区域
8	Edit→Select→Toggle Selection	逐个选中器件
9	Edit→Delete	删除
10	Edit→Move	移动
11	Edit→Align	排列
12	View→Fit Document	显示整个图纸
13	View→Fit All Objects	显示整张图
14	View→Around Point	以中心点指定区域
15	View→Design Manager	打开/关闭管理员
16	View→Status Bar	状态栏切换
17	View→Command Status	命令状态栏切换
18	View→Toolbars	打开/关闭绘图工具
19	View→Grids→Toggle Visible Grid	显示可视栅格
20	Place→Bus	放置总线
21	Place→Bus Entery	放置总线入口
22	Place→Part	放置元件
26	Place→Manual Junction	放置节点
27	Place→Power Port	放置电源端口
28	Place→Wire	放置连线
29	Place→Net Lable	放置网络标号
30	Place→Port	放置端口
31	Place→Sheet Symbol	放置图纸符号
32	Place→Add Sheet En…	放置符号端口

33	Place→Annotation	放置排列
34	Place→Text Frame	放置文本
35	Place→Drawing Tools	放置绘图工具
36	Place→Directives-NoERC	放置忽略 ERC 测试点,避免警告
37	Place→Directives PCB Layout	放置 PCB 布线指示
38	Design→Update PCB	更新 PCB
39	Design→Browse Li…	浏览元件
40	Design→Create Netlist	产生网络表
41	Design→Create Sheet From Symbol	从符号生成图纸
42	Design→Create Symbole From Sheet	从图纸生成符号
43	Design→Options	版面设置
44	Design→Add/Remove	增加删除元件库
45	Tools→Design Rule Check	电气规则检测
46	Tools→Find Component	查找器件
47	Tools→Up/Down Hier…	上下层切换
49	ESC 或右键	取消功能

附录 2　常用电子器件的器件名与封装名

序　号	名　称	器件名	封装名
1	电阻	RES1 RES2	AXIAL 系列
2	三端电位器	POT1 POT2	VR 系列
3	稳压器	ZENER	DIODE
4	电容	CAR	RAD 系列
5	发光管	LED	DIODE
6	电解电容	ELECTRO1 ELECTRO2	RB 系列
7	贴片电阻、电容		0402、7257 等
8	可控硅	SCR	TO—220
9	三极管	NPN PNP	TO—126
10	电池	BATTERY	POLAR

附录 3　绘制印制电路板的常用命令

序　号	常用命令	功　能
1	File→New→Design…	新建设计数据库
2	File→New	新建印刷版文件
3	File→Open	打开已建设计文档
4	Edit→Undo	取消当前操作

5	Edit→Clear	清除选定区域
6	Edit→Select	选择区域
7	Edit→Deselect	取消选择的区域
8	Edit→Delete	删除
9	Edit→Move	移动
10	Edit→Origin	设置坐标原点
11	Edit→Jump→Orgin	跳转到某一目标
12	View→Fit Document	显示整个图纸
13	View→Fit All Objects	显示整张图
14	View→Around Point	以中心点制定区域
15	View→Design Manager	打开/关闭管理员
16	View→Status Bar	状态栏切换
17	View→Command Status	命令状态栏切换
18	View→Toolbars	打开/关闭绘图工具
19	View→Zoom In	放大设计窗口
20	View→Zoom Out	缩小设计窗口
21	View→Refresh	刷新设计窗口
22	View→Board in 3D	三维显示 PCB 板
23	Place→Arc	放置圆弧
24	Place→Full Circle	放置填充圆弧
25	Place→Fill	防止填充
26	Place→Line	放置连线
27	Place→String	放置字符串
28	Place→Polygon Plane	放置铺铜
29	Place→Dimension	放置尺寸
30	Place→Pad	放置焊盘
31	Place→Via	放置过孔
32	Place→Component	放置封装件
33	Place→Coordinate	放置坐标
34	Place→Dimension	放置尺寸
35	Design→Rules	设置 PCB 设计规则
36	Design→Netlist	装载网络表
37	Design→Update Sch…	更新原理图
38	Design→Browse Comp…	浏览封装件
39	Design→Add/Remove	添加/删除封装库
40	Design→Make PCB Library	自建封装库
41	Design→Board Options	PCB 版面设计
42	Design→Manage Layer→Mechanical Layers	打开/关闭机械层

43	Design→Layer Stack Ma…	工作层面管理
44	Tools→Design Rule Check	设计规则检查
45	Tools→Auto Placement	自动布局命令
46	Tools→Un-Route	删除上次布线
47	Tools→Teardrops	放置泪滴
48	Tools→Outline Select Objects	放置屏蔽线
49	Tools→Preferences	放置颜色等属性
50	Auto Route→ALL	自动布线命令
51	Auto Route→Setup	布线设置
52	Edit→Select-Connected Copper	选定需要屏蔽的导线和焊点

附录4　本书常用符号

一、电压和电流符号的规定（以集电极电压和电流为例）

U_C, I_C　　　大写字母，大写下标，表示集电极直流电压和电流

U_c, I_c　　　大写字母，小写下标，表示集电极电压和电流交流分量有效值

u_C, i_C　　　小写字母，大写下标，表示集电极含直流的电压和电流总瞬时值

u_c, i_c　　　小写字母，小写下标，表示集电极电压和电流的交流分量

U_{cm}, I_{cm}　　　大写字母，小写下标，表示集电极电压和电流交流分量最大值

$\dot{U}_c, \dot{I}_c$　　　集电极电压和电流交流分量的复数表示

$\Delta U_C, \Delta I_C$　　　表示直流电压和电流的变化量

$\Delta u_C, \Delta i_C$　　　表示总瞬时值电压和电流的变化量

$U_{c(AV)}, I_{c(AV)}$　　　表示集电极电压和电流交流分量平均值

二、基本符号

1. A　增益或放大倍数的通用符号

A 的不同符号的下标代表不同物理意义的增益，例如：

A_u　　电压放大倍数的通用符号

A_{uu}　　第一个下标表示输出量、第二个下标表示输入量。电压放大倍数符号，依次类推

A_{ui}　　表示输出电压 U_o 与输入电压 U_i 之比，即 $A_{ui}=U_o/U_i$

A_{uS}　　考虑信号源内阻时的电压放大倍数，即 $A_{uS}=U_o/U_S$

$\dot{A}$　　复数增益或放大倍数的通用符号

$\dot{A}_{uSL}$　　低频电压放大倍数的复数量

$\dot{A}_{uSH}$　　高频电压放大倍数的复数量

$A_{um}(A_{uSm})$　　中频电压放大倍数

A_{up}　　滤波器通带电压放大倍数

A_i, A_u, A_{ui}, A_{iu}　　分别表示电流、电压、互阻、互导增益

$A_{if}, A_{uf}, A_{uif}, A_{iuf}$　　分别表示反馈放大器的电流、电压、互阻、互导增益

A_{ud}　　差模电压放大倍数

A_{id}　差模电流增益

A_{uc}　共模电压放大倍数

$A(s)$　增益函数拉普拉斯变换

A　表示基本放大器

2. B　BJT 的基极

BW　带宽(-3 dB)

BW_G　单位增益带宽

BW_p　全功率带宽

3. C　电容

C_i,C_o,C_L　分别指输入、输出和负载电容

C_B,C_D,C_J　分别指势垒电容、扩散电容和结电容

C_b,C_e　分别指基极和射极旁路电容

C_π,C_μ　分别指 BJT 的发射结和集电结电容

C_{dg},C_{gs},C_{ds}　分别指 FET 的分布电容

C_φ　表示相位补偿电容

C　BJT 集电极

4. D　二极管,场效应管漏极

D　非线性失真系数

D_Z　稳压管

5. E　BJT 的发射极

E、ϵ　能量,电场强度

E_G　半导体的激活能

6. F　反馈系数

7. $f,\omega=2\pi f$　频率、角频率

f_L　低频截止(−3 dB)频率,$\omega_L=2\pi f_L$

f_H　高频截止(−3 dB)频率,$\omega_H=2\pi f_H$

f_α,f_β　分别指共基 BJT 和共射 BJT 的截止频率

f_T　特征频率

f_c　时钟信号频率、切割频率(幅频特性曲线切割 f 轴)

f_0　滤波器中心或转折频率

8. G　增益(与 A 含义相同)

G　FET 的栅极

g　动态(微变)电导

g_m　低频跨导

9. I,i　电流

I_E,I_B,I_C,I_D　分别指射、基、集、漏极直流电流

i_C,i_B,i_E,i_D　分别指集、基、射、漏极总瞬时值电流

I_c,I_b,I_e,I_d　分别指上述电极交流电流的有效值

i_S　信号源电流

I_IO　输入失调电流

$I_\mathrm{IB}、I_\mathrm{B}$　输入偏置电流

I_m　电流幅度

$\dot{I}_\mathrm{c},\dot{I}_\mathrm{b},\dot{I}_\mathrm{e},\dot{I}_\mathrm{d}$　分别指上述电极交流电流的复数表示

$I(s)$　电流的拉普拉斯变换

I_S　PN 结反向饱和电流

I_DSS　结型、耗尽型 FET 在 $U_\mathrm{GS}=0$ 时 I_D 值

I_D　二极管电流,FET 的漏极电流

$I_\mathrm{F},I_\mathrm{R}$　分别表示正向电流,反向电流

I_CBO　发射极开路时的集电结反向饱和电流

I_CEO　基极开路时的穿透电流

I_CM　集电极最大允许电流

10. J　电流密度

11. K　热力学温度单位(开尔文)

　　　K　常数,增益系数

　　　K_SVR　电源电压抑制比

　　　K_CMR　共模抑制比

12. N　电子型半导体

　　　n　电子浓度

13. P　功率,例如:

　　　$P_\mathrm{i}(P_\mathrm{I}),P_\mathrm{o}(P_\mathrm{O}),P_\mathrm{C}$　分别指输入、输出信号功率和集电极耗散功率

　　　P_V　直流电源供给功率

　　　P_T　BJT 的管耗

　　　P_CM　集电极最大允许功耗

　　　P　空穴型半导体

　　　p　空穴浓度

14. R　电阻符号

　　　$R_\mathrm{b},R_\mathrm{e},R_\mathrm{c},R_\mathrm{G},R_\mathrm{S},R_\mathrm{D}$　分别指基、射、集、栅、源、漏极直流偏置电阻

　　　R_S　信号源内阻

　　　$R_\mathrm{F}(R_\mathrm{f})$　反馈电阻

　　　R_L　负载电阻

　　　R_cm　共模负反馈电阻

　　　R_SC　开关电容等效电阻

　　　$r_\mathrm{i},r_\mathrm{o}$　分别指电路的输入和输出电阻

　　　$r_\mathrm{if},r_\mathrm{of}$　分别指反馈电路的输入和输出电阻

　　　r　动态(微变)电阻,等效电阻,例如:

　　　$r_\mathrm{bb'},r_\mathrm{b'e},r_\mathrm{b'c},r_\mathrm{ce},r_\mathrm{e}$　表示 BJT 的体电阻和结电阻

r_{gs},r_{ds}　表示 FET 的动态电阻

15. S　FET 源极,西门子

S　发射结面积、开关、脉动系数

S_R　运算放大器的转换速率

S_r　稳压系数

S_u　电压调整率

S_i　电流调整率

S_{rip}　纹波抑制比

S_T　输出电压的温度系数

s　复频率

s　秒

16. T　晶体三极管代号

T　温度,周期

T_r　变压器

t　时间

17. U,u　电位、电压,例如:

U_B,U_C,U_E,U_G,U_D,U_S　分别指相应电极直流电位

$U_{BE},U_{CE},U_{DS},U_{GS}$　分别指相应电极间直流电压

$u_{BE},u_{CE},u_{DS},u_{GS}$　分别指相应电极间总瞬时值电压

$u_i,u_o,u_{be},u_{ce},u_{ds},u_{gs}$　分别指输入、输出和相应电极间交流电压分量

$U_i,U_o,U_{be},U_{ce},U_{ds},U_{gs}$　分别指上述交流分量的有效值

u_S,U_S　信号源电压及其有效值

$\dot{U}_S,\dot{U}_i,\dot{U}_o,\dot{U}_{be},\dot{U}_{ce},\dot{U}_{de},\dot{U}_{gs}$　分别指上述交流分量的复数值

$U(s)$　电压的拉普拉斯变换

u_{id}　差模输入电压

u_{ic}　共模输入电压

U_m　交流电压的幅值

U_T　温度电压当量(热力学电压)

$U_{GS(th)}$　增强型 MOSFET 开启(阈值)电压

$U_{GS(off)}$　结型 FET 的夹断电压、耗尽型 MOSFET 阈值(或夹断)电压

U_{IO}　输入失调电压

U_{OO}　输出失调电压

U_{REF}　参考(基准)电压

$U_{(BR)}$　晶体管的击穿电压

$U_{CE(sat)}$　BJT 的饱和电压

U_φ　接触电位差

18. $V_{CC},V_{DD},+V_S$　正电源电压

$V_{EE},V_{SS},-V_S$　负电源电压

三、其他符号

$\alpha,\bar{\alpha}$　共基 BJT 的电流增益（放大系数）

$\beta,\bar{\beta}$　共基 BJT 的电流增益（放大倍数）

η　效率

τ　时间常数，非平衡少子寿命，脉冲宽度

φ　相位差

φ_m　相位裕度

G_m　幅值裕度

X,x　电抗

Z,z　阻抗

Y,y　导纳

ω,Ω　角频率

Ω　电阻的单位（欧姆）

rad　弧度

Q　静态工作点，品质因数

参考文献

[1] 张凤言. 电子电路基础[M]. 2 版. 北京:高等教育出版社,1995.

[2] 清华大学电子学教研组,童诗白. 模拟电子技术基础[M]. 4 版. 北京:高等教育出版社,2011.

[3] 华中工学院电子学教研室,康华光. 模拟电子技术基础[M]. 4 版. 北京:高等教育出版社 ,2008.

[4] 王远. 模拟电子技术[M]. 北京:北京理工大学出版社,1991.

[5] J 米尔曼. 微电子学:数字和模拟电路及系统[M]. 清华大学电子学教研组,译. 北京:人民教育出版,1981.

[6] 秦曾煌. 电工学. 下册(电子技术)[M]. 4 版. 北京:高等教育出版社,1993.

[7] 小戴维 弗 塔特尔. 电路[M]. 刘胜利,译. 南昌:江西人民出版社,1980.

[8] Toumazou C Lidgey F J, Haigh D G. 模拟集成电路设计——电流模法[M]. 姚玉洁,等,译. 北京:高等教育出版社,1996.

[9] 全国电子技术基础课程教学指导小组童诗白,何金茂. 电子技术基础试题汇编(模拟部分)[G]. 北京:高等教育出版社,1992.

[10] 林玉江. 电子测量与微机测试技术[M]. 哈尔滨:黑龙江科学技术出版社,1988.

[11] 沙占友. 新单片开关电源设计与应用技术[M]. 北京:电子工业出版社,2004.

高等学校"十二五"规划教材

模拟电子技术基础
学习指导

主　编　林玉江
副主编　姜　斌　赵　龙　刘媛媛

哈尔滨工业大学出版社

内 容 提 要

　　本书是林玉江主编的《模拟电子技术基础》(第2版)(哈尔滨工业大学出版社2011年出版)的配套辅导书。本书为使用该教材的教师备课、讲授和批改作业提供参考,同时也为学生期末复习及考研提供有力保证。通过习题全面解析,帮助学生牢固掌握模拟电子技术的基本概念、基本电路、基本分析方法和解题方法。

　　本书内容与教材结构一致,每章内容包括教学内容要求、教学讲法要点、学习要求和习题解答四部分。在解题过程中,提供解题思路、解题方法、解题步骤及答案。书末附有参考试题,并给出详解及答案。

　　本书可作为教师手册,又可作为学生的参考书及自学者的辅导书。

图书在版编目(CIP)数据

模拟电子技术基础学习指导/林玉江主编. —2版.
—哈尔滨:哈尔滨工业大学出版社,2011.7
ISBN 978—7—5603—1216—3 ·

Ⅰ.①模⋯　Ⅱ.①林⋯　Ⅲ.①模拟电路—电子技术—
高等学校—题解　Ⅳ.TN710—44

中国版本图书馆 CIP 数据核字(2011)第 131826 号

策划编辑　杨　桦
责任编辑　范业婷
出版发行　哈尔滨工业大学出版社
社　　址　哈尔滨市南岗区复华四道街 10 号　邮编 150006
传　　真　0451—86414749
网　　址　http://hitpress.hit.edu.cn
印　　刷　哈尔滨市工大节能印刷厂
开　　本　850mm×1168mm　1/16　印张 8.25　字数 186 千字
版　　次　1997 年 5 月第 1 版　2011 年 8 月第 2 版
　　　　　2011 年 8 月第 3 次印刷
书　　号　ISBN 978—7—5603—1216—3
定　　价　58.00 元(含学习指导)

前　　言

本书是《模拟电子技术基础》(第2版)(林玉江主编,哈尔滨工业大学出版社2011年出版)的配套辅导教材。

本书编写的目的,一是为教师选择讲课内容、授课讲法、备课要求、批改作业等提供了指导性意见及作法,供教学参考;二是为指导学生学习本课快速入门,解决学习重点、难点问题方法,解决做题难问题;三是为考研学生提供一本习题类型全面,又有解题思路、解题方法、解题步骤的复习参考书。

本书编写内容按照《模拟电子技术基础》(第2版)一书的结构列出,全书共9章,每章的内容包括:教学内容要求、教学讲法要点、学习要求和习题解答四部分。为了不重复主教材内容,前两部分内容写得简明扼要,后两部分内容针对学生,介绍得详细。书末附有参考试题,并给出详解及答案。

在"学习要求"中,指出本章学习要点,应该学会的概念和术语,要求学生必须学会的知识。在"习题解答"中,本书对教材中各章的习题做了全面解析,基本题给出答案,重点、难点题都给出解题提示、思路、步骤和答案。力图从解题思路、解题方法等方面给学生以指导,从而更好地掌握模拟电子技术的基本概念、基本电路和基本分析方法,提高分析问题和解决问题的能力。在期末复习时,使用本书就能掌握本课学习内容,可以充分应对期末考核。

本书使用的符号与教材相同;各章习题号码与教材对应,而题图编号做了新的排序。

参加本书编写的教师有林玉江,丛昕,姜斌,刘媛媛(第2章),赵龙(第7、9章),吴振雷,王凯。林玉江任主编,姜斌、赵龙、刘媛媛任副主编。全书由林玉江教授定稿。

本书在编写过程中,特别是解题过程中,有的答案不是唯一的,定有不妥、疏漏乃至错误之处,敬请读者批评指正,以便今后修订。

编者

2011年8月

于哈尔滨工业大学

目　　录

第1章 半导体器件基础

1.1 教学内容要求

(1)半导体及导电特性。

(2)PN结与半导体二极管伏安特性及主要参数。

(3)稳压管与伏安特性及主要参数。

(4)半导体三极管与伏安特性及主要参数。

(5)场效应三极管与伏安特性及主要参数。

1.2 教学讲法要点

(1)本章内容是学习电子技术入门基础知识,要求讲深讲透,速度适中,重要概念和术语的定义要准确,要讲出叫什么、为什么、有什么用。

(2)二极管、稳压管、三极管和场效应管四种器件讲课要点:

①本征半导体的导电特性与温度有关系。

②PN结单向导电性,要强调偏置条件:①P加正级,N加负极,PN结正偏,导通,正向电流很大,正向电阻很小;②P加负极,N加正极,PN结反偏,截止,反向电阻很大,反向电流很小。给出电流方程:$I = I_S(e^{\frac{U}{U_T}} - 1)$。

③二极管工作状态的特点及偏置条件,特别强调正向偏置的定义。

④讲三极管的放大工作原理时,特别要讲透 $I_C \approx \alpha I_E$,$I_C \approx \beta I_B$ 的关系,强调三极管是电流控制器件。

⑤三极管的三种工作状态,要讲清在伏安特性曲线图上对应的三个工作区,特别强调每种工作状态都有 PN 结偏置的条件。

⑥讲场效应管的放大工作原理时,要讲透 $\Delta I_D = g_m \Delta U_{GS}$ 的关系,强调场效应管是电压控制器件。

⑦场效应管也有三种工作状态,要强调不同类型的场效应管放大时的栅压条件。

⑧三极管和场效应管的小信号线性简化模型和混合 π 模型简单扼要推导,引出结果,主要讲清物理意义,将三极管和场效应管符号转换为线性电路模型来代替,供分析电路时使用。

1.3 学习要求

1. 学习要点

(1)熟悉本征半导体特性:温度升高,导电性增强。利用掺杂工艺来改变本征半导体的导电能力,特别强调空穴导电是半导体与导体的重要区别。

(2) 熟悉 PN 结(二极管)的单向导电性。牢固掌握 PN 结正偏和反偏的定义。牢记 PN 结电流方程：$I \approx I_{\rm S} {\rm e}^{\frac{U}{U_{\rm T}}}$。

(3) 熟悉稳压管的反向击穿特性，是特殊二极管。因制造时，安全限流，加大 PN 结功率，反向击穿时不坏，可正常工作。

(4) 掌握三极管的电流控制特征，牢记 $I_{\rm C} \approx \alpha I_{\rm E}$，$I_{\rm C} \approx \beta I_{\rm B}$。

(5) 熟悉 BJT 输出特性曲线的基础上，掌握三极管三种工作状态及偏置条件：① 放大状态(发射结正偏，集电结反偏)；② 饱和状态(发射结正偏，集电结正偏)；③ 截止状态(发射结反偏，集电结反偏)。

(6) 掌握 FET 的放大状态时的栅源电压偏置条件：NJFET，$U_{\rm GS} \leqslant 0$；增强型 NMOS，$U_{\rm GS} > U_{\rm GS(th)}$；耗尽型 MOS，$U_{\rm GS} \leqslant 0$ 或 $U_{\rm GS} \geqslant 0$。牢记特征方程：① 结型管，$i_{\rm D} = I_{\rm DSS} \left(1 - \dfrac{u_{\rm GS}}{U_{\rm GS(off)}}\right)^2$；② 增强型 NMOS，$i_{\rm D} = I_{\rm DO} \left(\dfrac{u_{\rm GS}}{U_{\rm GS(th)}} - 1\right)^2$。

(7) 牢记 BJT 和 FET 小信号线性简化模型和混合 π 模型，以便分析电路时使用。

2. 学会本章主要概念和术语

(1) 半导体

本征半导体，载流子，电子，空穴，N 型半导体，P 型半导体，多数载流子，少数载流子，扩散运动，漂移运动，空间电荷区(层)，势垒层，接触电位差，PN 结，PN 结单向导电性，正向偏置电压(正偏)，反向偏置电压(反偏)，PN 结方程式。

(2) 二极管

二极管单向导电性，反向饱和电流 $I_{\rm S}$，反向击穿特性，最大整流电流 $I_{\rm F}$，最高反向电压 $U_{\rm RM}$，二极管符号。硅二极管正向压降 $U_{\rm D} \approx 0.7$ V(典型值)。

(3) 稳压管

稳压管是工作在反向击穿状态下的特殊二极管，稳定电压 $U_{\rm Z}$，稳定电流 $I_{\rm Z}$，额定功率 $P_{\rm Z}$，动态电阻 $r_{\rm Z}$，温度系数 $\alpha_{\rm Z}$，最大耗散功率 $P_{\rm ZM}$，最大工作电流 $I_{\rm Zmax}$，稳压管符号。

(4) 三极管

发射结，集电结，发射极电流 $I_{\rm E}$，基极电流 $I_{\rm B}$，集电极电流 $I_{\rm C}$，共射直流电流放大系数 $\bar{\beta}$，反向饱和电流 $I_{\rm CBO}$，穿透电流 $I_{\rm CEO}$，$I_{\rm E} = I_{\rm B} + I_{\rm c}$，$I_{\rm c} = \bar{\beta} I_{\rm B} + I_{\rm CEO}$，$I_{\rm CEO} = (1 + \beta) I_{\rm CBO}$，最后 $I_{\rm C} \approx \bar{\beta} I_{\rm B}$，体现三极管是电流控制器件。发射结正向压降 $U_{\rm BE} \approx 0.7$ V(硅管)。饱和压降 $U_{\rm ces} \approx 0.3$ V，输入特性，输出特性，交流短路电流放大系数 $\beta = \dfrac{\Delta I_{\rm C}}{\Delta I_{\rm B}}\bigg|_{U_{\rm CE}=常数}$，$\beta \approx \bar{\beta}$。集电极最大允许电流 $I_{\rm CM}$，集电极最大允许损耗功率 $P_{\rm CM}$，反向电压 $U_{\rm BRceo}$。小信号 H 参数线性简化模型、π 型线性模型。低频跨导 $g_{\rm m} = \dfrac{\Delta I_{\rm E}}{\Delta U_{\rm BE}}\bigg|_{U_{\rm CE}=常数}$，高频参数 f_α、f_β、$f_{\rm T}$、C_π、C_μ。

(5) 场效应管

① 结型管：转移特性，输出特性，夹断电压 $U_{\rm GS(off)}$，零偏漏极电流 $I_{\rm DSS}$，最大漏源电压 $U_{\rm (BR)DS}$，跨导 $g_{\rm m}$，输出电阻 $r_{\rm ds}$，最大耗散功率 $P_{\rm DM}$，特性方程：$i_{\rm D} = I_{\rm DSS} \left(1 - \dfrac{u_{\rm GS}}{U_{\rm GS(off)}}\right)^2$，符号。

②MOS管,开启电压,漏极电流 I_D,沟道,夹断状态,预夹断状态,增强型 MOS 管,耗尽型 MOS 管,掌握场效应管是电压控制器件,简化的线性模型,符号,特征方程:① 增强型 NMOS, $i_D = I_{DO} \left(\dfrac{u_{GS}}{U_{GS(th)}} - 1 \right)^2$;② 耗尽型 NMOS, $i_D = I_{DSS} \left(1 - \dfrac{u_{GS}}{U_{GS(off)}} \right)^2$。

本章内容是入门基础知识,要求全面掌握,通过作习题加深理解。

1.4　习题解答

【1.1】　填空:

(1) 本征半导体是_____半导体,其载流子是_____和_____,两种载流子的浓度_____。

(2) 在杂质半导体中,多数载流子的浓度主要取决于_____,而少数载流子的浓度则与_____有很大关系。

(3) 若使二极管导通必须在 N 型半导体外加_____极性电压,在 P 型半导体外加_____极性电压。

(4) 二极管的最主要特性是_____,当二极管外加正向偏压时正向电流_____,正向电阻_____;外加反向偏压时反向电流_____,反向电阻_____。

(5) 稳压管是利用了二极管的_____特征而制造的特殊二极管。它工作在_____状态。描述稳压管的主要参数有四种,它们分别是_____、_____、_____和_____。

(6) 某稳压管具有正的电压温度系数,那么当温度升高时,稳压管的稳压值将_____。

(7) 双极型晶体管可以分成_____和_____两种类型,它们工作时有_____和_____两种载流子参与导电。

(8) 晶体管电流放大系数: $\alpha = $ _____, $\beta = $ _____。

(9) 场效应晶体管的低频跨导 $g_m = $ _____。

(10) N 沟道结型场效应管栅压必须为_____值,增强型 NMOS 管栅压必须为_____值,耗尽型 NMOS 管的栅压为_____、_____、_____均可。

【答案】　(1) 纯净的,自由电子,空穴,相等。

(2) 杂质浓度,温度。

(3) 负,正。

(4) 单向导电性,很大,很小,很小,很大。

(5) 反向击穿,反向击穿,稳定电压,稳定电流,额定功率,动态电阻。

(6) 增大。

(7) NPN,PNP,多子,少子。

(8) $\dfrac{\Delta I_C}{\Delta I_E}\bigg|_{U_{CB}=常数}$, $\dfrac{\Delta I_C}{\Delta I_B}\bigg|_{U_{CE}=常数}$。

(9) $\dfrac{\Delta I_D}{\Delta U_{GS}}\Big|_{U_{DS}=常数}$。

(10) 负,正,正,负,零。

【1.2】 选择答案(只填 a,b,c)

(1)三极管工作在放大区时,b－e 结间_____,c－b 结间_____;工作在饱和区时,b－e 结间_____,c－b 结间_____,工作在截止区时,b－e 结间_____,c－b 结间_____。(a.正偏;b.反偏;c.零偏)

(2)NPN 型与 PNP 型三极管的区别是_____。(a. 由两种不同材料硅或锗制成;b.掺入 杂质元素不同;c.P 区与 N 区位置不同)

(3) 当温度升高时,三极管的 β _____,反向电流 I_{CBO} _____,结电压 U_{BE} _____。(a. 变大;b. 变小;c.基本不变)

(4)场效应管 G－S 之间电阻比三极管 B－E 之间电阻_____。(a. 大;b. 小;c.差不多)

(5)场效应管是通过改变_____来改变漏极电流的。(a. 栅极电流;b. 栅极电压;c.漏源电压)所以是一个_____(a. 电流;b. 电压)控制的_____(a.电流源;b. 电压源)。

(6)用于放大时场效应管工作在输出特性曲线的_____。(a. 夹断区;b. 恒流区;c.变阻区)

【答案】 (1)a,b,a,a,b,b;(2) c;(3)a,a,b;(4)a; (5)b,b,a; (6)b。

【1.3】 如图 1.1 所示,根据半导体三极管及场效应管三个极的电压值,试判断下列器件的工作状态。

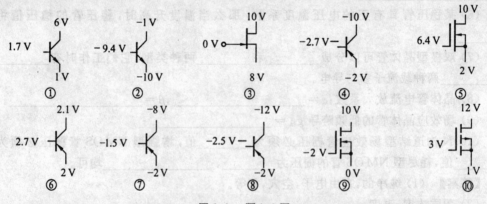

图 1.1 　题 1.3 图

【答案】 ①放大状态;② 截止状态;③放大状态;④放大状态;⑤放大区;⑥截止状态;⑦ 截止状态;⑧ 放大状态;⑨ 截止状态;⑩ 截止状态。

【1.4】 电路如图 1.2 所示,设 $u_i = 5\sin \omega t$ V,试画出 u_o 的波形图,二极管 D_1、D_2 为硅管($U_D \approx 0.7$ V)。

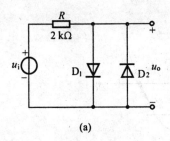

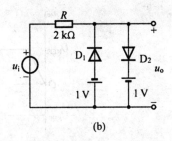

图 1.2　题 1.4 图

【答案】　u_i 与 u_o 的波形如图 1.3 所示。

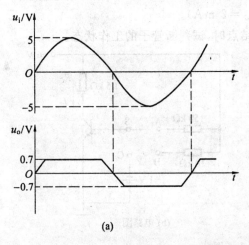

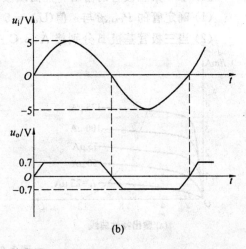

图 1.3　题 1.4 答案图

【1.5】　电路如图 1.4 所示,输入波形为正弦波,画出输出波形。二极管 D 为锗管
($U_D \approx 0.2$ V)

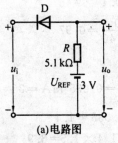

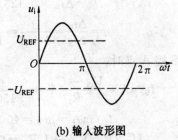

(a) 电路图　　　　　　　(b) 输入波形图

图 1.4　题 1.5 图

【答案】　当 $u_i < U_{REF}$ 时,二极管导通,$u_o = u_i$;其他情况下,二极管截止,$u_o = U_{REF}$。
根据以上分析,可以画出输出波形如图 1.5 所示。

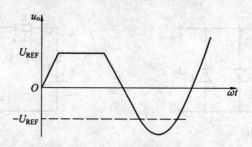

图 1.5　题 1.5 答案图

【1.6】　某三极管的输出特性曲线及电路图如图 1.6 所示。

(1) 确定管的 P_{CM}、β 与 α 值（$U_{CE}=5$ V，$I_C=2$ mA）。

(2) 当三极管基极 B 分别接 A、B、C 三个结点时，试判断管子的工作状态。

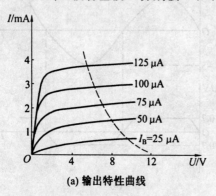

(a) 输出特性曲线

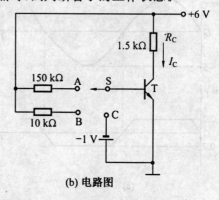

(b) 电路图

图 1.6　题 1.6 图

解　(1)
$$P_{CM}/W = I_C U_{CE} = 5 \times 2 = 10$$
$$\beta = \frac{\Delta i_C}{\Delta i_B} = \frac{4-3}{0.125-0.1} = 40$$
$$\alpha = \frac{\Delta i_C}{\Delta i_E} = \frac{\beta}{1+\beta} = \frac{40}{1+40} = 0.97$$

(2)　① 当 S 接 A 点时，
$$I_B/\mu A = \frac{V_{CC}-U_{BE}}{R_1} = \frac{6-0.7}{150} = 0.035 \text{ mA} = 35$$
$$I_C/mA = \beta I_B = 40 \times 0.035 = 1.4$$
$$U_{CE}/V = V_{CC} - I_C R_C = 6 - 1.4 \times 1.5 = 3.9$$

由上述参数判断，三极管处于放大状态。

② 当 S 接 B 点时，
$$I_B/mA = \frac{V_{CC}-U_{BE}}{R_2} = \frac{6-0.7}{10} = 0.53$$
$$I_C/mA = \beta I_B = 40 \times 0.53 = 21.2$$
$$U_{CE}/V = V_{CC} - I_C R_C = 6 - 21.2 \times 1.5 = -25.8$$

当 $U_{CE} \leqslant 0.7$ V 时，三极管进入饱和状态。

③ 当 S 接 C 点时，三极管发射结反偏，故管子处于截止状态。

【1.7】　某 MOS 场效应管的漏极特性曲线及电路如图 1.7 所示。

(1) 分别画出电源电压为 4 V,6 V,8 V,10 V 的转移特性,不考虑 R_D。

(2) 当 U_i＝6 V,8 V,10 V,12 V 时,场效应管分别处于什么状态,并确定它们的跨导数值。

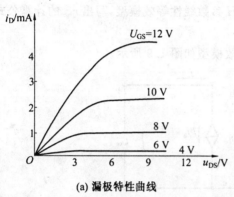
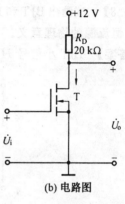

(a) 漏极特性曲线　　　　　　　　　(b) 电路图

图 1.7　题 1.7 图

解　(1) 在输出特性曲线的恒流区内作横轴($u_{DS}＝6$ V)的垂线交每一条曲线一个点,将这些点移到 $u_{GS}-i_D$ 坐标上,并用光滑的曲线相连接,便得到转移特性曲线,如图 1.8 所示。其他转移特性曲线求法相同。

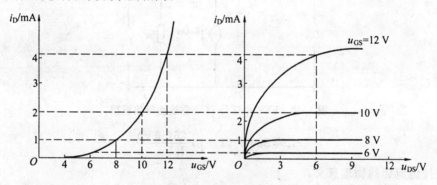

图 1.8　转移特性曲线

(2) $U_i＝6$ V 时,设 T 工作在恒流区,根据输出特性可知,$i_D \approx 0.25$ mA。管压降 $U_{DS}/V＝V_{CC}-i_D R_D＝12-0.25 \times 20＝7$。因此

$$U_{GD}/V＝U_{GS}-U_{DS}＝U_i-U_{DS}＝6-7＝-1$$

即 T 工作在放大状态,

$$g_m/mS＝\left.\frac{\Delta I_D}{\Delta U_{GE}}\right|_{U_{DS}=6V} \approx 0.12$$

$U_i＝8$ V 时,设 T 工作在恒流区,根据输出特性可知,$i_D \approx 1$ mA。管压降 $U_{DS}/V＝V_{CC}-i_D R_D＝12-1 \times 20＝-8$。因此

$$U_{GD}/V＝U_{GS}-U_{DS}＝U_i-U_{DS}＝8+8＝16 > U_{GS(off)}$$

且同时由图 1.8 可知,U_{DS} 不可能为负值,说明假设不成立,即 T 工作在可变电阻区饱和导通。

$$g_{\mathrm{m}}/\mathrm{mS}=\frac{\Delta I_{\mathrm{D}}}{\Delta U_{\mathrm{GE}}}\bigg|_{U_{\mathrm{DS}}=6\,\mathrm{V}}\approx 0.22$$

同理，$U_{\mathrm{i}}=10\,\mathrm{V}$ 时，T 工作在可变电阻区。$g_{\mathrm{m}}=1.05\,\mathrm{mS}$。

$U_{\mathrm{i}}=12\,\mathrm{V}$ 时，由于 $V_{\mathrm{CC}}=12\,\mathrm{V}$，必然使 T 工作在可变电阻区。$g_{\mathrm{m}}=1\,\mathrm{mS}$。

【1.8】 试画出 BJT 和 FET 小信号 H 参数线性等效模型，写出 r_{be} 的计算公式，并讨论受控恒流源的物理意义。

【答案】 BJT 小信号 H 参数线性等效模型如图 1.9 所示。

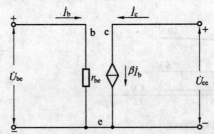

图 1.9　BJT 小信号 H 参数线性等效模型

FET 小信号 H 参数线性等效模型如图 1.10 所示。

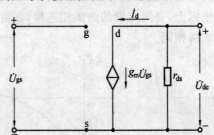

图 1.10　FET 小信号 H 参数线性等效模型

$$r_{\mathrm{be}}=300+(1+\beta)\frac{26(\mathrm{mV})}{I_{\mathrm{E}}(\mathrm{mA})}$$

受控恒流源的物理意义：

(1) H 参数要求在低频小信号下才适用。

(2) 模型中的电流源为受控源，受 $\dot{I}_{\mathrm{b}}$ 的控制，其方向和大小由 $\dot{I}_{\mathrm{b}}$ 决定，当 $\dot{I}_{\mathrm{b}}$ 不存在时其电流源消失。

【1.9】 试画出 BJT 高频混合 π 参数线性模型，写出垮导 g_{m} 的表达式，并与 β 比较，其含义有何不同？

【答案】 BJT 高频混合 π 参数线性模型如图 1.11 所示。$g_{\mathrm{m}}=\dfrac{I_{\mathrm{E}}}{U_{\mathrm{T}}}$，在 $T=300\,\mathrm{K}$，

$U_{\mathrm{T}}=26\,\mathrm{mV}$，$I_{\mathrm{E}}=1\,\mathrm{mA}$ 时，$g_{\mathrm{m}}=\dfrac{I_{\mathrm{E}}}{U_{\mathrm{T}}}=\dfrac{I_{\mathrm{E}}}{26(\mathrm{mV})}=38.5I_{\mathrm{E}}$，$g_{\mathrm{m}}$ 为与频率无关的实数，是静态电流 I_{E} 的函数，I_{E} 越大，g_{m} 越大，放大能力越强。β 是频率的函数。

【1.10】 用 π 型等效模型分析 BJT 的高频时 β 的表达式，并说明 f_{β}、f_{T} 和 f_{α} 的关系。

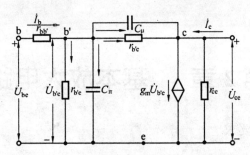

图 1.11　BJT 高频混合 π 参数线性模型

【答案】　$U_{ce} = 0$ 时的 π 型等效电路如图 1.12 所示。

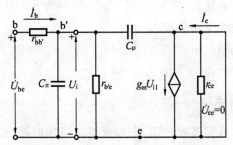

图 1.12　$U_{ce} = 0$ 时的 π 型等效电路

按 β 定义，即

$$\beta = \frac{I_c}{I_b}\bigg|_{U_{CE}=0}$$

可根据下式，写出方程，即

$$U_{b'e} = I_b \left[r_{b'e} \mathbin{/\mkern-5mu/} \frac{1}{j\omega(C_\pi + C_\mu)} \right]$$

$$I_c = g_m U_{b'e} = \frac{\beta}{r_{b'e}} U_{b'e}$$

解得

$$\beta = \frac{\beta_0}{1 + j\omega r_{b'e}(C_\pi + C_\mu)} = \frac{\beta_0}{1 + j\dfrac{f}{f_\beta}}$$

f_β、f_T 和 f_α 三者的关系为

$$f_\alpha \approx f_T = \beta_0 f_\beta$$

第2章　基本放大电路

2.1　教学内容要求

(1) 放大概念及放大电路的主要技术指标。

(2) 共射放大电路的组成和工作原理。

(3) 放大电路的分析方法。

(4) 三种接法基本放大电路分析。

(5) 场效应管放大电路分析。

(6) 多级放大电路分析。

2.2　教学讲法要点

(1) 本章是电子技术入门基础知识,十分重要。讲述时要细致精炼,概念、术语定义准确。

(2) 讲放大概念时,放大电路技术指标不讲,在放大电路动态分析时,自然引出,可省课时。

(3) 共射放大电路的组成和工作原理要详细介绍元件的名称、特点和作用。演示交流信号传输过程,从此让初学者认识到放大电路的交、直流通路可以分开处理。

(4) 分析放大电路的目的是求静态工作点参数 $Q(I_{BQ}$、I_{CQ}、$U_{CEQ})$ 和动态参数(A_{ui}、r_i、r_o)。常用的分析方法有公式法、图解法和微变等效电路法。这三种方法要详细介绍,作示范演示。步骤清晰,概念和术语要准确。用公式法求静态工作点参数,用微变等效电路法求动态参数,用图解法分析工作点的位置和动态波形失真,让初学者感受到形象、直观、易懂,用图解法分析大信号时的工作状态,是非常重要的。

(5) 在一般情况下,用公式法和微变等效电路法分析放大电路就可以了。三极管放大电路有三种接法,要分析五个电路。场效应管放大电路也有三种接法,要分析两个电路就可以了。通过以上电路分析,让初学者认识到静态工作点设置的重要性,静态是放大的条件,信号传输与放大是模电研究的目的。

(6) 在单级放大电路分析基础上,处理放大电路就容易了,只介绍耦合方式和动态参数求法就可以了。

本章是重点内容,通过七个电路分析,学会分析方法,会求静态、动态参数,打好基础,快速入门。

2.3　学习要求

1.学习要点

(1) 正确理解放大概念。放大体现了信号对能量的控制作用,所放大的信号是变化量。放大电路的负载所获得的随着信号变化的能量,要比信号所给出的能量大得多,这个多出来的能量是由电源供给的。

(2) 掌握放大电路的组成及各元件的作用。特别是:① 耦合电容的作用:隔直流,通交流。② 直流电源的作用:提供偏置和放大信号的能量转换,而对交流信号短路。

(3) 会画直流通路和交流通路等效电路图,会画 H 参数微变等效电路图。

(4) 会分析放大电路的工作状态:① 静态,② 动态。特别强调直流、交流工作状态分开处理。

(5) 给出电路图,能认出名称,并能分析计算:① 静态工作点参数 $Q(I_{BQ}、I_{CQ}、U_{CEQ})$,② 动态参数:A_{ui},r_i,r_o,A_{uS}。会归纳总结电路的特点。该项内容是本章重点问题,一定掌握。

(6) 分析静态工作点 Q 的位置与对动态波形的影响,分析产生波形失真的原因,会计算波形最大动态范围和输出最大幅度。该项内容是本章的重点难点问题,必须解决彻底。

(7) 与共射电路比较三种接法电路的动态参数,总结归纳其特点:① 共集电路特点是 $A_{ui} \approx 1, r_i$ 大 r_o 小;② 共基电路:r_i 小。

(8) 场效应管电路具有电压控制输出电流的特性,输入电阻 r_i 很大(人为设定 MΩ 以上)。

(9) 牢记各种电路的 u_i 与 u_o 的相位关系。只有共射、共源电路 u_o 与 u_i 反相,其他均同相。

(10) 掌握多级放大器的直接耦合的特点及动态参数的估算。

2. 学会本章主要概念和术语

(1) 电信号,放大,输入信号,输出信号,输入端,输出端,公共地,输入回路,输出回路,线性电路,非线性电路,直流通路,交流通路。

(2) 共射、共集、共基电路,公式法,图解法,微变等效电路法,静态,动态,静态工作点 Q,直流负载线,交流负载线,动态波形零点(初始点),耦合,耦合电容的作用,电源的作用,,受控电流源,波形失真,饱和失真,截止失真。波形的动态范围,最大不失真输出幅度,射极偏置,C_o 作用。

(3) 共源、共漏、共栅电路,自给偏压。

(4) 多级放大器,多级放大器的电压增益,输入电阻,输出电阻。阻容耦合,变压器耦合,直接耦合,零点漂移,温漂,电平偏移。

本章是入门基础,是本课的重点内容,主要概念和术语都应掌握,为后续章节打好基础,学习会很轻松。否则,不入门,后续课学不懂、悬空。

通过做习题加深对本章电路的工作原理及概念的理解。

2.4　习题解答

【2.1】 试判断图 2.1 中各放大电路有无放大作用? 为什么?

【答案】 (a) 无放大作用。集电结有反偏,发射结无正偏。

(b) 无放大作用。集电结有反偏,发射结无正偏。

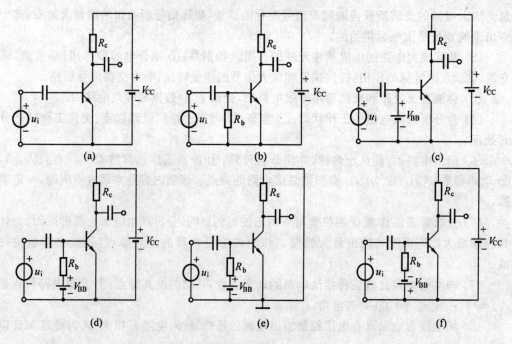

图 2.1　题 2.1 图

（c）无放大作用。集电结有反偏，虽然发射结有正偏，但是没有电阻，三极管烧毁。

（d）有放大作用。发射结正偏，集电结反偏。

（e）无放大作用。发射结正偏，但是集电结无反偏。

（f）无放大作用。发射结反偏，集电结反偏，三极管工作在截止区。

【2.2】　分别画出如图 2.2 所示电路的直流通路与交流通路。

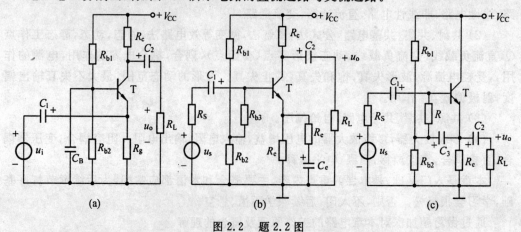

图 2.2　题 2.2 图

解　图 2.2(a) 的交、直流通路如图 2.3 所示。图 2.2(b) 的交、直流通路如图 2.4 所示。图 2.2(c) 的交、直流通路如图 2.5 所示。

【2.3】　在如图 2.6 所示的基本放大电路中，设晶体管的 $\beta = 100, U_{\mathrm{BEQ}} = -0.2$ V，$r_{\mathrm{bb}}' = 200$ Ω，C_1, C_2 足够大。

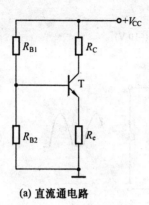
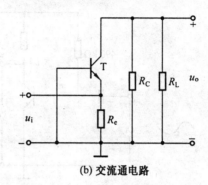

(a) 直流通电路　　　　　　　　　(b) 交流通电路

图 2.3

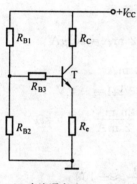
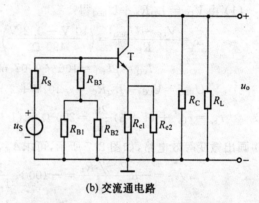

(a) 直流通电路　　　　　　　　　(b) 交流通电路

图 2.4

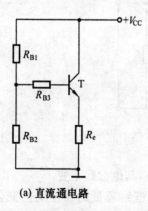
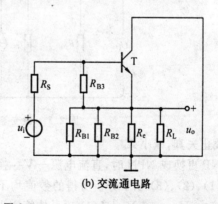

(a) 直流通电路　　　　　　　　　(b) 交流通电路

图 2.5

(1) 计算静态时的 I_{BQ}, I_{CQ} 和 U_{CEQ}；

(2) 计算晶体管的 r_{be} 的值；

(3) 求出中频时的电压放大倍数 $\dot{A}_{ui}$；

(4) 若输出电压波形出现底部削平的失真，问晶体管产生了截止失真还是饱和失真？若使失真消失，应该调整电路中的哪个参数？

(5) 若将晶体三极管改换成 NPN 型管，电路仍能正常工作，应如何调整放大电路，上面(1)～(4)项得到的结论是否有变化?

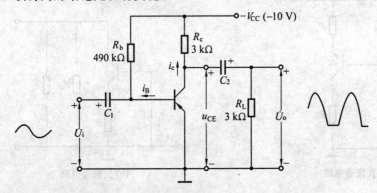

图 2.6　题 2.3 图

解　(1) 由 $V_{CC} = I_{BQ}R_b + U_{BEQ}$ 得

$$I_{BQ} = \frac{V_{CC} - U_{BEQ}}{R_b} = \left(\frac{10\text{ V} - 0.2\text{ V}}{490\ \Omega}\right) = 0.02\text{ mA} = 20\ \mu\text{A}$$

$$I_{CQ} = \beta I_{BQ} = 100 \times 0.02\text{ mA} = 2\text{ mA}$$

$$U_{CEQ} = V_{CC} - I_{CQ}R_c = -10\text{ V} + 2\text{ mA} \times 3\text{ k}\Omega = -4\text{ V}$$

(2)　$r_{be} = r_{bb}' + (1 + \beta)\dfrac{26}{I_{EQ}} = 200\ \Omega + (1 + 100)\dfrac{26\text{ mV}}{2\text{ mA}} = 1.5\text{ k}\Omega$

(3) 画出微变等效电路,如图 2.7 所示,可求 $\dot{A}_{ui}$,即

$$\dot{A}_{ui} = -\beta\frac{R_c \mathbin{/\mkern-5mu/} R_L}{r_{be}} = -100 \times \frac{1.5\text{ k}\Omega}{1.513\text{ k}\Omega} \approx -100$$

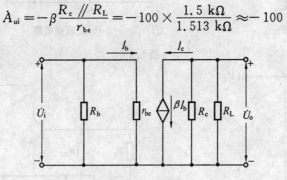

图 2.7　微变等效电路

(4) 截止失真,减小 R_b。

(5)PNP 更换成 NPN 时,直流电源 $-V_{CC}$ 换成 $+V_{CC}$,其他参数不变。

前面(1)、(2)、(3)项中分析所得的数值均不变,但有些物理量的极性发生变化。例如电流的流向、$U_{CEQ} = 4$ V。第(4)项晶体管产生的是饱和失真,增大 R_b 可以消除失真。

【2.4】　已知电路及特性曲线如图 2.8 所示,$R_b = 510$ kΩ,$R_L = 1.5$ kΩ,$V_{CC} = 10$ V,试求:

(1) 用图解法求静态工作点,并分析是否合适;

(2) 若使 $U_{CEQ} = 5$ V,V_{CC} 不变应改变那些参数?

(3) 若 V_{CC} 不变,为了使 $I_{CQ} = 2$ mA,$U_{CEQ} = 2$ V,应改变哪些参数?

(4) 若将三极管换成 PNP 管,应首先改变哪些参数?

（5）在使用 PNP 管条件下，若出现了如图 2.8(c)、(d)的失真？该失真是什么失真？

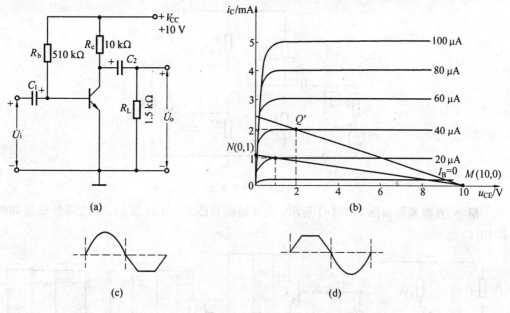

图 2.8　题 2.4 图

解　（1）用图解法求静态工作点步骤如下。

① 求基极电流

$$I_B = I_{BQ} \approx \frac{V_{CC}}{R_b} \approx \frac{10 \text{ V}}{510 \text{ k}\Omega} \approx 20 \text{ μA}$$

② 写出 MN 直流负载线方程：$U_{CE} = V_{CC} - I_c R_c$，求出两个坐标点，当 $I_c = 0$，则 $U_{CE} = V_{CC}$，得 $M(V_{CC}, 0)$，当 $U_{CE} = 0$，$i_c = \dfrac{V_{CC}}{R_c}$，得 $N(0, \dfrac{V_{CC}}{R_c})$，在输出特性曲线上画出 MN 线。

③ MN 线与 $I_B = 20$ μA 的曲线交点 Q 即为静态工作点。

④ 由 Q 点读坐标值，即确认：$I_{CQ} = 0.9$ mA，$U_{CEQ} = 1.2$ V，$I_B = 20$ μA，求出的静态工作点不合适，接近饱和区，要产生饱和失真，如图 2.8(b) 中 Q 点。

（2）此题目答案不唯一，有多种 R_b，R_c 组合，只要能减小 R_c 上的压降就可以提高 U_{CEQ}，如增大 R_b（R_c 不变），或减小 R_c（R_b 不变）等。

（3）将坐标点（2 V，2 mA）与（10 V，0 mA）相连即得此时的直流负载线，如图 2.8(b) 中 Q' 点。

此时 $R_c = \dfrac{V_{CC} - U_{CEQ}}{I_{CQ}} = \dfrac{10 \text{ V} - 2 \text{ V}}{2 \text{ mA}} = 4$ kΩ，由 Q' 读得 $I_{BQ} = 40$ μA，可求

$$R_b = \frac{V_{CC}}{I_{BQ}} = \frac{10 \text{ V}}{40 \times 10^{-3} \text{A}} = 250 \text{ k}\Omega$$

所以，此时应调整 $R_b = 250$ kΩ，$R_c = 4$ kΩ。

（4）将 $+V_{CC}$ 换成 $-V_{CC}$。

（5）图 2.8 (c) 为截止失真图 2.8 (d) 为饱和失真。

【2.5】　电路如图 2.9 所示，试画出电路的直流通路，交流通路，微变等效电路，并简

要说明稳定工作点的物理过程。

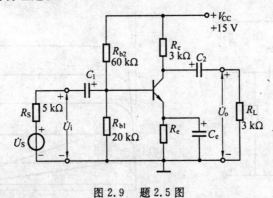

图 2.9　题 2.5 图

解　直流通路如图 2.10(a) 所示，交流通路如图 2.10(b) 所示，微变等效电路如图 2.10(c) 所示。

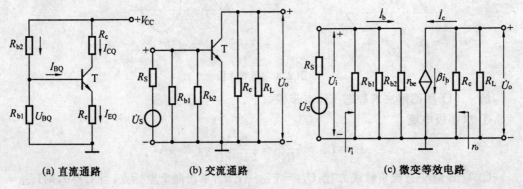

(a) 直流通路　　　　　(b) 交流通路　　　　　(c) 微变等效电路

图 2.10

分压式带 R_E 的共射电路，由于 $I \gg I_{BQ}$，故

$$U_{BQ} \approx \frac{R_{b2}}{R_{b1} + R_{b2}} V_{CC}$$

为常数，认为不变。

当温度升高时，稳定工作点的物理过程如下：

$$T \uparrow \longrightarrow I_{BQ} \uparrow \longrightarrow I_{CQ} \uparrow \longrightarrow I_{EQ} \uparrow \longrightarrow U_{EQ}(=I_{EQ}R_E)$$
$$I_{CQ} \downarrow \longleftarrow I_{BQ} \downarrow \longleftarrow U_{BEQ} \downarrow$$

上述过程为直流电流负反馈稳定工作点。

【2.6】　放大电路如图 2.9 所示，试选择以下三种情况之一填空。[a. 增大；b. 减小；c. 不变(包括基本不变)]

(1) 要使静态工作电流 I_C 减小，则 R_{b2} 应_____。

(2) R_{b2} 在适当范围内增大，则电压放大倍数_____，输入电阻_____，输出电阻_____。

(3) R_c 在适当范围内增大，则电压放大倍数_____，输入电阻_____，输出电阻

_____。

(4) 从输出端开路到接上 R_L，静态工作点将 _____，交流输出电压幅度要

_____。

(5) V_{CC} 减小时，直流负载线的斜率 _____。

【答案】　(1)a；(2)a,c,c；(3) c,c,c；(4)c,b；(5) c。

【2.7】　电路如图 2.9 所示，设 $V_{CC}=15$ V，$R_{b1}=20$ kΩ，$R_{b2}=60$ kΩ，$R_c=3$ kΩ，$R_e=2$ kΩ，$r_{bb'}=300$ Ω，电容 C_1、C_2 和 C_e 足够大，$\beta=60$，$U_{BE}=0.7$ V，$R_L=3$ kΩ，试计算：

(1) 电路的静态工作点 I_{BQ}，I_{CQ}，U_{CEQ}；

(2) 电路的电压放大倍数 $\dot{A}_{ui}$，放大电路的输入电阻 r_i 和输出电阻 r_o；

(3) 若信号源具有 $R_S=600$ Ω 的内阻，求源电压放大倍数 $\dot{A}_{uS}$。

解　(1) 求静态工作点 Q

$$U_B/V = \frac{R_{b1}}{R_{b1}+R_{b2}} \cdot V_{CC} = \frac{20}{80} \times 15 = 3.75$$

$$I_{CQ}/mA \approx I_{EQ} = \frac{U_B - U_{BE}}{R_e} = \frac{3.75 - 0.7}{2} = 1.5$$

$$I_{BQ}/\mu A = \frac{I_{CQ}}{\beta} = \frac{1.5}{60} = 25$$

$$U_{CEQ}/V = V_{CC} - I_{CQ}(R_c + R_e) = 15 - 1.5 \times 5 = 7$$

(2) 画出微变等效电路如图 2.11 所示，求动态参数。

$$r_{be}/k\Omega = r_{bb'} + (1+\beta)\frac{26}{I_{EQ}} = 300 + 61\frac{26}{1.5} = 1.3$$

$$\dot{A}_{ui} = -\frac{\beta R_L'}{r_{be}} = -\frac{60 \times 1.5}{1.3} = -69$$

$$r_i/k\Omega = R_{b1} /\!/ R_{b2} /\!/ r_{be} = 60 /\!/ 20 /\!/ 1.3 = 1.2$$

$$r_o \approx R_c = 3 \text{ k}\Omega$$

(3)
$$\dot{A}_{uS} = \frac{r_i}{R_S + r_i}\dot{A}_{ui} = -\frac{1.24}{0.6 + 1.24} \times 69 = -46$$

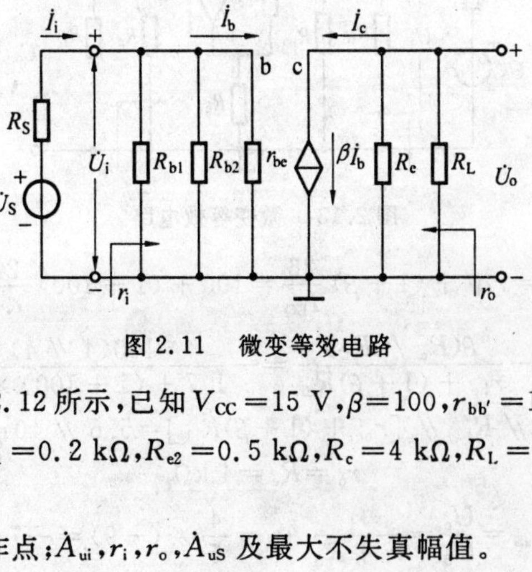

图 2.11　微变等效电路

【2.8】　电路如图 2.12 所示，已知 $V_{CC}=15$ V，$\beta=100$，$r_{bb'}=100$ Ω，$R_S=1$ kΩ，$R_{b1}=5.6$ kΩ，$R_{b2}=40$ kΩ，$R_{e1}=0.2$ kΩ，$R_{e2}=0.5$ kΩ，$R_c=4$ kΩ，$R_L=4$ kΩ，C_1、C_2 和 C_e 足够大，求：

(1) 试计算静态工作点；$\dot{A}_{ui}$，r_i，r_o，$\dot{A}_{uS}$ 及最大不失真幅值。

(2) 当 $U_i = 20$ mV 时,用交流毫安表测试 $U_b = ?$ $U_e = ?$ $U_c = ?$ $U_o = ?$

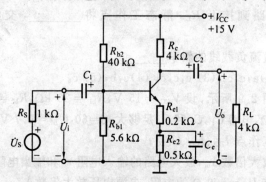

图 2.12　题 2.8 图

(3) 同学做实验时,测出三种组合数据,试判断出现了什么故障(元件短路或开路)。

① $u_b = 15.6$ mV, $u_e = 12.3$ mV, $u_c = 620$ mV, $u_o = 0$ mV;

② $u_b = 15.6$ mV, $u_e = 12.3$ mV, $u_c = 310$ mV, $u_o = 310$ mV;

③ $u_b = 16.5$ mV, $u_e = 16.1$ mV, $u_c = 37.3$ mV, $u_o = 37.3$ mV。

解　(1)① 求静态工作点,设 $U_{BEQ} = 0.7$ V。

$$U_B/V = \frac{R_{b1}}{R_{b1} + R_{b2}} V_{CC} = \frac{5.6}{5.6 + 40} \times 15 = 1.84$$

$$I_{CQ}/mA = \frac{U_B - U_{BEQ}}{R_{e1} + R_{e2}} = \frac{1.84 - 0.7}{0.2 + 0.5} \approx 1.63$$

$$I_{BQ}/\mu A = \frac{I_{CQ}}{\beta} = \frac{1.63}{100} = 16.3$$

$$U_{CEQ}/V = V_{CC} - I_{CQ}(R_c + R_{e1} + R_{e2}) = 15 - 1.6 \times (4 + 0.2 + 0.5) = 7.5$$

② 画出微变等效电路如图 2.13 所示,计算动态参数。

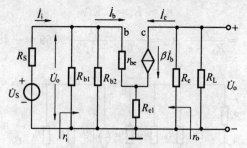

图 2.13　微变等效电路

$$r_{be}/k\Omega = r_{bb'} + (1 + \beta) \frac{26}{I_{EQ}} = 100 + (1 + 100) \frac{26}{1.6} = 1.7$$

$$\dot{A}_{ui} = \frac{\dot{U}_o}{\dot{U}_i} = -\frac{\beta(R_c /\!/ R_L)}{r_{be} + (1 + \beta)R_{e1}} = -\frac{100(4 /\!/ 4)}{1.7 + (1 + 100) \times 0.2} \approx -9$$

$$r_i/k\Omega = R_{b1} /\!/ R_{b2} /\!/ [r_{be} + (1 + \beta)R_{e1}] = 5.6 /\!/ 40 /\!/ 21.91 = 4$$

$$r_o = R_c = 4 \text{ k}\Omega$$

$$\dot{A}_{uS} = \frac{\dot{U}_o}{\dot{U}_S} = \frac{r_i}{r_i + R_S} \dot{A}_{ui} = \frac{4}{5} \times (-9) = -7.2$$

(2)
$$u_b/mV = u_i = 20$$

$$u_e/mV = \frac{u_i(1+\beta)R_{e1}}{r_{be}+(1+\beta)R_{e1}} = \frac{20 \times 100 \times 0.2}{1.7 \times 100 \times 0.2} \approx 11.7$$

$$u_c/mV = u_o = |\dot{A}_{ui}| \times u_i = 9 \times 20 = 180$$

(3) ① C_2 开路;② 正常;③ C_e 开路。

【2.9】 电路如图 2.14 所示,已知晶体管的 $\beta=50$,电容值如图中所示。求:

(1) 计算静态工作点参数 I_{BQ},I_{CQ},U_{CEQ};

(2) 画出中频微变等效电路;

(3) 计算动态参数 $\dot{A}_{ui}$,r_i,r_o。注:r_{be} 用公式求。

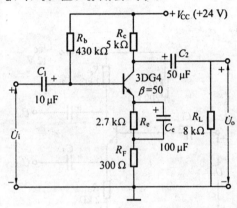

图 2.14 题 2.9 图

解 (1)求静态工作点
$$V_{CC} = I_{BQ}R_b + U_{BEQ} + I_{EQ}(R_e + R_F) = I_{BQ}R_b + U_{BEQ} + (1+\beta)I_{BQ}(R_e + R_F)$$

$$I_{BQ}/\mu A = \frac{V_{cc} - U_{BEQ}}{R_b + (1+\beta)(R_e + R_F)} = \frac{24 - 0.7}{430 + (1+50)(2.7+0.3)} \times 10^3 = 40$$

$$I_{CQ}/mA = \beta I_{BQ} = 50 \times 0.04 = 2$$

$$U_{CEQ}/V = V_{CC} - I_{CQ}(R_c + R_e + R_F) = 24 - 2 \times (5 + 2.7 + 0.3) = 8$$

(2) 画出中频微变等效电路,如图 2.15 所示。

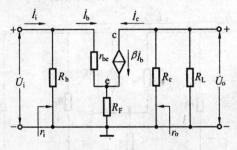

图 2.15 中频微变等效电路

(3) 计算动态参数

$$r_{be}/k\Omega = r_{bb'} + (1+\beta)\frac{26 \text{ mV}}{I_{CQ}} = 300 + (1+50)\frac{26 \text{ mV}}{2 \text{ mA}} \approx 1$$

$$\dot{A}_{ui} = \frac{\dot{U}_o}{\dot{U}_i} = -\frac{\beta(R_c // R_L)}{r_{be} + (1+\beta)R_F} = -\frac{50(5 // 8)}{1 + (1+50) \times 0.3} \approx -9$$

$$r_i/k\Omega = R_b // [r_{be} + (1+\beta)R_F] = 430 // \frac{1 + 51 \times 0.3}{15.93} \approx 16$$

$$r_o/k\Omega = R_c = 5$$

【2.10】　电路如图 2.16 所示，已知 $\beta = 100$，$r_{bb'} = 200\ \Omega$。求：

(1) 静态工作点；

(2) 放大倍数 $\dot{A}_{u1} = \dfrac{\dot{U}_{o1}}{\dot{U}_i}$；$\dot{A}_{u2} = \dfrac{\dot{U}_{o2}}{\dot{U}_i}$；

(3) 输入电阻 r_i；

(4) 输出电阻 r_{o1}，r_{o2}。

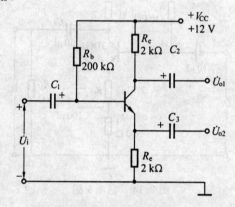

图 2.16　题 2.10 图

解　(1) 求静态工作点

$$I_{BQ}/\mu A = \frac{V_{cc} - U_{BEQ}}{R_b + (1+\beta)R_e} = \frac{12 - 0.7}{200 + 101 \times 2} \times 10^3 = 28$$

$$I_{CQ}/mA = \beta I_{BQ} = 100 \times 28 \times 10^{-3} = 2.8$$

$$U_{CEQ}/V = V_{CC} - I_{CQ}(R_c + R_e) = 12 - 2.8 \times (2+2) = 0.8$$

(3) 画出微变等效电路，如图 2.17 所示，求动态参数。

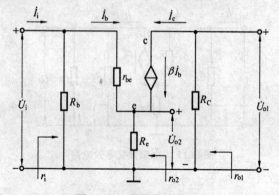

图 2.17　微变等效电路

$\dot{U}_{o1}$ 为共射输出，即

$$\dot{A}_{u1} = \frac{\dot{U}_{o1}}{\dot{U}_i} = -\frac{\beta R_e}{r_{be} + (1+\beta) R_e}$$

考虑到 $\beta R_e \gg r_{be}, \beta \gg 1$,

$$\dot{A}_{u1} = \frac{\dot{U}_{o1}}{\dot{U}_s} \approx -\frac{\beta R_e}{\beta R_e} = -\frac{\beta \times 2}{\beta \times 2} = -1$$

$\dot{U}_{o2}$ 为发射极输出,即

$$\dot{A}_{u2} = \frac{\dot{U}_{o2}}{\dot{U}_i} \approx \frac{(1+\beta) R_e}{r_{be} + (1+\beta) R_e} \approx 1$$

(3) $r_{be}/k\Omega = 200 + (1+\beta)\dfrac{26}{I_{EQ}} = 200 + (1+100)\dfrac{26}{2.8} \approx 1.14$

$r_i/k\Omega = R_b /\!/ [r_{be} + (1+\beta) R_e] = 200 /\!/ (1.14 + 101 \times 2) \approx 100$

(4) $\qquad\qquad\qquad r_{o1} = R_c = 2\ \text{k}\Omega$

$$r_{o2}/k\Omega = R_e /\!/ \left(\frac{r_{be} + R_b}{1+\beta}\right) = 2 /\!/ \left(\frac{1.14 + 2}{1+100}\right) \approx 1$$

【2.11】　电路及特性曲线如图 2.18 所示,已知 $R_{g1} = 50\ \text{k}\Omega, R_{g2} = 200\ \text{k}\Omega, R_g = 10\ \text{M}\Omega, R_S = 0.5\ \text{k}\Omega, R_d = 10\ \text{k}\Omega, R_L = 10\ \text{k}\Omega, g_m = 0.5\ \text{mS}, C_1, C_2$ 和 C_3 足够大。求:

(1) 用图解法求静态工作点;

(2) 画交流等效电路,计算 $\dot{A}_{ui}, r_i, r_o$。($U_{GS(th)} = 2\ \text{V}$)。

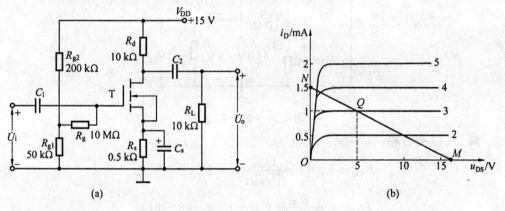

图 2.18　题 2.11 图

解　(1) 用图解法求静态工作点

$$U_{GSQ}/V = \frac{R_{g1}}{R_{g1} + R_{g2}} V_{DD} = \frac{50}{50 + 200} \times 15 = 3$$

$U_{DS} = V_{DD} - I_D(R_d + R_S)$,求 M、N 坐标: $M(15,0)$, $N(0,1.5)$。在图 2.18(b) 中画出 MN 线,与 $U_{GS} = 3\ \text{V}$ 曲线的交点,即 Q 点,由图得 $U_{DSQ} = 5\ \text{V}, I_{DQ} = 1\ \text{mA}$。

(2) 交流等效电路如图 2.19 所示。

由图写出:

$$\dot{A}_{ui} = -g_m(R_d /\!/ R_l) = -0.5(10 /\!/ 10) = -2.5$$

$$r_i/M\Omega = R_g + R_{g1} /\!/ R_{g2} = 10 + \frac{150 /\!/ 50}{37.5} \approx 10$$

$$r_0/k\Omega = R_d = 10$$

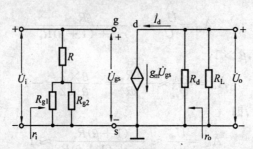

图 2.19　交流等效电路

【2.12】　电路如图 2.20 所示,已知 $g_m = 0.4$ mS,$I_{DSS} = 2$ mA,$U_{GS(off)} = -4$ V。求:

(1) 静态工作点(用公式法);

(2) 画出微变等效电路,计算 $\dot{A}_{ui} = \dfrac{\dot{U}_o}{\dot{U}_i}$,$r_i$,$r_o$。

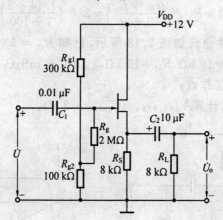

图 2.20　题 2.12 图

解　(1) 列方程

$$I_{DCQ} = I_{DSS}\left(1 - \frac{U_{GSQ}}{U_{GS(off)}}\right)^2 = 2\left(1 + \frac{U_{GSQ}}{4}\right)^2 \tag{1}$$

$$U_{GSQ} = \frac{R_{g2}}{R_{g1} + R_{g2}}V_{DD} - I_{DQ}R_S = 3 - 8I_{DQ} \tag{2}$$

将式(2)代入式(1),得

$$I_{DQ} = 2 \times \left(1 + \frac{3 - 8I_{DQ}}{4}\right)^2$$

解该方程可得两个解:$I_{DQ1} = 1.27$ mA,$I_{DQ2} = 0.6$ mA,在将它们分别代入上式得对应两个解:$U_{GSQ1} = -7$ V,$U_{GSQ2} = -1.8$ V。其中 U_{GSQ2} 不合适,结型管要求负栅压,故取故 $I_{DQ1} = 1.27$ mA、$U_{GSQ1} = -7$ V 为静态点参数。

$$U_{DSQ}/V = V_{DD} - I_{DQ}R_S = 12 - 1.3 \times 8 = 2$$

$U_{DSQ} > U_{GSQ} - U_{GS(off)}$,所设正确,工作于恒流区,上面求得的 Q 点值有效。

(2) 交流等效电路如图 2.21 所示。

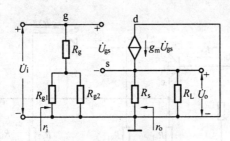

图 2.21　微变等效电路

$$\dot{A}_{ui} = \frac{g_m(R_s \mathbin{/\mkern-5mu/} R_L)}{1 + g_m(R_s \mathbin{/\mkern-5mu/} R_L)} = -\frac{0.4(8 \mathbin{/\mkern-5mu/} 10)}{1 + 0.4(8 \mathbin{/\mkern-5mu/} 10)} \approx 0.6$$

$$r_i/M\Omega = R_g + (R_{g1} \mathbin{/\mkern-5mu/} R_{g2}) = 2 + (300 \mathbin{/\mkern-5mu/} 100) \times 10^{-3} = 2$$

$$r_o/k\Omega = R_s \mathbin{/\mkern-5mu/} \frac{1}{g_m} = 8 \mathbin{/\mkern-5mu/} 2.5 = 1.9$$

【2.13】　两级直接耦合放大电路如图 2.22 所示,已知 r_{be1},r_{be2},β_1,β_2。

(1) 画出放大电路的交流通路及微变等效电路;

(2) 求两级放大电路的电压放大倍数 $\dot{A}_{ui} = \dfrac{\dot{U}_o}{\dot{U}_i}$ 的表达式,并指出 $\dot{U}_o$ 与 $\dot{U}_i$ 的相位关系;

(3) 推导该电路输出电阻的表达式。

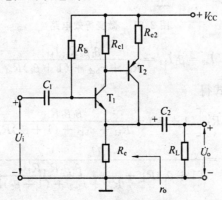

图 2.22　题 2.13图

解　(1) 交流通路如图 2.23 所示,微变等效电路如图 2.24 所示。

(2) 由微变等效电路可知

$$\dot{U}_i = r_{be1}\dot{I}_{b1} + \dot{U}_o$$

求 $\dot{I}_{b1}$:　　　　　　　　$$\dot{U}_o = R'_L(\dot{I}_{e1} + \dot{I}_{e2})$$

式中,$R'_L = R_{e1} \mathbin{/\mkern-5mu/} R_L$,$\dot{I}_{e1} = (1 + \beta_1)I_{b1}$。

由回路 $R_{c1} \longrightarrow r_{be2} \longrightarrow R_{e2}$ 导出 $\dot{I}_{c2}$,即

$$(\dot{I}_{C1} - \dot{I}_{b2})R_{C1} = \dot{I}_{b2}[r_{be2} + (1 + \beta_2)R_{e2}] \tag{3}$$

将 $\dot{I}_{c1} = \beta_1 \dot{I}_{b1}$ 代入式(2),写出 $\dot{I}_{b1}$、$\dot{I}_{b2}$ 的关系式:

$$\dot{I}_{b2} = \frac{\beta_1 R_{c1} \dot{I}_{b1}}{R_{c1} + r_{be2} + (1 + \beta_2)R_{e2}} \tag{4}$$

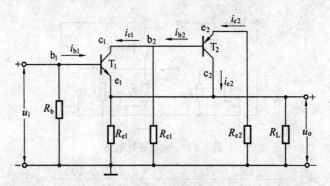

图 2.23　交流通路

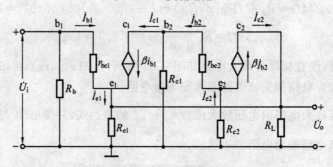

图 2.24　微变等效电路

$$\dot{I}_{c2} = \beta_2 \dot{I}_{b2} = \frac{\beta_1 \beta_2 R_{c1} \dot{I}_{b1}}{R_{c1} + r_{be2} + (1+\beta_2)R_{e2}} \tag{5}$$

将 $\dot{I}_{e1}$，$\dot{I}_{c2}$ 代回 $\dot{U}_o$ 的表达式得

$$\dot{U}_o = R'_L \left[(1+\beta_1) + \frac{\beta_1 \beta_2 R_{c1}}{R_{c1} + r_{be2} + (1+\beta_2)R_{e2}} \right] \dot{I}_{b1} \tag{6}$$

$$\dot{I}_{b1} = \frac{\dot{U}_o}{(1+\beta_1)R'_L + \dfrac{\beta_1 \beta_2 R_{c1} R'_L}{R_{c1} + r_{be2} + (1+\beta_2)R_{e2}}} \tag{7}$$

将式(7)代入式(1)，得

$$\dot{U}_i = \left[\frac{r_{be1}}{(1+\beta_1)R'_L + \dfrac{\beta_1 \beta_2 R_{c1} R'_L}{R_{c1} + r_{be2} + (1+\beta_2)R_{e2}}} + 1 \right] \dot{U}_o \tag{8}$$

因此

$$\dot{A}_{ui} = \frac{\dot{U}_o}{\dot{U}_i} = \frac{(1+\beta_1)R'_L + \dfrac{\beta_1 \beta_2 R_{c1} R'_L}{R_{c1} + r_{be2} + (1+\beta_2)R_{e2}}}{r_{be1} + (1+\beta_1)R'_L + \dfrac{\beta_1 \beta_2 R_{c1} R'_L}{R_{c1} + r_{be2} + (1+\beta_2)R_{e2}}} \tag{9}$$

因为两级均为共射组态，信号从输入到输出共反了两次相位，所以 $\dot{U}_o$ 与 $\dot{U}_i$ 同相位。

（3）推导输出电阻的表达式

按着 r_o 的一般求法，应将 R_L 开路，$\dot{U}_i$ 短路，此时 R_b 被 $\dot{U}_i$ 短路，从 R_{e1} 看 T_2 管：因为 $R_{c2} = R_{e1}$，T_2 为共射组态，隔着电流源，从它的集电极看不到输入回路，所以只能看到

r_{be1}。将 r_{be1} 折合到发射极的电阻是 $\dfrac{r_{\text{be1}}}{1+\beta}$，再与 R_{e1} 并联就是输出电阻了。

$$r_{\text{o}} = R_{\text{e1}} \mathbin{/\mkern-5mu/} \frac{r_{\text{be1}}}{1+\beta} \tag{10}$$

【2.14】　选择填空

(1) 直接耦合放大电路能放大_____，阻容耦合放大电路能放大_____。(a. 直流信号；b. 交流信号；c. 交、直流信号)

(2) 阻容耦合与直接耦合的多级放大电路的主要不同点是_____。(a. 放大信号不同；b. 交流通路不同；c. 直流通路不同)

(3) 因为阻容耦合电路_____，(a_1. 各级工作点 Q 相互独立；b_1. Q 点相互影响；c_1. 各级 A_{u} 互不影响；d_1. A_{u} 互相影响)，所以这类电路_____(a_2. 温漂小；b_2. 能放大直流信号；c_2. 放大倍数稳定)，但是，_____(a_3. 温漂大；b_3. 不能放大直流信号；c_3. 放大倍数稳定)。

【答案】　(1) c，b；(2) a；(3) a_1，c_2，b_3。

【2.15】　如图 2.25 所示，两级阻容耦合放大电路中，三极管的 β 均为 100，$r_{\text{be1}} = 5\ \text{k}\Omega$，$r_{\text{be2}} = 6\ \text{k}\Omega$，$R_{\text{S}} = 20\ \text{k}\Omega$，$R_{\text{b}} = 300\ \text{k}\Omega$，$R_{\text{e1}} = 7.5\ \text{k}\Omega$，$R_{\text{b21}} = 30\ \text{k}\Omega$，$R_{\text{b22}} = 91\ \text{k}\Omega$，$R_{\text{e2}} = 5.1\ \text{k}\Omega$，$R_{\text{c2}} = 12\ \text{k}\Omega$，$C_1 = C_3 = 10\ \mu\text{F}$，$C_2 = 30\ \mu\text{F}$，$C_{\text{e}} = 50\ \mu\text{F}$，$V_{\text{CC}} = 12\ \text{V}$。

(1) 求 r_{i} 和 r_{o}；

(2) 分别求出当 $R_{\text{L}} = \infty$ 和 $R_{\text{L}} = 3.6\ \text{k}\Omega$ 时的 $\dot{A}_{\text{uS}}$。

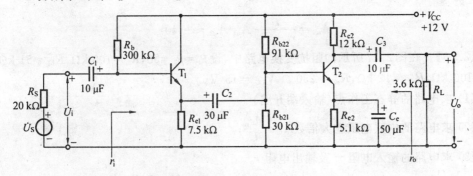

图 2.25　题 2.15 图

解　(1) 画出微变等效电路如图 2.26 所示。

输入电阻

$$r_{\text{i}} = R_{\text{b}} \mathbin{/\mkern-5mu/} [r_{\text{be1}} + (1+\beta)(R_{\text{e1}} \mathbin{/\mkern-5mu/} r_{\text{i2}})]$$

式中 r_{i2} 为

$$r_{\text{i2}}/\text{k}\Omega = R_{\text{b21}} \mathbin{/\mkern-5mu/} R_{\text{b22}} \mathbin{/\mkern-5mu/} r_{\text{be2}} = 30 \mathbin{/\mkern-5mu/} 91 \mathbin{/\mkern-5mu/} 6 \approx 3.2$$

故　　　　$r_{\text{i}} = 300\ \text{k}\Omega \mathbin{/\mkern-5mu/} [5 + (1+100)(7.5 \mathbin{/\mkern-5mu/} 3.2)] \approx 126$

输出电阻

$$r_{\text{o}} = 12\ \text{k}\Omega$$

(2) 当 $R_{\text{L}} = \infty$ 时

$$\dot{A}_{\text{u1}} = \frac{(1+\beta_1)R_{\text{e1}} \mathbin{/\mkern-5mu/} r_{\text{i2}}}{r_{\text{be1}} + (1+\beta_1)r_{\text{i2}}} \approx 1$$

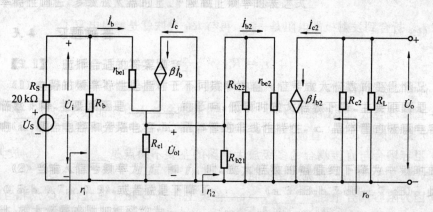

图 2.26　微变等效电路

$$\dot{A}_{u2} = -\frac{\beta_2 R_{c2}}{r_{be2}} = -200$$

$$\dot{A}_{uS} = \frac{r_i}{r_i + r_S} \dot{A}_{u1} \dot{A}_{u2} = -173$$

当 $R_L = 3.6\ \text{k}\Omega$ 时

$$\dot{A}_{u1} = \frac{(1+\beta_1)r_{i2}}{r_{be1}+(1+\beta_1)r_{i2}} \approx 1$$

$$\dot{A}_{u2} = -\frac{\beta_2(R_L /\!/ R_c)}{r_{be2}} = -46$$

$$\dot{A}_{uS} = \frac{r_i}{r_i + R_S} \dot{A}_{u1} \dot{A}_{u2} \approx -40$$

【2.16】　在图 2.27 所示的阻抗变换电路中,设 $\beta_1 = \beta_2 = 50$, $R_b = 100\ \text{k}\Omega$, $R_{b1} = 51\ \text{k}\Omega$, $R_b = 100\ \text{k}\Omega$, $R_{e1} = 12\ \text{k}\Omega$, $R_{e2} = 250\ \Omega$, $V_{CC} = 15\ \text{V}$。

(1) 求电路的静态工作点(输入端开路)

(2) 求电路的中频电压放大倍数 $\dot{A}_{ui} = \dfrac{\dot{U}_o}{\dot{U}_i}$;

(3) 求电路的输入电阻 r_i 及输出电阻 r_o。

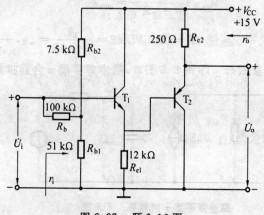

图 2.27　题 2.16 图

解 (1) 求静态工作点

设 $U_{BE1}=U_{BE2}=0.7$ V

$$U_{B1}/V=\frac{R_{b1}}{R_{b1}+R_{b2}}V_{CC}=\frac{51}{51+7.5}\times 15=13 \tag{1}$$

$$I_{B1}/\mu A=\frac{U_{B1}-U_{BE1}}{(1+\beta)R_{e1}}=\frac{13-0.7}{(1+50)\times 12}=0.02\text{ mA}=20$$

$$I_{C1}/mA=\beta I_{B1}=50\times 0.02=1$$

$$U_{CE1}/V=V_{CC}-I_{E1}R_{e1}=15-1\times 12=3$$

$$U_{B2}/V=U_{E1}=I_{E1}R_{e1}=(1+50)\times 0.02\times 12=12.25$$

$$I_{B2}/mA=\frac{I_{E2}}{1+\beta}=\frac{V_{CC}-U_{B2}-|U_{BEQ}|}{(1+\beta)R_{e2}}=\frac{15-12.24-0.7}{51\times 0.25}=0.16$$

$$I_{C2}/mA=\beta I_{B2}=50\times 0.16=8$$

$$U_{CE2}/V=V_{CC}-(1+\beta)I_{B2}R_{e2}=15-51\times 0.16\times 0.25=13$$

(2) 画出微变等效电路如图 2.28 所示,求动态参数。

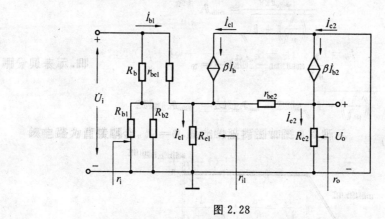

图 2.28

计算 r_{be1} 和 r_{be2}:

$$r_{be1}/k\Omega=300+(1+\beta)\frac{26}{I_{E1}}=\left[300+(1+50)\frac{26}{1}\right]\times 10^{-3}\approx 1.6$$

$$r_{be2}/k\Omega=300+(1+\beta)\frac{26}{I_{E2}}=300+(1+50)\frac{26}{8}=466\text{ }\Omega\approx 0.5 \tag{3}$$

由图可知:

$$\dot A_{u1}=\frac{(1+\beta)R_{e1}}{r_{be1}+(1+\beta)R_{e1}}\text{ 由于 }r_{be1}\ll(1+\beta)R_{e1},\text{所以},\dot A_{u1}\approx 1。$$

$$\dot A_{u2}=\frac{(1+\beta)R_{e2}}{r_{be2}+(1+\beta)R_{e2}}\approx 1 \tag{5}$$

$$\dot A_{ui}=\dot A_{u1}\dot A_{u2}=1$$

(3) 求 r_i 和 r_o

① 由图可知:$r_i=R_b' \mathbin{/\mkern-5mu/} [r_{be1}+(1+\beta)R_{e1}']$

式中

$$R_b'/k\Omega=R_b+R_{b1} \mathbin{/\mkern-5mu/} R_{b2}=100+51 \mathbin{/\mkern-5mu/} 7.5=107$$

$$R'_{e1}/k\Omega = R_{e1} \mathbin{/\mkern-5mu/} [r_{be2} + (1+\beta)R_{e2}] = 12 \mathbin{/\mkern-5mu/} [0.5 + (1+50) \times 0.25] \approx 12$$

故　　　　　　$$r_i/k\Omega = 107 \mathbin{/\mkern-5mu/} [1.6 + (1+50) \times 12] \approx 91 \tag{6}$$

② 求输出电阻方法是将输入端信号 $\dot{U}_i$ 短路，输出端负载开路，在输出端加入交流等效信号 $\dot{U}_o$，产生等效电流 $\dot{I}_o$，即可求 r_o，其微变等效电路如图 2.29 所示。

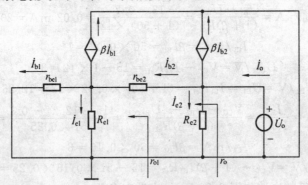

图 2.29　微变等效电路

由图可写出：

$$\dot{I}_o = \dot{I}_{e2} + \dot{I}_{b2} + \beta_2 \dot{I}_{b2} = \frac{\dot{U}_o}{R_{e2}} + (1+\beta_2)\dot{I}_{b2} \tag{7}$$

式中，$\dot{I}_{b2}$ 为

$$\dot{I}_{b2} = \frac{\dot{U}_o}{r_{be2} + r_{o1}} \tag{8}$$

将式(8)代入式(7)得

$$\dot{I}_o = \frac{\dot{U}_o}{R_{e2}} + \frac{\dot{U}_o(1+\beta_2)}{r_{be2} + r_{o1}} \tag{9}$$

则

$$\frac{\dot{I}_o}{\dot{U}_o} = \frac{1}{R_{e2}} + \frac{1}{\dfrac{r_{be2} + r_{o1}}{1+\beta_2}}$$

即

$$r_o = R_{e2} \mathbin{/\mkern-5mu/} \frac{r_{be2} + r_{o1}}{1+\beta_2} \tag{10}$$

同理可求得

$$r_{o1}/k\Omega = R_{e1} \mathbin{/\mkern-5mu/} \frac{r_{be1}}{1+\beta_1} = 12 \mathbin{/\mkern-5mu/} \frac{1.6}{1+50} \approx 0.03 \tag{11}$$

故　　　$$r_o/\Omega = R_{e2} \mathbin{/\mkern-5mu/} \frac{r_{be2} + R_{e1} \mathbin{/\mkern-5mu/} \dfrac{r_{be1}}{1+\beta_1}}{1+\beta_2} = 0.25 \mathbin{/\mkern-5mu/} \frac{0.5 + 0.03}{50} \times 10^3 = 10 \tag{12}$$

阻抗变换电路(两级跟随器)r_i 很大，r_o 很小，$A_u \approx 1$，这就是该电路的特点。

第3章　放大电路的频率特性

3.1　教学内容要求

(1) 频率特性的基本概念及波特图表示法。
(2) 共射放大电路的频率特性。
(3) 共基放大电路的频率特性。
(4) 多级放大电路的频率特性。

3.2　教学讲法要点

(1) 详细介绍频率特性基本概念并引出波特图表示法。阐述电压放大倍数在高频端、低频端降低的影响因素,让初学者认识到带宽 BW 是放大电路的重要技术指标。

(2) 讲述共射放大电路频率特性时,公式推导简单扼要,讲述表达式结果的物理概念,重点画出波特图。

(3) 在单级放大电路频率特性分析的基础上,阐述多级放大电路频率特性的波特图的画法。

(4) 共基放大电路的频率特性,课时少的专业可不讲。

3.3　学习要求

1. 学习要点

(1) 了解放大倍数是信号频率的的函数。这种函数关系就是放大电路的频率特性。为了对放大电路的频率特性进行定量分析,应用了混合参数 π 型等效电路。频率特性的描述方法通常有波特图和用复数表示的放大倍数表达式,要阐述清楚、透彻,还要简明扼要。

(2) 熟悉放大电路的放大倍数在高频段下降的主要原因是晶体管极间电容和实际连线间的分布电容;在低频端下降的主要原因是耦合电容和旁路电容。

(3) 截止频率的计算方法是时间常数法。即求出该电容所在回路的时间常数 τ,则截止频率可求,即 $f = 1/(2\pi\tau)$。在一般情况下,$f_H \gg f_L$,因此可找出有关回路分别计算。

(4) 学会分析高、低频段只考虑一个电容起作用的放大电路的频率响应并画出波特图。求出 f_H 和 f_L 的具体数值及 A_{um} 的数值和相位关系,用折线法即可画出波特图。

2. 学会本章主要概念和术语

增益的复函数表达式,幅频特性,相频特性,上限截止频率 f_H,下限截止频率 f_L,带宽 BW,直接耦合放大器的 BW,频率失真,增益带宽积,影响低频段增益降低的因素,影响高频段增益降低的因素,密勒效应,归一化波特图,完整的频率特性表达式,多级放大器的频率特性画法,多级放大器的上、下限截止频率的表达式。

3.4　习题解答

【3.1】　选择合适的答案填空

(1)电路的频率特性是指对于不同频率的输入信号放大倍数的变化情况。高频时放大倍数下降,主要原因是_____的影响;低频时放大倍数下降,主要原因是_____的影响(a. 耦合电容和旁路电容,b. 晶体管的非线性特性,c. 晶体管的极间电容和分布电容)。

(2)当输入信号频率为 f_L 和 f_H 时,放大倍数的幅值约下降为中频时的_____(a. 0.5;b. 0.7;c. 0.9),或者说是下降了_____(a. 3 dB;b. 5 dB;c. 7 dB)。此时与中频相比,放大倍数的附加相移约为_____(a. 45°;b. 90°;c. 180°)。

【答案】　(1)c,a;　　(2)b, a,a。

【3.2】　　电路如图 3.1 所示,若晶体管的 $C_\mu = 4$ pF,$f_T = 50$ MHz。试计算这个电路的截止频率,写出 $\dot{A}_u$ 的表达式,并画出波特图。(晶体管的 $\beta = 50$,$r_{bb'} = 200$ Ω)

解　(1)画出共射电路中频时混合 π 型等效电路,如图 3.2 所示。由图 3.2 可写出中频电压放大倍数表达式为

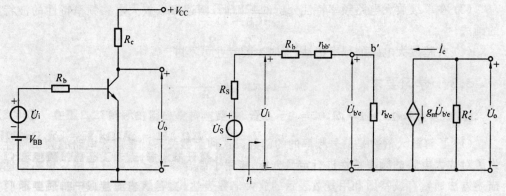

图 3.1　题 3.2 图　　　　　　　图 3.2　中频时混合 π 型等效电路

$$A_{uSm} = -\frac{r_i}{R_S + r_i}Pg_mR_c'$$

式中,$P = \dfrac{r_{b'e}}{r_{bb'} + r_{b'e}}$,$g_m = \dfrac{I_E}{26\text{ mV}} = 38.5I_E$,$R_c' = R_c \ // \ r_{ce}$。

(2)画出高频时混合 π 型等效电路,如图 3.3 所示。该图是利用戴维南定理简化后的

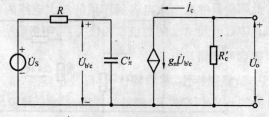

图 3.3　高频时 π 型等效电路

等效电路,图中参数的表达式为

$$\dot{U}'_s = \frac{r_i}{R_s + r_i} P \dot{U}_s, \quad R = r_{b'e} \mathbin{/\mkern-5mu/} (r_{bb'} + R_S + R_b)$$

$$C'_\pi = C_\pi + (1 + g_m R'_c) C_u, \quad C_\pi = \frac{g_m}{2\pi f_T}$$

因此,可求上限截止频率,即

$$f_H = \frac{1}{2\pi R C'_\pi}$$

高频 $\dot{A}_{uSH}$ 表达式,即

$$\dot{A}_{uSH} = A_{uSm} \frac{1}{1 + \mathrm{j}\dfrac{f}{f_H}}$$

(3) 画波特图

将 $\dot{A}_{uSH}$ 用模和相角表示,即

$$\dot{A}_{uSH} = \frac{A_{uSm}}{\sqrt{1 + \left(\dfrac{f}{f_H}\right)^2}}$$

用分贝表示,即

$$\varphi = -180° - \arctan\frac{f}{f_H}$$

$$20\lg|\dot{A}_{uSH}| = 20\lg A_{um} - 20\lg\sqrt{1 + \left(\frac{f}{f_H}\right)^2}$$

该电路为直接耦合,$f_L = 0$,画出的波特图如图 3.4 所示。

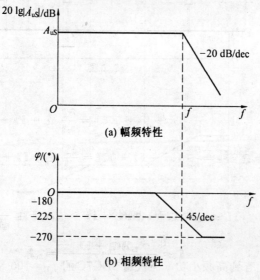

(a) 幅频特性

(b) 相频特性

图 3.4 波特图

【3.3】 某放大电路的电压放大倍数表达式为

$$\dot{A}_u = \frac{150\left(j\dfrac{f}{50}\right)}{\left(1+j\dfrac{f}{50}\right)\left(1+j\dfrac{f}{10^5}\right)}$$

式中, f 的单位为 Hz，它的中频电压放大倍数 A_{um} 是多大？电路的上下限截止频率 f_H 和 f_L 各是多大？试画出 $\dot{A}_u$ 的波特图。

　　解　（1）根据标准的频率响应表达式

$$\dot{A}_u = \frac{\dot{A}_{um}\left(j\dfrac{f}{f_L}\right)}{\left(1+j\dfrac{f_L}{f}\right)\left(1+j\dfrac{f}{f_H}\right)}$$

得知： $f_L = 50$ Hz, $f_H = 10^5$ Hz, $\dot{A}_{um} = -150$ 。

　　（2） $\dot{A}_u$ 的波特图如图 3.5 所示。

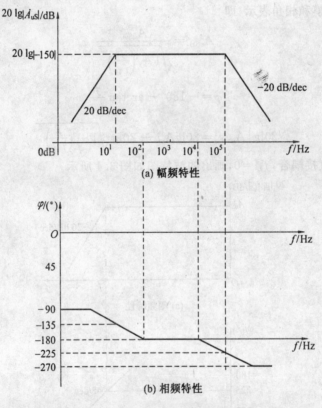

(a) 幅频特性

(b) 相频特性

图 3.5　波特图

　　【3.4】　从手册上查到高频小功率三极管 3DG7C 的 $f_T = 100$ MHz, $C_\mu = 12$ pF；又知道当 $I_c = 30$ mA 时，对应于的低频 H 参数为 $\beta = 50$, $r_{be} = 700\ \Omega$, $h_{oe} = 0.2$ mA/V，试画出这个三极管在高频时的混合 π 型等效电路，并注明这个等效电路中各元件的数值。

　　解　（1）三极管在高频时的混合 π 型等效电路如图 3.6 所示。

　　（2）求等效电路中各元件的数值：

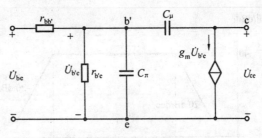

图 3.6　高频时混合 π 型等效电路

$$g_m / \text{mS} = \frac{I_E}{U_T} = \frac{30}{0.026} \approx 1.15$$

$$r_{b'e} / \Omega = \frac{\beta}{g_m} = \frac{50}{1.15} \approx 43$$

$$r_{bb'} / \Omega = r_{be} - r_{b'e} = 700 - 43 = 657$$

$$C_\pi / \text{pF} = \frac{g_m}{2\pi f_T} = \frac{1.15 \times 10^{-3}}{2 \times 3.14 \times 100 \times 10^6} = 183$$

【3.5】　如果一个单级放大器的通频带是 50 Hz ～ 50 kHz，$A_{um} = 40$ dB，画出此放大器的对应的幅频特性和相频特性（假设只有两个转折频率）。如输入一个 $10\sin(2\pi \times 100 \times 10^3 t)$ mV 的正弦波信号，是否会产生波形失真？

解　对数幅频特性在 50 Hz 和 50 kHz 两处转折，在 20 Hz 处的转折斜率为 $+20$ dB/dec，而在 50 kHz 处的转折斜率为 -20 dB/dec，其波特图如图 3.7 所示。

（2）输入 10 mV 正弦波的频率为 100 kHz，它可看成是 10 kHz 的一个十倍频程，信号频率仍在通频带内，所以不会产生波形失真。

【3.6】　某放大电路 $\dot{A}_u$ 的波特图如图 3.8 所示。写出 $\dot{A}_u$ 的表达式，并求出 f_L 和 f_H 的近似值。

解　（1）由图 3.8 可知：$20\lg \dot{A}_{um} = 40$ dB，$\dot{A}_{um} = -100$。

$\dot{A}_u$ 的表达式为

$$\dot{A}_u \approx -\frac{\dot{A}_{um}\left(j\dfrac{f}{f_L}\right)}{\left(1 + j\dfrac{f}{f_L}\right)\left(1 + j\dfrac{f}{f_H}\right)} = -\frac{100 \cdot \left(j\dfrac{f}{20}\right)}{\left(1 + j\dfrac{f}{20}\right)\left(1 + j\dfrac{f}{2 \times 10^6}\right)}$$

（2）求 f_L 和 f_H 的近似值：

$$f_L \approx 20 \text{ Hz}$$

$$f_H \approx 2 \times 10^6 \text{ Hz} = 2\,000 \text{ kHz}$$

【3.7】　某单级 RC 耦合放大器的幅频特性可用下式表示，$\dot{A}_{uL} = \dfrac{A_{um}}{\sqrt{1 + \left(\dfrac{f_L}{f}\right)^2}}$，$\dot{A}_{uH} = $

$\dfrac{A_{um}}{\sqrt{1 + \left(\dfrac{f}{f_H}\right)^2}}$，而且放大器的通频带为 30 Hz ～ 15 kHz，求放大倍数由中频值下降 0.5 dB

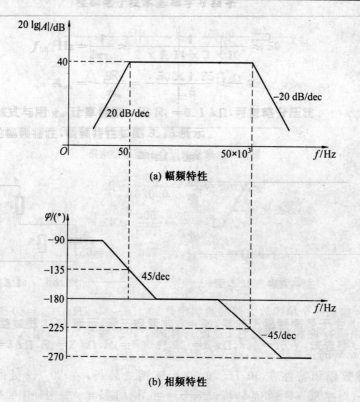

(a) 幅频特性

(b) 相频特性

图 3.7　波特图

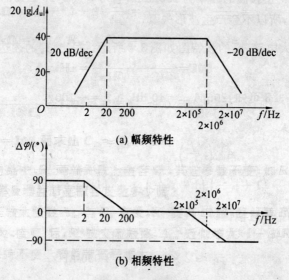

(a) 幅频特性

(b) 相频特性

图 3.8　波特图

时所确定的频率范围。

　　解　写出分贝表达式：

　　(1) $20\lg|\dot{A}_{uL}| = 20\lg A_{um} - 20\lg\sqrt{1+\left(\dfrac{30}{f}\right)^2}$

中频电压放大倍数降低了 0.5 dB,即

$$-20\lg\sqrt{\left(1+\left(\frac{30}{f}\right)^2\right)}=-0.5$$

可解出

$$f=85\ \text{Hz}$$

(2)同理

$$-20\lg\sqrt{\left(1+\left(\frac{f}{15\ 000}\right)^2\right)}=-0.5$$

可解出

$$f=5.3\ \text{kHz}$$

故知中频电压放大倍数降低 0.5 dB 时,低端 $f_L'=85$ Hz,高端 $f_H'=5.3$ kHz。频带变窄。

【3.8】 如图 3.9 所示共射放大电路。已知三极管为 3DG8D,它的 $C_\mu=4$ pF,$f_T=150$ MHz,$\beta=50$,又知 $R_S=2$ kΩ,$R_L=1$ kΩ,$C_1=0.1$ μF,$V_{CC}=5$ V。计算中频电压放大倍数 A_{uSm}、上限截止频率 f_H,下限截止频率 f_L 及通频带 BW,并画出波特图。设 C_2 的容量很大,在通频带范围内可认为交流短路,静态时 $U_{BEQ}=0.6$ V。

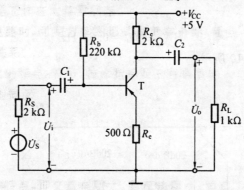

图 3.9 题 3.8 图

解 (1)求静态工作点

$$I_{BQ}/\mu\text{A}=\frac{V_{CC}-U_{BEQ}}{R_b}=\frac{5-0.6}{220}=0.02\ \text{mA}=20$$

$$I_{CQ}/\text{mA}=\beta I_{BQ}=50\times0.02=1$$

$$U_{CEQ}/\text{V}=V_{CC}-I_{CQ}(R_c+R_e)=5-1\times2.5=2.5$$

(2)计算中频电压放大倍数

$$r_{b'e}/\Omega=(1+\beta)\frac{26\ \text{mV}}{I_{CQ}\ \text{mA}}\approx50\times\frac{26}{1}=1\ 300$$

$$P=\frac{r_{b'e}}{r_{bb'}+r_{b'e}}=\frac{1\ 300}{300+1\ 300}=0.81$$

$$r_i/\text{k}\Omega=R_b\ /\!/\ ((r_{bb'}+r_{b'e})\approx r_{bb'}+r_{b'e}=300+1\ 300=1.6$$

$$R_L'/\text{k}\Omega=R_c\ /\!/\ R_L=\frac{2}{2+1}=0.67$$

$$g_m/\mathrm{mS} = \frac{I_C}{26} = 38.5$$

$$A_{uSm} = -\frac{r_i}{R_S + r_i} p g_m R'_L = -\frac{1.6}{2 + 1.6} \times 0.81 \times 38.5 \times 0.67 \approx -9.28$$

（3）计算上限频率

$$C_\pi/\mathrm{pF} = \frac{g_m}{2\pi f_T} = \frac{38.5 \times 10^3}{2\pi \times 150 \times 10^6} = 41 \times 10^{-12} F = 41$$

$$C'_\pi/\mathrm{pF} = C_\pi + (1 + g_m R'_L) C_\mu = 41 + (1 + 38.5 \times 1.67) \times 4 \approx 302$$

$$R'_S = R_S /\!/ R_b \approx 2\ \mathrm{k\Omega}$$

$$R/\mathrm{k\Omega} = \frac{r_{b'e}(R'_S + r_{bb'})}{r_{b'e} + R'_S + r_{bb'}} = \frac{1.3 \times 2.3}{1.3 + 2.3} \approx 0.83$$

所以

$$f_H/\mathrm{MHz} = \frac{1}{2\pi R C'_\pi} = \frac{1}{2\pi \times 830 \times 302 \times 10^{-12}} \approx 6.3 \times 10^5\ \mathrm{Hz} = 0.63$$

（4）计算下限频率

$$f_L/\mathrm{kHz} = \frac{1}{2\pi(R_S + r_i)C_1} = \frac{1}{2\pi(2 + 1.6) \times 10^3 \times 0.1 \times 10^6} \approx 442\ \mathrm{Hz} = 0.442$$

（5）计算通频带

$$BW \approx f_H = 0.63\ \mathrm{Hz}$$

（6）波特图如图 3.10 所示。

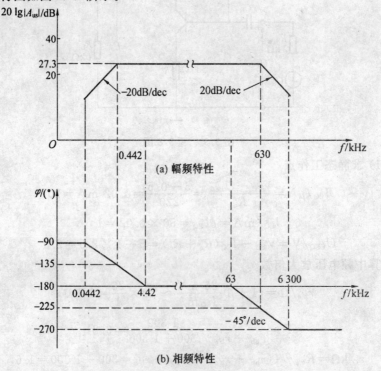

图 3.10　波特图

【3.9】　电路如图 3.11 所示,已知三极管的 $\beta = 50, R_s = 100\ \Omega, R_{b1} = 80\ \text{k}\Omega, R_{b2} = 20\ \text{k}\Omega, R_e = 1\ \text{k}\Omega, R_c = 2.5\ \text{k}\Omega, R_L = 2.5\ \text{k}\Omega, V_{CC} = -12\ \text{V}, C_1 = C_2 = 1\ \mu\text{F}$。在以下几种条件下计算下限频率 f_L。

(1) 考虑 C_2 的影响,不考虑 C_1 的影响;

(2) 考虑 C_1 的影响,不考虑 C_2 的影响;

(3) C_1、C_2 的影响都考虑;

(4) 在 R_e 两端并联电容 $C_e = 30\ \mu\text{F}$,求放大电路的下限频率等于多少? 画出对数幅频特性。

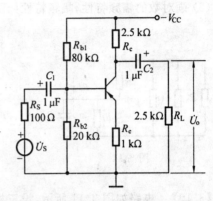

图 3.11　题 3.9 图

解　(1) 考虑 C_2 的影响,不考虑 C_1 的影响,其所在回路的等效电路如图 3.12 所示。

$$\tau_2/\text{ms} = (R_c + R_L)C_2 =$$
$$(2.5 + 2.5) \times 10^3 \times 1 \times 10^{-6} = 5$$

其下限频率为

$$f_{L2}/\text{Hz} = \frac{1}{2\pi\tau_2} = \frac{1}{2 \times 3.14 \times 5 \times 10^{-3}} = 32$$

(2) 考虑 C_1 的影响,不考虑 C_2 的影响,等效电路如图 3.13 所示。

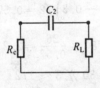

图 3.12

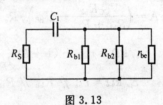

图 3.13

$$I_{EQ}/\text{mA} = \left(\frac{V_{CC}R_{b2}}{R_{b1} + R_{b2}} - U_{BE}\right)/R_e = \left(\frac{12 \times 20}{80 + 20} - 0.3\right)/2.5 = 0.84$$

$$r_{be}/\text{k}\Omega = r_{bb'} + (1 + \beta)\frac{26\ \text{mV}}{I_{EQ}} = 100 + 51 \times \frac{26}{0.84} \approx 1.6$$

$$\tau_1/\text{ms} = R_1 C_1 = (R_s + R_{b1} \mathbin{/\!/} R_{b2} \mathbin{/\!/} r_{be})C_1 =$$
$$(0.1 + 80 \mathbin{/\!/} 20 \mathbin{/\!/} 1.6) \times 10^3 \times 1 \times 10^{-6} = 1.6$$

其下限频率为

$$f_{L1} = \frac{1}{2\pi\tau_1} = \frac{1}{2 \times 3.14 \times 1.6 \times 10^{-3}} \approx 100\ \text{Hz}$$

(3) C_1、C_2 的影响都考虑

因 $R_1 < R_2$,忽略 C_2 的影响,由 C_1 决定下限频率。

(4) 在 R_e 两端并联电容 $C_e = 30\ \mu\text{F}$,求放大电路的下限频率。

C_e 回路的等效电路如图 3.14 所示(只考虑 C_e 的影响)。

$$R'_e/\text{k}\Omega = R_s \mathbin{/\!/} R_{b1} \mathbin{/\!/} R_{b2} \mathbin{/\!/} [r_{be} + (1 + \beta)R_e] = 0.1 \mathbin{/\!/} 80 \mathbin{/\!/} 20 \mathbin{/\!/} (1.6 + 50) \approx 0.1$$
$$\tau_e/\text{ms} = R'_e C_e = 0.1 \times 10^3 \times 30 \times 10^{-6} = 3$$

$$f_{L1}/\text{Hz} = \frac{1}{2\pi\tau_e} \approx \frac{1}{2 \times 3.14 \times 3 \times 10^3} \approx 50$$

$$A_{um} = -\frac{\beta R'_L}{r_{be}} = -\frac{50 \times 1.25}{1.6} \approx -40$$

注:中频时,该式与用 g_m 计算相似。因 $R_S = 0.1\ \text{k}\Omega$,可忽略分压比。

(5) 画对数的幅频特性,幅频特性如图 3.15 所示。

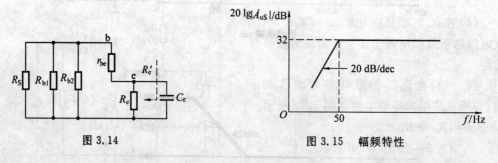

图 3.14　　　　　　　　　　　　　　　图 3.15　幅频特性

【3.10】　电路如图 3.11 所示,设三极管的 $\beta = 20$,要求下限频率等于为 100 Hz,且 $R_{b1} = 30\ \text{k}\Omega$,$R_{b2} = 3\ \text{k}\Omega$,$R_e = 2\ \text{k}\Omega$,$R_S = 500\ \Omega$,$R_L = 6\ \text{k}\Omega$,$V_{CC} = 16\ \text{V}$,试选择 C_1 和 C_2 的值。

解　$I_{EQ}/\text{mA} = \left(\dfrac{V_{CC}R_{b2}}{R_{b1}+R_{b2}} - U_{BE}\right)/R_e = \left(\dfrac{16 \times 3}{30+3} - 0.3\right)/2 = 0.57$

$$r_{be}/\text{k}\Omega = r_{bb'} + (1+\beta)\frac{26}{I_{EQ}} = 100 + 50 \times \frac{26}{0.57} = 2.2$$

$$r_i/\text{k}\Omega = r_{be} \mathbin{/\!/} R_{b1} \mathbin{/\!/} R_{b2} = 2.2 \mathbin{/\!/} 30 \mathbin{/\!/} 3 \approx 1.2$$

$$f_{L1}/\text{Hz} = \frac{1}{2\pi(R_S + r_i)C_1} = 100$$

由 $\dfrac{1}{2\pi(0.5 + 2.2) \times 10^3 C_1} = 100$,可求出 $C_1 \approx 0.58\ \mu\text{F}$。

由 $\dfrac{1}{2\pi(R'_c + R_L)C_2} = 100$,可求出 $C_2 \approx 0.19\ \mu\text{F}$。

【3.11】　在上题电路中,R_e 两端并联上电容 C_e,其它参数不变,如 R_L 提高 10 倍,问中频放大倍数,上限频率及增益带宽积各变化多少倍?

【答案】　中频电压放大倍数 A_{um} 与 R'_L 有关,R'_L 提高 10 倍,经计算 R'_L 提高 0.45 $\text{k}\Omega$,可忽略。但 C_e 影响很大,接 C_e 后,R_e 被交流短路,A_{um} 近似增大 $(1+\beta)R_e$ 倍。上限截止频率与 C_e 无关,因此保持不变。增益带宽积增大。

第4章 集成单元与运算放大器

4.1 教学内容要求

（1）恒流源电路。
（2）差动放大电路。
（3）功率放大电路。
（4）集成运算放大器。

4.2 教学讲法要点

（1）详细介绍恒流源、差动、功率电路的组成,工作原理、特点及主要参数。恒流源电路的作用是为集成运放电路中提供恒流偏置。差动放大电路的作用是抑制温漂,信号转换。功率放大电路的特性是工作在大信号状态。

（2）讲集成运放内部电路时,可用方框图形式做简单介绍,重点介绍同相输入端、反相输入端与输出端的相位关系。

（3）重点介绍理想运放的特点、符号、技术指标及三种典型输入电路。特别强调讲解理想运放的虚短、虚断、虚地概念。

4.3 学习要求

1. 学习要点

（1）掌握恒流源电路的特点,即交流电阻大、直流电阻小、恒流。在集成电路中多作为恒流偏置,还可作为有源负载。

（2）掌握差放抑制温漂特性,会计算静态和动态参数。在单端输出时,掌握共模分析法。差放是本章重点、难点内容,在分立和集成电路中广泛应用。有关差放特性必须掌握透彻。

（3）掌握功放大信号的工作特点,功率管工作在极限状态,了解互补推挽 OTL 和 OCL 电路的工作原理,会计算效率 η,电源功率 P_V,管耗 P_T,输出功率 P_{omax},以及 P_T 与 P_{om} 直接的关系,以便选用功率管。

（4）熟悉理想运放的特点,掌握虚短、虚断、虚地概念和运放的三种基本输入电路的特点及电压放大倍数公式。

2. 学会本章主要概念和术语

电流镜,微电流源,比例电流源,有源负载,差动放大抑制温漂原理,差模信号,差模增益,差模输入、输出电阻,共模信号,共模增益,共模输入、输出电阻,共模抑制比,甲类功放,乙类功放,甲乙类功放,互补推挽,交越失真,达林顿组态,输出最大功率 P_{om},电源供

给功率 P_V，转换效率 η，最大管耗 P_T，管耗与输出功率的关系：①$P_{T1max} = 0.2P_{omax}$，②$P_{cmax} = 0.5P_{omax}$；运放特点，符号，失调电压 U_{IO}，偏置电流 I_{IB}，失调电流 I_{IO}，温度系数：α_{UIO}，α_{IIO}，差模开环电压增益 A_{ud}，开环带宽 BW，转换速率 S_R，理想运放的特点，符号，虚短、虚断、虚地，反相输入比例运算电路，同相输入比例运算电路，差动输入比例运算电路。

4.4　习题解答

【4.1】　在图 4.1 所示的电路中，T_1、T_2、T_3 的特性都相同，且 $\beta_1 = \beta_2 = \beta_3$ 很大，$U_{BE1} = U_{BE2} = U_{BE3} = 0.7$ V。请计算 $U_1 - U_2 = ?$

解　$I_{C2}/\text{mA} \approx I_{REF} = \dfrac{15 - 0.7}{10 \times 10^3} = 1.43$

$$U_1 - U_2 = U_{BE3} + I_{C2}R_2 = 0.7 \text{ V} +$$
$$1.43 \times 10^{-3}\text{A} \times 5 \times 10^{-3}\Omega = 7.85 \text{ V}$$

【4.2】　比较图 4.2 中的三种电流源电路，试指出在一般情况下，哪种形式的电路更接近理想恒流源？哪个电路的输出电阻可能最小？图 4.2(a) 和图 4.2(b) 相比，哪个电路受温度的影响更大些？

【答案】　在一般情况下，图 4.2(b) 电路更接近理想恒流源，因有电流负反馈电阻 R_e，输出电阻最大。图 4.2(c) 电路的输出电阻可能最小，因场效应管的输

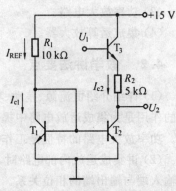

图 4.1　题 4.1 图

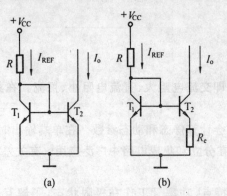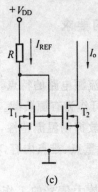

(a)　　　　　　　　(b)　　　　　　　　(c)

图 4.2　题 4.2 图

出特性不如三极管的平坦。图 4.2(a) 和图 4.2(b) 相比，图 4.2(a) 电路受温度的影响更大些，因无负反馈电阻。

【4.3】　在图 4.3 所示的电路中，T_1、T_2 特性完全对称，$\beta = 100$，$U_{BE} = 0.6$ V。求开关 S 合上后电容器 C 两端建立 10 V 电压所需的时间（设电容器在开关合上前的端电压为零）。若改换 $\beta = 10$ 的管子，则所需的时间是否有变化？如有变化，算出它是多少。

解　　　　$I_{REF}/\text{mA} = \dfrac{V_{CC} - U_{BE}}{R} = \dfrac{15 - 0.6}{12 \times 10^3} = 1.2$

当 $\beta = 100$ 时，$I_{C2} \approx I_{REF} = 1.2$ mA

由积分公式：$u_C = \dfrac{1}{C}\displaystyle\int I_{C2}\,\mathrm{d}t = \dfrac{I_{C2}t}{C}$，得

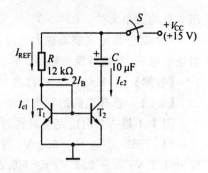

$$t/s = \frac{u_C C}{I_{C2}} = \frac{10 \times 10 \times 10^{-6}}{1.2 \times 10^{-3}} = 0.083$$

当 $\beta = 10$ 时，$I_{C2} = I_{C1}$ 不能用 I_{REF} 来近似，应为

$$I_{REF} = I_{C1} + 2I_B = I_{C1}\left(1 + \frac{2}{\beta}\right)$$

得　$I_{C1}/\text{mA} = \dfrac{\beta}{2+\beta}I_{REF} = \dfrac{100}{1+100} \times 1.2 \times 10^{-3} = 1$

因此　　$t/s = \dfrac{u_C C}{I_{C2}} = \dfrac{10 \times 10 \times 10^{-6}}{1 \times 10^{-3}} = 0.1$

图 4.3　题 4.3 图

【4.4】　选择正确的答案填空：

(1) 差动放大电路（见图 4.4）是为了_____而设置的（a. 稳定放大倍数；b. 提高输入电阻；c. 克服温漂；d. 扩展频带），它主要通过_____来实现（e. 增加一级放大；f. 采取两个输入端；g. 利用参数对称的对管）。

(2) 在长尾式差动放大电路中，R_e 的主要用途是_____（a. 提高差模电压放大倍数；b. 抑制零点漂移；c. 增大差动放大电路的输入电阻；d. 减小差动放大电路的输出电阻）。

(3) 差动放大电路用恒流源代替 R_e 是为了_____（a. 提高差模电压放大倍数；b. 提高共模电压放大倍数；c. 提高共模抑制比；d. 提高差模输出电阻）。

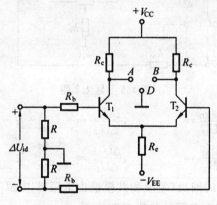

图 4.4　题 4.4 图

【答案】　(1) c，g；(2) b；(3) c。

【4.5】　判断下列说法是否正确（在括号中画 √ 或 ×）：

(1) 一个理想的差动放大电路，只能放大差模信号，不能放大共模信号。（　　）

(2) 共模信号都是直流信号，差模信号都是交流信号。（　　）

(3) 差动放大电路中的长尾电阻 R_e 对共模信号和差模信号都有负反馈作用，因此，这种电路是靠牺牲差模电压放大倍数来换取对共模信号的抑制作用的。（　　）

(4) 在线性工作范围内的差动放大电路，只要其共模抑制比足够大，则不论是双端输出还是单端输出，其输出电压的大小均与两个输入端电压的差值成正比，而与两个输入电

压本身的大小无关。(　　)

(5) 对于长尾式差动放大电路,不论是单端输入还是双端输入,在差模交流通路中,射极电阻 R_e 一概可视为短路。(　　)

【答案】 (1)√; (2)×; (3)×; (4)√; (5)√。

【4.6】 选择正确的答案填空。

图 4.4 是一个两边完全对称的差动放大电路。

(1) 已知 $\Delta U_{AD} = -0.1$ V,则 $\Delta U_{BD} = \underline{\qquad}$, $\Delta U_{AB} = \underline{\qquad}$。(a. -0.1 V; b. $+1.1$ V; c. -0.2 V; d. $+0.2$ V。)

(2) 若 $R_b = 1$ kΩ, $R_e = 5.1$ kΩ, $R_C = 6.8$ kΩ, 晶体管的 $r_{be} = 1.5$ kΩ, $\beta = 50$, 则当 $\Delta U_{Id} = 10$ mV 时, $\Delta U_{AB} \approx \underline{\qquad}$。(a. $+500$ mV; b. -500 mV; c. $+1$ V; d. -1 V。)

【答案】 (1)b, c; (2) d。

【4.7】 对称的差动放大电路如图 4.5 所示,电位器 R_W 的滑动端位于中点。请填写下列表达式:

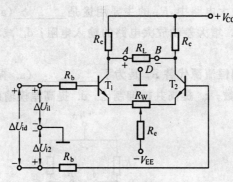

图 4.5　题 4.7 图

(1) 差模放大倍数 $\dfrac{\Delta U_{AD}}{\Delta U_{id}} = \underline{\qquad}$, $\dfrac{\Delta U_{AB}}{\Delta U_{id}} = \underline{\qquad}$;

(2) 共模放大倍数 $\dfrac{\Delta U_{AD}}{\Delta U_{ic}} = \underline{\qquad}$, $\dfrac{\Delta U_{AB}}{\Delta U_{ic}} = \underline{\qquad}$;

(3) 仅考虑半边电路的输出(差模和共模输出电压都以 ΔU_{AD} 计算)时的共模抑制比 $K'_{CMR} = \underline{\qquad}$, 整个放大电路的共模抑制比 $K_{CMR} = \underline{\qquad}$;

(4) 差模输入电阻 $r_{id} = \underline{\qquad}$, 输出电阻 $r_{od} = \underline{\qquad}$。

【答案】 (1) $\dfrac{\Delta U_{AD}}{\Delta U_{id}} = -\dfrac{\beta\left(R_c /\!/ \dfrac{R_L}{2}\right)}{2\left[R_b + r_{be} + (1+\beta)\dfrac{R_W}{2}\right]}$

$\dfrac{\Delta U_{AB}}{\Delta U_{id}} = -\dfrac{\beta\left(R_c /\!/ \dfrac{R_L}{2}\right)}{R_b + r_{be} + (1+\beta)\dfrac{R_W}{2}}$;

(2) $\dfrac{\Delta U_{AD}}{\Delta U_{ic}}=-\dfrac{\beta R_c}{R_b+r_{be}+(1+\beta)(2R_e+\dfrac{R_w}{2})}$，$\dfrac{\Delta U_{AB}}{\Delta U_{ic}}=0$。

(3) $K'_{CMR}=\dfrac{R_c\,/\!/\,\dfrac{R_L}{2}}{2\left[R_b+r_{be}+(1+\beta)\dfrac{R_w}{2}\right]}\cdot\dfrac{R_b+r_{be}+(1+\beta)\left(2R_e+\dfrac{R_w}{2}\right)}{R_e}$，$K_{CMR}=\infty$；

(4) $r_{id}=2\left[R_b+r_{be}+(1+\beta)\dfrac{R_w}{2}\right]$，$r_{od}=2R_c$。

【4.8】 在双端输入、单端输出的差动放大电路（见图 4.6）中，已知 $\Delta U_{i1}=10.5$ mV，$\Delta U_{i2}=9.5$ mV，$A_{ud}=\dfrac{\Delta U_{od}}{\Delta U_{i1}-\Delta U_{i2}}=-150$，$K_{CMR}=\left|\dfrac{A_{ud}}{A_{uc}}\right|=300$。试求：

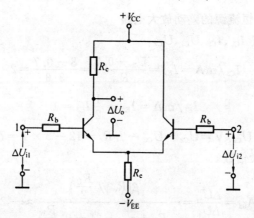

图 4.6　题 4.8 图

(1) 求输出电压 ΔU_o；

(2) 问共模信号相对于有用信号产生多大的误差（百分比）？

解　(1)　　　　$\Delta U_{id}/\text{mV}=\Delta U_{i1}-\Delta U_{i2}=10.5-9.5=1$

$$\Delta U_{ic}/\text{mV}=\frac{1}{2}(\Delta U_{i1}+\Delta U_{i2})=10$$

$$\Delta U_o/\text{mV}=A_{ud}\Delta U_{id}+A_{uc}\Delta U_{ic}=A_{ud}\Delta U_{id}\left(1+\frac{1}{K_{CMR}}\cdot\frac{\Delta U_{ic}}{\Delta U_{id}}\right)=$$

$$-150\times1\times10^{-3}(1+\frac{1}{300}\cdot\frac{10\times10^{-3}}{1\times10^{-3}})=-155$$

(2) 上式中 $\dfrac{1}{K_{CMR}}\cdot\dfrac{\Delta U_{ic}}{\Delta U_{id}}$ 即为误差项，其值约为 3.3%。

【4.9】 差动放大电路如图 4.7 所示，设 $\beta_1=\beta_2=50$，$r_{be1}=r_{be2}=1.5$ kΩ，$U_{BE1}=U_{BE2}=0.7$ V，R_w 的滑动端位于中点。估算：

(1) 静态工作点 I_{C1}、I_{C2}、U_{C1}、U_{C2}；

(2) 差模电压放大倍数 $A_{ud}=\dfrac{\Delta U_o}{\Delta U_i}$；

(3) 差模输入电阻 r_{id} 和输出电阻 r_{od}。

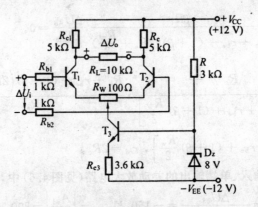

图 4.7　题 4.9 图

解　此题为带横恒流源的差动放大电路

(1) 求静态工作点 I_{C1}、I_{C2}、U_{C1}、U_{C2}

$$I_{C3}/\mathrm{mA} = I_{E3} = \frac{U_2 - 0.7}{R_{e3}} = \frac{8 - 0.7}{3.6} = 2$$

即

$$I_{E1}/\mathrm{mA} = I_{E2} = \frac{1}{2} I_{C3} = 1$$

$$U_{C1}/\mathrm{V} = U_{C2} = U_{CC} - I_C R_c = 12 - 5 \times 1 = 7$$

(2) 差模电压放大倍数

$$A_{ud} = \frac{\Delta U_o}{\Delta U_i} = -\frac{\beta \left(R_c /\!/ \dfrac{R_L}{2}\right)}{R_b + r_{be} + (1 + \beta) \dfrac{R_w}{2}} \approx -25$$

(3) 差模输入电阻 $r_{id} \approx 10\ \mathrm{k\Omega}$，差模输出电阻 $r_{od} \approx 10\ \mathrm{k\Omega}$。

【4.10】　在图 4.8 所示的放大电路中，各晶体管的 β 均为 50，U_{BE} 为 0.7 V，$r_{be1} = r_{be2} = 3\ \mathrm{k\Omega}$，$r_{be4} = r_{be5} = 1.6\ \mathrm{k\Omega}$。静态时电位器 R_w 滑动端调至中点，测得输出电压 $U_o = +3\ \mathrm{V}$。试计算：

(1) 各级静态工作点 I_{C1}、U_{C1}、I_{C2}、U_{C2}、I_{C4}、U_{C4}、I_{C5}、U_{C5}（其中电压均为对地值）以及 R_e 的阻值；

(2) 总的电压放大倍数 $A_u = \dfrac{\Delta U_o}{\Delta U_i}$（设共模抑制比较大）。

解

$$I_{e3}/\mathrm{mA} = \frac{U_Z - U_{BE3}}{R_{e3}} = \frac{4 - 0.7}{3.3 \times 10^3} = 1$$

$$I_{c1}/\mathrm{mA} = I_{c2} = 0.5$$

$$I_{c4}/\mathrm{mA} = I_{c5} = \frac{V_{CC} - U_{c5}}{R_{c5}} = \frac{6 - 3}{3 \times 10^3} = 1$$

$$I_{b4}/\mathrm{mA} = I_{b5} = \frac{I_{c5}}{\beta} = \frac{1 \times 10^{-3}}{50} = 0.02$$

$$U_{c1}/\mathrm{V} = U_{c2} = V_{CC} - (I_{c1} + I_{b4})R_{C1} = 2.6$$

$$U_{c4}/\mathrm{V} = U_{c5} = 3$$

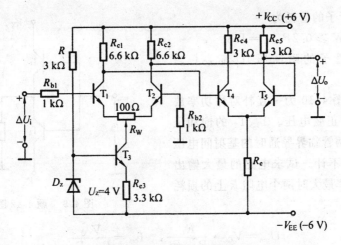

图 4.8　题 4.10 图

$$R_e/k\Omega = \frac{U_{c1} - U_{BE4} - (-V_{EE})}{2I_{e4}} \approx 3.9$$

(2)

$$A_{u1} = \frac{\beta_1(R_{c1} /\!/ r_{be4})}{R_{b1} + r_{be1} + (1+\beta_1)\dfrac{R_W}{2}} \approx -9.83$$

$$A_{u2} = \frac{\beta_5 R_{c5}}{2r_{be5}} \approx -46.88$$

$$A_u = A_{u1} \cdot A_{u2} \approx 461$$

【4.11】　填空：

(1) 甲类放大电路中放大管的导通角等于 _____，乙类放大电路的导通角等于 _____，在甲乙类放大电路中，放大管导通角为大于 _____，丙类放大电路中其导通角为小于 _____。

(2) 乙类推挽功率放大电路的 _____ 较高，在理想情况下其数值可达 _____。但这种电路会产生一种被称为 _____ 失真的特有的非线性失真现象。为了消除这种失真，应当使推挽功率放大电路工作在 _____ 类状态。

(3) 设计一个输出功率为 20 W 的扩音机电路，若用乙类推挽功率放大，则应选至少为 _____ 的功率管两个。

【答案】　(1) 360°，180°，> 180° 而 < 360°；

(2) 效率，78.5%，交越，甲乙；

(3) 4 W。

【4.12】　图 4.9 为一 OCL 电路，已知 $V_{CC} = 12$ V，$R_L = 8\ \Omega$，u_i 为正弦电压。求：

(1) 在 $U_{CE(sat)} \approx 0$ 的情况下，负载上可能得到的最大输出功率；

(2) 每个管子的管耗 P_{TM} 至少应为多少？

(3) 每个管子的耐反压 $|U_{(BR)CEO}|$ 至少应为多少？

解　(1) 在 $U_{CE(sat)} \approx 0$ 的情况下，负载上可能得到的最大输出功率

$$P_{omax}/W = \frac{V_{CC}^2}{2R_L} = \frac{12^2}{2 \times 8} = 9$$

(2) 每个管子的管耗为

$$P_{CM}/W \geqslant 0.2 P_{omax} = 1.8$$

(3) 每个管子的耐反压 $|U_{(BR)CEO}| \geqslant 2V_{CC} = 24$ V。

【4.13】 图 4.10 为一互补对称功率放大电路,输入为正弦电压。T_1、T_2 的饱和压降 $U_{CE(sat)} = 0$,两管临界导通时的基射间电压很小,可以忽略不计。试求电路的最大输出功率和输出功率最大时两个电阻 R 上的损耗功率。

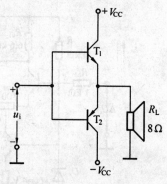

图 4.9　题 4.12 图

解　(1)
$$U_{om} = V_{CC} \cdot \frac{R_L}{R + R_L}, \quad I_{om} = \frac{V_{CC}}{R + R_L}$$

最大输出功率为

$$P_{omax}/W = \frac{U_{om}^2}{2R_L} \approx 0.16$$

(2) R 上的损耗功率为

$$P_R/mW = 2\left(\frac{I_{om}}{2}\right)^2 R \approx 9.6$$

【4.14】 OCL 功率放大电路如图 4.11 所示,其中 T_1 的偏置电路未画出。若输入为正弦电压,互补管 T_2、T_3 的管压降可以忽略,试选择正确的答案填空:

(1) T_2、T_3 管的工作方式_____。(a. 甲类;b. 乙类;c. 甲乙类)

(2) 电路的最大输出功率为_____。$\left(a.\ \frac{V_{CC}^2}{2R_L}; b.\ \frac{V_{CC}^2}{4R_L}; c.\ \frac{V_{CC}^2}{R_L}; d.\ \frac{V_{CC}^2}{8R_L}\right)$

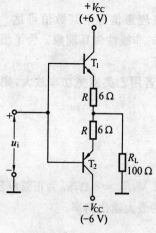

图 4.10　题 4.13 图

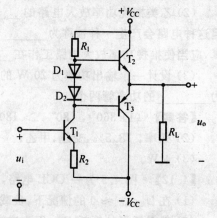

图 4.11　题 4.14 图

【答案】　(1) c;(2) a。

【4.15】 在图 4.12 所示电路中,运算放大器 A 的最大输出电压幅度 U_{oA} 为 ± 10 V,

最大负载电流为 ± 10 mA，$|U_{BE}| = 0.7$ V。问：

(1) 为了能得到尽可能大的输出功率，T_1、T_2 管的 β 值至少应是多少？

(2) 这个电路的最大输出功率是多少？设输入为正电压，晶体管 T_1、T_2 的饱和管压降和交越失真可以忽略。

(3) 达到上述功率时，输出级的效率是多少？每只管子的管耗有多大？

(4) 这个电路叫什么名称合适？（在你认为合适的名称上画 √）

① 互补对称 OTL 推挽功率放大电路；（　　）

② 互补对称 OCL 推挽功率放大电路；（　　）

③ 准互补对称 OCL 推挽功率放大电路；（　　）

④ 准互补对称 OTL 推挽功率放大电路。（　　）

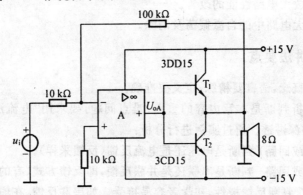

图 4.12　题 4.15 图

解（1）
$$I_{Cmax}/A = \frac{U_{OA} - U_{BE}}{R_L} = \frac{10 - 0.7}{8} = 1.162\,5$$

故 β 为
$$\beta \geqslant \frac{I_{Cmax}}{I_{Lmax}} = \frac{1.162\,5}{10 \times 10^{-3}} \approx 117$$

(2)
$$P_{omax}/W = \frac{(U_{oA} - U_{BE})^2}{2R_L} = \frac{(10 - 0.7)^2}{2 \times 8} \approx 5.41$$

(3)
$$P_v/W = \frac{2V_{CC}I_{Cmax}}{\pi} = \frac{2 \times 15 \times 1.162\,5}{3.14} \approx 11.10$$

$$\eta = \frac{P_{omax}}{P_v} = \frac{5.41}{11.10} \approx 48.7\%$$

$$P_{T1}/W = P_{T2} = \frac{1}{2}(P_v - P_{omax}) \approx 2.85$$

(4) ②（√）。

第5章 反馈放大电路

5.1 教学内容要求

(1) 反馈的基本概念和分类。

(2) 反馈的方框图表示法。

(3) 具有深度负反馈的放大电路的分析和计算。

(4) 负反馈对放大电路性能的改善。

(5) 负反馈放大电路中的自激振荡及消除。

5.2 教学讲法要点

(1) 讲好反馈概念,语言要精练,定义要准确。

(2) 反馈的分析判断是本章内容的重点、难点问题,要求用"电流法"判断反馈的极性,要分析精辟,讲深讲透。通过实例进行分析:

① 在输出端(或回路)判断是电压还是电流反馈(反馈采样)。

② 在输入端(或回路)判断是串联还是并联反馈,即反馈方式(有的也称组态)。

③ 用"电流法"判断反馈极性,初学者容易接受。如串联反馈,在输入回路,反馈量是以反馈电压 U_f 形式出现,则由 U_f 的极性与电信号电压 U_i 进行比较,可得出净输入信号 U_i' 的增或减,即可判断出正反馈还是负反馈。如并联反馈,在输入端,以反馈电流 I_f 方式出现,由反馈电流 I_f 的流向,与信号电流比较,可得出净输入信号电流 I_i' 的大小,来判断是正反馈还是负反馈。

(4) 详细介绍深度负反馈四个电路实例的分析和参数估算。加深认识深度负反馈的条件:$|\dot{A}F| \gg 1$,掌握用公式 $\dot{A}_f \approx \dfrac{1}{F}$ 来求闭环放大倍数 $\dot{A}_f$。

在估算闭环输入电阻 r_{if} 和输出电阻 r_{of} 时,公式推导省略,只引出结论,在集成运放应用电路中按理想运放参数处理即可,二者是吻合的。这样可省学时。

(5) 定性讲解引负反馈对放大电路性能的改善。

(6) 详细阐述负反馈电路产生自激振荡的概念及条件,用波特图法判断自激,如产生应给予消除。

5.3 学习要求

1. 学习要点

(1) 为什么要引负反馈,其目的是稳定输出量(电压或电流),使电路工作稳定。

(2) 反馈的判断是本章内容的重点、难点问题,特别是反馈极性判断是关键问题,要求掌握判断方法,判断结论准确。

　　分析反馈电路时要求的结论是：在输出端（或回路）是什么量反馈（电压或电流），在输入端（或回路）是什么方式（串联或并联）；在输入端（或回路）进行比较（串联型：U_f 与 U_i 比较，并联型：I_f 与 I_i 比较），从而判断出反馈极性（正或负）。

　　(3) 引深度负反馈的条件是 $|\dot{A}\dot{F}| \gg 1$ 此时，$|\dot{A}_f| \approx \dfrac{1}{F}$ 求出反馈系数 F，即可求出 $\dot{A}_f$。深度负反馈的特点是 $X_i' \approx 0$，$X_i \approx X_f$。在深度负反馈条件下，可利用 $X_i \approx X_f$ 来计算 $\dot{A}_f$。

　　(4) 要求会分析判断四种负反馈典型电路，会求 F、$\dot{A}_f$、$\dot{A}_{uuf}$、r_{if} 和 r_{of}。

　　(5) 熟悉引入负反馈后对电路性能的改善，主要是稳定增益 $\dot{A}_f$，减小非线性失真，抑制干扰和噪声，扩展频带，改变 r_{if} 和 r_{of} 的大小。

　　(6) 正确掌握引入负反馈的原则，根据不同条件要求，引入对应的负反馈电路。

　　(7) 掌握产生自激振荡的条件，即 $\dot{A}\dot{F} = -1$，根据此条件会应用环路增益的波特图判断负反馈电路工作状态是否稳定。如果可能产生自激振荡，应会消除。

2. 学会本章主要概念和术语

　　反馈，电压反馈，电流反馈，串联反馈，并联反馈，正反馈，负反馈，反馈网络，反馈取样电阻，反馈比较环节（求和 Σ 点），开环增益 $\dot{A}$，闭环增益 $\dot{A}_f$，反馈系数 F，环路增益 $\dot{A}\dot{F}$，反馈深度 $|1+\dot{A}\dot{F}|$，用"短路"法判断电压（或电流）反馈，用"电流法"判断反馈极性，深度负反馈的条件 $|\dot{A}\dot{F}| \gg 1$，$\dot{A}_f \approx 1/F$，深度负反馈的特点 $X_i' \approx 0(X_i \approx X_f)$，自激振荡，产生自激振荡的条件 $\dot{A}\dot{F} = -1$[幅值 $|\dot{A}\dot{F}| = 1$，相位 $\varphi_A = \pm(2n+1)\pi$]，附加相移，幅度裕度 G_m，相位裕度 φ_m，滞后补偿，超前补偿。

5.4　习题解答

　　【5.1】　选择正确的答案填空（只填 a，b，c，…，以下类推）。

　　(1) 反馈放大电路的含义是＿＿＿＿。（a. 输出与输入之间有信号通路；b. 电路中存在反向传输的信号通路；c. 除放大电路以外还有信号通路）

　　(2) 构成反馈通路的元器件＿＿＿＿。（a. 只能是电阻、电容或电感等无源元件；b. 只能是晶体管、集成运放等有源器件；c. 可以是无源元件，也可以是有源器件）

　　(3) 反馈量是指＿＿＿＿。（a. 反馈网络从放大电路输出回路中取出的信号；b. 反馈到输入回路的信号；c. 反馈到输入回路的信号与反馈网络从放大电路输出回路中取出的信号之比）

　　(4) 直流负反馈是指＿＿＿＿。（a. 反馈网络从放大电路输出回路中取出的信号；b. 直流通路中的负反馈；c. 放大直流信号时才有的负反馈）

　　(5) 交流负反馈是指＿＿＿＿。（a. 只存在于阻容耦合及变压器耦合电路中的负反馈；b. 交流通路中的负反馈；c. 放大正弦信号时才有的负反馈）

　　【答案】　(1) b；(2) c；(3) b；(4) b；(5) b。

　　【5.2】　分析图 5.1 中的电路存在的交流反馈，判断下列说法是否正确（在括号中画 √ 或 ×）。电容的容量足够大，对交流视为短路。

(1) 图 5.1(a) 电路为电流反馈（　　），串联反馈（　　），正反馈（　　）；

(2) 图 5.1(b) 电路为电压反馈（　　），串联反馈（　　），负反馈（　　）；

(3) 图 5.1(c) 电路为电流反馈（　　），并联反馈（　　），正反馈（　　）。

【答案】 (1) ×　√　×；(2) ×　×　√；(3) ×　√　×。

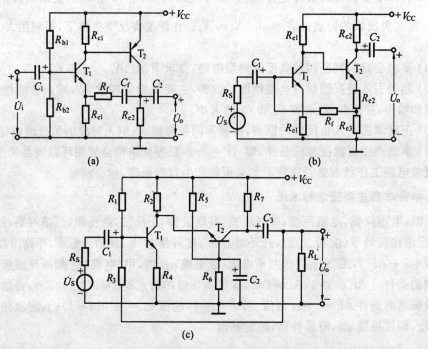

图 5.1　题 5.2 图

【5.3】　在图 5.2 所示的两个电路中,其级间交流反馈是什么类型？（选择正确的答案填空）

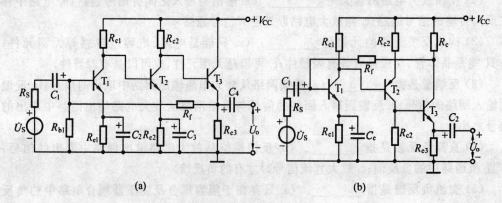

图 5.2　题 5.3 图

(1) 图 5.2(a) 电路为_____;

(2) 图 5.2(b) 电路为_____。

(a.电压串联负反馈;b.电流串联负反馈;c.电压并联负反馈;d.电流并联负反馈;

e.电压串联正反馈;f.电流串联正反馈;g.电压并联正反馈;h.电流并联正反馈)

【答案】　(1)g;(2)d。

【5.4】　在图5.3所示的电路中,运放都具有理想的特性。

(1)判断电路中的反馈是正反馈还是负反馈,并指出是何种组态;

(2)说明这些反馈对电路的输入、输出电阻有何影响(增大或减小),并求出 r_{if} 和 r_{of} 的大小;

(3)写出各电路闭环放大倍数的表达式(要求对电压反馈电路写 $\dfrac{U_o}{U_i}$,对电流反馈电路写 $\dfrac{I_o}{U_i}$)。

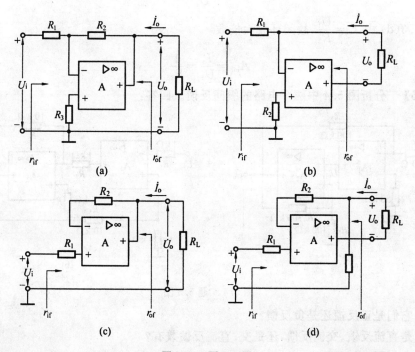

图5.3　题5.4图

解　(1)图5.3(a)电路中为电压并联负反馈,图5.3(b)电路中为电流并联负反馈,图5.4(c)电路中为电压串联负反馈,图5.3(d)电路中为电流串联负反馈。

(2)图5.3(a)中的并联负反馈减小输入电阻,电压负反馈减小输出电阻。

$$r_{if} \approx \frac{U_i}{I_i} = R_1, \quad r_{of} = \frac{r_o}{1 + A_{ui}F_{iu}} \approx 0$$

图5.3(b)中的并联负反馈减小输入电阻,电流负反馈增加输出电阻。

$$r_{if} = R_1, \quad r_{of} = (1 + A_{ii}F_{ii})r_o \approx \infty$$

图5.3(c)中的串联负反馈增加输入电阻,电压负反馈减小输出电阻。

$$r_{if} = \infty, \quad r_{of} = 0$$

图5.3(d)中的串联负反馈增加输入电阻,电流负反馈增加输出电阻。

$$r_{if} = \infty, \quad r_{of} = \infty$$

(3) 图 5.3(a) 中 $I_i = -I_f$，$I_i = \dfrac{U_i}{R_1}$，$I_f \approx \dfrac{U_o}{R_2}$，故闭环放大倍数

$$A_{uuf} = \frac{U_o}{U_i} = -\frac{R_2}{R_1}$$

图 5.3(b) 中 $I_i = -I_f$，$I_i = \dfrac{U_i}{R_1}$，$I_f = I_o$，故闭环放大倍数

$$A_{iuf} = \frac{I_o}{U_i} = -\frac{1}{R_1}$$

图 5.3(c) 中电路为跟随器，故闭环放大倍数

$$A_{uuf} = \frac{U_o}{U_i} = 1$$

图 5.3(d) 中 $I_o = \dfrac{U_i}{R_3}$，故闭环放大倍数

$$A_{iuf} = \frac{I_o}{U_i} = \frac{1}{R_3}$$

【5.5】 分析图 5.4 中两个电路的级间反馈。回答：

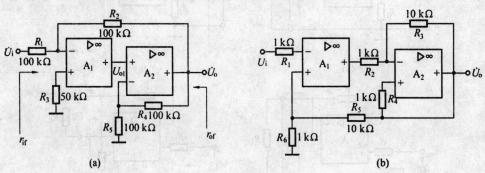

图 5.4　题 5.5 图

(1) 它们是正反馈还是负反馈？

(2) 是直流反馈、交流反馈，还是交、直流反馈兼有？

(3) 它们属于何种组态？

(4) 各自的电压放大倍数 $\dfrac{U_o}{U_i}$ 约是多少？

【答案】 (1) 图 5.4(a) 所示电路中的级间反馈为负反馈，图 5.4(b) 所示电路中的级间反馈为负反馈。

(2) 图 5.4(a)、图 5.4(b) 均为交直流反馈兼有。

(3) 图 5.4(a) 组态为电压并联，图 5.4(b) 组态为电压串联。

(4) 图 5.4(a)

$$I_{R_1} = -I_{R_2}, \quad I_{R_1} = \frac{U_i}{R_1}, \quad I_{R_2} = \frac{U_o}{R_2}$$

故，电压放大倍数

$$\frac{U_o}{U_i} = -\frac{R_2}{R_1} = -\frac{100}{100} = -1$$

图 5.4(b)

$$U_- \approx U_+ , U_- = U_i , U_+ = \frac{U_o}{R_5 + R_6} R_6 = \frac{U_o}{11}$$

故电压放大倍数

$$\frac{U_o}{U_i} = 11$$

【5.6】　图 5.5 中的 A_1、A_2 为理想的集成运放。问：

(1) 第一级与第二级在反馈接法上分别是什么极性和组态？

(2) 从输出端引回到输入端的级间反馈是什么极性和组态？

(3) 电压放大倍数 $\dfrac{U_o}{U_{o1}} = ?$ 　$\dfrac{U_o}{U_i} = ?$

(4) 输入电阻 $r_{if} = ?$

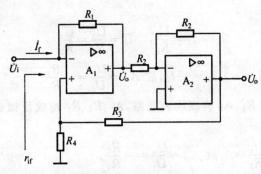

图 5.5　题 5.6 图

【答案】　(1) 第一级为电压并联负反馈,第二级为电压并联负反馈。

(2) 级间反馈是电压串联负反馈。

$$I_1 = \frac{U_{o1}}{R_2}, \quad I_f = -\frac{U_o}{R_2}$$

而 $I_1 = I_f$,故

$$A_{uf} = \frac{U_o}{U_{o1}} = -1$$

由“虚短”: $U_i \approx U_f = \dfrac{R_4}{R_3 + R_4} U_o$,故

$$A_{uf} = \frac{U_o}{U_i} = \frac{R_3 + R_4}{R_4} = 1 + \frac{R_3}{R_4}$$

$$I_i = \frac{U_i - U_{o1}}{R_1} = \frac{U_i + U_o}{R_1} = \frac{U_i + U_i \dfrac{R_3 + R_4}{R_4}}{R_1} = \frac{R_3 + 2R_4}{R_1 R_4} U_i$$

故

$$r_{if} = \frac{U_i}{I_i} = \frac{R_1 R_4}{R_3 + 2R_4}$$

【5.7】　图 5.6 示出了两个反馈放大电路。试指出在这两个电路中,哪些元器件组成了放大通路？哪些组成了反馈通路？是正反馈还是负反馈？属于何种组态？设放大器 A_1、A_2 为理想的集成运放,试写出电压放大倍数的表达式。

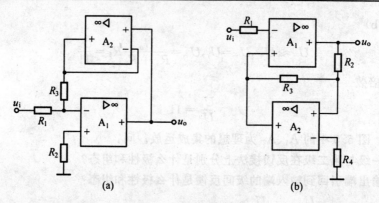

图 5.6　题 5.7 图

解　（1）在图 5.6(a) 中，R_1、A_1 构成放大通路，A_2、R_3 构成反馈通路，为电压并联负反馈。

$$I_1 = \frac{U_i}{R_1}, \quad I_2 = \frac{U_o'}{R_3} = \frac{U_o}{R_3}$$

由"虚断"，$I_1 + I_2 \approx 0$，$I_1 = -I_2$，故 $A_{uf} = \frac{U_o}{U_i} = -\frac{R_3}{R_1}$。

（2）图 5.6(b) 中 R_1、A_1 构成放大通路，A_2、R_2、R_3 构成反馈通路，为电压串联负反馈。

由"虚断"，$\frac{U_i}{R_3} + \frac{U_o}{R_2} = 0$，故 $A_{uf} = \frac{U_o}{U_i} = -\frac{R_2}{R_3}$。

【5.8】　反馈放大电路如图 5.7 所示，设 A_1、A_2 为理想的集成运放。试回答：

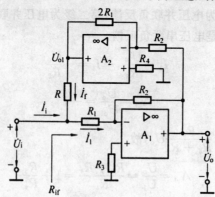

图 5.7　题 5.8 图

（1）哪些元器件组成放大通路？哪些元器件组成反馈通路？在放大通路和反馈通路中又包含什么类型的反馈？

（2）总体的反馈属于何种极性和组态？

（3）电压放大倍数 $\frac{U_o}{U_i}$ 是多少？

（4）输入电阻 r_{if} 是多少？

（5）若 $R \leqslant R_1$，将发生什么现象？

解 (1)R_1、R_2、A_2 组成放大通路（包含 R_2 这个电阻构成的电压并联负反馈）；R_2、$2R_1$、A_1、R 构成反馈通路（包含 $2R_1$ 构成的电压并联负反馈）。

(2)总体属于电压并联正反馈。

(3)只求负反馈电压放大倍数

$$A_{uf} = \frac{U_o}{U_i} = -\frac{R_2}{R_1}$$

若 $R \leqslant R_1$，则 I_i 为零或出现负号，电路将出现自锁。

(4)$r_{if} = \dfrac{U_i}{I_i}$，关键是求 I_i。具体思路为：$I_i = I_1 - I_f$，其中 I_1 为流过 R_1 的电流，方向如图 5.7 所示，I_f 为流过 R 的电流，方向由上向下。所以

$$I_1 = \frac{U_i}{R_1}$$

$$I_f = \frac{U_{o1} - U_i}{R} = \frac{-\dfrac{2R_1}{R_2}U_o - U_i}{R} = \frac{-\dfrac{2R_1}{R_2}\left(-\dfrac{R_2}{R_1}\right)U_i - U_i}{R} = \frac{U_i}{R}$$

则

$$I_i = I_1 - I_f = \frac{U_i}{R_1} - \frac{U_i}{R} = \frac{R - R_1}{RR_1}U_i$$

故

$$r_{if} = \frac{R - R_1}{RR_1}$$

【5.9】 对于图 5.8 所示的两个电路，指出它们各有哪些级间反馈支路，并用瞬时极性法说明是正反馈或负反馈。若其中有交流反馈，则指出其组态类型。

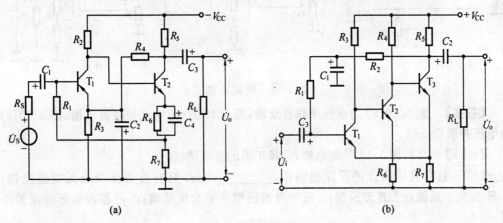

图 5.8 题 5.9 图

【答案】 图 5.8(a)由 R_1 引回电流并联负反馈。由 R_4 引回直流负反馈。

图 5.8(b)由 R_1、R_2 引回直流负反馈。由 T_3 发射极引至 T_1 发射极的反馈是电流串联负反馈。

【5.10】 指出如图 5.9 所示电路中有哪些级间反馈支路，并说明其反馈类型。电路中各电容可视为交流短路。

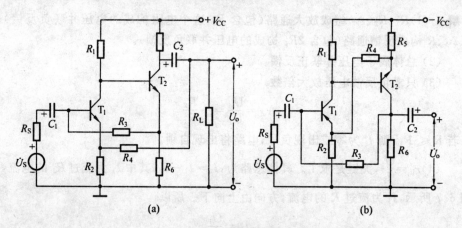

图 5.9　题 5.10 图

【答案】　图 5.10(a) 中,R_3 支路引入电流并联负反馈,R_4 支路引入电压串联负反馈。

图 5.10(b) 中,由 R_3 支路引入电压并联正反馈,R_4 支路引入电流串联正反馈。

【5.11】　判断图 5.10 中各电路所引反馈的极性及交流反馈的组态。

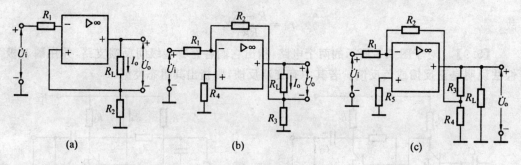

图 5.10　题 5.11 图

【答案】　图 5.10(a) 为电流串联负反馈,图 5.10(b) 为电流并联负反馈,图 5.10(c)
为电压并联负反馈。

【5.12】　分析图 5.11 所示电路,选择正确的答案填空。

(1) 在这个直接耦合的反馈电路中,_____。(a. 只有直流反馈而无交流反馈;
b. 只有交流反馈而无直流反馈;c. 既有直流反馈又有交流反馈;d. 不存在实际的反馈作
用)

(2) 这个反馈的组态和极性是_____。(a. 电压并联负反馈;b. 电压正反馈;c. 电
流并联负反馈;d. 电流串联负反馈;e. 电压串联负反馈;f. 无组态和极性可言)

(3) 在深度负反馈条件下,电压放大倍数为_____。

(a. $-\dfrac{R_1}{R_1}$;b. $-\dfrac{R_4}{R_4}$;c. $\dfrac{R_1+R_2}{R_1}$;d. $\dfrac{R_1+R_2+R_3}{R_1R_3}$)

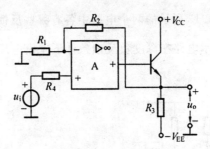

图 5.11　题 5.12 图

【答案】　(1)c;(2)e;(3)c。

【5.13】　分析图 5.12 中的两个电路。

(1)指出图 5.12(a)电路的反馈类型,写出反馈系数表达式,并求电压增益 $\dfrac{U_o}{U_i}$,设集成运放 A 具有理想的特性;

(2)在图 5.12(b)电路中,运放 A 具有有限的增益,试指出该电路引入反馈的目的,设各电容的容抗均很小而可忽略不计。(从下列说法中选择一个正确的答案:a.稳定输出交流电压幅度;b.稳定输出静态电位;c.二者均可稳定;d.增大直流放大倍数)

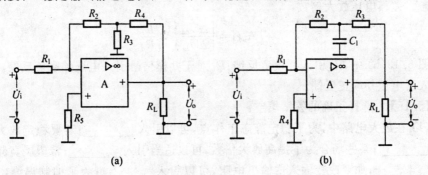

图 5.12　题 5.13 图

解　(1)图 5.12(a)为电压并联负反馈。反馈电流为

$$I_f = \frac{\dfrac{R_2 R_3}{R_3 + R_2} \cdot \dfrac{U_o}{\dfrac{R_2 R_3}{R_3 + R_2} + R_4}}{R_2} = \frac{R_3}{R_2 R_3 + R_4 (R_3 + R_2)} U_o$$

故反馈系数表达式

$$F_{iu} = \frac{I_f}{U_o} = \frac{R_3}{R_2 R_3 + R_4 (R_3 + R_2)}$$

$$A_{uif} = \frac{1}{F_{iu}}$$

$$U_i = I_f R_1$$

$$A_{uf} = \frac{U_o}{U_i} = \frac{A_{uif}}{R_1} - \frac{R_2 R_3 + R_4 (R_2 + R_3)}{R_1 R_3}$$

(2)b。

【5.14】　说明如图 5.13 所示的两个电路中各有哪些反馈支路,它们属于什么类型的反馈,写出图 5.13(a) 所示电路在深度负反馈条件下差模电压放大倍数 $\left|\dfrac{\Delta U_{od}}{\Delta U_{id}}\right|$ 的近似表达式。

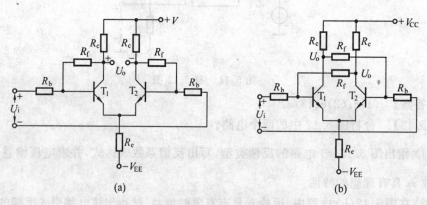

(a)　　　　　　　　　　　(b)

图 5.13　图 5.14 图

解　图 5.13(a) 中,R_e 引入共模负反馈;R_f 对于共模和差模信号均为负反馈,电压并联组态。差模电压放大倍数

$$\left|A_{ud}\right| = \left|\frac{\Delta U_{od}}{\Delta U_{id}}\right| \approx \frac{R_f}{R_b}$$

图 5.13(b) 中,R_e 引入共模负反馈;R_f 对于共模信号引入电压并联负反馈,对差模信号引入了电压并联正反馈。

【5.15】　选择正确的答案填空:

(1) 在放大电路中,为了稳定静态工作点,可以引入_____;若要稳定放大倍数,应引入_____;某些场合为了提高放大倍数,可以适当引入_____;希望展宽频带,可以引入_____;如要改变输入或输出电阻,可以引入_____;为了抑制温漂,可以引入_____。(a.直流负反馈;b.交流负反馈;c.交流正反馈;d.直流负反馈和交流负反馈)

(2) 如希望减小放大电路从信号源索取的电流,则可采用_____;如希望取得较强的反馈作用而信号源内阻很大,则宜采用_____;如希望负载变化时输出电流稳定,则应引入_____;如希望负载变化时输出电压稳定,则应引入_____。(a.电压负反馈;b.电流负反馈;c.串联负反馈;d.并联负反馈)

【**答案**】　(1) a, b, c, b, b, a;　(2) c, d, b, a。

【5.16】　判断下列说法是否正确(在括号中画 √ 或 ×):

(1) 在负反馈放大电路中,在反馈系数较大情况下,只有尽可能地增大开环放大倍数,才能有效地提高闭环放大倍数。(　　)

(2) 在负反馈放大电路中,放大器的放大倍数越大,闭环放大倍数就越稳定。(　　)

(3) 在深度负反馈的条件下,闭环放大倍数 $A_f \approx \dfrac{1}{F}$,它与反馈系数有关,而与放大器开环放大倍数 A 无关,因此可以省去放大通路,仅留下反馈网络,来获得稳定的闭环放大倍数。(　　)

(4) 在深度负反馈的条件下,由于闭环放大倍数 $A_f \approx \dfrac{1}{F}$,与管子参数几乎无关,因此可以任意选用晶体管来组成放大级,管子的参数也就没什么意义。(　　)

(5) 负反馈只能改善反馈环路内的放大性能,对反馈环路之外无效。(　　)

【答案】　(1)×;(2)√;(3)×;(4)×;(5)√。

【5.17】　判断下列说法是否正确(在括号中画 √ 或×):

(1) 若放大电路的负载固定,为使其电压放大倍数稳定,可以引入电压负反馈,也可以引入电流负反馈。(　　)

(2) 电压负反馈可以稳定输出电压,流过负载的电流也就必然稳定,因此电压负反馈和电流负反馈都可以稳定输出电流,在这一点上电压负反馈和电流负反馈没有区别。(　　)

(3) 串联负反馈不适用于理想电流信号源的情况,并联负反馈不适用于理想电压信号源的情况。(　　)

(4) 任何负反馈放大电路的增益带宽积都是一个常数。(　　)

(5) 由于负反馈可以展宽频带,所以只要负反馈足够深,就可以用低频管代替高频管组成放大电路来放大高频信号。(　　)

(6) 负反馈能减小放大电路的噪声,因此无论噪声是输入信号中混合的还是反馈环路内部产生的,都能使输出端的信噪比得到提高。(　　)

【答案】　(1)√;(2)×;(3)√;(4)×;(5)×;(6)×。

【5.18】　在交流负反馈的四种组态(a. 电压串联;b. 电压并联;c. 电流串联;d. 电流并联)中:

(1) 要求跨导增益 $A_{iuf} = \dfrac{I_o}{U_i}$ 稳定,应选用哪一种?(　　)

(2) 要求互阻增益 $A_{uif} = \dfrac{U_o}{I_i}$ 稳定,应选用哪一种?(　　)

(3) 要求电压增益 $A_{uuf} = \dfrac{U_o}{U_i}$ 稳定,应选用哪一种?(　　)

(4) 要求跨导增益 $A_{iif} = \dfrac{I_o}{I_i}$ 稳定,应选用哪一种?(　　)

【答案】　(1)c;(2)b;(3)a;(4)d。

【5.19】　判断下列说法是否正确,用 √ 或×在括号内表示出来。

(1) 负反馈放大电路的反馈系数 $|F|$ 越大,越容易引起自激振荡。(　　)

(2) 当负反馈放大电路中的反馈量与净输入量之间满足 $\dot{X}_f = \dot{X}_i'$ 的关系时,就产生自激振荡。(　　)

(3) 只要电路接成正反馈,就能产生振荡。(　　)

(4) 由运算放大器组成的电压跟随器的电压放大倍数最小(约为 1),故最不容易产生自激振荡。(　　)

(5) 直接耦合放大电路在引入负反馈后不可能产生低频自激振荡,只可能产生高频

自激振荡。(　　)

【答案】　(1)√;(2)√;(3)×;(4)×;(5)√。

【5.20】　选择正确答案填空。

(1) 负反馈放大电路产生自激振荡的条件是_____。(a. $\dot{A}\dot{F}=0$;b. $\dot{A}\dot{F}=1$; c. $\dot{A}\dot{F}=-1$;d. $\dot{A}\dot{F}=\infty$)

(2) 多级负反馈放大电路在下述情况下容易引起自激振荡:_____。(a.回路增益 $|\dot{A}\dot{F}|$ 大;b. 各级电路的参数很分散;c.闭环放大倍数大;d. 放大器的级数少)

(3) 一个单管共射放大电路如果通过电阻引入负反馈,则_____。(a.一定会产生高频自激振荡;b.有可能产生高频自激振荡;c.一定不会产生高频自激振荡)

【答案】　(1)c;(2)a;(3)c。

【5.21】　一个反馈放大电路在 $\dot{F}=0.1$ 时的对数幅频特性如图 5.14 所示,试回答:

(1) 基本放大电路的放大倍数 $|\dot{A}|$ 是多大?接入反馈后 $|\dot{A}_f|=\left|\dfrac{\dot{U}_o}{\dot{U}_i}\right|$ 是多少?

(2) 已知 $\dot{A}\dot{F}$ 在低频时为正数,当电路按负反馈连接时,若不加校正环节是否会产生自激?为什么?

解　(1) $20\lg|\dot{A}\dot{F}|=80$, $|\dot{A}\dot{F}|=10^4$,而 $\dot{F}=0.1$,故 $|\dot{A}|=10^5$。

接入反馈后闭环放大倍数

$$|\dot{A}_f|=\left|\frac{\dot{U}_o}{\dot{U}_i}\right|=|1+\dot{A}\dot{F}|=\frac{10^5}{1+10^4}\approx 10$$

或

$$|\dot{A}_f|\approx\frac{1}{|\dot{F}|}=10$$

(2) 因为回路增益函数只有两个极点,故电路是稳定的。不会自激振荡。

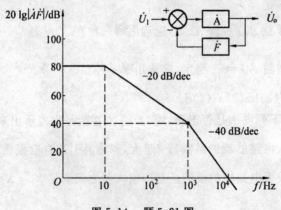

图 5.14　题 5.21 图

【5.22】　图 5.15 为某负反馈放大电路在 $\dot{F}=-0.1$ 时的回路增益波特图。要求:

(1) 写出开环放大倍数 $\dot{A}$ 的表达式,并在幅频特性曲线上标明下降的斜率;

(2) 判断该负反馈放大电路是否会产生自激振荡;

（3）若产生自激，则写出 $|\dot{F}|$ 应下降到多少才能使电路到达临界稳定状态；若不产生自激，则说明有多大的相位裕度。

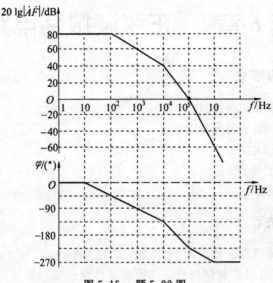

图 5.15　题 5.22 图

解　（1）从波特图看出，$\dot{A}F$ 的表达式中包含一个比例环节，三个惯性环节。设

$$\dot{A}F = \frac{K}{(1+\mathrm{j}f\tau_1)(1+\mathrm{j}f\tau_2)(1+\mathrm{j}f\tau_3)}$$

式中，K 为中频放大倍数。

则由图中可看出，$20\lg|K|=80$，$K=10^4$。

转折频率　　　　　　　$f_1 = \dfrac{1}{\tau_1} = 10^2$，　　$\tau_1 = \dfrac{1}{10^2}$

转折频率　　　　　　　$f_2 = \dfrac{1}{\tau_2} = 10^4$，　　$\tau_2 = \dfrac{1}{10^4}$

转折频率　　　　　　　$f_3 = \dfrac{1}{\tau_3} = 10^5$，　　$\tau_3 = \dfrac{1}{10^5}$

故　　　　$$\dot{A}F = \frac{10^4}{\left(1+\mathrm{j}\dfrac{f}{10^2}\right)\left(1+\mathrm{j}\dfrac{f}{10^4}\right)\left(1+\mathrm{j}\dfrac{f}{10^5}\right)}$$

而 $|\dot{F}|=0.1$，又为负反馈，故

$$\dot{A} = \frac{10^5}{\left(1+\mathrm{j}\dfrac{f}{10^2}\right)\left(1+\mathrm{j}\dfrac{f}{10^4}\right)\left(1+\mathrm{j}\dfrac{f}{10^5}\right)}$$

（2）各段特性曲线的斜率（从左上到右下）分别为：-20 dB/dec，-40 dB/dec，-60 dB/dec。当 $\varphi_{AF}=-180°$ 时，$20\lg|\dot{A}F|=20$ dB，$|\dot{A}F|>0$，所以会产生自激振荡。

（3）原反馈系数为 -20 dB，现需再减小 20 dB，即降至 $20\lg|\dot{F}|=-40$ dB，故 $\dot{F}=0.01$，则会使电路到达临界稳定状态。

第6章　正弦波振荡电路

6.1　教学内容要求

(1) 产生正弦波振荡的条件。

(2) 正弦波电路的组成与分析方法。

(3) RC 正弦波振荡电路。

(4) LC 正弦波振荡电路。

(5) 石英晶体振荡器。

6.2　教学讲法要点

(1) 详细介绍正弦波振荡概念，产生自激振荡的条件。

(2) 重点介绍 RC、LC 选频网络的工作原理及特性。突出阐述：谐振状态时，二者均为"纯电阻性"，故引出"电阻法"，用来分析判断能否产生正弦波振荡的相位平衡条件。选频网络电路是重点、难点内容，要求讲深讲透，把难点问题化解，让初学者感到易学易懂。

(3) 分析判断正弦波电路的自激振荡条件是难点问题，通过实训演示，加深理解。本章要分析文氏桥、变压器反馈式、电感三点式、电容三点式电路的组成及判断是否满足自激振荡的相位平衡条件的过程。

(4) 一般性地介绍石英晶体谐振器特性及常用电路的类型。强调工作频率的稳定性。

6.3　学习要求

1. 学习要点

(1) 掌握产生正弦波振荡的条件，即 $\dot{A}\dot{F}=1$（幅度条件 $|\dot{A}\dot{F}|=1$，相位条件 $\varphi_A+\varphi_F=2n\pi$)，作为判断电路能否产生正弦波振荡的依据。

(2) 判断产生正弦波振荡的相位平衡条件是本章的重点、难点问题，必须理解透彻。分析方法与负反馈相同，这里的关键问题是熟悉选频网络的特性，对于不同的选频网络，采用相应的判断方法，可难为易，分析 LC 并联网络的振荡电路时，应用"电阻法"判断相位平衡条件，十分简捷。

(3) 掌握 RC 串并联网络的特性，当 $\omega=\omega_0$ 时，产生谐振，回路的阻抗呈"电阻"性，$\varphi_F=0°$ 不移相，而有最大输出，即 $|\dot{F}|=\dfrac{1}{3}$。其谐振频率 $f_0=\dfrac{1}{2\pi RC}$。

(4) 掌握 LC 并联谐振网络的特性，当 $\omega=\omega_0$ 时，产生谐振，回路的阻抗呈电阻性，$\varphi_F=0°$ 不移相。谐振频率 $f_0=\dfrac{1}{2\pi\sqrt{LC}}$。

(5) 熟悉文氏桥、变压器式、电感三点式、电容三点式、石英晶体等振荡器的特点，并会求振荡频率。

2. 学会本章主要概念和术语

自激振荡,产生正弦波振荡的条件,幅度平衡条件,相位平衡条件,起振幅度条件,选频网络,稳幅电路,"电阻法",RC 串并联网络,LC 并联谐振网络,品质因数 Q,文氏桥正弦波振荡器,变压器反馈式正弦波振荡器,电感、电容三点式正弦波振荡器,压电效应,压电谐振,串联、并联型石英晶体正弦波振荡器。

6.4　习题解答

【6.1】　图 6.1 所示的两个电路中,集成运放都具有理想的特性。试分析电路中放大器的相移 $\varphi_A =$? 反馈网络的相移 $\varphi_F =$? 判断这两个电路是否可能产生正弦波振荡。

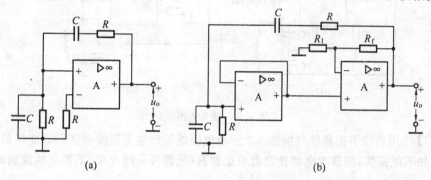

图 6.1　题 6.1 图

【答案】　图 6.1(a) 放大器为同相输入,故 $\varphi_A = 0°$;反馈网络为 RC 串并联网络,谐振时,$\varphi_F = 0°$。因为 $\varphi_A + \varphi_F = 0°$,满足正弦波振荡相位条件,选择合适的 R 值,可使 $|\dot{A}\dot{F}| > 1$,即可使此电路满足正弦波振荡的幅度平衡条件。因无负反馈稳幅,故此电路可以产生正非弦波振荡。

图 6.1(b) 电路的放大器相移 $\varphi_A = 0°$,反馈网络,当谐振时,$\varphi_F = 0°$,$\varphi_A + \varphi_F = 0°$,满足产生正弦波振荡的相位条件;调整 R_1、R_f 负反馈支路,可满足正弦波振荡的幅度条件;故此电路能产生正弦波振荡。

【6.2】　在图 6.2 所示的电路中,哪些能振荡? 哪些不能振荡? 能振荡的说出振荡电路的类型,并写出振荡频率的表达式。

【答案】　图 6.2(a) 能振荡,为电感三点式振荡电路,振荡频率 $f_0 = \dfrac{1}{2\pi\sqrt{LC}}$,式中,$L = L_1 + L_2 + 2M$。

图 6.2(b) 不能振荡。

图 6.2(c) 能振荡,为电容三点式振荡电路,振荡频率 $f_0 = \dfrac{1}{2\pi\sqrt{LC}}$,式中,$C = \dfrac{C_1 C_2}{C_1 + C_2}$。

图 6.2(d) 不能振荡。

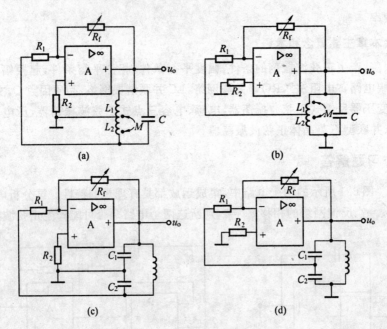

图 6.2　题 6.2 图

【6.3】　用相位平衡条件判断图 6.3 所示电路能否产生正弦波振荡。如能振荡,请简述理由;如不能振荡,则修改电路使之有可能振荡(元器件只能改接,不能更换或删减)。

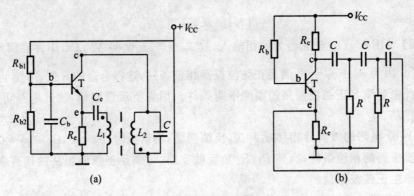

图 6.3　题 6.3 图

【答案】　图 6.3(a) 按"电阻法"判断,不满足正反馈条件,不能振荡。改为如图 6.4 所示电路。

图 6.3(b) 所示电路不能产生正弦波振荡。因为图 6.4 放大电路无输入电压,$\varphi_A = 0°$,且图中三级移相电路为超前网络,$\varphi_F = 0° \sim 270°$,不满足相位平衡条件,故不能产生正弦波振荡。将反馈线从三极管 e 极改接到 b 极,有可能振荡。

【6.4】　用相位平衡条件判断图 6.5 所示的两个电路是否有可能产生正弦波振荡,并简述理由。假设耦合电容和射极旁路电容很大,可视为对交流短路。

【答案】　图 6.5(a) 电路不产生正弦波振荡。$\varphi_A = -180°$,$\varphi_F = -90° \sim +90°$,不满足相位平衡条件。

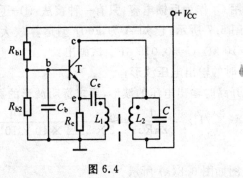

图 6.4

图 6.5(b) 电路放大通路相移 $\varphi_A = 0°$,反馈网络为 RC 串并联网络,谐振时,相移 $\varphi_F = 0°$,$\varphi_A + \varphi_F = 0°$,但反馈信号接法不对,放大器输入端无反馈信号,故此电路不能产生正弦波振荡。

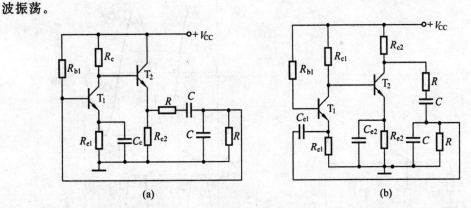

(a)　　　　　　　　　　　　　　(b)

图 6.5　题 6.4 图

【6.5】　在图 6.6 所示的两个电路中,应如何进一步连接,才能成为正弦波振荡电路?

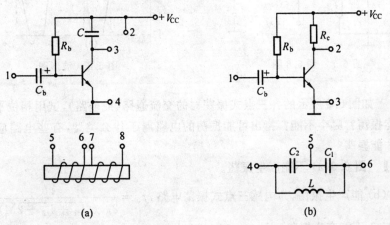

(a)　　　　　　　　　　　　　　(b)

图 6.6　题 6.5 图

【答案】　图 6.6(a),电感 L 与电容 C 并联,有两种解法。一种接法为 ②—⑤,③—⑥,①—⑦,④—⑧;另一种接法:②—⑧,③—⑦,④—⑤,①—⑥。

图 6.6(b)，必须用 C_2 作为反馈电容，只有一种接法：①—④，②—⑥，③—⑤。

【6.6】 电路如图 6.7 所示，已知 A 为 F007 型运算放大器，且其最大输出电压为 ± 12 V。设电阻 $R = 10$ kΩ，$C = 0.015$ μF。试画出：

① 电路正常工作时的输出电压波形；

② 电阻 R_1 不慎开路时输出电压的波形，要求标明波形的振幅与周期。

解 ① 振荡频率 $f_0 / \text{Hz} = \dfrac{1}{2\pi RC} = \dfrac{1}{2 \times 3.14 \times 10 \times 10^3 \times 0.015 \times 10^{-6}} = 1$，$T =$

1 ms。

画出的电压波形图如图 6.8(a) 所示。

② R_1 开路，无负反馈，输出电压为 ± 12 V 饱和电压，其波形如图 6.8(b) 所示。

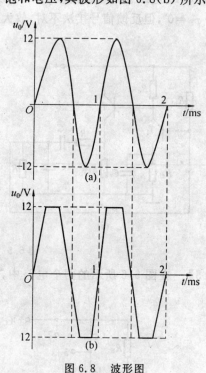

图 6.8　波形图

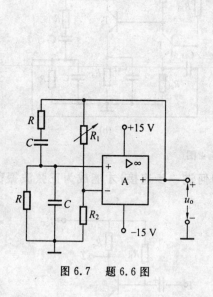

图 6.7　题 6.6 图

【6.7】 如图 6.9 所示的各三点式振荡器的交流通路（或电路），试用相位平衡条件判断哪个可能振荡？哪个不能？指出可能振荡的电路属于什么类型，有些电路应指出附加什么条件才能振荡？

【答案】 图 6.9(a) 不能产生振荡。

图 6.9(b) 能产生振荡，为电感三点式振荡电路，$f_0 = \dfrac{1}{2\pi\sqrt{(L_1 + L_2 + 2M)C}}$。

图 6.9(c) 不能产生振荡。

图 6.9(d) 能产生振荡，为电容三点式振荡电路，$f = \dfrac{1}{2\pi\sqrt{L\dfrac{C_1 C_2}{C_1 + C_2}}}$。

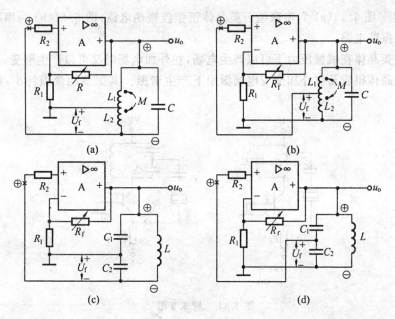

图 6.9　题 6.7 图

【6.8】　电路如图 6.10 所示,试用相位平衡条件判断哪个能振荡? 哪个不能? 说明理由。

【答案】　图 6.10(a),用"电阻法"来判断相位平衡条件。若输入 U_i 为正,则集电极电压 U_o 与 U_i 反相,即 U_o 为负,由同名端决定了 U_f 与 U_i 反相,电路不能振荡。

图 6.10(b),用"电阻法"来判断相位平衡条件。若假设输入 U_i 为正,则集电极电压 U_o 与 U_i 反相,即 U_o 为负,由同名端决定了 U_f 与 U_i 同相,电路能振荡。

图 6.10(c),假设 U_i 为(+),共基电路,输出电压为(+),用电阻法判断 LC 谐振电路谐振时为电阻性,则 L 同名端为(-),反馈电感同名端为(-),U_f 与 U_i 反相,确认此电路不振荡。

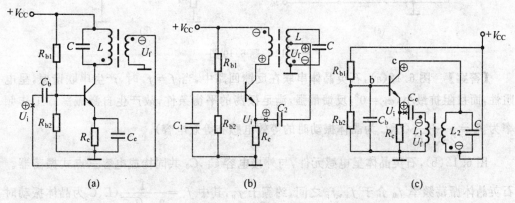

图 6.10　题 6.8 图

【6.9】　两种石英晶体振荡原理电路如图 6.11 所示。试说明它们是属于哪种类型的晶振电路? 为什么说这两种电路结构有利于提高频率稳定度?

【答案】 图 6.11(a) 为串联型石英晶体正弦波振荡电路；图 6.11(b) 为串联型石英晶体正弦波振荡电路。

由于石英晶体在机械压力下可以产生电场，在外加电场时又可以产生形变，这一特性使压电石英晶体很容易在外加交变电场激励下产生谐振。其振荡能量损耗小，振荡频率极稳定。

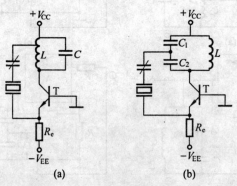

图 6.11　题 6.9 图

【6.10】 试用相位平衡条件说明图 6.12 所示正弦波振荡电路的工作原理，指出石英晶体工作在它的哪个谐振频率。

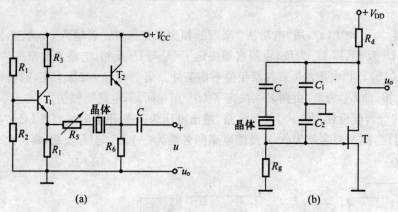

图 6.12　题 6.10 图

【答案】 图 6.12(a)，石英晶体串联在反馈回路中，当 $f = f_s$ 时，产生串联谐振，呈电阻性，而且阻抗最小，$\varphi_F = 0°$，反馈最强，满足振荡的平衡条件，故产生自激振荡。工作频率为 $f_s = \dfrac{1}{2\pi\sqrt{LC}}$（$L$、$C$ 为晶体振动时的等效电感和等效电容）。

图 6.12(b)，石英晶体呈电感元件，与外接电容 C_1，C_2 共同构成电容三点式振荡器。石英晶体振荡频率 f_0 介于 f_s、f_p 之间，约等于 f_p，其中 $f_s = \dfrac{1}{2\pi\sqrt{LC}}$（$L$、$C$ 为晶体振动时的等效电感和等效电容），$f_p = \dfrac{1}{2\pi\sqrt{L\dfrac{C_0 C}{C_0 + C}}} = f_s\sqrt{1 + \dfrac{C}{C_0}}$（$C_0$ 为晶体不振动时的等效电

容,即晶体静电电容)。

【6.11】　选择正确的答案填空。

(1) 若石英晶体中的等效电感、动态电容及静态电容分别用 L、C 和 C_0 表示,则在损耗电阻 $R=0$ 时,石英晶体的串联谐振频率 $f_s=$ _____,并联谐振频率 $f_p=$ _____。

$$\left(a.\ \frac{1}{2\pi\sqrt{L\dfrac{CC_0}{C+C_0}}};\ b.\ \frac{1}{2\pi\sqrt{LC}};\ c.\ \frac{1}{2\pi\sqrt{1+\dfrac{C}{C_0}}}\right)$$

(2) C_0 越大,f_p 与 f_s 的数值就越_____。(a. 接近,b. 远离)

(3) 当石英晶体作为正弦波振荡电路的一部分时,其工作频率范围是_____。

(a. $f<f_s$,b. $f_s \leqslant f<f_p$,c. $f>f_p$)

【答案】　(1)b、a;(2)a;(3)b。

【6.12】　选择正确的答案填空。

(1) 为了得到频率可调且稳定度较高的正弦波振荡电路,通常采用_____,若要求频率稳定度为 10^{-9},应采用_____。(a. 石英晶体振荡电路;b. 变压器反馈式振荡电路;c. 电感三点式振荡电路;d. 改进型电容三点式振荡电路)

(2) 石英晶体振荡电路的振荡频率基本上取决于_____。(a. 电路中电抗元件的相移性质;b. 石英晶体的谐振频率;c. 放大管的静态工作点;d. 放大电路的增益)

【答案】　(1)d、a;(2)b。

【6.13】　填空(a. 电感;b. 电容;c. 电阻)。

(1) 根据石英晶体的电抗频率特性,当 $f=f_s$ 时,石英晶体呈_____性;在 $f_s<f<f_p$ 很窄范围内,石英晶体呈_____性;当 $f<f_s$,或 $f>f_p$ 时,石英晶体呈_____性。

(2) 在串联型石英晶体振荡电路中,晶体等效为_____,而在并联型石英晶体振荡电路中,晶体等效为_____。

【答案】　(1)c、a、b;(2)c、a。

【6.14】　判断下列说法是否正确,在括号中用 √ 或 × 表示出来。

(1) 在反馈电路中,只要安排有 LC 谐振回路,就一定能产生正弦波振荡。(　　)

(2) 对于 LC 正弦波振荡电路,若已满足相位平衡条件,则反馈系数越大,越容易起振。(　　)

(3) 由于普通集成运放的频带较窄,而高速集成运放又较贵,所以 LC 正弦波振荡电路一般用分立元件组成。(　　)

(4) 电容三点式振荡电路输出的谐波成分比电感三点式的大,因此波形较差。(　　)

【答案】　(1)×;(2)√;(3)√;(4)√。

第7章　运算放大器应用电路

7.1　教学内容要求

(1) 运放的三种基本输入比例运算电路。

(2) 运算电路。

(3) 乘除法运算电路。

(4) 有源滤波电路。

(5) 电压比较器。

(6) 非正弦波形发生器。

7.2　教学讲法要点

(1) 讲运放应用电路之前,要简单复习理想运放的特点及主要参数,重复强调"三虚概念"的重要性。

(2) 详细介绍理想运放的两种工作状态的特点和条件。在线性应用时,必须引深度负反馈;在非线性应用时,要引正反馈。

(3) 集成运放应用电路是重点内容,要详细阐述每个电路的工作原理、特点及功能。

(4) 积分电路、滞回比较器、有源滤波器和非正弦滤波发生器是本章难点问题,讲解时一定要讲深讲透。选择实例,示范画积分波形、画滞回比较器波形和传输特性图。

(5) 讲乘法器时,用方框图介绍原理,主要介绍应用。

(6) 对滤波电路处理,只介绍滤波概念,学时少,可不讲电路内容。

7.3　学习要求

1. 学习要点

(1) 掌握运放线性应用的特点(条件),即引入深度负反馈闭环工作,由此来保证运放工作在线性区。

(2) 掌握理想运放特性,充分运用"虚短"、"虚断"和"虚地"概念,是分析运放线性应用电路的一种基本方法。

(3) 熟悉三种基本输入比例运算电路的特点,是本章基础知识,十分重要。要求熟记结果,会调整比例电阻大小实现不同增益的要求。

(4) 掌握反相求和(加、减)电路的特性,会调整比例电阻的大小来改变放大倍数的要求。会画输出状态波形。

(5) 掌握积分电路的特性,会画输出 u_o 的波形图。

(6) 掌握运放非线性应用的特点(条件),即开环工作或引正反馈闭环工作情况,由此来保证运放工作在非线性状态。

(7) 分析运放非线性应用电路有两条原则，即

$$当 \ u_+ \geqslant u_- \ 时，\quad u_o = +U_{om}$$

$$当 \ u_- \geqslant u_+ \ 时，\quad u_o = -U_{om}$$

与线性应用电路分析方法不同，不能混淆。

(8) 掌握滞回比较器的工作原理和特性，特别强调会画输出 u_o 的状态波形和传输特性图。

(9) 掌握矩形波、三角波、锯齿波电路的工作原理及估算振荡频率。

2. 学会本章主要概念和术语

反相器(变号电路)，电压跟随器，求和(加、减)运算器，积分、微分，对数、反对数运算器，乘法器，除法器，有源滤波器(一阶，二阶)，压控滤波器，MOS 电容，MOS 开关电容，开关电容等效电阻，开关电容有源滤波器，零电压比较器，滞回电压比较器，窗口比较器，回差电压，传输特性，稳压管限幅，矩形波、三角波、锯齿波发生器。

7.4　习题解答

【7.1】　判断下列说法是否正确(在括号中画 √ 或 ×)：

(1) 处于线性工作状态下的集成运放，反相输入端可按"虚地"来处理。(　　)

(2) 反相比例运算电路属于电压串联负反馈，同相比例运算电路属于电压并联负反馈。(　　)

(3) 处于线性工作状态的实际集成运放，在实现信号运算时，两个输入端的对地的直流电阻必须相等，才能防止输入偏置电流 I_B 带来运算误差。(　　)

(4) 在反相求和电路中，集成运放的反相输入端为虚地点，流过反馈电阻的电流基本上等于各输入电流之代数和。(　　)

(5) 同相求和电路跟同相比例电路一样，各输入信号的电流几乎等于零。(　　)

【答案】　(1) ×；(2) ×；(3) √；(4) √；(5) ×。

【7.2】　在图 7.1 中，各集成运算放大器均是理想的，试写出各输出电压 U_o 的值。

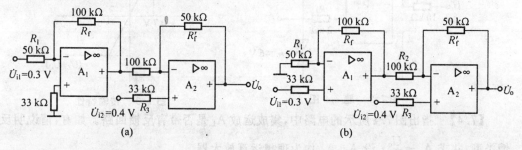

图 7.1　题 7.2 图

解　(1) 在图 7.1(a) 电路中前级属于反相输入比例运算电路，后级为双端求和电路。

前级的输出电压为

$$\dot{U}_{o1}/\mathrm{V} = A_1\dot{U}_i = -\frac{100}{50}\times 0.3 = -0.6$$

由虚短 $U_- = U_+$ 可得

$$\dot{U}_{i2} = \dot{U}_{o1}\frac{50}{100+50} + \dot{U}_o\frac{100}{100+50}$$

故　　　　　　$\dot{U}_o/\mathrm{V} = -0.5\dot{U}_{o1} + 1.5\dot{U}_{i2} = 0.5\times 0.6 + 1.5\times 0.4 = 9$

（2）在图 7.1（b）中，前级属于同相输入比例运算电路，后级为双端求和电路。

前级的输出电压为

$$\dot{U}_{o1}/\mathrm{V} = A_1\dot{U}_{i1} = \left(1 + \frac{100}{50}\right)\times 0.3 = 0.9$$

在 A_2 电路中，$\dot{I}_1 \approx \dot{I}_f$，$\dot{U}_- \approx U_+$ 列方程

$$\frac{\dot{U}_{o1} - U_-}{100} = \frac{U_- - \dot{U}_o}{50}$$

将 $\dot{U}_{o1} = 0.9\ \mathrm{V}$，$U_- = 0.4\ \mathrm{V}$ 代入方程，解得

$$\dot{U}_o = 0.15\ \mathrm{V}$$

【7.3】　请画出如图 7.2 所示的电路的电压传输特性，即 $u_o = f(u_i)$ 曲线，标出有关的电压数值，假设所用集成运放为理想器件。

解　图 7.2 电路为电压比较器，同相输入端接参考电压 0 V，被比较电压加在反相输入端。

当输入电压 $u_i > 0.7\ \mathrm{V}$ 时：输出电压

$$u_o = -(u_z + u_D)$$

当输入电压 $u_i < 0.7\ \mathrm{V}$ 时，输出电压

$$u_o = (u_z + u_D)$$

输出传输特性如图 7.3 所示。

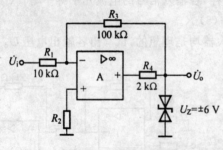

图 7.2　题 7.3 图

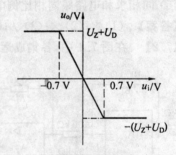

图 7.3　传输特性

【7.4】　指出图 7.4 所示的电路中，集成运放 A_1 是否带有反馈回路。如有，请说明反馈类型，并求 $A_u = \dfrac{\dot{U}_o}{\dot{U}_i}$；设 A_1、A_2 均为理想运算放大器。

解　该电路具有反馈回路，经判断确认 A_1 为电压串联负反馈。

$$U_{o2} = -\frac{R}{5R}U_o = -0.2U_o$$

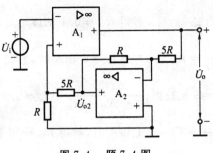

图 7.4　题 7.4 图

因为

$$U_+ = \dot{U}_I$$

所以

$$\frac{\dot{U}_{o2}}{5R+R} \cdot R = \dot{U}_i - \frac{\dot{U}_o/5}{6R} \cdot R = -\frac{\dot{U}_o}{30} = \dot{U}_i$$

$$A_u = \frac{\dot{U}_o}{\dot{U}_i} = -30$$

【7.5】　应用运算放大器可构成测量电压、电流、电阻的三用表,其原理图分别如图 7.5(a)、(b)、(c) 所示,设所用集成运算放大器具有理想的特性,输出端所接电压表为 5 V 满量程,取电流 500 μA。

(1) 在图 7.5(a) 中,若要得到 50 V、10 V、5 V、1 V、0.5 V 五种电压量程,电阻 $R_{11} \sim R_{15}$ 应各为多少?

(2) 在图 7.5(b) 中,若要在电流 I_x 为 5 mA、0.5 mA、0.1 mA、50 μA、10 μA 时,分别使电压表满量程,电阻 $R_{f1} \sim R_{f5}$ 应如何选取?

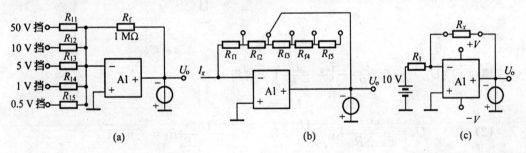

(a)　　　　　　　　　　　　(b)　　　　　　　　　　　　(c)

图 7.5　题 7.5 图

(3) 在图 7.5(c) 中,若输出电压表指示 5 V,问被测电阻 R_x 是多大?

解　(1) 测电压时,要得到 50 V 量程,$\dfrac{50}{R_{11}} = \dfrac{5}{R_f}$,解得 $R_{11} = 10$ MΩ;

若要得到 10 V 量程,$\dfrac{10}{R_{12}} = \dfrac{5}{R_f}$,解得 $R_{12} = 2$ MΩ;

若要得到 5 V 量程,$\dfrac{5}{R_{13}} = \dfrac{5}{R_f}$,解得 $R_{13} = 1$ MΩ;

若要得到 1 V 量程,$\dfrac{1}{R_{14}} = \dfrac{5}{R_f}$,解得 $R_{14} = 0.2$ MΩ;

若要得到 0.5 V 量程，$\dfrac{0.5}{R_{15}} = \dfrac{5}{R_{\mathrm{f}}}$，解得 $R_{15} = 0.1$ MΩ。

（2）测电流时，由于 $\dfrac{U_{\mathrm{o}}}{R_{\mathrm{f}}} = I_x$，当 $\dfrac{U_{\mathrm{o}}}{R_{\mathrm{f1}}} = I_x = 5$ mA 时，解得 $R_{\mathrm{f1}} = 1$ kΩ；当 $\dfrac{U_{\mathrm{o}}}{R_{\mathrm{f1}} + R_{\mathrm{f2}}} =$

$I_x = 0.5$ mA 时，解得 $R_{\mathrm{f2}} = 9$ kΩ；当 $\dfrac{U_{\mathrm{o}}}{R_{\mathrm{f1}} + R_{\mathrm{f2}} + R_{\mathrm{f3}}} = I_x = 0.5$ mA 时，解得 $R_{\mathrm{f3}} = 40$ kΩ；

当 $\dfrac{U_{\mathrm{o}}}{R_{\mathrm{f1}} + R_{\mathrm{f2}} + R_{\mathrm{f3}} + R_{\mathrm{f4}}} = I_x = 0.1$ mA 时，解得 $R_{\mathrm{f4}} = 50$ kΩ；

当 $\dfrac{U_{\mathrm{o}}}{R_{\mathrm{f1}} + R_{\mathrm{f2}} + R_{\mathrm{f3}} + R_{\mathrm{f4}} + R_{\mathrm{f5}}} = I_x = 0.01$ mA 时，解得 $R_{\mathrm{f5}} = 400$ kΩ。

（3）当输出电压表的示数为 5 V 时，由 $U_{\mathrm{i}} = -\dfrac{R_x}{R_1} U_{\mathrm{o}}$ 解得 $R_x = 2R_1$。

【7.6】　图 7.6 中的 A_1、A_2、A_3 均为理想运算放大器，试计算 U_{o1}，U_{o2}，U_{o3} 的值。

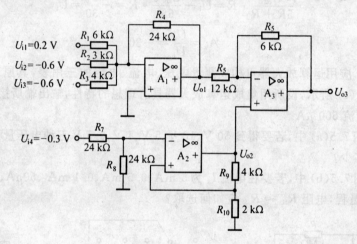

图 7.6　题 7.6 图

解　（1）$U_{\mathrm{o1}} = -R_4\left(\dfrac{U_{\mathrm{i1}}}{R_1} + \dfrac{U_{\mathrm{i2}}}{R_2} + \dfrac{U_{\mathrm{i3}}}{R_3}\right)$，解得

$$U_{\mathrm{o1}} = 7.6 \text{ V}$$

（2）$\quad U_+ = \dfrac{U_{\mathrm{o2}}}{R_9 + R_{10}} R_{10} = \dfrac{U_{\mathrm{o2}}}{3}$，$U_- / \mathrm{V} = \dfrac{U_{\mathrm{i4}}}{R_7 + R_8} R_8 = -0.15$

由于 $U_+ = U_-$，所以

$$\dfrac{U_{\mathrm{o2}}}{3} = -0.15 \text{ V}$$

解得 $\quad\quad\quad\quad\quad\quad\quad\quad U_{\mathrm{o2}} = -0.45 \text{ V}$

（3）对 A_3 可列两种方程：

$$U_{\mathrm{o3}} = -U_{\mathrm{o1}} \dfrac{R_6}{R_5} + \left(1 + \dfrac{R_6}{R_5}\right) U_{\mathrm{o2}} \tag{1}$$

$$\dfrac{U_{\mathrm{o1}} - U_{\mathrm{o2}}}{R_5} = \dfrac{U_{\mathrm{o2}} - U_{\mathrm{o3}}}{R_6} \tag{2}$$

解其中之一就可求 U_{o3}，将数值代入解得

$$U_{o3} = -4.5\ \text{V}$$

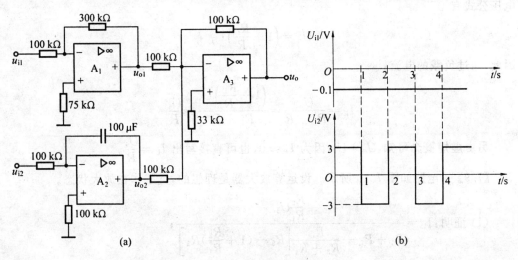

图 7.7　题 7.7 图

【7.7】　设图 7.7(a) 中的运算放大器都是理想的,输入电压的波形如图 7.7(b) 所示,电容器上的初始电压为零,试画出 u_o 的波形。

解　该电路由反相比例运算电路、积分电路及反相求和电路组成。

当 $t = 0\ \text{s}$ 时,$u_{i2}(0) = 3\ \text{V}$,$u_C(0) = 0\ \text{V}$,$\Delta t = 1\ \text{s}$

$$u_{o2} = -\frac{u_{i2}(t)\Delta t}{RC} + u_C(t_0) = -0.3\ \text{V}$$

当 $t = 1\ \text{s}$ 时,$u_{i2}(1) = -3\ \text{V}$,$u_C(1) = -0.3\ \text{V}$,$\Delta t = 1\ \text{s}$

$$u_{o2} = -\frac{u_{i2}(t)\Delta t}{RC} + u_C(t_0) = 0\ \text{V}$$

当 $t = 2\ \text{s}$ 时,$u_{i2}(2) = 3\ \text{V}$,$u_C(2) = 0\ \text{V}$,$\Delta t = 1\ \text{s}$

$$u_o = -100\left(\frac{u_{o1}}{100} + \frac{u_{o2}}{100}\right) = -0.3 - u_{o2}$$

$$u_{o2}/\text{V} = -\frac{u_{i2}(t)\Delta t}{RC} + u_C(t_0) = -0.3$$

所以,输出电压 U_{o2} 的波形如图 7.8(a) 所示。输出电压 U_o 的波形如图 7.8(b) 所示。

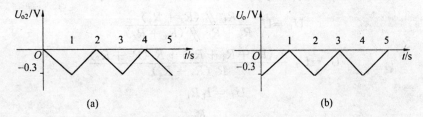

图 7.8　波形图

【7.8】　电压－电流变换电路如图 7.9 所示。设 A 为理想运算放大器并工作在线性放大区,求 I_L 的表达式。

解　图 7.9 所示电路为同相输入比例运算电路,按照同相输入比例运算电路的输出电压公式有

$$U_o = \left(1 + \frac{R_L}{R}\right)U_i$$

因此,通过负载的电流:

$$I_L = \frac{U_o}{R_L + R} = \frac{\left(1 + \frac{R_L}{R}\right)U_i}{R_L + R} = \frac{U_i}{R}$$

另由虚短概念可知:$U_+ = U_i$,因为 $I_+ \approx 0$,也可直接写出 $I_L = \dfrac{U_i}{R}$。

【7.9】　电路如图 7.10 所示。设运算放大器是理想的,且工作在放大状态。

(1) 证明:$I_L = \dfrac{\dfrac{R_2}{R_1}U_I}{R_5 + R_L + \dfrac{R_L}{R_3 + R_4}\left[R_5 - \left(1 + \dfrac{R_2}{R_1}\right)R_3\right]}$;

(2) 说明这种电路有何功能。

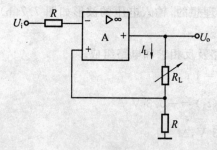　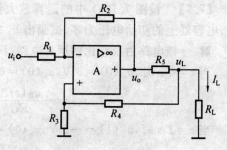

图 7.9　题 7.8 图　　　　　　　　　　图 7.10　题 7.9 图

解　(1)　　　　　　$U_- = U_i \dfrac{R_2}{R_1 + R_2} + U_o \dfrac{R_1}{R_1 + R_2}$

$$U_+ = U_L \frac{R_3}{R_3 + R_4}$$

由 $U_+ = U_-$(虚短)可得

$$U_i \frac{R_2}{R_1 + R_2} + U_o \frac{R_1}{R_1 + R_2} = U_L \frac{R_3}{R_3 + R_4} \tag{1}$$

又　　　　　　$U_L = U_o \dfrac{R_L \mathbin{/\!/} (R_3 + R_4)}{R_5 + R_L \mathbin{/\!/} (R_3 + R_4)}$

得　　　　$U_o = U_L \dfrac{R_5(R_3 + R_4 + R_L) + R_L(R_3 + R_4)}{R_L(R_3 + R_4)} \tag{2}$

同时　　　　　　　　$U_L = I_L R_L \tag{3}$

可得　　　$I_L = \dfrac{-\dfrac{R_2}{R_1}U_I}{R_5 + R_L + \dfrac{R_L}{R_3 + R_4}\left[R_5 - \left(1 + \dfrac{R_2}{R_1}\right)R_3\right]}$

证毕。

（2）该电路为电流源电路，当 u_i 为一恒定值时，输出为恒流源。

【7.10】 图 7.11(a) 中的矩形波电压是图 7.11(b) 电路的输入信号，假设 A_1、A_2 为理想运算放大电路，且其最大输出电压幅度为 ± 10 V，当 $t = 0$ 时，电容 C 的初始电压为零。

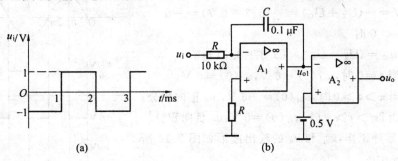

图 7.11　题 7.10 图

（1）求当 $t = 1$ ms 时，$u_{o1} =$ ？

（2）对应于 u_i 的变化波形画出 u_{o1} 及 u_o 的波形，并标明波形幅值。

解 图 7.11(b) 中电路前级为积分电路，满足积分电路的输出电压方程。当 $t = 0$ s 时，$u_i(0) = -1$ V，$u_C(0) = 0$ V。所以，输出电压

$$u_o/\mathrm{V} = -\frac{u_i(0)\Delta t}{RC} + u_C(0) = -\frac{-1 \times 1}{10 \times 0.1} + 0 = 1$$

当 $t = 1$ s 时，$u_i(1) = 1$ V，$u_C(1) = 1$ V，$\Delta t = 1$ s，输出电压

$$u_{o1}/\mathrm{V} = -\frac{u_i(1)\Delta t}{RC} + u_C(1) = -\frac{-1}{10^3} + 1 = 0$$

因此，对应于 u_i 的变化波形，输出电压 u_{o1} 随时间的变化波形为

$$u_o = u_+ - u_- = 0.5 - u_{o1}$$

因此，对应于 u_i 的变化波形，输出电压 u_o 随时间的变化波形如图 7.12 所示。

【7.11】 在图 7.13 所示电路中，如图 A_1、A_2 为理想运算放大器，输入信号为 $u_i = 6\sin \omega t$ 的正弦波，请画出相应的 u_{o1} 和 u_o 的波形，设 $t = 0$ 时 u_i 接入，电容器上的初始电压为零。

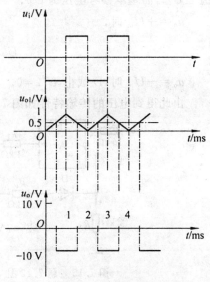

图 7.12　波形图

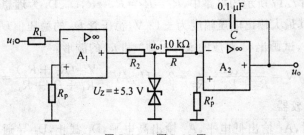

图 7.13　题 7.11 图

解　A_1 为电压比较器，A_2 为积分电路。

$$u_{o1} = (U_Z + U_D)$$

当 $u_i > 0$ 时

$$u_{o1}/V = -(U_Z + U_D) = -(5.3 + 0.7) = -6$$

当 $u_i < 0$ 时

$$u_{o2} = (U_Z + U_D) = (5.3 + 0.7) = 6$$

(1) 当 $t = 0$ 时，$u_{o1}(0) = 6$ V，$u_C(0) = 0$ V；

(2) 当 $\pi > t > 0$ 时，$u_{o1}(0) = -6$ V，u_C 正向积分；

(3) 当 $2\pi > t > \pi$ 时，$u_{o1}(0) = 6$ V，u_C 负向积分。

以后循环工作，u_{o1} 和 u_o 的输出波形如图 7.14 所示。

【7.12】　画出图 7.15 所示电路的电压传输特性曲线。设运算放大器 A 为理想器件，其最大输出电压幅度为 ± 12 V，二极管 D 的导通压降可以忽略不计。

解　反相滞回比较器，U_D 可忽略，U_o 有两个极限值 $\pm U_{om}$，而基本参考电压为 U_+。

$u_o = +U_m$ 时，

$$U'_+/V = \frac{U_Z R_1}{R_1 + R_f} = 1$$

$u_o = -U_m$ 时，D 截止，$U''_+ = 0$。

由此得到电压的传输特性如图 7.16 所示。

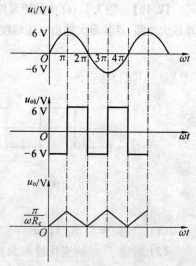

图 7.14　波形图

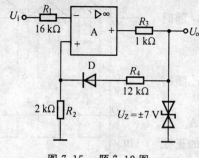

图 7.15　题 7.12 图

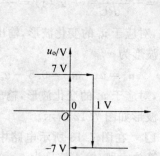

图 7.16　波形图

【7.13】　在图 7.17 所示的电路中，$R_1 = R_2 = R_3 = R$，D_1、D_2 为理想二极管，A_1、A_2 为理想运算放大器，其最大输出电压幅度为 ± 12 V，稳压管 D_Z 的稳压值 $U_Z = 6$ V，输入电压为 $u_i = 6\sin \omega t$ (V)，试画出 u_i 对应的 u_{o1}（对地）和 u_o 的波形。

解　　$U_x/V = \dfrac{V_{CC} R_3}{R_1 + R_2 + R_3} = 2$　　$U_-/V = \dfrac{V_{CC}(R_2 + R_3)}{R_1 + R_2 + R_3} = 4$

电路为双限比较器。

当 $u_i < U_+$ 时，A_1 输出低电平，A_2 输出高电平，D_1 截止，D_2 导通，$u_{o1} = 12$ V，$u_o = 6$ V。

当 2 V $<u_i<$ 4 V 时,A_1、A_2 输出均为低电平。

当 $U_-<u_i$ 时,A_1 输出高电平,A_2 输出低电平,D_1 导通,D_2 截止,$u_{o1}=12$ V,$u_o=$ 6 V。

当 2 V $<u_i<$ 4 V 时,$u_{o1}=0$ V,$u_o=0$ V。

当 $u_i<2$ V 时,$u_{o1}=12$ V,$u_o=6$ V。

以循环重复。所画出的 u_{o1} 和 u_o 的波形如图 7.18 所示。

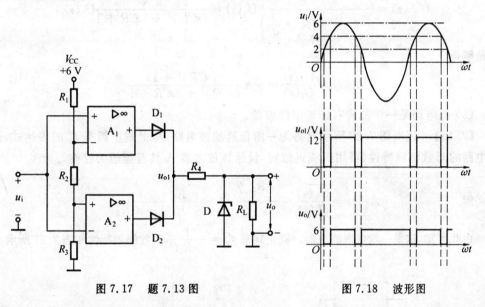

图 7.17   题 7.13 图   图 7.18   波形图

【7.14】   电路如图 7.19 所示,A 为理想运算放大器。

(1) 求 $A_u(s)=\dfrac{U_o(s)}{U_i(s)}$。

(2) 根据 $A_u(s)$ 判断这是什么类型的滤波电路?

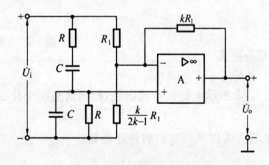

图 7.19   题 7.14 图

解   (1) 由叠加原理,$\dot{U}_o(s)=\dot{U}_{o1}(s)+\dot{U}_{o2}(s)$,其中 $\dot{U}_{o1}(s)$ 和 $\dot{U}_{o2}(s)$ 分别是 $\dot{U}_i(s)$ 从反相端和同相端输入时所产生的输出电压。

由图可知

$$\dot{U}_{o1}(s)=-k\dot{U}_i(s)$$

$$\dot U_{o2}(s) = U_+(s)\left(1 + \frac{kR_1}{R'}\right) = 3kU_+(s)$$

其中

$$R' = R_1 \text{ // } \frac{kR_1}{2k-1} = \frac{kR_1}{3R-1}$$

$$U_+(s) = \frac{R \text{ // } \dfrac{1}{sC}}{R + \dfrac{1}{sC} + \left(R \text{ // } \dfrac{1}{sC}\right)}\dot U_i(s) = \frac{sCR}{(sCR)^2 + 3sCR + 1}U_i(s)$$

于是解得

$$\dot A_u(s) = \frac{\dot U_o(s)}{\dot U_i(s)} = -k\,\frac{(sCR)^2 + 1}{(sCR)^2 + 3sCR + 1}$$

（2）该电路是一个二阶有源带阻滤波器。

【7.15】　证明图 7.20 所示电路为一阶低通滤波电路，写出截止频率 f_p 的表达式，画出电路的对数幅频特性（可用折线近似）。设运算放大器 A 具有理想的特性。

解　　　　$$\dot A_u(s) = \frac{\dot U_o(s)}{\dot U_i(s)} = -\frac{R_2 \text{ // } \dfrac{1}{sC}}{R_1} = -\frac{R_2}{R_1}\,\frac{1}{1 + sCR_2}$$

由此可知，这是一阶低通滤波器。截止频率 $f_p = \dfrac{1}{2\pi R_2 C}$，对数幅频特性如图 7.21 所示。

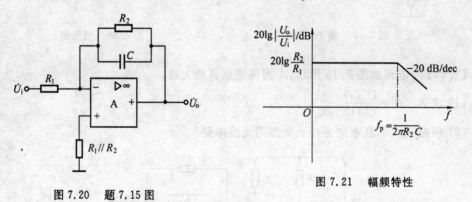

图 7.20　题 7.15 图　　　　　　　图 7.21　幅频特性

【7.16】　写出图 7.22 所示电路的传递函数，指出这是一个什么类型的滤波电路。A 为理想运算放大器。

解　　利用节点电流法可以求出它们的传递函数。

容抗

$$X_C = \frac{1}{sC}$$

则

$$A_u(s) = \frac{U_o(s)}{U_i(s)} = -\frac{R_f}{R_1 + \dfrac{1}{sC}} = -\frac{sR_fC}{1 + sCR_1}$$

该电路是一阶高通滤波电路。

【7.17】　在图 7.23 所示的方波发生器电路中,设运算放大器 A 具有理想的特性,
$R_1 = R_2 = R = 100\ \text{k}\Omega, R_3 = 1\ \text{k}\Omega, C = 0.01\ \mu\text{F}, U_z = \pm 5\ \text{V}$。

(1) 指出电路各组成部分的作用;

(2) 画出输出电压 u_o 和电容器上的电压 u_C 的波形;

(3) 写出振荡周期 T 的表达式,并求出具体数值。

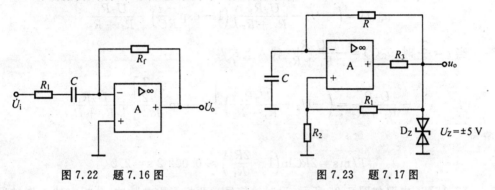

图 7.22　题 7.16 图　　　　　　　图 7.23　题 7.17 图

解　(1) 图 7.23 所示电路由 RC 电路和滞回比较器组成,RC 电路起延迟兼反馈作用,滞回比较器起波形变换作用。R_1、R_2 形成正反馈,R_3 与 D_z 实现输出限幅作用。

(2) 设 $t = 0\ \text{s}$ 时,$u_C = 0$,$u_o = +U_z$,故,U_+ 为 U'_+,即

$$U'_+ = \frac{+U_z R_1}{R_1 + R_2}$$

此时,$u_o = +U_z$,通过 R 向 C 充电,u_C 呈指数规律增加。当 $t = t_1$ 时,$u_o \geqslant U'_+$ 时,u_o 跳变为 $-U_z$,则 U_+ 为 U''_+,即

$$U''_+ = \frac{-U_z R_1}{R_1 + R_2}$$

此时,在 $-U_z$ 作用下,使 C 放电(或反充电),u_C 呈指数规律下降。当 $t = t_2$,$u_o \leqslant U''_+$ 时,u_o 跳变为 $+U_z$,以后重复产生,如图 7.24 所示的矩形波。

(3) 图 7.24 中 $t_2 - t_1 = \dfrac{T}{2}$,按照电容充放电的规律可求出周期 T,这里 RC 充放电的三要素是:

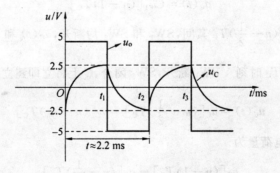

图 7.24　波形图

(1) 时间常数 $\tau = RC$;

(2) 在 t_1 时刻 u_C 的初始值

为 $u_C(t_1) = \dfrac{U_Z R_1}{R_1 + R_2}$

(3) 当 $t = \infty$ 时，u_C 的终了值为 $-U_Z$。

(4) 根据三要素法则可得

$$u_C(t) = \left(-U_Z - \frac{U_Z R_1}{R_1 + R_2} \right)\left(1 - \exp\frac{-t}{RC} \right) + \frac{U_Z R_1}{R_1 + R_2}$$

当 $t = \dfrac{T}{2}$ 时，$u_C(t) = -\dfrac{U_Z R_1}{R_1 + R_2}$ 代入上式得

$$-\frac{U_Z R_1}{R_1 + R_2} = \left(-U_Z - \frac{U_Z R_1}{R_1 + R_2} \right)\left[1 - \exp\frac{-\dfrac{T}{2}}{RC} \right] + \frac{U_Z R_1}{R_1 + R_2}$$

解得

$$T/\text{ms} = 2RC\ln\left(1 + \frac{2R_2}{R_1} \right) \approx 0.002\,2\ \text{s} = 2.2$$

【7.18】　电路如图 7.25 所示，设时钟信号为两相不重叠脉冲，分析它的工作过程并导出其等效电阻表达式。

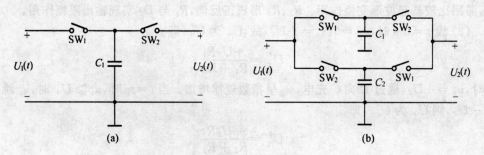

图 7.25　题 7.18 图

解　开关电容单元的工作过程如下：

在 $(n-1)T_C$ 瞬间，φ 驱动 SW_1 闭合，φ 驱动 SW_2 断开，C 对 $u_1[(n-1)T_C]$ 采样，存储电荷量为

$$q_C(t) = Cu_1[(n-1)T_C]$$

从 $(n-1)T_C$ 到 $(n-\dfrac{1}{2})T_C$ 其间，SW_1 和 SW_2 均断开，$u_C(t)$ 和 $q_C(t)$ 保持不变。

在 $t = (n-\dfrac{1}{2})T_C$ 时刻，SW_1 断开，SW_2 闭合，C 上将立即建立起电压为

$$u_C(t) = u_C\left[(n-\frac{1}{2})T_C\right] = u_2\left[(n-\frac{1}{2})T_C\right]$$

电容 C 将释放电荷量为

$$q_C[(n-1)T_C] - q_C\left[(n-\frac{1}{2})T_C\right]$$

在每一个时钟周期 T_C 内，$u_C(t)$ 和 $q_C(t)$ 仅变化一次，电荷变化量为

$$\Delta q_C(t) = C\left\{u_1\left[(n-1)T_c\right] - u_2\left[\left(n-\frac{1}{2}\right)T_c\right]\right\}$$

上式说明,在 $\left(n-\frac{1}{2}\right)T_c$ 到 $(n-1)T_c$ 其间,开关电容从 $u_1(t)$ 向 $u_2(t)$ 端转移的电荷

量与 C 的值、$\left(n-\frac{1}{2}\right)T_c$ 时刻的 $u_2(t)$ 值有关。分析指出,在开关电容两端口之间流动的
是电荷,而非电流;开关电容转移的电荷量决定于两端口不同时刻的电压值,而非两端口
同一时刻的电压值;在时钟驱动下,经开关电容对电荷的存储和释放,能实现电荷转移和
信号传输。

因 T_c 远远小于 $u_1(t)$ 和 $u_2(t)$ 的周期,在 T_c 内可认为 $u_1(t)$ 和 $u_2(t)$ 不变,从近似平
均的观点,可把一个 T_c 内的 $u_1(t)$ 送往 $u_2(t)$ 中的 $\Delta q_C(t)$ 等效为一个平均电流 $i_C(t)$ 从
$u_1(t)$ 流向 $u_2(t)$,即

$$i_C(t) = \frac{\Delta q_C(t)}{T_c} = \frac{C}{T_c}\left\{u_1\left[(n-1)T_c\right] - u_2\left[\left(n-\frac{1}{2}\right)T_c\right]\right\} =$$
$$\frac{C}{T_c}\left[u_1(t) - u_2(t)\right] = \frac{1}{R_{sc}}\left[u_1(t) - u_2(t)\right]$$

式中 R_{sc} 为开关电容模拟电阻或开关电容的等效电阻,其值为

$$R_{sc} = \frac{T_c}{C} = \frac{1}{Cf_c}$$

开关电容能模拟开关电阻,这就使以往应用常规(集成)电阻的各种模拟电路相应地
演变成各种开关电容电路。图 7.25(b) 为并联电路:总开关电容模拟电阻或开关电容的
等效电阻,其值为 $R_{sc}/2$。

【7.19】　用开关电容设计一阶有源高通滤波器,画出电路,写出传递函数表达式。

解　设计开关电容一阶有源高通滤波器,先设计一阶 RC 高通滤波器,其电路如图
7.26 所示。由图可写出传递函数,即

$$A(s) = \frac{u_o(s)}{u_i(s)} = -\frac{R_f}{R_1 + \frac{1}{sC}} = -\frac{sR_fC}{1 + sR_fC} \tag{1}$$

将图 7.26 中的 R_1,R_f 用开关电容的等效电阻来置换,即用 $\frac{T_c}{C_1}$ 置换 R_1,用 $\frac{T_c}{C_2}$ 置换 R_f。置
换后的电路如图 7.27 所示。也就是开关电容一阶有源高通滤波器(SCF)。

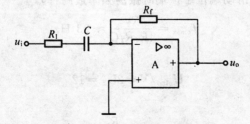

图 7.26　一阶 RC 高通滤波器

将式(1)中的电阻进行置换,可得 SCF 的传递函数,即

$$A(s) = -\frac{C}{C_2} \frac{sT_C}{1 + sT_C \frac{C}{C_1}} \tag{2}$$

截止频率

$$f_P = \frac{1}{2\pi R_1 C}$$

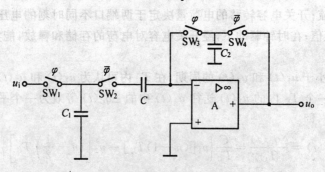

图 7.27　开关电容一阶有源高通滤波器

【7.20】　某三角波－方波发生电路如图 7.28 所示，设 A_1、A_2 为理想运算放大器。

(1) 求调节 R_w 时所能达到的最高振荡频率 f_{omax}；

(2) 求方波和三角波的峰值；

(3) 若要使三角波的峰－峰值与方波的峰－峰值相同，电阻 R_3 应调整到多大；

(4) 在不改变三角波原先幅值的情况下，若要使 f_o 提高到原来的 10 倍，电路元件参数应如何调整。求出具体数值。

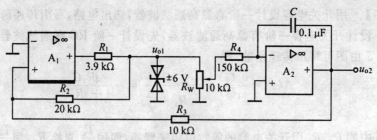

图 7.28　题 7.20 图

解　(1) 当 R_w 的滑动端位于顶端时振荡频率最高，即

$$f_{omax} = \frac{R_2}{4R_4 R_3 C} \approx 33 \text{ Hz}$$

(2) 方波

$$U_{oipp}/\text{V} = 2U_z = 12$$

三角波

$$U_{o2pp}/\text{V} = 2\frac{R_3}{R_2}U_z = 6$$

(3) 比较上面两式可知，应使 $R_3 = R_2 = 20$ kΩ。

(4) 由前面 f_{omax} 表达式可知，将 R_4 减小到 15 kΩ 或将 C 减小到 0.01 μF 均可。

【7.21】　图 7.29 所示的电路中,设所用器件均具有理想的特性,$u_{i1} > 0$。

(1) 分别写出 u_{o1} 和 u_o 的表达式。

(2) 指出该电路是何种运算电路。

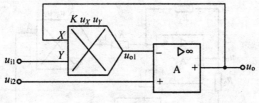

图 7.29　题 7.21

解　(1) 前级为乘法器

$$u_{o1} = K u_o u_{i1}$$

因为
$$U_- = U_+$$

所以
$$u_{i2} = K u_o \cdot u_{i1}$$

则
$$u_o = \frac{u_{i2}}{k u_{i1}}$$

(2) 该电路为除法运算电路。

【7.22】　在图 7.30 中的模拟乘法器和运算放大器均为理想器件。

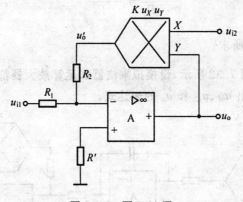

图 7.30　题 7.22 图

(1) 为对运算放大器 A 形成负反馈,应对 u_{i2} 的极性有何限制。

(2) 推导 u_o 与 u_{i1} 和 u_{i2} 之间的关系式,指出该电路具有何种运算功能。

(3) 设 $K = 0.1\ V^{-1}$,$R_1 = 10\ k\Omega$,$R_2 = 1\ k\Omega$,u_{i1} 和 u_{i2} 极性相同且绝对值均为 10 V,问输出电压 $u_o =$?

解　(1) 要求正极性:$u_{i2} > 0$ 时,A 形成负反馈。

(2) $u_o' = K u_o u_{i2}$,$\dfrac{u_o'}{R_2} = \dfrac{-u_{i1}}{R_1}$,将两式联立,解出

$$u_o/V = \frac{R_2 u_{i1}}{K u_{i2} R_1} = -\frac{R_2}{K R_1} \cdot \frac{u_{i1}}{u_{i2}} = -1$$

所以该电路具有除法器功能。

(3) $u_o = 1\ V$。

【7.23】 选择正确的答案填空。

电路如图 7.31 所示，所用的各种器件均为理想的特性，输入电压 $u_i > 0$，电阻 $R_3 = R_4$，则 u_o 与 u_i 的关系式为_____。

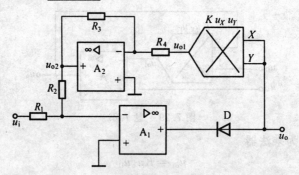

图 7.31 题 7.23 图

$$\left[a.\ u_o = \frac{KR_2 u_i^2}{R_1}; \quad b.\ u_o = -\frac{KR_2 u_i^2}{R_1}; \quad c.\ u_o = \sqrt{\frac{KR_2(-u_i)}{R_1}}; \quad d.\ u_o = \sqrt{\frac{R_2 u_i}{KR_1}} \right]$$

解 $u_{o1} = Ku_o^2$, $u_{o2} = -\dfrac{R_3}{R_4} u_{o1} = -\dfrac{R_3}{R_4} Ku_o^2 = -Ku_o^2$。

由虚地

$$\frac{u_{o2}}{R_2} = -\frac{-u_i}{R_1}$$

所以有 $u_o = \sqrt{\dfrac{R_2 u_i}{kR_1}}$ 为所求。

【7.24】 电路如图 7.32 所示，设模拟乘法器和运算放大器都是理想器件，电容 C 上的初始电压为零，试写出 u_{o1}、u_{o2} 和 u_o 的表达式。

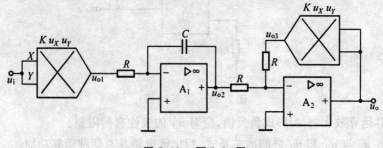

图 7.32 题 7.24 图

解 $u_{o1} = Ku_i^2$, $u_{o2} = -\dfrac{u_i(t)}{RC} + u_C(t) = -\dfrac{u_i^2}{RC}$, $u_{o3} = Ku_o^2$

$$\frac{u_{o3}}{R} + \frac{u_{o2}}{R} = 0$$

则

$$Ku_o^2 = \frac{u_i^2}{RC}$$

解出

$$u_o = \frac{u_i}{\sqrt{KRC}}$$

【7.25】 电路如图 7.33(a) 所示，A_1、A_2、A_3、A_4 均为理想运放，且最大输出饱和电

压为 ± 12 V。稳压管 $U_Z = 5.3$ V,输入信号 u_{i1} 和 u_{i2} 的波形如图 7.33(b) 所示。设 $t = 0$ 时,电容器 C 上的电压 $u_C(0) = 0$ V。u_{o2} 输出为"+"。求:

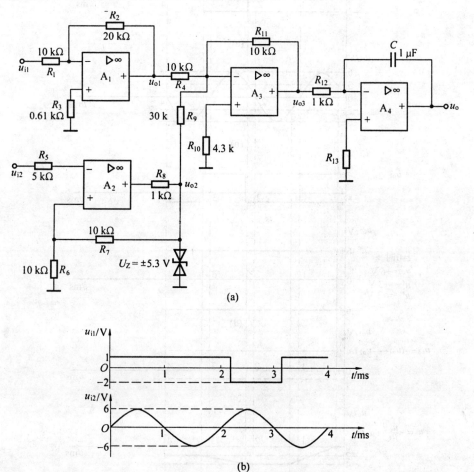

图 7.33 题 7.25 图

(1)画出对应 u_{i1} 和 u_{i2} 的 u_{o1}、u_{o2}、u_{o3}、u_{o4} 的波形。

(2)对应 $t = 1$ ms 时的 u_{o1}、u_{o2}、u_{o3}、u_{o4} 的电压值。

解 (1)A_1 为反相比例运算电路,则

$$u_{o1} = -\frac{R_2}{R_1} u_{i1} = -2 u_{i1}$$

可画出 u_{o1} 的输出波形如图 7.34 所示。

A_2 为滞回比较器,当 $t = 0$ 时,$u_{o2} = +6$ V,阈值电压:$u'_- = +3$ V,$u''_- = -3$ V。由此可画出 u_{o2} 的输出波形,如图 7.34 所示。

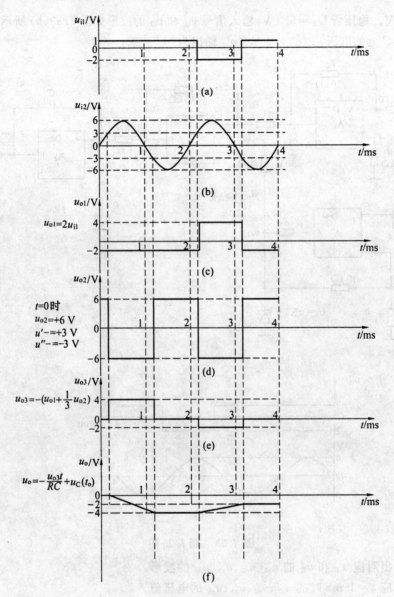

图 7.34　波形图

A_3 为反相求和电路，即

$$u_{o3} = -\left(u_{o1} + \frac{1}{3}u_{o2}\right)$$

可画出 u_{o3} 的输出波形，如图 7.34(e) 所示。

A_4 为反相积分电路，则

$$u_o = -\frac{u_{o3}\Delta t}{RC} + u_C(t_0)$$

式中，$u_C(t_0)$ 为初始值。

参照 u_{o3} 波形可画出 u_o 的输出波形,如图 7.34(f) 所示。

(2)Δt 为 1 ms,可计算出 t_1、t_2、t_3、t_4 时刻对应的电压值,由波形图可求出 1 ms 时刻的各输出电压值:

$$u_{o1} = -2 \text{ V}, \quad u_{o2} = -6 \text{ V}, \quad u_{o3} = 4 \text{ V}, \quad u_o = -3 \text{ V}$$

第8章　直流稳压电源

8.1　教学内容要求

(1) 整流电路。
(2) 滤波电路。
(3) 直流稳压电路。
(4) 三端集成稳压器。
(5) 高效率开关稳压电源。
(6) 单片开关电源及应用。

8.2　教学讲法要点

(1) 各种电路都需要电源,因此,直流稳压电源电路十分重要,必须详细介绍整流、滤波、稳压电路的工作原理、特点及主要技术指标。让初学者在理解的基础上学会应用。

(2) 集成稳压电路,内部工作原理简单介绍,主要讲应用电路。用实例设计集成应用电路。

(3) 讲好开关电源的基本概念,详细阐述开关电源的工作原理、特点及参数。

(4) 详细介绍单片集成开关电源的芯片特点及功能,重点介绍以芯片为核心设计的开关电源的应用电路。至少要讲两个实例电路的设计,说明电路的组成,各部分电路的元器件功能。让初学者感到当代应用开关电源的重要性。很多教材没有补充此项内容,讲课教师必须重视并进行调整。

8.3　学习要求

1. 学习要点

(1) 掌握整流、滤波电路的工作原理及特性。记住主要参数:

①. 整流电路

a. 半波整流: $U_{O(AV)} \approx 0.45\,U_2$, $S = 1.57$, $I_{O(AV)} = 0.45\,\dfrac{U_2}{R_L}$, $U_{RM} = \sqrt{2}\,U_2$。

b. 全波整流: $U_{O(AV)} = 0.9\,U_2$, $I_{O(AV)} = 0.9\,\dfrac{U_2}{R_L}$, $I_{D(AV)} = \dfrac{1}{2}\,I_{O(AV)}$, $U_{RM} = 2\sqrt{2}\,U_2$。

c. 桥式整流: $U_{RM} = \sqrt{2}\,U_2$,其他参数与全波整流相同。

②. 滤波电路

a. 电容滤波: $U_{O(AV)} \approx 1.2\,U_2$(带负载), $S = \dfrac{T}{4R_L C - T}$,外特性软,适合负载电流变化小的场合。二极管导通角小于 π。有尖峰电流。

b. 电感滤波：$U_{O(AV)} = 0.9\,U_2$，纹波小，外特性硬。适合负载电流变化较大的场合，冲击电流小，有反电动势。导通角等于 π。

c. LC 滤波：可满足不同的负载电流的要求。

d. 线滤波器：抑制共模杂波干扰，主要抑制工频电压电磁干扰，用于开关电源输入端。

（2）熟悉稳压管稳压电路工作原理和特性，会求限流电阻，熟悉埋层齐纳稳压管特性及构成的基准电源特点。

（3）掌握串联型稳压器工作原理，会计算输出电压调整范围。

（4）掌握集成稳压器的特性及应用，熟悉高效率低压差集成稳压器的特点，会应用。

（5）掌握高效率开关稳压器的工作原理及特点，熟悉串联型并联型和高频变压器耦合型变换器的特性。

（6）掌握高频隔离变压器的正激式和反激式的概念。

（7）掌握单片开关电源的芯片特性及功能，并会以集成芯片为核心设计应用电路。

2. 学会本章主要概念和术语

输出直流电压平均值 $U_{O(AV)}$，输出电压脉动系数 S，整流管正向平均电流 $I_{D(AV)}$，整流管承受的最大的反向峰值电压 U_{RM}，半波整流，桥式整流，电容滤波，电感滤波，π 型滤波器，线滤波器，共模电感，稳压系数 S，电压调整率 S_u，电流调整率 S_I，串联型稳压器，基准电源，埋层齐纳稳压管基准电源，三端集成稳压器，7800 系列稳压器，7900 系列稳压器，三端可调集成稳压器，低压差集成稳压器，开关电源，串联型开关变换器，并联型开关变换器。大功率高压开关管（MOSFET），脉宽调制器（PWM），频率调制器（PFM），高频隔离变压器，正激式变换器，反激式变换器，单片开关电源，钳位保护电路，恒压取样电路，恒流取样电路。

8.4　习题解答

【8.1】　在括号内选择合适的内容填空：

（1）在直流电源中，变压器次级电压相同的条件下，若希望二极管承受的反向电压较小，而输出直流电压较高，则采用＿＿＿＿＿整流电路；若负载电流为 200 mA，则宜采用＿＿＿＿＿滤波电路；若负载电流较小的电子设备中，为了得到稳定的但不需要调节的直流输出电压，则可采用＿＿＿＿＿稳压电路或集成稳压器电路；为了适应电网电压和负载电流变化较大的情况，且要求输出电压可以调节，则可采用＿＿＿＿＿晶体管稳压电路或可调的集成稳压器电路。（半波，桥式，电容型，电感型，稳压管，串联型）

（2）具有放大环节的串联型稳压电路在正常工作时，调整管处于＿＿＿＿＿工作状态。若要求输出电压为 18 V，调整管压降为 6 V，整流电路采用电容滤波，则电源变压器次级电压有效值应选＿＿＿＿＿V。（放大，开关，饱和，18，20，24）

【答案】　（1）桥式，电容型，稳压管，串联型。

（2）放大，20 V。

【8.2】　单相桥式整流电路中，若某一整流管发生开路，短路，或反接三种情况，电路

中将会发生什么问题？

【答案】　当某一整流管开路时，相当于半波整流，当某一整流管短路时，则二次电压全部由回路中另一个整流二极管承担，可能烧毁或击毁二极管。反接时也相当半波整流。

【8.3】　在电容滤波的整流电路中，二极管的导电角为什么小于 π？

【答案】　因电容放电，二极管的导通角全波时必然小于 π，如图 8.1 所示。

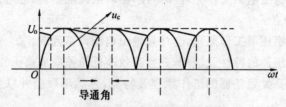

图 8.1　题 8.3 答案图

【8.4】　稳压管的特性曲线有什么特点？利用其正向特性，是否也可以稳压？

【答案】　稳压管工作在反向击穿时，曲线很陡，当反向电流变化时，其表现为很好的稳压特性，但要注意其反向电流大小，不能使管子受热损坏。其正向特性为二极管，不能稳压。

【8.5】　有两个 2CW15 型稳压管，其稳定电压分别是 8 V 和 5.5 V，正向压降均为 0.7 V，如果把两个稳压管进行适当的连接，试问能得到几种不同的稳压值，并画出相应的电路加以表示。

【答案】　有四种接法，如图 8.2 所示。图 8.2(a) 中为 13.5 V；图 8.2(b) 中为 5.5 V；图 8.2(c) 中为 6.2 V；图 8.2(d) 中为 8.7 V。

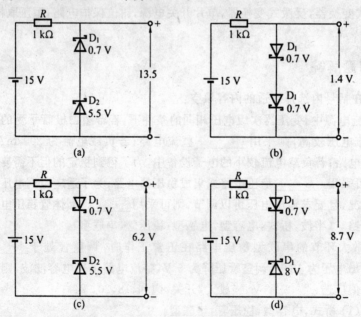

图 8.2　题 8.5 答案图

【8.6】　图 8.3 中的各个元器件应如何连接才能得到对地为 ±15 V 的直流稳定电压。

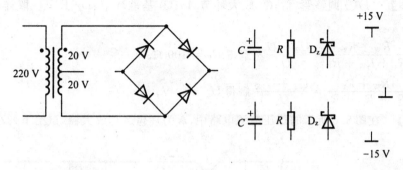

图 8.3　题 8.6 图

【答案】　画出的连线图如图 8.4 所示。

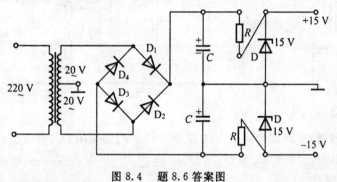

图 8.4　题 8.6 答案图

【8.7】　串联型稳压电路如图 8.5 所示,稳压管 D_z 的稳定电压为 5.3 V,电阻 $R_1 = R_2 = 200\ \Omega$,晶体管的 $U_{BE} = 0.7$ V。

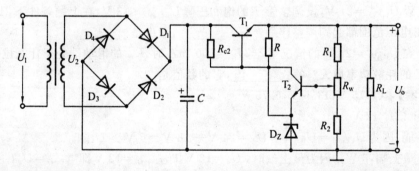

图 8.5　题 8.7 图

(1) 试说明电路的如下四个部分分别由哪些元器件构成(填在空格内);

① 调整管 _____;

② 放大环节 _____;

③ 基准环节 _____;

④ 取样环节 _____。

(2) 当 R_w 的滑动端在最下端时 $U_o = 15$ V,求 R_w 的值。

(3) 当 R_w 的滑动端移至最上端时,问 $U_o = ?$

【答案】 (1)① 调整管 T_1;② 放大环节 T_2;③ 基准环节:D_Z、R_o;④ 取样环节:R_1、R_w、R_2。

(2) $\dfrac{R_w + R_2}{R_1 + R_w + R_2} = \dfrac{U_Z + U_{BE}}{U_o}$ 解得 $R_w = 100$ Ω。

(3) $\dfrac{R_w + R_2}{R_1 + R_w + R_2} = \dfrac{U_Z + U_{BE}}{U_o}$ 解得 $U_o = 10$ V。

【8.8】 在图 8.6 所示的稳压电源电路中,A 为理想运算放大器,试给下列小题填空:

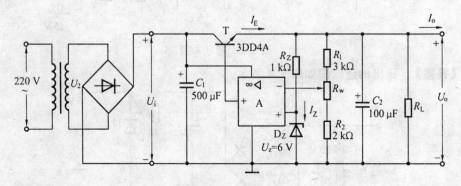

图 8.6 题 8.8 图

(1) 若电容器 C_1 两端的直流电压 $U_{i(AV)} = 18$ V,则表明 U_2(有效值) $\approx$ _____ V;若 U_2 的数值不变,而电容 C_1 脱焊,则 $U_{i(AV)} =$ _____ V;若有一只整流二极管断开,且电容 C_1 脱焊,则 $U_{i(AV)} =$ _____ V。

(2) 要使 R_w 的滑动端在最下端时 $U_o = 18$ V,则 R_w 的值为 _____ kΩ,在此值下,当 R_w 的滑动端在最上端时,$U_o =$ _____ V。

(3) 设 $U_{i(AV)} = 24$ V,设调整管 T 的饱和压降 $U_{CE(sat)} \leqslant 3$ V,在上题条件下,T 能否对整个输出电压范围都起到调整作用? 答:_____,理由是 _____。

(4) 在 $U_{i(AV)} = 24$ V 的情况下,当 $I_E = 500$ mA 时,R_w 的滑动端处于什么位置(上或下)则 T 的耗散功率最大? 答:_____,它的数值是 _____。

【答案】 (1)15 V,13.5 V,6.75 V。

(2)1 kΩ,12 V。

(3) 能,因为 $U_{CEmin} = U_{i(AV)} - U_o = 24$ V $- 18$ V $= 6$ V $> U_{CE(sat)}$。

(4) 最上端,6 W。因为最上端时,$U_o = 12$ V,$U_{CE(max)} = 12$ V 即 $P_{Tmax} = U_o I_E = 6$ W。

【8.9】 图 8.7 是一个用三端集成稳压器组成的整流稳压电路,试说明各元器件的作用,并指出电路在正常工作时的输出电压。

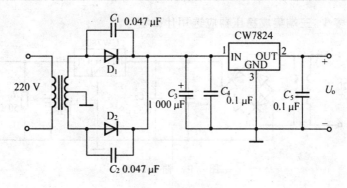

图 8.7 题 8.9 图

【答案】 D_1、D_2、C_3 组成全波整流滤波电路,W7805 为三端集成稳压器,起稳压作用。C_1、C_2 为高频滤波电容,其作用为冲击电流或高频干扰分流,保护二极管。C_4、C_5 均为高频滤波电容。C_4 用来克服导线较长时的电感效应,防止自激。C_5 用来抑制高频噪声。当电路正常工作时,直流输出为 24 V。

【8.10】 选择正确的答案填空。

若图 8.8 中的 A 为理想运算放大器,三端集成稳压器 CW7824 的 2、3 端间电压用 U_{REF} 表示,则电路的输出电流 I_o 可表示为_____。

(a. $I_o = \dfrac{U_{\text{REF}} + I_W R_2}{R_1 + R_L}$; b. $I_o = \dfrac{U_{\text{REF}}}{R_1}\left(1 + \dfrac{R_1}{R_L}\right)$; c. $I_o = \dfrac{U_{\text{REF}}}{R_1}$; d. $I_o = \dfrac{U_{\text{REF}}}{R_1} + I_W$;

e. $I_o = \dfrac{U_1 - U_{\text{REF}}}{R_L}$)

【答案】 a。

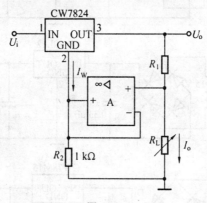

图 8.8

提示:因为 $\qquad\qquad I_o(R_1 + R_L) = U_{\text{REF}} + I_W R_2$

所以 $\qquad\qquad\qquad\qquad I_o = \dfrac{U_{\text{REF}} + I_W R_2}{R_1 + R_L}$

故选 a。

【8.11】 一个输出电压为 +5 V,输出电流为 1.2 A 的直流稳压电源电路如图 8.9 所示。如果已选定变压器次级电压有效值为 10 V,试指出整流二极管的正向平均电流和反向峰值电压两项参数至少应选多大,滤波电容器的容量大致在什么范围内选择,其耐压值

至少不应低于多少,三端集成稳压器应选用什么型号。

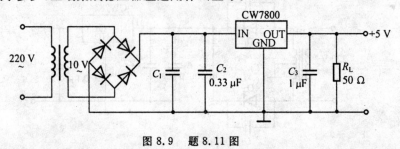

图 8.9　题 8.11 图

解　(1)桥式整流二极管正向平均电流 $I_{D(AV)} = \dfrac{1}{2}I_o = 0.6$ A,二极管反向峰压为

$$U_{RM}/V = \sqrt{2}U_2 = 14$$

(2)由 $R_L C \approx (3 \sim 5)\dfrac{T}{2}$,可求得 $C = \dfrac{5T}{2R_L} = \dfrac{5 \times \dfrac{1}{50}}{2 \times 50} = 1\,000$ μF。而耐压选大于 25 V。

(3)集成稳压器选 CW7805。

【8.12】　指出图 8.10 中的三个直流稳压电路是否有错误。如有错误,请加以改正。要求输出电压和电流如图 8.10 所示。

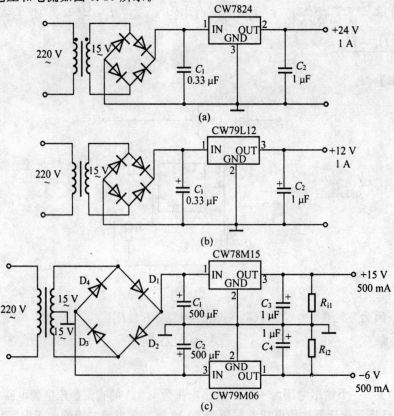

图 8.10　题 8.12 图

【答案】　(1)图 8.10(a)中有错误,①电容 C_1 太小,应改为大于 $2\,000\ \mu F$ 的大电容。
② 变压器次级电压过低,应改为大于 25 V。

(2) 图 8.10(b)中有错误,CW79L12 电流不能达到 1 A,又为负电源,达不到 $+12$ V
要求,应当改为 CW7812。

(3) 图 8.10(c)中有错误,D_2、D_3 极性接反,电容 C_2 极性接反。

【8.13】　在图 8.11 中画出了两个用三端集成稳压器组成的电路,已知电流 $I_W =$
5 mA。

(1)写出图 8.11(a)中 I_o 的表达式,并算出其具体数值。

(2)写出图 8.11(b)中 U_o 的表达式,并算出当 $R_2 = 5\ \Omega$ 时的具体数值。

(3)指出这两个电路分别具有什么功能。

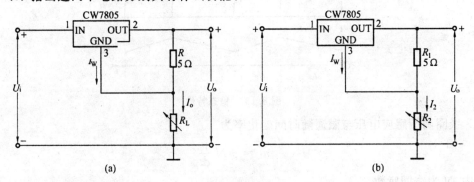

图 8.11　题 8.13 图

【答案】　(1) 在图 8.11(a)中

$$U_{23} = 5 \text{ V}, \quad R = 5\ \Omega$$

$$I_o/\text{A} = I_W + I_R = I_W + \frac{U_{23}}{R} = 1.005$$

(2) 在图 8.11(b)中,

$$U_o/\text{V} = I_2 R_2 + U_{23} = \left(I_W + \frac{U_{23}}{R_1}\right) R_2 + U_{23} = 10.025$$

(3) 图 8.11(a)为恒流源电路,图 8.11(b)为输出可调的稳压电路。

【8.14】　电路如图 8.12 所示,简述工作原理,说明元器件的作用。

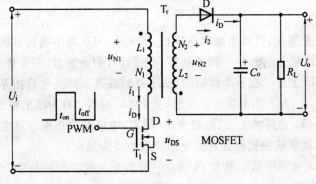

图 8.12　题 8.14 图

解　图 8.12 电路为反激式开关变换器,其工作原理简述如下:

(1) 在脉冲 t_{on} 期间,T_1 导通,$u_{N1} = U_I$,L_1 的电流线性增长,$u_{L1} = L_1 \dfrac{di_{L1}}{dt}$,变压器储能。由线圈同名端可知,D 截止,$C_o$ 向负载供电。在脉冲 t_{off} 期间,T_1 截止,i_{L1} 为零,产生反电动势,使 D 导通,L_2 储能释放,通过 D 给负载供电,给电容充电。

(2) 稳态特性(见图 8.13)

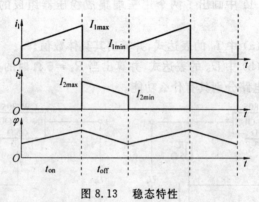

图 8.13　稳态特性

线圈两端感应电压与磁通随时间变化率为

$$u_L = -N \frac{d\varphi}{dt} \tag{1}$$

式中,N 为线圈匝数。

在 t_{on} 期间　　　　　　$U_I = N_1 \dfrac{d\varphi_1}{dt}$

故　　　　　　　　　　$\Delta\varphi_1 = \dfrac{U_I}{N_1} t_{on} \tag{2}$

在 t_{off} 期间　　　　　　$U_o = N_2 \dfrac{d\varphi_2}{dt}$

故　　　　　　　　　　$\Delta\varphi_2 = \dfrac{U_o}{N_2} t_{off} \tag{3}$

在一个周期内,由磁通的伏 — 秒平衡规律,有

$$\Delta\varphi_1 = \Delta\varphi_2$$

故　　　　　　　　　　$U_o = U_I \dfrac{N_2}{N_1} \dfrac{t_{on}}{t_{off}}$

上式表明,改变匝比,可调整输出电压 U_o 的大小,可获得不同标称的直流输出电压。

由图 8.13 看出副边电流 I_2 下降不到零,变压器有剩余能量,开关管再次导通时,原边电流 I_1 从一个台阶上升。在一个周期内,变压器的磁通 φ 的变化量相等。

在图 8.12 中,T_1 为大功率高压开关管,受 PWM 控制。D 为输出整流管,C_o 为滤波电容,R_L 为假负载。T_r 为高频变压器,起变压,隔离,电感滤波作用。将电网高压与用电器隔离,安全。因此反激式变换器在开关电源应用中多为采用。

【8.15】　开关电源电路如图 8.14 所示。分析开关变换器的类型,电路组成,工作原理及各元器件的作用。

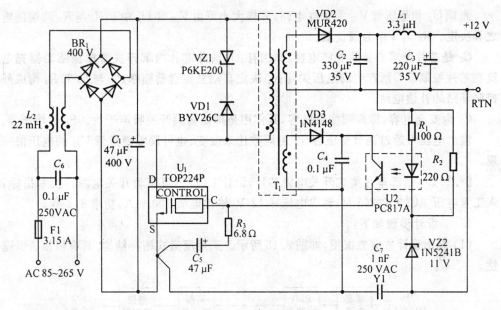

图 8.14 题 8.15 图

解 （1）开关变换器类型

由图可知,采用高频隔离变压器,构成反激式开关变换器。

（2）电路组成

由整流滤波电路(C_6,L_2,BR_1,C_1)、集成芯片(TOP224)、钳位保护电路(V_{Z1},V_{D1})高频变压器(T_1)、整流滤波输出电路(V_{D2},C_2,L_1,C_3)、辅助偏置电路(V_{D3},C_4,U_2)、稳压取样控制电路(R_1,R_2,U_2,V_{Z2})等组成。

（3）电路工作原理及元器件作用

输入工频电压 85～265 V,经整流滤波后变为直流高压,加在变压器 T_1 初级绕组一端,另一端接 U1 芯片内部开关管的源极 S。经 T_1 变压,在次级绕组得到输出电压,经整流滤波后输出稳定＋12 V 电压。

当输出电压有变化时,取样电路采样,经光耦U_2送到 U1 芯片控制端 C,由芯片内部 PWM 电路控制开关管进行脉宽调制,使输出电压稳定。

U1 为 TOP224 芯片,开关器核心器件。内部有高压大功率开关管 MOSFET,$U_{(BR)DS} > 700$ V,开关频率 132 kHz,$P_{omax} = 290$ W。该芯片具有 PWM、软启动、轻载降频、关断／重启动等控制功能,还具有过压、欠压、过流、过热等保护功能。

T_1 为高频变压器,具有电压变换、高低压隔离、电感滤波等功能。辅助绕组的输出经 V_{D3},C_4 整流和滤波后为芯片控制端 C 提供偏置电压。

V_{Z1} 称瞬态抑制器,与 V_{D1} 组成钳位保护电路,将变压器 T_1 的漏感所引起的前沿电压尖峰钳位到安全值,保护开关管不被击穿。

V_{D2} 为输出整流二极管,C_2,L_1,C_3 为输出滤波电路。

BR_1 为全波整流桥,C_1 为滤波电容。C_6 和共模电感 L_2 构成 EMI 滤波器,抑制电磁干扰和差模浪涌电流。

　　光耦 U_2 和稳压管 V_{Z2} 为采样电路,采样大小可由 V_{Z2} 和 U_2 中 LED 与 R_1 两端的电压之和决定。R_2 与 V_{Z2} 为假负载。

　　C_5 是芯片要求必接的滤波电容,作用有:① 滤除芯片内部开关管栅极驱动器充电电流在芯片控制端 C 所产生的电压尖峰;② 决定自动复位启动频率;③ 与 R_1 和 R_3 构成外部控制环路的补偿电路。

　　C_7 为安全电容,即高频滤波电容,其作用是抑制高频开关噪声干扰。F_1 为熔断器。

　　输出电压可通过调节变压器 T_1 的匝数比来改变,也可调整稳压管 V_{Z2} 的电压值来实现。

　　【8.16】　自选单片集成开关电源芯片,设计 LED 恒流驱动开关电源。技术指标:输入工频电压 AC90 ~ 265 V,输出电压 ＋12 V,输出电流 700 mA,功率 8.4 W。

　　解　设计步骤如下:

　　(1)画出设计方案方框图,如图 8.15 所示。采用反激式拓扑结构,具有恒压/恒流特性。

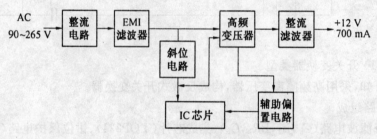

图 8.15　设计方案框图

　　(2)选择确定各部分电路的元器件及参数:

　　①IC 集成芯片选择 LNK 606PG,该芯片内部具有精确的初级侧恒压/恒流控制器,在次级回路无需检测及控制电路。芯片内具有功率开关管,振荡器,启动和保护等功能电路。

　　②选择 4 只 IN4007 二极管构成整流电路。③EMI 滤波器,选择 L_1 电感 1 mH,R_1 为 2.2 kΩ,滤波电容 C_1 和 C_2 选择 10 μF/400 V,安全电容 C_7 选择 470P/250 V。④ 钳位电路,V_{D5} 选择 IN4007,C_3 为 1 000P/1 kV,R_2 为 470 kΩ。⑤ 输出整流二极管 V_{D7},选择肖特基二极管 $SB2100$,滤波电容 470 μF/25 V,电感 L_2 为 4.7 μH,假负载 R_5 为 1 kΩ。⑥辅助偏置电路,整流二极管 V_{D6} 选 IN4007,分压电阻 R_3 为 22.6 kΩ,R_4 为 7.5 kΩ,R_6 为 6.2 kΩ,C_3 为 10 μF/10 V,C_4 为 1 μF/10 V。R_F 为 10 Ω/2.5 W。

　　⑦ 高频变压器 T_1,经计算确定,选择 EE16 型磁芯。一次绕组用 φ0.20 mm 漆包线绕120匝。二次绕组用 φ0.35 mm 三层绝缘线绕 14 匝。辅助偏置绕组用 φ0.20 mm 漆包线绕 29 匝,两组串接。变压器谐振频率 f＝600 kHz。

　　(4)设计的电路原理图如图 8.16 所示。

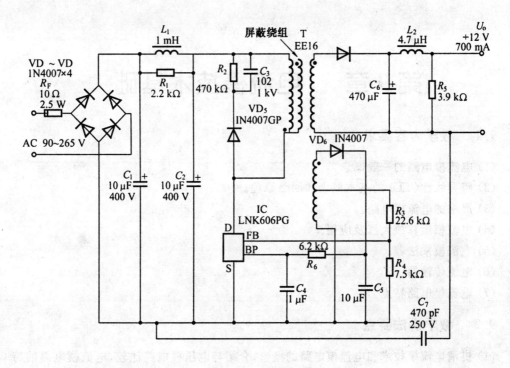

图 8.16　电路原理图

第9章　电流模技术基础

9.1　教学内容要求

(1)电流模电路的一般概念。

(2)跨导线性(TL)的基本概念和回路原理。

(3)严格的电流模电路。

(4)电流模运算放大器及应用。

(5)电流模乘法器。

(6)电流传输器。

(7)电流模电路特点。

9.2　教学讲法要点

(1)讲清电流模技术和电流模电路的概念,介绍与电压模电路比较,电流模电路的特点及先进指标。

(2)介绍跨导线性概念及回路原理。详细介绍严格电流模电路、电流模运放、乘法器、电流传输器的工作原理及应用。

9.3　学习要求

1.学习要点

(1)掌握跨导线性(TL)回路原理,应用 TL 回路原理分析复杂的电流模电路十分简单。

(2)熟悉严格的电流模电路的工作原理,掌握吉尔伯特电流增益单元的特点及应用。

(3)熟悉电流模运放、乘法器、电流传输器的工作原理及特性,以便应用。

(4)掌握电流模电路的特点,与电压模比较,突出电流模新技术的优点。

2.学会本章主要概念和术语

电流模技术,电流模电路,跨导线性(TL),TL 回路原理,严格的电流模电路,吉尔伯特单元,电流放大器,电流模运放,电流模乘法器,流控相乘核,电流传输器。

9.4　习题解答

【9.1】　解释如下术语的含义:

跨导线性(TL),跨导线性(TL)回路原理,电流模电路,严格的电流模电路,吉尔伯特电流增益单元。

【答案】 （1）跨导线性（TL）

晶体管的跨导线性（TL）与其集电极静态工作电流 I_C 呈线性比例关系，即

$$g_m = \frac{I_C}{U_T}$$

这就是跨导线性（TL）概念。

（2）跨导线性（TL）回路原理

在含有偶数个正偏发射结且顺时针方向结的数目与反时针方向结的数目相等的闭环回路中，顺时针方向发射极电流密度之积等于反时针方向发射极电流密度之积。即

$$\left(\prod J \right)_{CW} = \left(\prod J \right)_{CCW}$$

这就是跨导线性（TL）回路原理。

（3）电流模电路

以电流为参量来处理模拟信号的电路，称为电流模电路。

（4）严格的电流模电路

在电路中，输入信号和输出信号都是电流量，除含有晶体管"结电压"外，再无其他电压参量的电路，称为严格的电流模电路。

（5）吉尔伯特电流增益单元

由 TL 回路组成的四管对称电路，如图 9.1 所示，其电流放大倍数为

$$A_{id} = 1 + \frac{I_E}{I}$$

式中，I 为外对管每个管的偏置电流；I_E 为内对管的每管的偏置电流。

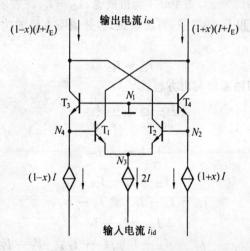

图 9.1　吉尔伯特电流增益单元

T_2、T_4 构成顺时针方向结，T_1、T_3 构成逆时针方向结，并且内对管的集电极电流 I_E 与外对管的集电极电流 I 方向同相相加。由 TL 回路组成的这个电路，称为吉尔伯特单元。是电流放大器最基本的单元电路。

【9.2】　由吉尔伯特单元组成的两级电流放大器如图 9.2 所示。试写出该电路的电流放大倍数表达式。

解　　由图可知,电流放大倍数用输入电流差与输出电流差表示,即

$$A_{id} = \frac{(1-x)(I + I_{E1} + I_{E2} - (1+x)(I + I_{E1} + I_{E2})}{(1-x)I - (1+x)I} = 1 + \frac{I_{E1}}{I} + \frac{I_{E2}}{I}$$

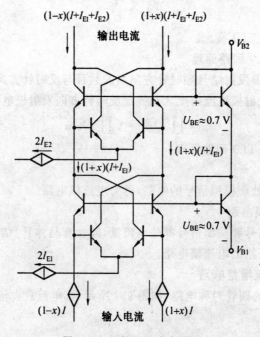

$(1-x)(I+I_{E1}+I_{E2})$　　$(1+x)(I+I_{E1}+I_{E2})$

输出电流　　　　V_{B2}

$U_{BE} \approx 0.7 \text{ V}$

$2I_{E2}$　　$\downarrow (1+x)(I+I_{E1})$

$\downarrow (1+x)(I+I_{E1})$

$U_{BE} \approx 0.7 \text{ V}$

V_{B1}

$2I_{E1}$

$(1-x)I$　　输入电流　　$(1+x)I$

图 9.2　　两级电流放大器

【9.3】　　电路如图 9.3 所示,图中环 1 为恒流源,$I_{C3} = I_{C2}$,e 表示发射区面积,利用 TL 回路原理分析 I_W 与 I_X 和 I_Y 的关系,写出表达式,并说明电路的功能。

解　　在环 1 中

$$I_{C3} = I_{C2}$$

在环 2 中,用 TL 回路原理写出方程式

$$\frac{I_{C4}}{2e} \frac{I_{C5}}{2e} = \frac{I_{C1}}{e} \frac{I_{C2}}{e}$$

即

$$\frac{I_{C4} I_{C5}}{4} = I_{C1} I_{C2} \qquad (1)$$

而

$$I_{C2} = I_Y + I_{C1} \qquad (2)$$

$$I_{C1} = I_X - I_{C3} (\text{或 } I_X - I_{C2}) \qquad (3)$$

故此

$$2 I_{C2} = I_X + I_Y \qquad (4)$$

$$I_{C1} I_{C2} = \left(I_X - \frac{I_X + I_Y}{2} \right) \left(\frac{I_X + I_Y}{2} \right) = \frac{I_X^2 - I_Y^2}{4} \qquad (5)$$

$$I_{C4} = I_{C5} = I_W \qquad (6)$$

将式(5)、(6) 代入式(1) 中,即

$$I_W = \sqrt{I_X^2 - I_Y^2} \qquad (7)$$

式(7) 即为所求表达式。

电路功能:为矢量差电路。

【9.4】　二极管桥式电路如图 9.4 所示,利用 TL 原理计算电流调制指数 x 为多少?如果 $I_a = 1$ mA, $I_b = 2$ mA, $I_c = 3$ mA,检验 CW 和 CCW 方向电流积是否相等?

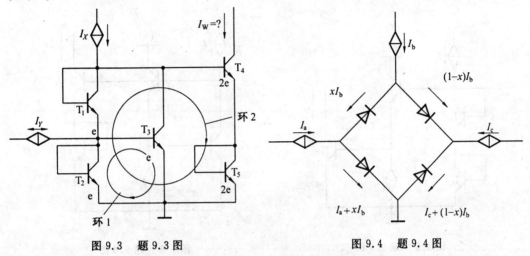

图 9.3　题 9.3 图　　　　　　　　　　图 9.4　题 9.4 图

解　应用 TL 回路原理有

$$(1-x)I_b[I_c + (1-x)I_b] = xI_b(I_a + xI_b) \tag{1}$$

则

$$x = \frac{I_b + I_c}{I_a + 2I_b + I_c} \tag{2}$$

将 $I_a = 1$ mA, $I_b = 2$ mA, $I_c = 3$ mA,代入式(2)中得

$$x = \frac{2+3}{1+4+3} = \frac{5}{8}$$

为所求的 x 值。

求(CW)电流积:

$$(1-x)I_b[I_c + (1-x)I_b] = \left(1 - \frac{5}{8}\right) \times 2\left[3 + \left(1 - \frac{5}{8}\right) \times 2\right] =$$
$$2.8125 (\text{mA})^2$$

求(CCW)电流积:

$$xI_b(I_a + xI_b) = \frac{5}{8} \times 2\left(1 + \frac{5}{8} \times 2\right) = 2.8125 (\text{mA})^2$$

故顺时针方向电流积与逆时针方向电流积相符。

【9.5】　电路如图 9.5 所示,利用 TLP 分析 I_4 与 I_x 和 I_u 的关系,并说明该电路的功能。

解　由图 9.5 可知,T_1、T_2、T_3、T_4 构成环路,T_3、T_4 为顺时针方向结,T_1、T_2 为逆时针方向结,用 TL 回路原理可写出电流积公式,即

$$I_u I_4 = I_x I_x$$

则

$$I_4 = \frac{I_x^2}{I_u}$$

该式为所求的关系式。

由关系式可知该电路的功能为简单的一象限 TL 平方器／除法器。

【9.6】　电路如图 9.6 所示，分析 I_W 与 I_X 和 I_Y 的关系，说明电路功能。

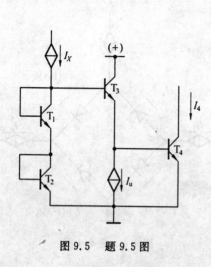 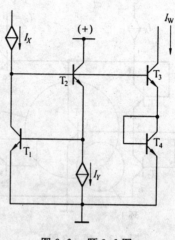

图 9.5　题 9.5 图　　　　　　　　　图 9.6　题 9.6 图

　　解　由图可知，T_3、T_4 构成顺时针方向结，T_1、T_2 构成逆时针方向结，用 TL 回路原理可写出 TL 方程式，即

$$I_W^2 = I_X I_Y$$

解得

$$I_W = \sqrt{I_X I_Y}$$

为所求的关系式。

　　电路功能：当 $I_X I_Y$ 为正值时，为 TL 平方根电路。

　　当 $I_X I_Y$ 为变化量时，为几何平均值电路。

【9.7】　电路如图 9.7 所示，分析 I_W 与 I_X 和 I_Y 的关系，阐述电路的功能。

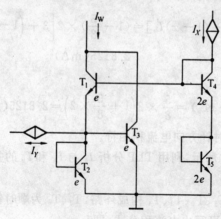

图 9.7　题 9.7 图

　　解　由图可知。在 T_2、T_3 环路中有

$$I_{C2} = I_{C3} = I_W - I_{C3} + I_Y \tag{1}$$

则
$$I_{C2} = \frac{I_W + I_Y}{2} \tag{2}$$

在 T_1、T_3 环路中有
$$I_{C1} = I_{C3} = I_W - I_{C3} - I_Y \tag{3}$$

则
$$I_{C1} = \frac{I_W - I_Y}{2} \tag{4}$$

在 T_1、T_2、T_4、T_5 外环路中有

$$\frac{I_{C4}}{2e} \frac{I_{C5}}{2e} = \frac{I_{C1}}{e} \frac{I_{C2}}{e} \tag{5}$$

即
$$\frac{I_X^2}{4} = \frac{(I_W - I_Y)}{2} \frac{(I_W + I_Y)}{2} \tag{6}$$

故
$$I_X^2 = I_W^2 - I_Y^2 \tag{7}$$

则
$$I_W = \sqrt{I_X^2 + I_Y^2}$$

为所求表达式。

电路功能为矢量模电路。

注：I_Y 为双极性，I_X 为正极性。

【9.8】 与电压模运放比较，电流模运放在应用时有哪些不同特点？

解　电流模运放的特点是同相端是高输入阻抗，反向端是低输入阻抗，而输入电阻很低（几欧 ～ 几十欧）；因此输入偏流相差甚大，故没有输入失调电流指标。在一定的增益范围内，闭环的频率特性与反馈电阻 R_F 密切相关，R_F 不可任选，要采用其推荐值。这样电流模运放在应用电路方面与电压模运放相比有许多不同之处，用对比方式说明如下：

（1）同相输入时 A_{uf} 调整不同

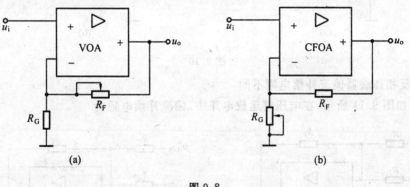

图 9.8

电路如图 9.8 所示，图 9.8(a) 为电压模运放（VOA），图 9.8(b) 为电流模运放（CFOA）。其电压增益均为

$$A_{uf} = 1 + \frac{R_F}{R_G} \tag{1}$$

但改变 A_{uf} 时，电压模调 R_F，电流调模 R_G。电压模运放，有偏置要求，即 $R_r = R_G \mathbin{/\mkern-5mu/} R_F$，$R_G$ 小，R_F 大，调电压增益时，不能说 R_G 不能调，一般调大电阻 R_F（特殊情况除外）。电流模运放，R_F 不可任选，只能采用推荐值，只能调 R_G 改变增益，无偏流补偿电阻 R_r。

（2）同相输入时电容 C_{φ} 的接法不同

　　电路如图 9.9 所示,在电压模运放电路中,用 C_φ 与 R_F 并联来限制带宽 BW。但在电流模运放电路中,不能从其反相端到任何地方,特别不能到输出端接入小电容 C_φ,否则会引起较大频响尖峰或自激。C_φ 应接在同相端到地之间。

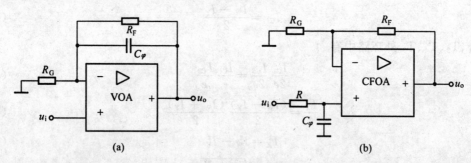

图 9.9

(3) 电流模积分器必须重新设置 Σ 点

　　电路如图 9.10(b) 所示,在电流模运放电路中,因反相端阻抗低,必须重新设置 Σ 点,其电阻 R 约 1 kΩ。可输出大电流 $50 \sim 100$ mA,并具有精密相位特性和高频响应。

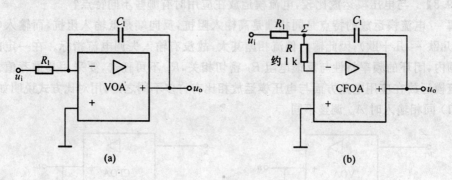

图 9.10

(4) 反相加法器偏流补偿电阻不同

　　电路如图 9.11 所示,在电压模运放电路中,偏流补偿电阻为

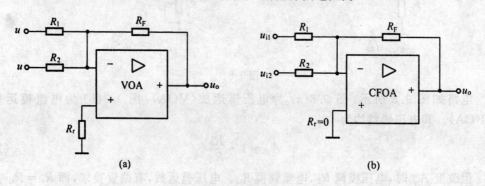

图 9.11

$$R_r = R_1 \mathbin{/\!/} R_2 \mathbin{/\!/} R_F$$

而在电流模运放电路中,两输入端偏流没有相关性,无 I_{IO} 指标,故不需要在同相端接偏置

补偿电阻 R_r 来改善 DC 精度(也不能改善)。

(5) 数据放大器

① 双运放组成的数据放大器

电路如图 9.12 所示。差模电压增益为

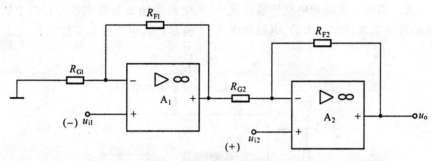

图 9.12　双运放数据放大器

$$A_\mathrm{uf} = \frac{u_\mathrm{o}}{u_\mathrm{i2} - u_\mathrm{i1}} \tag{3}$$

通常调节 R_G2 改变 A_uf,然后调节 R_G1 实现尽可能高的 K_CMR。

采用电压模运放时,设计方程为

$$R_\mathrm{F1} = R_\mathrm{G2}, \quad R_\mathrm{F2} = (A_\mathrm{uf} - 1)R_\mathrm{G2}, \quad R_\mathrm{G1} = R_\mathrm{F2}, \quad A_\mathrm{uf} = 1 + \frac{R_\mathrm{F2}}{R_\mathrm{G2}}$$

采用电流模运放时,设计方程为

$$R_\mathrm{F1} = R, \quad R_\mathrm{G1} = (A_\mathrm{uf} - 1)R_\mathrm{F2}, \quad R_\mathrm{G2} = R_\mathrm{F2}/(A_\mathrm{uf} - 1)$$

② 三个运放组成的数据放大器

电路如图 9.13 所示,第一级为差模输入—差模输出必须采用电流模运放,R_r 需要采用推荐值。而第二级差模输入—单端输入必须采用电压模运放。在 $R_1 = R_2 = R_3 = R_4$,$R_\mathrm{F1} = R_\mathrm{F2}$ 时,则

$$A_\mathrm{uf} = \frac{u_\mathrm{o}}{u_\mathrm{id}} = 1 + \frac{2R_\mathrm{F}}{R_\mathrm{G}} \tag{4}$$

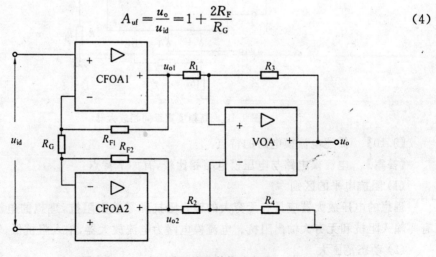

图 9.13　三个运放组成的数据放大器

在 $R_1 = R_2$，$R_3 = R_4$ 时，

$$A_{uf} = -\frac{R_3}{R_1}\left(1 + \frac{2R_F}{R_G}\right)$$

【9.9】　利用电流传输器构成高精度宽频带反相和同相放大器。

解　选择高精度宽频带电流传输器设计，该电流传输器为集成芯片有六个管脚，外接三个电阻即可实现反向放大器，电路如图 9.14 所示。其电压放大倍数为

$$A_u = \frac{u_o}{u_i} = -\frac{R_2}{R_1}$$

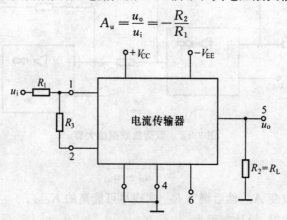

图 9.14　高精度宽带反向放大器

用同样的芯片设计的同相放大器如图 9.15 所示。其电压放大倍数为

$$A_u = \frac{u_o}{u_i} = \frac{R_2}{R_1}$$

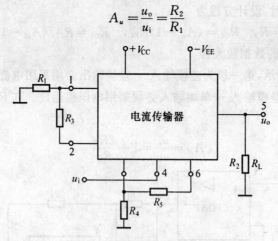

图 9.15　高精度宽带同相放大器

【9.10】　简述电流模电路的特点。

【**答案**】　电流模电路与电压模电路相比较，有如下特点：

(1) 阻抗电平的区别

理想的电压放大器应具有无穷大的输入阻抗和零输出阻抗，理想的电流放大器应具有零输入阻抗和无穷大输出阻抗。电流模电路为电流放大器，输入阻抗低，输出阻抗高。

(2) 动态范围大

在电压电路中的最大输出电压最终受到电源电压的限制，特别是在模数混合超大规

模集成电路系统中,为了降低功耗,电源电压必须相应降低到 3.3 V,在这种情况下,电压模电路输出动态范围受到的限制非常突出。而在电流模电路中,电源电压在(0.7 ~ 1.5)V 范围内均可正常工作,其输出动态范围可在 nA ~ mA 的数量级内变化,从而显示出电流输出的优越性。电流模最大输出电流最终受到管子的限制。

(3) 速度快、频带宽

严格的电流模电路,无电压摆幅,仅有很大动态范围的电流摆幅。而电流增益可以高速改变,故其频带很宽。因为影响速度和带宽的晶体管结电容(C_π 和 C_μ)都处于低阻抗的节点上,由这些电容和低结点电阻所决定的极点频率都很高,几乎接近晶体管的特征频率 f_T。由于 C_π 和 C_μ 都处在低阻抗节点上,向电容充电的时间常数极小,因而转换速率很高,电流增益 $A_{id}(s)$ 的极点频率很高,接近 f_T。与电压模电路相比,电流量变化引起 u_{BE} 变化很小,因此在电流模电路中达到平衡所需的建立时间也很小,从而提高了速度。

(4) 传输特性非线性误差小,非线性失真小

在电流模电路中,传输的是电流,指数规律的伏安特性通常不影响电流传输的线性度。由电流镜、电流传输器等电路的传输特性一直保持线性,直到过载。另外电流模电路的传输特性对温度不敏感,所以非线性失真要比电压模电路小许多。从而提高了处理信号的精度。

(5) 动态电流镜的电流存储和转移功能

动态电流镜可以实现电流 1∶1 的比例传输(拷贝)关系,故 i_o 可精确再现 i_i。

(6) 电流模电路技术特长的限制

严格的电流模电路在技术上的优越性,在实际应用中还不能充分发挥出来。主要受前置 $U-I$ 变换器和后置 $I-U$ 变换器的限制。因为各种模拟信号是以电压量来标定的,所以电流模技术实现中的支撑电路往往是整个电流模信号处理系统性能(高速、宽带和高精度)的主要限制因素。

附　录

附录 1　参考试题(A 卷)

一、填空题(本大题共 8 小题,每空 0.5 分,共 13 分)

1.本征半导体是_____半导体,其载流子是_____和_____。两种载流子的浓度_____。

2.在杂质半导体中,多数载流子的浓度主要取决于_____,而少数载流子的浓度则与_____有很大关系。

3.二极管的主要特性是_____,当二极管外加正向偏压时正向电流_____,正向电阻_____;外加反向偏压时,反向电流_____,反向电阻_____。其电流方程:$I_D =$ _____。

4.稳压管是利用了二极管的_____特性而制造的特殊二极管。它工作在_____状态。

5.双极型晶体管可以分成_____和_____两种类型,它们工作时有_____和_____两种载流子参与导电。

6.晶体管电流放大系数:$\alpha =$ _____,$\beta =$ _____。

7.N 沟道结型场效应管栅压必须为_____值,增强型 NMOS 管栅压必须为_____值,耗尽型 NMOS 管的栅压为_____、_____、_____均可。

8.场效应晶体管的低频跨导 $g_m =$ _____。

二、在图 1 的电路中,设 $\beta = 50, r_{be} = 1\ \text{k}\Omega, U_{BEQ} = 0.7\ \text{V}$。

(1)求静态工作点参数 $I_{BQ}、I_{CQ}、U_{CEQ}$;

(2)画出放大电路的 H 参数微变等效电路;

(3)求电压放大倍数 $\dot{A}_u$,输入电阻 r_i,输出电阻 r_o。(16 分)

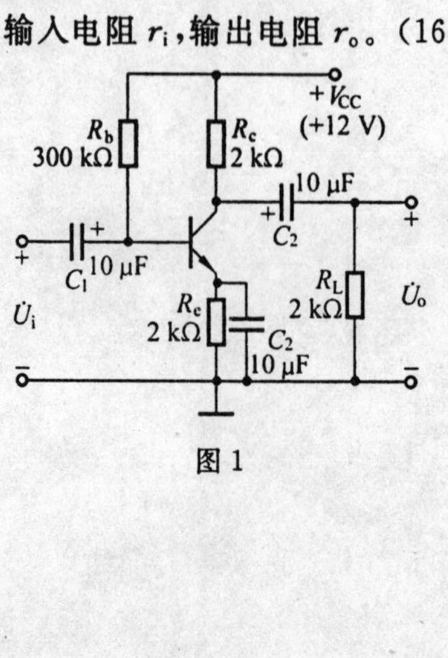

图 1

三、单级共射放大电路的幅频特性波特图如图2所示。求中频电压放大倍数 A_{um}、上限截止频率 f_H、下限截止频率 f_L、频带宽度 BW。（8分）

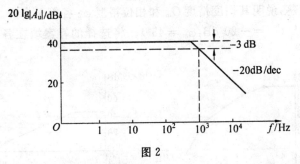

图 2

四、分析判断图3中的电路是否存在反馈？选择答案（a.电压并联正反馈；b.电压并联负反馈；c.电压串联负反馈；d.电压串联正反馈；e.电流串联负反馈；f.电流并联负反馈），将选择的答案填在各图下边的括号中。（12分）

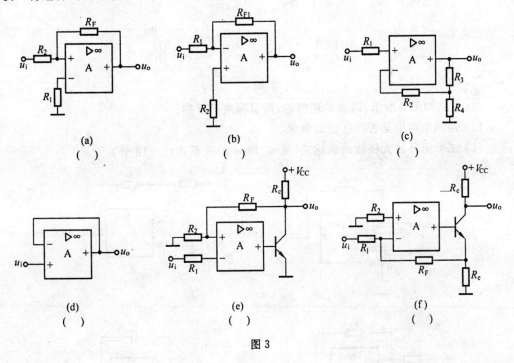

(a)　（　）　(b)　（　）　(c)　（　）

(d)　（　）　(e)　（　）　(f)　（　）

图 3

五、图 4 中,(a) 和(b) 分别是两个负反馈放大电路回路增益 AF 的波特图:

(1) 分别判断两个放大电路是否产生自激振荡? 选择答案(a. 产生振荡;b. 不振荡);

(2) 如果不振荡,说明其幅度裕度 G_m 和相位裕度 φ_m 各等于多少。选择答案(a. $G_m = -10dB, \varphi_m = 15°$;b. $G_m = -20\ dB, \varphi_m = 45°$)。将选择的答案填在各图下边的括号中。
(6分)

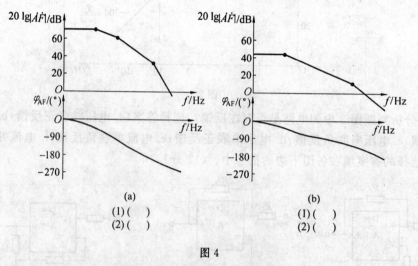

(a)
(1) (　)
(2) (　)

(b)
(1) (　)
(2) (　)

图 4

六、电路如图 5 所示,运放是理想的,均引深度负反馈。

(1) 判断电路中是否存在虚地概念。

(2) 试求闭环放大倍数的表达式(或 u_o 与 u_i 的关系式)。(12分)

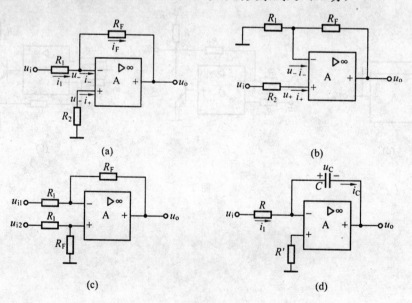

图 5

七、试分析如图 6 所示电路中的各集成运放 A_1、A_2、A_3 和 A_4 分别组成何种运算电路，设电阻 $R_1 = R_2 = R_3 = R$，试分别列出 u_{o1}、u_{o2}、u_{o3} 和 u_o 的表达式。（6 分）

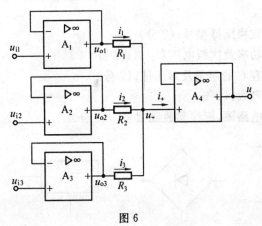

图 6

八、试用正弦波振荡的幅度和相位条件，分析判断图 7 中的电路是否产生正弦波振荡？选择答案（A. 能产生；B. 不产生）。将选择的答案填在各图下边的括号中。（8 分）

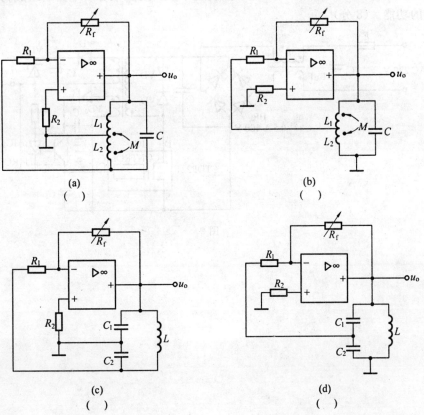

(a)　　　　　　　　　　　　　　　　　(b)
（　）　　　　　　　　　　　　　　　（　）

(c)　　　　　　　　　　　　　　　　　(d)
（　）　　　　　　　　　　　　　　　（　）

图 7

九、(11 分)用图 8 中元件设计一个直流稳压电源,输入交流电压 220 V,输出电压 +15 V,输出电流 1 A。负载 $R_L = 10\ \Omega$,采用桥式整数,电容滤波,三端集成稳压环节。试分别估算如下参数:

(1) 选择三端集成稳压器型号;(2 分)

(2) 估算变压器功率及次级电压 U_2 值;(2 分)

(3) 估算滤波电容 C 的容量及耐压值;(2 分)

(4) 选择整流桥参数;(2 分)

(5) 画出完整的电路图,标注参数或型号。(3 分)

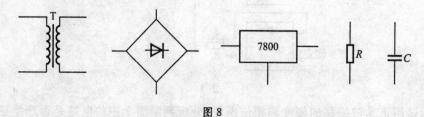

图 8

十、图 9 是用芯片 TOP221 构成的单片开关电源电路,试分析电路的组成,并说明各元器件的功能。(8 分)

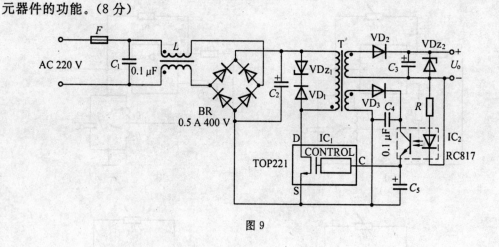

图 9

附录 2 参考试题(B 卷)

一、选择填空题(本大题共 8 小题,每空 0.5 分,共 13 分)

(1)三极管工作在放大区时,b－e 结间_____,c－b 结间_____;工作在饱和区时,b－e 结间_____,c－b 结间_____,工作在截止区时,b－e 结间_____,c－b 结间_____。(a. 正偏;b. 反偏;c. 零偏)

(2)NPN 型与 PNP 型三极管的区别是_____(a. 由两种不同材料硅或锗制成的;b. 掺入杂质元素不同;c. P 区与 N 区位置不同)。

(3)当温度升高时,三极管的 β _____,反向电流 I_{CBO} _____,结电压 U_{BE} = _____。(a. 变大;b. 变小;c. 基本不变)

(4)场效应管 G－S 之间电阻比三极管 B－E 之间电阻_____(a. 大;b. 小;c. 差不多)。

(5)场效应管是通过改变_____来改变漏极电流的(a. 栅极电流;b. 栅极电压;c. 漏源电压),所以是一个_____控制的_____。(a. 电流;b. 电压;c. 电流源;d. 电压源)

(6)用于放大时场效应管工作在输出特性曲线的_____(a. 夹断区;b. 恒流区;c. 变阻区)。

(7)单级共集电极电路(也称射极输出器)的特点是电压放大倍数 A_u _____,r_i _____,r_o _____,(a. 小于 1 且近似 1;b. 大;c. 小);该电路还具有 _____ 和 _____作用(a. 放大,b. 阻抗变换,c. 隔离)。

(8)理想运放 A_{ud} = _____,r_{id} = _____,r_{od} = _____(a. ∞;b. 0;c. 很大;d. 很小)。因此,用理想运放组成线性放大电路时又引出_____,_____,_____概念。(a. 虚短;b. 虚断;c. 虚地;d. 差模放大;e. 共模放大)

二、试判断图 1 中各放大电路有无放大作用？为什么？（6 分）

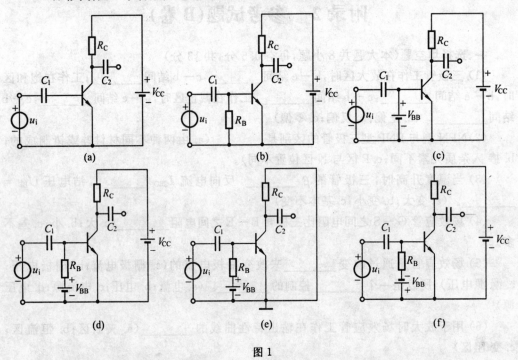

图 1

三、在图 2 的电路中，设 $\beta=50$，$r_{be}=1\ \text{k}\Omega$，$I_{EE}=3\ \text{mA}$，$U_{BEQ}=0.7\ \text{V}$。

(1) 求静态工作点参数 I_{BQ}、I_{CQ}、U_{CQ}；

(2) 画出放大电路的 H 参数微变等效电路；

(3) 求差模电压放大倍数 $\dot{A}_{ud}$，差模输入电阻 r_{id}，差模输出电阻 r_{od}。（16 分）

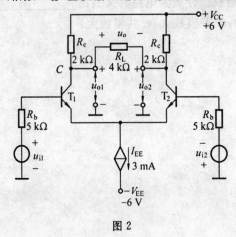

图 2

四、分析判断图 3 中的电路是否存在反馈？选择答案(a. 电压并联正反馈；b. 电压并联负反馈；c. 电压串联负反馈；d. 电压串联正反馈；e. 电流串联负反馈；f. 电流并联负反馈)，将选择的答案填在各图下边的括号中。(12 分)

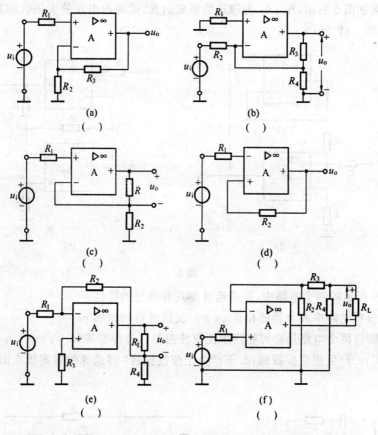

图 3

五、电路如图 4 所示，$V_{CC} = 6$ V，$R = 5.3$ kΩ，$U_{BE1} = U_{BE2} = 0.7$ V。

(1)写出电路的名称和功能；

(2)估算 $I_{C2} = $ ？（5 分）

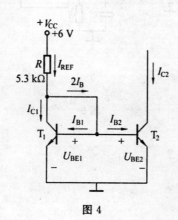

图 4

六、试用两级反相求和电路设计实现 $u_o=2u_{i1}-10u_{i2}+5u_{i3}$ 电路,画出完整电路图,标注电阻值,在标称值:1.2 kΩ,2 kΩ,5 kΩ,8.2 kΩ,10 kΩ,100 kΩ 中选用。写出设计过程。(12分)

七、电路如图5所示,A_1、A_2 为理想的集成运放,试写出电压放大倍数的表达式,并说明电路的功能。(8分)

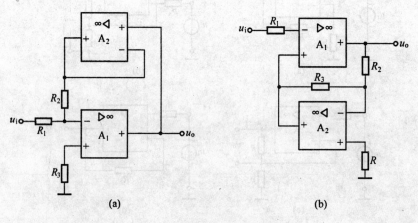

(a)　　　　　　　　　　　　(b)

图 5

八、图6所示的两个电路中,集成运放都具有理想的特性。

(1)试分析电路中放大器的相移 $\varphi_A=$? 反馈网络的相移 $\varphi_F=$?

(2)判断这两个电路是否可能产生正弦波振荡。选择答案(a. $\phi_A=0°$,$\varphi_F=0°$;b. $\phi_A=180°$,$\varphi_F=0°$;c. 产生正弦波振荡;d. 不产生正弦波振荡)将选择的答案填在图下边的括号中。(8分)

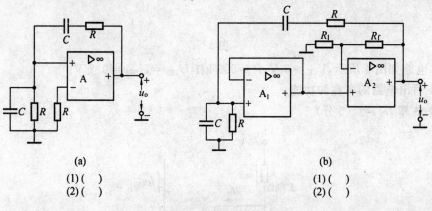

(a)　　　　　　　　　　　　(b)
(1)( )　　　　　　　　　　(1)( )
(2)( )　　　　　　　　　　(2)( )

图 6

九、电路如图 7 所示，$R_1 = R_2$。写出 u_o 与 u_i 的关系式。（8 分）

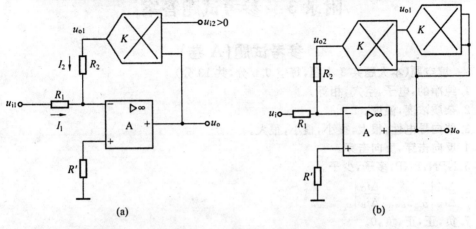

(a)　　　　　　　　　　　　　　(b)

图 7

十、（12 分）电路如图 8 所示。

(1) 求三端集成稳压器输入电压 U_i 和输出电压 U_o 值。

(2) 当 C_1 开路时 $U_1 = ?$，$U_o = ?$

(3) 当整流桥中有一个二极管开路，其他元件正常工作，$U_1 = ?$ $U_o = ?$

(4) 电容 C_2 和 C_3 有什么作用？

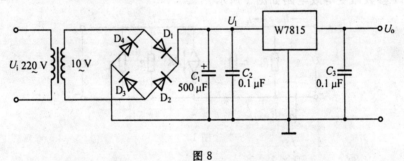

图 8

附录3 参考试题答案

参考试题(A卷)

一、填空题(本大题共8小题,每空0.5分,共13分)

1. 纯净的,电子,空穴,相等。

2. 杂质浓度,温度。

3. 单向导电性,很大,很小,很小,很大。

4. 反向击穿,反向击穿。

5. NPN,PNP,多子,少子。

6. $\dfrac{\Delta i_C}{\Delta i_E}\bigg|_{U_{CB}=const}$, $\dfrac{\Delta i_C}{\Delta i_B}\bigg|_{U_{CE}=const}$ 。

7. 负,正,正,负,0。

8. $\dfrac{\Delta i_D}{\Delta u_{GS}}\bigg|_{U_{DS}=const}$ 。

二、(16分)(1) $I_{BQ}/\mu A = \dfrac{V_{CC}-U_{BEQ}}{R_b+(1+\beta)R_e} = \dfrac{12-0.7}{300+(1+50)\times 2} = 30$

$I_{CQ}/mA = \beta I_{BQ} = 50\times 30 = 1\,500\ \mu A = 1.5$

$U_{CEQ}/V = V_{CC}-I_CR_c-I_ER_e = 12-1.5(2+2)=6$

(2) H 参数微变等效电路如图1所示。

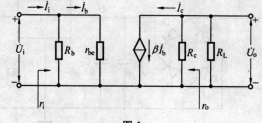

图1

(3) $\dot{A}_u = -\dfrac{\beta R'_L}{r_{be}} = -\dfrac{50\times 1}{1} = -20$; $r_i/k\Omega = R_b /\!/ r_{be} \approx r_{be} = 1$; $r_o/k\Omega = R_c = 2$ 。

三、(8分) $\dot{A}_{um} = 100$, $f_H = 1\,000$ Hz, $f_L = 0$ Hz, $BW = f_H - f_L = 1\,000$ Hz。

四、(12分)(a)A;(b)B;(c)C;(d)C;(e)C;(f)F。

五、(6分)(a)(1)A;(b)(1)B,(2)B。

六、(12分)(a)(1) 虚地,(2) $A_{uf} = \dfrac{u_o}{u_i} = -\dfrac{R_F}{R_1}$;

(b)(1) 无虚地,(2) $A_{uf} = \dfrac{u_o}{u_i} = 1+\dfrac{R_F}{R_1}$;

(c)(1) 无虚地,(2) $A_{uf} = \dfrac{u_o}{u_i - u'_i} = -\dfrac{R_F}{R_1}$;

(d)(1) 虚地,(2) $A_{uf} = -\dfrac{u_i \Delta t}{RC} + u(t_0)$ 。

七、(6分) $u_{o1} = u_{i1}$, $u_{o2} = u_{i2}$, $u_{o3} = u_{i3}$, $u_o = \dfrac{u_{i1}+u_{i2}+u_{i3}}{3}$

(提示：$i_1 + i_2 + i_3 = 0$，$i_1 = \dfrac{u_{i1} - u_o}{R_1}$，$i_2 = \dfrac{u_{i2} - u_o}{R_2}$，$i_3 = \dfrac{u_{i3} - u_o}{R_3}$)

八、(8 分)(a)A；(b)B；(c)A；(d)B。

九、(10 分)(1)CW7815；

(2) 变压器功率 15 W，$U_2 \geqslant 15$ V；

(3)$C = 500$ μF/25 V；

(4)$I_D > 500$ mA，$U_{DRM} > 25$ V；

(5) 设计电路如图 2 所示。

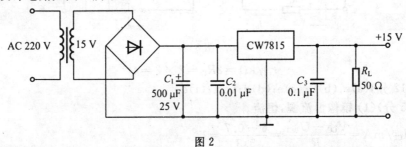

图 2

十、(8 分)(1) 电路组成：电路由 EMI 滤波器、整流滤波电路、IC_1 芯片、钳位电路、高频隔离变压器、输出整流滤波电路、稳压取样电路等组成。

(2) 元器件功能：①IC_1 为 TOP221 芯片，内部有高压开关管，PWM 控制，过压、过流、过热等保护功能。②VD_{Z1} 和 VD_1 组成钳位保护电路，保护开关管不被击穿。③ 隔离变压器 T 具有变压、隔离、电感三种作用。④VD_2、C_3 为输出整流滤波。⑤VD_3 为辅助绕组整流，为芯片提供偏置电压。⑥IC_2 为光耦合器，将电压采样信号耦合送到芯片控制端。⑦VD_{Z2}、R 和 IC_2 中 LED 构成电压采样电路。⑧C_4、C_5 为滤波电容。⑨C_1、L 组成 EMI 滤波电路，抑制电磁干扰。⑩BR 为整流桥，C_2 为滤波电容，F 为熔断器。

参考试卷(B 卷)

一、选择填空题(本大题共 8 小题，每空 0.5 分，共 13 分)

(1)a，b，a，a，b，b；(2)c；(3)a，a，b；(4)a；(5)b，b，a；(6)b；(7)a，b，c，b，c；(8)a，a，b，a，b，c。

二、(6 分) 图(a) 无放大作用，发射结无正偏压；图(b) 无放大作用，发射结零偏压；图(c) 无放大作用，V_{BB} 对交流信号短路；图(d) 有放大作用，符合放大偏置条件；图(e) 无放大作用，集电结无偏置电压；图(f) 无放大作用，发射结反偏。

三、(16 分)(1)$I_{C1Q} \approx \dfrac{I_{EE}}{2} = 1.5$ mA

$$I_{B1Q} = \frac{I_{C1}}{\beta} = \frac{1.5}{50} = 30 \ \mu A$$

$$U_{C1Q} = V_{CC} - I_{C1}R_{C1} = 6 - 1.5 \times 2 = 3 \ V$$

(2)H 参数微变等效电路如图 3 所示。

(3)$A_{ud} = \dfrac{u_{od}}{u_{id}} = \dfrac{\frac{1}{2}U_{od}}{\frac{1}{2}U_{id}} = -\dfrac{\beta R'_L}{R_b + r_{be}} = -\dfrac{50 \times 1}{5 + 1} = -8.3$

$$r_{id}/k\Omega = 2(R_b + r_{be}) = 2(5 + 1) = 12$$

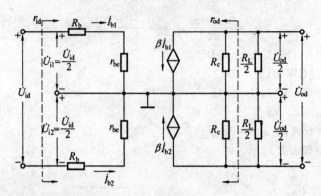

图 3

$$r_{od}/k\Omega = 2R_C = 2 \times 2 = 4$$

四、(12 分)(a)c;(b)b;(c)e;(d)d;(e)f;(f)e。

五、(5 分)(1) 镜像恒流源,恒流。

(2) $I_{C2}/mA = \dfrac{V_{CC} - U_{BE1}}{R} = \dfrac{6 - 0.7}{5.3} = 1$

六、(12 分)见图 4。设计提示:前级选 u_{i1} 与 u_{i3} 反相求和,第 2 级再与 u_{i2} 反相求和。

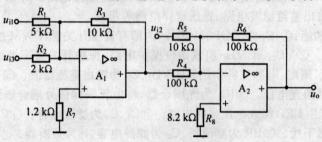

图 4

七、(8 分)图(a) $A_{uf} = \dfrac{u_o}{u_i} = -\dfrac{R_2}{R_1}$。反相比例运算电路。

图(b) $A_{uf} = \dfrac{u_o}{u_i} = -\dfrac{R_2}{R_3}$. 反相比例运算电路。

八、(8 分)图(a)(1)a,(2)d;图(b)(1)a;(2)d。

九、(8 分)图(a)$u_o = -\dfrac{u_{i1}}{K u_{i2}}$

图(b) $u_o = \sqrt[3]{-\dfrac{R_2 u_i}{R_1 K^2}}$

十、(12 分)(1)$U_i = 12$ V,$U_o = 15$ V;(2)$U_i = 9$ V,$U_o = 15$ V;(3)$U_i = 5.4$ V,$U_o = 15$ V。

(4)C_4 为高频滤波电容,克服导线上的电感效应,防止产生高频自激。C_5 为高频滤波电容,用来抑制高频噪声,改善输出瞬态响应。